四川省"十四五"职业教育规划教材

纺织服装高等教育"十四五"部委级规划教材

— 新形态教材 —

现代纺纱技术

FANGZHI XINCAILIAO

罗建红 主编 / 姚凌燕 副主编

东华大学出版社
·上海·

内容提要

本书为纺织服装教育"十四五"部委级规划教材,同时也是四川省"十四五"职业教育规划教材。本教材以现代棉纺设备为基础,系统阐述纺纱加工的基本理论,现代纺纱生产的工艺过程,纺纱设备的工作原理、结构和性能,纺纱工艺参数的设计与调整,以及产品质量控制的方法。主要内容以纺纱加工流程为主线,按照项目驱动、任务引领方式编排,共分为十个项目,分别是原料的选配、开清棉流程设计及设备使用、梳棉机工作原理及工艺设计、清梳联流程设计、并条机工作原理及工艺设计、粗纱机工作原理及工艺设计、细纱机工作原理及工艺设计、后加工流程设计及设备使用、精梳机工作原理及工艺设计、非环锭纺纱流程设计及设备使用。每个项目都有明确的教学目标,包括理论知识、实践技能、方法能力、社会能力。每个项目又包含若干个任务,每个任务设置具体的工作任务、知识要点、技能训练和课后练习。本教材修订侧重于现代纺纱技术的应用,突出新设备、新技术、新工艺方面的知识;为便于学生自主学习,通过二维码的形式增加了数字资源,内容主要是纺纱设备及工艺流程视频,学习者通过扫描二维码就可以观看。

本书是高等职业教育纺织类专业教材,亦可作为纺织及相关行业和企业的职业技术培训教材,还可供纺织工程技术人员参考。

图书在版编目(CIP)数据

现代纺纱技术 / 罗建红主编;姚凌燕副主编.
上海:东华大学出版社,2024.8. -- ISBN 978-7-5669-2388-2

I. TS104.2

中国国家版本馆 CIP 数据核字第 2024DZ4187 号

责任编辑 张　静
封面设计 魏依东

出　　版	东华大学出版社(上海市延安西路1882号,2000051)
本社网址	http://dhupress.dhu.edu.cn
天猫旗舰店	http://dhdx.tmall.com
营销中心	021-62193056　62373056　62379558
印　　刷	上海龙腾印务有限公司
开　　本	787 mm×1092 mm　1/16
印　　张	19.75
字　　数	493 千字
版　　次	2024 年 8 月第 1 版
印　　次	2024 年 8 月第 1 次印刷
书　　号	ISBN 978-7-5669-2388-2
定　　价	79.00 元

前 言

推进教师、教材、教法"三教"改革,已成为当前职业院校提升办学质量和人才培养质量的重要切入点。实施"三教"改革的根本任务是立德树人,培养"德技并修"的高素质劳动者和技术技能人才。贯穿这项改革的主线是深化产教融合、校企合作,目标是实现理实结合,提高教学的针对性、职业性、实用性,提升人才培养水平。

本书修订是根据现代高等职业教育的培养目标与要求,以现有教材为载体,对"纺纱技术"课程建设与教学内容实施改革而完成的。内容设置以现代纺纱加工流程为主线,强调基于工作过程,以项目化教学为中心,通过校企深度合作,编写符合纺纱生产实际和行业发展新趋势的教材,使教材开发源于企业生产实际、岗位需求,能够体现职业人才培养特色及对应职业岗位特有的思维方式和工作方式。本书内容侧重于现代纺纱技术的应用,突出新设备、新技术、新工艺方面的知识;为便于学生自主学习,以二维码的形式增加了数字资源,内容主要是纺纱设备及工艺流程视频,学习者扫描二维码就可以观看。

"纺纱技术"课程的实施将理论与实际有机结合,通过基于纺纱生产过程的行动导向式教学法改革,以学习情境中的单元任务、项目设计为载体,使学生能通过教师指导、自主学习、项目设计、小组合作、实际操作等多种方式学习纺纱知识。通过教学模式、教学方法与手段的变革,实现"教、学、做"一体化,同时将"课程思政"贯穿整个教学过程,体现出职业教育总体要求的实践性、开放性和职业性,旨在综合培养学生的专业能力、方法能力和社会能力。

本教材的编写分工:绪论、项目2、项目3、项目10,由成都纺织高等专科学校罗建红编写;项目1、项目9,由成都纺织高等专科学校宋雅路编写;项目4,由宜宾雅士德纺织有限公司杨雪琴编写;项目5,由成都纺织高等专科学校刘秀英编写;项目6、项目7,由成都纺织高等专科学校姚凌燕编写;项目8,由成都纺织高等专科学校李亚敏编写。全书由罗建红负责整理、统稿。

本书在编写过程中得到了宜宾雅士德纺织有限公司等企业的大力支持。在此,对这些企业和相关人员表示诚挚的感谢!

限于编者的能力水平,且时间仓促,书中难免存在不足或疏漏之处。恳请读者提出宝贵意见,以便不断修订和完善。

编者
2024年3月

目 录

绪论 ·· 001

项目 1　原料的选配 ··· 003

　　任务 1.1　纺纱原料种类 ··· 004
　　任务 1.2　原棉的选配 ·· 005
　　任务 1.3　化学纤维的选配 ·· 012
　　任务 1.4　原料的混合 ·· 016

项目 2　开清棉流程设计及设备使用 ·· 020
　　任务 2.1　典型流程特点分析 ··· 021
　　任务 2.2　抓棉机类型及使用 ··· 022
　　任务 2.3　混棉机类型及使用 ··· 025
　　任务 2.4　开棉机类型及使用 ··· 031
　　任务 2.5　给棉机类型及使用 ··· 037
　　任务 2.6　清棉机、成卷机类型及使用 ··· 039
　　任务 2.7　开清棉流程设计 ·· 043
　　任务 2.8　棉卷质量检测与分析 ·· 049
　　任务 2.9　开清棉工序加工化纤的特点 ··· 052

项目 3　梳棉机工作原理及工艺设计 ·· 055
　　任务 3.1　梳棉机工艺流程 ·· 056
　　任务 3.2　给棉刺辊部分机构特点及工艺要点 ··· 060
　　任务 3.3　锡林盖板道夫部分机构特点及工艺要点 ······································· 072
　　任务 3.4　分梳元件选用 ··· 085
　　任务 3.5　剥棉、成条和圈条部分的使用要点 ··· 094
　　任务 3.6　生条质量分析与调控 ·· 097
　　任务 3.7　梳棉工序加工化纤的特点 ·· 102

项目 4 清梳联流程设计 ··· 106

任务 4.1 概述 ··· 107
任务 4.2 清梳联工艺过程 ··· 108
任务 4.3 清梳联特有单机的结构与工艺原理 ··· 110
任务 4.4 清梳联工艺及其调整 ··· 117

项目 5 并条机工作原理及工艺设计 ··· 122

任务 5.1 并条机工艺流程 ··· 123
任务 5.2 并合作用分析 ··· 124
任务 5.3 牵伸基本原理分析 ··· 126
任务 5.4 牵伸机构 ··· 140
任务 5.5 牵伸工艺配置与工艺设计 ··· 143
任务 5.6 熟条质量分析与调控 ··· 148
任务 5.7 并条工序加工化学纤维的特点 ··· 154

项目 6 粗纱机工作原理及工艺设计 ··· 158

任务 6.1 粗纱机工艺流程 ··· 159
任务 6.2 粗纱机喂入牵伸部分机构特点及工艺要点 ··· 160
任务 6.3 粗纱加捻与假捻应用 ··· 167
任务 6.4 粗纱卷绕成形作用分析 ··· 172
任务 6.5 粗纱张力调整 ··· 174
任务 6.6 粗纱质量检测与控制 ··· 178
任务 6.7 粗纱工序加工化纤的特点 ··· 182

项目 7 细纱机工作原理及工艺设计 ··· 185

任务 7.1 细纱机工艺流程 ··· 186
任务 7.2 细纱机喂入牵伸部分机构特点 ··· 188
任务 7.3 细纱机牵伸工艺分析 ··· 192
任务 7.4 细纱机加捻卷绕部分机构特点及工艺要点 ··· 197
任务 7.5 细纱张力与断头 ··· 207
任务 7.6 细纱质量控制 ··· 213
任务 7.7 细纱工序加工化纤的工艺设置 ··· 217
任务 7.8 环锭纺纱新技术 ··· 220

项目 8　后加工流程设计及设备使用 …… 232

任务 8.1　络筒 …… 232
任务 8.2　并纱 …… 243
任务 8.3　捻线 …… 245

项目 9　精梳机工作原理及工艺设计 …… 257

任务 9.1　精梳准备流程设计 …… 258
任务 9.2　精梳机工艺流程 …… 261
任务 9.3　精梳机构组成与作用分析 …… 265
任务 9.4　精梳工艺调整与质量控制 …… 276

项目 10　非环锭纺纱流程设计及设备使用 …… 280

任务 10.1　转杯纺前纺要求与设备选用 …… 281
任务 10.2　转杯纺纱机工艺流程 …… 283
任务 10.3　转杯纺纱机各机件作用分析 …… 285
任务 10.4　转杯纺成纱结构特性与质量控制 …… 294
任务 10.5　喷气纺纱的工作过程 …… 298
任务 10.6　摩擦纺纱的工作过程 …… 305

参考文献 …… 310

绪 论

根据纱线不同的质量需求，纺纱过程是将各种不同性能、不同产地、压紧且含有一定杂质和疵点的纤维，经过一系列的加工，纺制成粗细均匀、洁净并具有一定物理力学性能的纱线。

纺织用原料，无论是天然纤维还是化学纤维，都含有不同类型的杂质和疵点，需要将其分离和排除。纤维原料的种类不同，其初步加工方法有差异。完成初加工的纤维原料还需要进行分等分级并打包，之后再送往纺织厂进行纺纱加工。

1 纺纱原理和基本作用

1.1 纺纱的实质

纺纱加工是将纤维原料制成线密度、捻度等有特定要求的纱线的过程。纺纱加工的实质就是"松解"与"集合"两大过程。松解是破除纤维间无序、杂乱的横向联系，并清除杂质的过程，一般有开松、梳理等作用；集合是将松散的纤维沿轴向排列，形成有序、耐用、连续的纤维集合体的过程，一般有牵伸、并合、加捻等作用。松解是集合的基础和前提。

1.2 棉纺的基本作用

（1）成纱类作用。松解过程由开松作用、梳理作用完成，集合过程由牵伸作用、加捻作用完成。这些作用对于纺纱都是缺一不可的，是纺纱的基本作用，故统称为成纱类作用。

开松作用是将大纤维块扯散成小纤维块或小纤维束。梳理作用主要是将小纤维块或小纤维束比较彻底地松解成单根纤维。梳理比开松的作用更细致、更彻底。在开松、梳理的过程中，纤维不断地被集合，成为纤维集合体。

牵伸作用主要是将纤维集合体抽长拉细，使纤维集合体达到预定的粗细。加捻作用是将细的纤维集合体绕其自身轴线旋转，使其具有一定的物理力学性能，成为纱线。

（2）匀净类作用。在纺纱过程中，能改善产品的内在与外观质量的作用，被称为匀净类作用，具体包括：

除杂作用：清除原料中的杂质、疵点和短纤维，使纱线表面洁净。

混合作用：将原料中的多种纤维成分混合均匀，避免染色时出现色差。

均匀作用：使纱线在长度方向尽可能地保持粗细均匀，以提高纱线的强度。

（3）卷装类作用。为便于各工序之间半成品的运输、储存及下一道工序的使用，每个工序输出连续的产品时，都必须经过卷绕机构，按一定规律卷绕在容器上，称之为卷装作用。卷装作用是每个工序必不可少的，在有些工序中，卷装作用甚至是其主要作用或最复杂的作用。

纺纱加工过程必须使纱线具有足够的均匀度和强度，以满足商业上的要求，同时要尽可能降低加工成本。

2 棉纺系统与工艺流程

纺纱系统可分为棉纺、毛纺、麻纺、绢纺等几种，本书主要介绍棉纺系统。棉纺是一个多工序的生产过程，各工序的不同组合会构成不同的纺纱系统。棉纺纺纱系统根据纤维原料和成纱要求的不同，可分为普（粗）梳系统、精梳系统和废纺系统。棉纺工序主要包括开清棉、梳棉（现代多用清梳联）、精梳、并条、粗纱、细纱、络筒、并纱、捻线、摇纱和成包等。

（1）普梳系统。普梳系统在棉纺中应用广泛，一般用于纺制粗、中特纱，供织造普通织物，其工艺流程如下：

配棉→开清棉→梳棉（现代多用清梳联）→头并→二并→粗纱→细纱→后加工

（2）精梳系统。精梳系统用来生产对成纱质量要求较高的细特棉纱、特种用纱和细特棉混纺纱。精梳系统设置在梳棉工序和并条工序之间，在普梳系统的基础上加入精梳前准备和精梳工序，利用这两个工序进一步去除短纤维和细微杂质，并使纤维进一步伸直平行，从而使成纱结构更加均匀、光洁。精梳系统的工艺流程如下：

配棉→开清棉→梳棉（现代多用清梳联）→精梳准备→精梳→头并→二并→粗纱→细纱→后加工

（3）废纺系统。为充分利用纤维原料和降低成本，常利用纺纱生产中的废料在废纺系统上加工成低档粗特纱，其工艺流程如下：

下脚、回丝等→开清棉→梳棉→粗纱→细纱→副牌纱

常见涤/棉混纺纱的普梳与精梳的工艺流程如下：

精梳系统

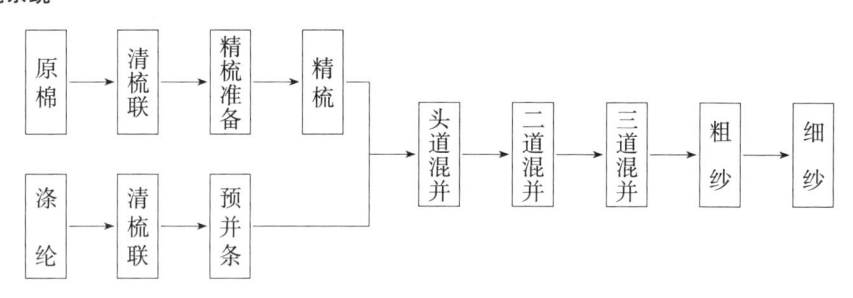

原棉→清梳联→精梳准备→精梳→头道混并→二道混并→三道混并→粗纱→细纱

涤纶→清梳联→预并条↗

普梳系统

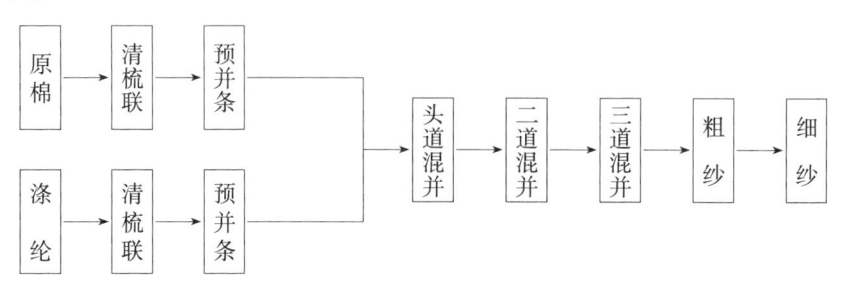

原棉→清梳联→预并条→头道混并→二道混并→三道混并→粗纱→细纱

涤纶→清梳联→预并条↗

项目 1

原料的选配

教学目标

1. 理论知识

（1）配棉的目的、意义与基本原则。

（2）原棉选配的依据，原棉选配的方法及配棉的注意事项。

（4）化学纤维选配的依据和选配方法，纤维在混纺纱中的转移分布规律。

（5）原料混合的方法与设计。

2. 实践技能

能完成设计配棉方案。

3. 方法能力

培养学生具有自主学习的能力，以及分析问题、解决问题的能力和创新能力。

4. 社会能力

通过课程思政，引导学生树立正确的世界观、人生观、价值观，培养学生的团队协作能力，以及爱岗敬业、吃苦耐劳、精益求精的工匠精神。

项目导入

纺纱是通过许多工序把纤维加工成纱线的过程，所以首先需要选择各种合适的纤维原料。这个选择纤维原料的过程就是配棉工作。配棉时要根据成纱质量要求，结合原棉特点制定出混合棉的各种成分与混用比例的最佳方案，以及按产品分类定期编制配棉排队表的工作。做好配棉工作，不仅能增进生产效能，提高成纱产量和质量，而且对降低纺纱成本有显著影响。因此，配棉工作在纺织厂中具有极为重要的技术经济意义。

任务1.1 纺纱原料种类

工作任务

1. 纺织原料与性能特点讨论。
2. 纤维性能与纱线的关系讨论。

知识要点

1. 原棉类别与性能特点。
2. 化学纤维类别与性能特点。

纺织原料的来源广泛,种类繁多。纺纱用的纤维原料主要有天然纤维和化学纤维两大类,常用的有棉花、绵羊毛、特种动物纤维、蚕丝、苎麻、亚麻、黄麻纤维等天然纤维及棉型、毛型的常规和非常规化学纤维。它们各具特点,各有特性,有的差异非常显著,纺纱性能差别很大,至今难以采用统一的加工方法制成纱线。棉纺生产使用的原料主要有棉纤维和棉型化纤等。

1 原棉

原棉的主要性质如长度、细度、强力、成熟度、色泽以及含水、含杂等,都随棉花的品种、生长条件、产地、轧工等不同而有较大的差异。根据生态条件,我国棉花种植带主要划分为四大棉区,即黄河流域、长江流域、西北内陆和北部特早熟棉区,四大棉区的生态条件、棉花品种熟性、遗传和生产品质各不相同,使棉花的品质感官特性有差异。原棉品种主要有细绒棉和长绒棉。我国主要种植细绒棉,长绒棉在我国主要产于新疆、云南等地。美国是世界棉花主要生产、消费和出口国,其棉花产量仅次于中国,居世界第二位。印度产棉居世界第三位。巴基斯坦、澳大利亚也是主要产棉国家。埃及以盛产优质长绒棉著称于世,长绒棉产量居世界第一位。苏丹长绒棉产量仅次于埃及,居世界第二位。秘鲁也是主要长绒棉生产国之一。

细绒棉的手扯长度为 25~33 mm,线密度为 2.22~1.54 dtex,一般适纺 10 tex 以上的棉纱,也可与棉型化学纤维混纺。细绒棉产量占世界棉花总产量的 90% 左右。长绒棉的手扯长度为 33~45 mm,线密度为 1.43~1.18 dtex,适纺 10 tex 以下的棉纱或特种工业用纱,也可与化学纤维混纺。长绒棉产量仅占世界棉花总产量的 10% 左右。原棉的性能与纺纱工艺和成纱质量之间有十分密切的关系。

2 化学纤维

随着全球经济水平的提高和消费结构的升级,人们对纤维产品的质量需求越来越高,化纤也具有巨大的增长潜力,化纤产品被广泛应用于纺织、服装、家居用品、汽车、建筑、医疗和工业领域等,具有广阔的市场需求。化学短纤维由长丝切断而成,它可以根据需要切成各种不同长度的纤维。切断长度和棉纤维大致相似的称为棉型化学纤维,其长度为 33～38 mm,线密度为 1.32～1.65 dtex,适合在棉纺设备上加工。中长型化学纤维的长度为 51～76 mm,线密度为 2.2～3.3 dtex,可用中长化学纤维的专纺设备加工,长度小于等于 64 mm 的也可用现代棉纺设备加工。但是,不同化学纤维的性能差异很大,即使同一种化学纤维由同一生产厂家生产,因批号不同,其性能也不尽相同。随着新型技术的开发和不断进步,新型化纤材料不断涌现,如差别化纤维、高性能纤维、功能性纤维,其应用日益广泛,这将为化纤行业带来更多的发展机会。

3 彩棉

彩棉属于细绒棉类,目前已成功开发出棕、绿、红、黄、紫、灰、橙等色泽的彩棉。我国主要种植棕色和绿色两类彩棉,产地是四川、湖南、甘肃、新疆。彩棉主体长度偏短,长度均匀度较差,短绒率高;纤维的吸湿性能良好,但纤维强度较低;纤维抱合性和可纺性与普通的细绒棉相仿。因彩棉具有天然色彩,其产品不需要染色加工,具有生产过程的环保及使用的环保安全特性。

在选择新型纤维进行纺纱时,应注意纤维的可纺性。纤维原料的可纺性能是指纤维通过纺纱加工是否能制成符合产品设计要求的纱线的综合性能。这可通过上机试纺(小量试纺、单唛试纺、多种原料混合试纺等)进行全面评价。

技能训练

1. 测定纤维手扯长度。

课后练习

1. 分析原棉性能与纱线质量的关系。
2. 描述化学纤维的分类及特性。

任务 1.2　原棉的选配

工作任务

1. 了解配棉目的。
2. 掌握配棉表中的项目及配棉设计的关键内容。
3. 完成配棉表设计。

> **知识要点**
>
> 1. 配棉的目的、意义与基本原则。
> 2. 原棉选配的依据、方法及配棉的注意事项。

1 配棉的目的

配棉是棉纺企业的一项重要的基础性技术性工作，配棉技术水平的高低与产品质量、用棉成本、生产稳定性及且经济效益有着直接的关系。纺织企业一般不会采用单唛头纺纱，而是把几种原棉组合成混合原料使用，这种将多种原棉搭配使用的操作过程称为配棉。

（1）合理使用原棉。成纱用途不同，对原棉的品质和特性方面的要求也不同；不同的纺纱工艺对原棉性能的要求也不一样。而原棉质量千差万别，即使同一类原棉，其性能差异也非常大。选配原棉时要取长补短、合理利用，充分发挥原棉的优良性能，满足纱线的质量要求。

（2）保持生产和纱线质量的相对稳定。原棉的长度、细度和成熟度直接影响成纱的强力，原棉的棉结杂质与短绒率直接影响成纱的棉结杂质和条干。如果采用单唛原棉纺纱，则在原棉接批时，因原料性能差异较大，会造成生产和成纱质量的波动。而采用多唛组成的混合棉纺纱，每次调换成分少，则可保持混合棉性质的相对稳定，从而使生产和成纱质量相对稳定。

（3）节约原棉和降低成本。棉纺织产品的原料费用占纱线成本的70%左右，因此，在保证成纱质量的前提下，在混料中应尽可能使用价格较低的原料，以达到节约用料、降低成本的效果。

2 配棉的原则

配棉的原则是"质量第一，统筹兼顾；全面安排，保证重点；瞻前顾后，细水长流；吃透两头，合理调配"。贯彻配棉原则时，力求做到稳定、合理、正确。

"质量第一，统筹兼顾"：在配棉过程中处理好保证质量和节约用棉的关系。

"全面安排，保证重点"：在多品种生产的情况下，各品种的质量要求不同，应在统一安排的基础上，尽量保证重点产品的用棉。

"瞻前顾后，细水长流"：配棉时要充分考虑库存原棉、车间上机原棉、市场原棉供应预测三方面的情况，以做到延长每批原棉的使用周期。

"吃透两头，合理调配"：要及时摸清到棉趋势和原棉质量，并随时掌握产品质量的信息反馈情况，机动灵活、精打细算地调配原棉。贯彻配棉原则时力求做到稳定、合理、正确。

3 配棉的依据

原棉选配有三种依据：纱线的质量要求、产品用途、设备的装备水平及其配套的工艺和运转管理水平。

3.1 成纱质量要求

棉纱线按其粗细分段,各段依据断裂长度和质量不匀率进行评等,依据棉结、杂质粒数和条干均匀度进行评级。各段的质量要求不同。如果要使成纱质量符合设计要求,必须使用综合性能较好的混用棉。

(1) 纱线强力及其CV值(不匀率)。

① 纤维细度和成熟度指数。成纱细度不同对原棉细度有不同的要求,配棉时应综合考虑纤维成熟度和细度,并控制低成熟度纤维的含量,以稳定成纱强力。细而柔软的原棉,其手感好、富有弹性、色泽柔和,成纱后纤维间抱合良好、强力较高;线密度小但缺乏弹性的原棉,其成纱强力提高较少;纤维过细、成熟差,成纱强力下降。纺粗特纱时,使用较细的原棉,成纱强力增加不显著;使用较粗、手感硬糙、色泽呆滞或灰暗的原棉,成纱强力偏低。纤维成熟度过差会造成纤维过细,则纤维单强过低,不但工艺处理较困难,而且成纱强力较低,不匀率也大。成熟纤维的色泽形态饱满,手感好,成纱强力高;成熟度系数过高、转曲少、抱合力差的纤维,对成纱强力不利;纤维成熟度系数低,但色泽正常而线密度偏小,对成纱强力有利;纤维成熟度系数低且单强下降显著,对成纱强力不利。

② 纤维长度和短绒率。纤维长度长、整齐度高、短纤维少,成纱后纤维间摩擦抱合力大,滑脱困难,纱条光洁、毛羽少、强力高;以较长的纤维纺细特纱,对成纱强力有利,但纤维过长,强力增加幅度变小,反而会增加成本。原棉中短绒多,会减少纤维间摩擦抱合力,拉伸时纤维间滑脱机会多,对成纱强力不利,强力不匀率也较大。短纤维在罗拉牵伸中不易被控制,变速不稳定,使条干均匀度变差,也会增加强力不匀。

③ 单纤维强力。单强高,纤维本身断裂困难,成纱强力相应提高;纤维过粗或富有刚性,单强虽高,因纱条截面中纤维根数减少,成纱强力增加较少。单强低或强力不匀率大,成纱中弱环片段增多,成纱强力降低;单强虽偏低而天然转曲、抱合力等正常,线密度适中时,对成纱强力影响较小。

④ 产区、品种。棉花的生长环境,如日照多、温度高、无霜期长、病虫害少等,对成纱强力有利。同一个地区,原棉的可纺性比较一致、相对稳定。选种、育种、田间管理好,品种纯、色泽匀,成纱质量高。如黄河流域的降雨量比长江流域少,纤维一般较短,含水率较低,使用这种原棉对减少成纱棉结、杂质有利;长江流域所产的原棉,中游地区比下游和上游地区的成纱强力高。又如北方原棉容易黄染,南方原棉容易灰染,沿海地区的原棉易出现青灰色等,在选配原棉时都应考虑。

(2) 质量不匀率。混合棉中原棉性质差异过大会影响牵伸后产品的质量不匀率,因为原棉性质差异过大,纤维的摩擦力和抱合力的差异也大。摩擦力、抱合力大的原棉,在牵伸过程中所需的牵伸力大,牵伸效率低,成纱偏重;相反,牵伸效率高,成纱偏轻。因此,在"接批"时要控制好对成纱质量不匀率有影响的原棉的使用,避免波动太大,影响成纱质量不匀率。

(3) 条干均匀度。影响条干均匀度的因素有机械、工艺、空调、操作和原棉等。原棉的细度短绒率和棉结杂质等疵点对条干均匀度的影响较大。如纤维的细度细,成纱截面内的纤维根数多,则对成纱条干均匀度有利。又如短纤维在牵伸过程中不易控制,呈浮游状态,牵伸量易产生牵伸波,影响成纱的条干均匀度。当原棉中棉结、带纤维的籽屑等疵点较多时,它们会纠缠在纤维间,干扰了纤维的正常运动,也会位成纱粗细不匀。当原棉含水率过低时,加工时须条蓬松,纤维间联系作用小,易产生绕罗拉、胶辊现象,也会影响成纱条干均匀度。

(4) 棉纱的棉结、杂质粒数。原棉性质对成纱棉结、杂质粒数的影响主要有以下方面:

① 成熟度指数与轧工质量。原棉成熟度差,纤维刚性差,在纺纱过程中容易扭曲形成棉结。成熟度差的原棉中带纤维的杂质往往也很多,棉籽表皮在棉籽上的附着力小,轧棉时容易脱落形成带纤维杂质,且杂质较脆弱,在纺纱过程中容易碎裂,使杂质粒数增加。

② 原棉含杂。原棉中的带纤维籽屑、僵片、破籽、不孕籽、索丝、软籽表皮和棉结等有害疵点对成纱棉结杂质的影响较大,这些杂质在机械的作用下很容易碎裂,较难排除。

③ 含水率。原棉的含水率高,纤维间黏附力强,刚性低,易扭曲,纺纱过程中纤维不易松解,杂质不易清除,成纱中棉结杂质增多,当原棉成熟度差时,这种情况更显著。原棉含水率低,杂质容易碎裂,成纱中棉结多,车间飞花多。低级棉含水率一般较高,对成纱结杂数影响较大。

此外,某些含糖、含蜡量高的原棉,在纺纱加工中易产生"三绕",影响成纱质量。

纱线质量除了与原棉的性质有关,还受到车间生产管理、工艺设计、机械状态及温湿度等因素的影响。

3.2 产品用途

纱线用途极为广泛,配棉工作应根据产品的不同用途选用适当的原棉。

(1) 精梳纱。一般为高档产品,质量要求较高。精梳加工可大量排除短纤维和部分杂质性疵点,但对排除棉结比较困难。可选择色泽乳白、有丝光、长度长、弹性好、线密度中等、强力较高、未成熟纤维和棉结少、疵点一般且轧工良好的原棉。

(2) 经纱。经纱经过的工序多,斑点去除机会多,纱的结构要求紧密结实、弹性好、强力高、毛羽少。可选择色泽略次、长度较长、整齐度好、细而柔软、富有弹性、强力高、疵点稍多、轧工一般的原棉。

(3) 纬纱。直接纬纱疵点去除机会少,易产生捻缩;平纹织物纬向易显露,纱的结构要求丰满、条干均匀、疵点少。可选择色泽洁白光亮、长度略短、整齐度好、纤维略粗、强力较低、未成熟纤维和疵点少、轧工较好的原棉。

(4) 针织纱。针织品要求柔软、丰满,条干与强力均匀,细节、疵点、棉结少。可选择色泽乳白、有丝光、长度一般、整齐度好、短纤维少、纤维柔软、强力较高、未成熟纤维和疵点少、轧工良好的原棉。原色针织品对原棉色泽要求更高。

(5) 股线。股线经并合后条干有改善,纤维强力利用率高,疵点显露少,光泽和弹性增强,一般对纤维要求较低。可选择色泽略次、长度一般、整齐度略次、强力中等、未成熟纤维和疵点稍多、轧工较低的原棉。

(6) 混纺纱。混纺产品中因化纤的疵点少,原棉疵点易暴露,对原棉的外观要求较高。可选择色泽和工艺性能接近化纤、未成熟纤维和疵点少、轧工质量好、短纤维含量少的原棉。

（7）帘子线。要求原料强力高，成熟度要适当，但对色泽无要求；深色织物不能含有僵片，因为僵片会使纤维染不上颜色而出现色花。

3.3 设备的装备水平与之相配套的工艺和运转管理水平

技术装备先进，企业技术开发能力强，则纺纱时对纤维的损伤小，控制纤维运动的能力强。在确保成纱质量的前提下，可适当降低配棉等级，或同样的配棉等级可纺成更高质量的产品。

4 棉纤维的选配

我国棉纺厂使用较多的配棉方法是分类排队法。

4.1 原棉分类

分类就是根据原棉的性质和各种纱线的不同要求，把适纺某一类纱的原棉划为一类。在原棉分类时，先安排特细和细特纱，后安排中、粗特纱；先安排重点产品，后安排一般或低档产品。具体分类时，还应注意以下问题：

（1）原棉资源。为了使混合棉的性质在较长时间内保持稳定，在分类时要考虑棉季变动和到棉趋势，留有余地，并结合考虑各种原棉的库存量。如果库存量虽不多，但原棉将大量到货时，在选用时应尽量多用些；反之，库存量虽多，但到货量逐渐减少时，应控制少用。在可能的条件下应适当保留一些性能好的原棉，做到瞻前顾后、留有余地。

（2）气候条件。气候条件变化也会使成纱质量产生波动。如严冬季节气候干燥，易使成纱条干恶化；南方地区黄梅季节高温高湿，即使采用空调也不能控制成纱棉结、杂质粒数增多的趋势时，就需要在配棉中适当混用一些成熟度好、棉结和杂质较少的原棉，以便成纱质量稳定。

（3）加工机台的机械性能。当设备型号、机件规格等不同时，即使采用相同的原棉，成纱质量也会有差异。如有的设备除杂效率高，有的牵伸装置牵伸性能好，有的梳棉机分梳元件好等，在配棉时都要掌握，以便充分发挥这些设备的特点。

（4）配棉中各成分的性质差异。为了保持混合棉质量的稳定，配棉时要掌握各种原棉性质的差异。一般讲，接批原棉间的差异愈小愈好，而混合棉中各成分之间允许部分原棉的性质差异略大一些，对成纱质量并无影响。如所谓"短中加长"和"粗中加细"的经验，即在以较短纤维为主体的配棉成分中，适当搭配一些较长的纤维；或在以较粗纤维为主体的配棉成分中，适当混用一些较细纤维，这对改善条干和提高成纱强力都会有一定的好处，但混比不宜过大。当在较短纤维中混入一定量的较长纤维时，可提高纤维的平均长度，对条干无影响，而对强力有利。在较粗的纤维中混入一定量的较细纤维时，可增加纱线截面中纤维根数，从而改变成纱的质量。

4.2 原棉的排队

排队就是在分类的基础上将同一类原棉分成几队，把地区或性质相近的原棉排在一个队内,当一批原棉用完,将同队内另一批原棉接替上去。原棉接批时,要确定各批原棉使用的百分率,并使接批后混合棉平均性质无明显差异。在排队时应注意以下问题。

(1) 主体成分。由于同一产区原棉的可纺性比较一致,在配棉成分中选择某一产区的若干种可纺性较好的原棉作为主体成分。当来自不同产区的原棉的可纺性都较好时,可以根据成纱质量的特殊要求,以长度或细度作为确定主体成分的指标。主体成分在总成分中应占70%以上,它是决定成纱质量的关键。

(2) 队数与混用比例。不同原棉混用比例的高低与队数多少有关。在一个配棉成分表中,队数多,则混用比例低,在原棉接批时造成成纱质量波动的风险就小,但队数过多,车间管理麻烦。一般选用5~6队,每队原棉最大混用比例应控制在25%以内。小型棉纺企业,所进原料品种少,量也不大,配棉时会出现队数过少和个别成分混用比例过高的现象,但如果货单量不大在一个交货单内不进行原料接批就避免了因原棉接批而使成纱质量波动大的现象,但原料成本会较高。

(3) 勤调少调。勤是指调换成分的次数要多,少是指每次调成分的比例要小。勤调少调就是调换成分的次数多些,每次调换的成分少些。勤调虽然使管理工作麻烦些,但会使混合棉质量稳定。反之,如果减少调换次数,每次调换的成分多,会造成混合棉质量的突变。如果某一批混用比例较大,可以采用逐步抽减的办法。如某一批原棉混用25%,接近用完前,先将后一批接替原棉用15%左右,当前一批原棉用完后,再将后一批原棉增到25%,这样使部分成分提前接替使用,可避免混合棉质量的突变。

4.3 原棉性质差异的控制(表1-1)

表1-1 原棉性质差异控制范围

控制内容	混合棉中原棉性质差异	接批原棉性质差异	混合棉平均性质差异
产地	—	相同或接近	地区变动不宜超过25% (针织纱不宜超过15%)
品级	1~2级	1级	0.3级
长度/mm	2~4	2	0.2~0.3
含杂率/%	1~2	1以下	0.5以下
细度/公支	500~800	300~500	50~150
断裂长度/km	1~2	接近	0.5

4.4 回花和再用棉的混用

纺纱过程中,由于半制品生头、断头、黏缠等原因产生的内在质量接近原棉的纤维称为回花,包括回卷、回条、粗纱头、皮辊花。它们与混合棉的性质基本相同,故可以在某些品种中按照生产比例均匀回用。对质量要求高或低特纱品种,粗纱头、细纱吸风花可升特使用。粗纱头要先开松再混用,同时要严格控制其混用比例。

再用棉是指加工过程中产生的可再使用的落物,主要有开清棉机的车肚花(统破籽),梳棉机的车肚花、盖板花和抄针花及箱梳落棉。再用棉的含杂率和短绒率都较高。如统破籽中可纺纤维仅占20%~40%，并且纤维较短，还含有大量细小杂质，因此，处理后只能混用于中、粗特纱或副牌纱；斩刀花和抄针花中可纺纤维占80%~85%，但棉结杂质粒数较多，短绒率较高。虽然细特纱的斩刀花、抄针花质量较好，但为确保成纱质量，不在同线密度产品中混用。一般用途的中、粗特纱，斩刀花、抄针花均本特混用，质量差的降至纺副牌纱或废纺中使用。精梳落棉的纤维长度较短，棉结多而小，杂质细而小，一般在粗特纱中混用5%~20%，在中特纱中也可混用1%~5%。再用棉也是气流纺的极好原料。

下脚包括统破籽经处理后的落杂、开清工序经尘笼排除的地弄花、梳棉工序的车肚花、绒辊条粗工序的绒板花、粗细工序的绒辊花以及细抢筒摇的回丝等。下脚经专门的拣净、开松和除杂后，在副牌纱或废纺中使用。

回花和再用棉要均衡使用，注意产生的数量和质量变化，注意处理方法和处理机械的状态，注意使用比例，一般不超过10%，注意打包后使用及混合均匀；对染色要求较高的品种，应不用或少量使用（<5%）。

5 彩色棉的选配

除了按一般原棉进行单色种原棉选配外，还可根据最终产品的色彩，对每种原料单独进行测色，然后将多种原料混合，生产混色纱产品，使产品色彩既符合设计要求，又丰富了产品的色彩。

6 配棉实例

纺制16 tex×2股线的配棉表示例见二维码，表中有九个批号的原棉，共分五个队，各队又排队接批。表中以虚线表示每月使用的包数和接批情况，如湖北孝感的原棉，每天混用20%，使用到14日调用湖北黄陂的原棉，调动前混合棉平均技术品级为2.61，调动后为2.66，相差0.05级，符合混合棉平均性质差异控制范围（表1-1）要求的不超过0.3级。混合棉的其他性质差异也在控制范围内。

配棉表示例

7 计算机配棉

传统配棉由配棉工程师针对某一品种纱从数百种原棉唛头中选择合适的原棉唛头，并确定混纺比。这项工作面广、量大且要求工作人员有较丰富的实践经验。计算机配棉应用人工智能模拟配棉全过程。通过对成纱质量进行科学预测及时指导配棉工作，并对库存原棉进行全面管理，准确地向配棉工作提供库存依据，保证了自动配棉的顺利完成，同时使得原料库存管理与成本核算方便、快捷。计算机配棉管理系统主控制模块包括三个子系统（分控制模块），即原棉库存管理系统、自动配棉系统和成纱质量分析系统。主控制模块可根据操作者需要，将工作分别交给三个子系统处理。

纺纱原料中主体成分为固定某产区时，计算机辅助配棉技术可以作为人工配棉的参考。当纺纱原料中主体成分在几个原料产区波动时，计算机辅助配棉技术很难发挥作用，因各产区原棉对成纱质量影响程度是不相同的。

技能训练

1. 制作一个配棉排队表。

课后练习

1. 原棉、化学纤维是如何分类的？
2. 什么是配棉？配棉的目的是什么？配棉的依据是什么？
3. 如何做到合理配棉？
4. 如何合理使用回花与再用棉？

任务 1.3 化学纤维的选配

工作任务

1. 讨论原棉选配与化学纤维选配的区别。

知识要点

1. 化学纤维选配的依据和方法，纤维在混纺纱中的转移分布规律。

随着我国化学纤维工业的飞速发展，化学纤维的品种和规格日益增多。化学纤维有许多独特的优点，如何使用好化学纤维原料，使企业增效、增益，是纺织厂的一项重要任务，其中原料选配是关键。

化学纤维原料选配包括单一化学纤维纯纺、化学纤维与化学纤维混纺、化学纤维与天然纤维混纺的选配。

1 化学纤维选配的目的

（1）充分利用化学纤维特点。各种纤维有不同的特点。例如，棉花的吸湿性能好，但强力一般，弹性低；涤纶的强力和弹性均好，但吸湿性能差。将棉和涤纶混纺，可制成滑、挺、爽的涤/棉织物。又如黏胶纤维的吸湿性能好、染色鲜艳、价格便宜，但牢度差、不耐磨；锦纶的强力好且耐磨。在黏胶纤维中混入少量锦纶，织物的耐磨性及强力可显著提高。

（2）增加花色品种。目前，差异化纤维、功能纤维和新的纤维素纤维在棉纺加工系统中不断应用，同时将各种不同规格的合成纤维、纤维素纤维和天然纤维等组合应用，出现了二合一、三合一和五合一等多种产品。通过不同纤维纯纺或混纺，制成各种不同风格、不同用途的产品，满足社会的各种需要。

(3) 改善纤维纺纱性能。大多数合成纤维的吸湿性差,比电阻高,在纺纱过程中静电现象严重,纯纺比较困难。为了保持生产稳定,可在合成纤维中混用吸湿性较高的棉、黏胶纤维或其他纤维素纤维,增加混合原料的吸湿性和导电性,改善可纺性。

(4) 提高织物服用性能。合成纤维的吸湿性能差,若单独作为内衣原料,吸汗和透气性均不好。若在合成纤维中混入适量棉或黏胶纤维,可使织物吸湿性能等服用性能得到改善。

(5) 降低产品成本。化学纤维品种多,不仅性能差异大,价格差异也很大。在选配原料时,既要考虑提高产品质量和稳定生产,还要注意降低成本,以取得较好的经济效益。在保证服用要求的情况下,混用部分价格低廉的纤维,可降低生产成本。

2 化学短纤维的选配

2.1 化学纤维纯纺与混纺

化学纤维纯纺是指采用单一品种化学纤维进行纺纱。单一品种化学纤维由于生产厂和批号等不同,染色性和可纺性也会有较大差异,因此应注意合理搭配。

在国产化学纤维和进口化学纤维并用的情况下,宜采用混唛纺纱。混唛即将不同生产厂、不同批号的同品种化学纤维搭配使用,逐步抽调成分。混唛可取长补短,保证混合原料的质量稳定,减少生产波动。但是混唛对混合的均匀性要求较高,混合不匀会造成纬向色档及匀染性差的缺陷,严重时织物经向出现"条花"疵点。因此,纺织厂在大面积投产前通常将不同批号、不同国家的化学纤维在同一条件下进行染色对比,按色泽深浅程度排队,供混唛配料调换成分时参考。如果长年由某化学纤维厂对口供应原料,可采用单唛纯纺,这样不易产生染色差异。

除单一化学纤维纯纺外,还有不同品种化学纤维的混纺,在衣着方面主要有涤/黏、涤/腈等化学纤维混纺。

2.2 化学纤维与棉混纺

化学纤维与棉混纺,产品不但具有化学纤维的特性,也有棉的性质,应用较广泛。如涤棉、腈棉、维棉、黏棉混纺。选用化学短纤维长度为 36.38 mm。由于化学短纤维整齐度较好,单纤维强力较高,为确保成纱条干均匀,则要求选用的原棉长度长、整齐度好、品级高、成熟度好且细度适中。生产超细特化学纤维与棉的混纺纱,常用长绒棉;生产细特化学纤维与棉的混纺纱,可选用细绒棉。为了提高化学纤维与棉的混纺产品的质量,保证正确的混纺比,一般化学纤维与棉混合回花不在本特纱内回用。

3 化学纤维选配

化纤原料选配主要有三个方面的内容:纤维品种的选配、混纺比例的确定以及纤维性质的选配。其中纤维品种的选配和混纺比例的确定主要在开发设计产品时就要考虑,纤维性能的选配原则是原料选配应关注的主要内容,对成纱质量有很大影响。

3.1 纤维品种的选配

化学纤维品种的选配对混纺纱的性质有决定性作用，因此，应根据产品的不同用途和质量要求，并结合纤维资源情况、纺纱工艺要求及化纤加工性能，选用不同的化纤品种。

如棉型内衣用织物要求柔软、条干均匀、吸湿性好，宜选用黏胶纤维、维纶或腈纶与棉混纺；棉型外衣用织物要求坚牢耐磨、厚实挺括，多选用涤纶和棉混纺；特殊用纱如轮胎帘子线，要求坚牢耐磨、不变形，宜采用涤纶或锦纶做原料；如果要提高毛型化学纤维的纺纱性能和织物耐磨性能，可采用两种化学纤维和羊毛纤维混纺，以取长补短、降低成本；为改善麻织物的抗皱性和弹性，可采用涤纶与麻纤维混纺。

3.2 混纺比例的确定

混纺比例对织物性能的影响很大。混纺比根据产品用途和质量要求确定，也可根据化学纤维的强伸度确定。

（1）根据产品用途和质量要求确定混纺比。外衣用料要求挺括、耐磨，保形性、免烫性、抗起球性好，而内衣用料要求吸湿性、透气性好，柔软，光洁。此外，还要考虑加工和染整条件、原料成本等。

（2）根据化学纤维的强伸度确定混纺比。混纺纱的强力除了取决于各成分纤维的强力，还取决于各成分纤维的断裂伸长率。以断裂伸长率不同的纤维混纺，在受到外力拉伸时，各成分纤维同时产生伸长，但纤维内部受到的应力不同。首先是初始模量大的纤维承受应力，继续拉伸到伸长率超过伸长率较低纤维的断裂伸长率时，该种纤维首先断裂。此时，负荷全部由未断裂的伸长率较大的纤维承受。很快，这种纤维随之断裂。各成分纤维断裂的不同时性使混纺纱的强力并不等于各成分纤维纯纺纱强力的加权平均值，而总是低得多。因此，混纺纱的强力与各成分纤维的强力差异、断裂伸长率差异和混纺比三者有关。

3.3 纤维性能的选配

化学短纤维的品种和混纺比确定后，产品的性能还不能完全确定，因为混纺纤维的各种性质，如长度、细度等指标不同，都会影响混纺纱产品的性能。纤维性质的选配主要影响纺纱工艺和混纺纱的质量。化学纤维与棉纤维的性能差异很大，有棉纤维不具备的特性，如卷曲度、含油率、比电阻、超倍长纤维等。下面就这些性能指标对工艺和成纱质量的影响进行分析：

（1）长度和线密度。与棉纤维一样，化学纤维越长越细，单纤维强力越大，对成纱强力越有利。化学纤维的长度和线密度相互配合，构成棉型、中长型、毛型等不同规格。一般，化学短纤维的长度 L(mm)和线密度 N_t(dtex)的比值为 23 左右。当该比值大于 23 时，纤维强度高，手感柔软，可纺较细的纱，生产细薄织物；但该比值过大时，开清棉工序易出现绕角钉现象。当该比值小于 23 时，织物挺括并具有毛型风格，可生产外衣织物；但该比值过小时，成纱发毛，可纺性差。

（2）强度和伸长率。化学纤维的强度和伸长率影响成纱强力和织物风格。当混纺纱受拉伸时，其中断裂伸长率较低的纤维先断裂，使成纱强力降低，所以，应选断裂伸长率相近的纤维进行混纺,这对提高成纱强力有好处。同时,两种纤维的混纺比选择时,应尽量避开临界混纺比。

(3) 含油率、超长和倍长纤维、并丝等疵点及热收缩性。含油太少,纤维粗糙发涩,易起静电;含油太多,纤维发黏,易绕锡林。一般冬天宜含油率略高,夏天宜含油率稍低。超长、倍长纤维在纺纱过程中易绕刺辊、绕锡林,牵伸时易出硬头,影响正常生产,产生橡皮纱。如在梳棉机上容易绕刺辊、绕锡林,在粗纱机和细纱机上容易出硬头,不易牵伸,有时会产生橡皮纱。

(4) 色差。通过目测纺同一品种的熟条、粗纱和细纱出现明显的色泽差异以及在络纱筒子上发生不同色泽层次的现象,称为色差。原纱的色差会使印染加工染色不匀,产生色差疵布。在化学纤维配料时,对染色性能差异大的原料,应找出合适的混纺比,减少原料的白度差异,接批时要做到勤调少调和交叉抵补。

(5) 卷曲数。化学纤维达到一定的卷曲数和卷曲度,可以改善条干和提高强力,生产过程可纺性也较好。

(6) 化学短纤维转移对选配的影响。纱线中的纤维由于其长度、细度、初始模量及卷曲度会影响纤维在纱中的分布,从而影响织物风格。长、细、初始模量低、卷曲度小的纤维容易分布在纱的内层;反之,短、粗、初始模量高、卷曲度大的纤维容易分布在纱的外层。处于外层的纤维主要关系到织物的表面性质,如耐磨性、手感、外观等,因此要适当选配纤维原料,以达到充分利用纤维性质的目的。如选用长于天然纤维的化学纤维与天然纤维混纺,其成纱中天然纤维大多处在外层,使成纱外观更接近天然纤维。

纤维截面形状对纤维转移也有影响,天然纤维有固定的截面形状,但化学纤维可制成任意的截转移,如用圆截面和三角形截面的纤维混纺,由于圆截面纤维的抗弯强度比三角形截面纤维的小,故圆截面纤维易处于纱的内层,而三角形截面纤维易分布在纱的外层。

纤维在纺纱过程中的转移除受纤维本身性状影响外,还与纺纱工艺、纺纱线密度、混纺比等因素有关。在紧密纺纱中,纤维转移能力较小,分布较均匀。

4 化学纤维选配应注意的问题

化学纤维选配的目的主要是保证生产稳定,成纱质量达到用户要求。化学纤维品种质量差异小,主体成分突出,一般采用一种或两种可纺性好的纤维作为主体成分,其含量占总量的60%~70%。一般采用单唛,也可采用多唛原料。为达到降低成本的目的,也可混入适量回花。

4.1 采用单唛原料

(1) 单一原料必须质量稳定、可纺性好。

(2) 单一原料需要有足够的储备量,且供应渠道通畅。

(3) 更换原料时必须了机重上。

4.2 采用多唛原料

(1) 原料接替变动,混纺比不能太大,性能要一致,否则容易产生色差疵点。

(2) 对原料的混合要求较高。

(3) 有光原料、无光原料不能混用。

(4) 原料变化大时，要做颜色比对试验。

4.3 使用纤学纤维回花

在混并前，一般按某种纯化学纤维处理，混并后按某种主体成分的纤维使用，或集中经处理后纺制专纺产品。

技能训练

1. 完成一种化学纤维纱线的原料选配。

课后练习

1. 化学纤维选配的依据是什么？如何合理选配化学纤维？
2. 采用多种成分在传统环锭纺纱设备上混纺时，各成分纤维在纱线横截面上的转移规律如何？

任务1.4 原料的混合

工作任务

1. 描述原料混合的目的和要求。
2. 描述混纺纱的混料方法，并比较其特点。
3. 选择涤/棉、涤/黏纱线产品适用的混料方法，并简述理由。

知识要点

1. 纤维原料混合的方法与设计。
2. 混料方法选择。
3. 混纺比计算。

1 混合目的和要求

纺纱加工使用的原料是纤维集合体，不同纤维之间的长度、细度、弹性、强度等特性都会有差异。为了使最终产品的各项性能均匀一致，要求选配的纤维原料在纺纱过程中能达到充分的混合。各成分纤维混合不均匀，会直接影响成纱的线密度、强力、染色及外观质量。

混合要求：均匀混合满足"含量正确"和"分布均匀"。即要使各种混合原料在纱线任意截面上的含量与设计的比例相一致，而且所有混合原料在纱线任意截面上的分布呈均匀状态。

均匀混合的前提是混合原料被科学地排包和细致地松解,排包应尽量减少排间纤维性能的差异。松解应直到单纤维状态,松解越好,纤维块越小,混合就越完善。在纤维块被松解成纤维束、纤维束又被松解成单根纤维的过程中,原料的混合是逐渐完善的。

2 混合原则

(1) 先开松,后混合。开松越好则混合越好。
(2) 多包取料,以便消除各包间的差异。
(3) 不同原理不同处理。
(4) 保证混合料与配棉表相符。
(5) 混合方法力求简单,便于管理,减轻劳动强度。

3 混合方法

目前采用的混合方法有棉包散纤维混合、条子混合和称重混合等。

3.1 棉包散纤维混合

在开清棉车间,将棉包或化学纤维包放在抓棉机的平台上,用抓棉机进行混合的方法,称为棉包散纤维混合。不同品种、批号的化学纤维或原棉,在原料加工的开始阶段就进行混合,使这些原料经过开清棉各单机和之后各工序的机械加工,进行较充分的混合。但这种混合方法中,混纺比例不易准确控制,因为各种成分的混合比例是以包数体现的,当包的松紧、规格不同时,抓取效果会不同,尤其在开始抓包和结束抓包时,混合比例更难控制。一般在混合原料性质差异不大时,采用棉包混合,混合方法简单。

3.2 条子混合

在并条机上,将经过清棉、梳棉、精梳工序加工制成的不同纤维的条子进行混合的方法,称为条子混合。棉型化学纤维与棉混纺时,由于原棉含有杂质和短绒,化学纤维只含有少量疵点而且长度整齐,为了排除原棉中的杂质和短绒,一般将原棉与化学纤维分别经过清棉、梳棉、精梳工序单独处理,再在并条机上按规定比例进行条子混合。这种混合方法的优点是混合比例容易掌握,不同原料经不同处理,有利于节约原料,减少纤维损伤,但混合不易均匀,为了提高混合均匀程度,可采用增加并合道数的方法。一般在混合原料性质差异大时使用条子混合,但纺纱工序较多,管理较麻烦。

3.3 称重混合

在开清棉车间,将几种纤维成分按混合比进行称重再混合的方法,称为称重混合。过去普遍使用小量混合方法,将4~6种配棉成分按混棉比例要求分别称重,然后一层层铺放在混棉长帘子上,再喂入下台机器加工。采用这种混合方法,各成分的比例准确,但劳动强度大,效率低,现已很少使用。目前多使用自动称量机,将纤维按混合比例自动称重后铺放在混棉长帘子上,代替人工的抓取、称重和铺放工作,大大减轻劳动强度。一般,一套开清棉联合机配备三台自动称量机和一台回花给棉机,整套设备的占地面积较大。对于有成分的混合比例在5%～8%的情况,可将该成分与其中一个混合比例较小的成分称重混合,先混合再打包使用,这样可确保小比例混合成分均匀分布在混用原料中。目前,此种混合方法主要用于化学纤维和其他多种成分的混合,混合充分且混纺比精准,更换原料和混纺比也比较方便。

4 混纺比的计算

混纺纱中各种纤维的混纺比是指干重的混纺比。由于各种化学纤维及棉的回潮率不同,纺纱时应按设计的干混纺比计算出实际混纺比,再进行投料生产。

4.1 棉包散纤维混合或称重混合时的混纺比计算

设各种化学纤维混纺时,其实际回潮率 W_i 分别是 $W_1, W_2, \cdots, W_n$;干重混纺比 Y_i 分别为 $Y_1, Y_2, \cdots, Y_n$;湿重混纺比 X_i 分别为 $X_1, X_2, \cdots, X_n$,则可按下式计算:

$$X_i = \frac{Y_i(1+W_i)}{\sum_{i=1}^{n} Y_i(1+W_i)} \tag{1-1}$$

例如:涤/黏纱设计干混比为65/35,若涤纶的实际回潮率为0.4%,黏胶纤维的实际回潮率为11%,求两种纤维的湿重混纺比。

解:将已知数据代入式(1-1),得

$$X_1 = \frac{65 \times (1+0.4\%)}{65 \times (1+0.4\%) + 35 \times (1+11\%)} = 62.68\%$$

$$X_2 = \frac{35 \times (1+11\%)}{65 \times (1+0.4\%) + 35 \times (1+11\%)} = 37.32\%$$

投料时,涤纶按62.68%、黏胶纤维按37.32%配置。

4.2 条子混合时的混比计算

采用条子混合时,在初步确定条子的根数后,应计算各种混合纤维条子的干定量。

设各种纤维条子的干混比 Y_i 分别为 $Y_1, Y_2, \cdots, Y_n$;各种纤维条子的干定量 g_i 分别为 $g_1, g_2, \cdots, g_n$;各种纤维条子的根数 N_i 分别为 $N_1, N_2, \cdots, N_n$。各种纤维条子的干混比、干定量与根数之间的关系如下:

$$Y_1 : Y_2 : \cdots : Y_n = g_1 N_1 : g_2 N_2 : \cdots : g_n N_n \tag{1-2}$$

可改写成
$$\frac{Y_1}{N_1} : \frac{Y_2}{N_2} : \cdots : \frac{Y_n}{N_n} = g_1 : g_2 : \cdots : g_n \tag{1-3}$$

例如:涤/棉纱设计混比为65/35,在并条机上混合,初步确定用四根涤纶条子和两根棉条一起喂入头道并条机,涤纶条子的干定量为18 g/(5 m),求棉条的干定量。

解:将已知数据代入式(1-3),得

$$\frac{65}{4} : \frac{35}{2} = 18 : g_2$$

$$g_2 = 19.38 \text{ g/(5 m)}$$

即棉条的干定量为 19.38 g/(5 m)。

如果采用三种纤维混合,也可采用式(1-3)进行计算。如果按预设根数计算得到的干定量值过大或过小,可修改预设的根数或定量,使之达到合适范围。

技能训练

1. 各种混纺比实例计算。

课后练习

1. 原料混合的方法有哪些？其适用范围如何？
2. 纤维包排列如何实现原料的混合均匀性？

项目 2

开清棉流程设计及设备使用

教学目标

1. 理论知识

（1）开清棉工序的任务、工艺流程、发展概况。

（2）开清棉机械的分类。

（3）开清棉各单机的机构组成、作用、工艺过程。

（4）开松、除杂、混合和均匀作用的原理及其在开清棉流程中的设计原则，提高这些作用的措施。

（5）工艺参数调节及调整方案、质量控制。

（4）开清棉工序中各主机之间的联接方式。

2. 实践技能

能完成开清棉工艺设计、质量控制、操作及设备调试。

3. 方法能力

培养学生的分析归纳能力；提升学生的总结表达能力；训练学生的动手操作能力；帮助学生形成知识更新能力。

4. 社会能力

通过课程思政，引导学生树立正确的世界观、人生观、价值观，培养学生的团队协作能力，以及爱岗敬业、吃苦耐劳、精益求精的工匠精神。

项目导入

将原棉或各种短纤维加工成纱需经过一系列纺纱过程，开清棉是棉纺工艺过程的第一道工序。原棉或化纤都是以紧压成包的形式进入纺纱厂的，原棉中还含有较多的杂质和疵点。因此，开清棉工序的主要工作任务如下：

（1）开松。通过开清棉联合机各单机中角钉、打手的撕扯和打击作用，将棉包或化纤包中压紧的块状纤维松解成小棉束，为后续除杂和混合创造条件。

(2) 除杂。在开松的同时去除原棉中50%~60%的杂质,尤其是棉籽、籽棉、不孕籽、砂土等大杂。

(3) 混合。将各种原料按配棉比例充分混合。

(4) 均匀成卷。制成一定规格(即一定长度和质量、结构良好、外形正确)的棉卷或化纤卷,以满足搬运和梳棉机的加工需要。在采用清梳联合机的情况下,不需要经成卷加工,设备会直接输出棉流到梳棉机的储棉箱中。

以上各任务是相互关联的。要清除原料中的杂质疵点,必须破坏它们与纤维之间的联系,因此应该将原料松解成尽量小的纤维束。因此,本工序的首要任务是开松原料,原料松解得愈好,除杂与混合的效果就愈好。但在开松过程中,应尽量减少纤维的损耗、杂质的碎裂和可纺纤维的下落等情况。

任务2.1 典型流程特点分析

工作任务

1. 列出开清棉工序的任务。
2. 分析开清棉典型流程特点。

知识要点

1. 开清棉机械的分类。
2. 开清棉典型工艺流程。

1 开清棉机械的类型

在开清棉工序中,为完成开松、除杂、混合、均匀成卷四大作用,开清棉联合机由各种作用的单机组成,按机械的作用特点以及所处的前后位置可分为下列几种类型。

(1) 抓棉机械,如自动抓棉机。可从许多棉包或化纤包中抓取棉块和化纤,喂给前面的机械。它具有扯松与混合的作用。

(2) 棉箱机械,如自动混棉机,多仓混棉机,双棉箱给棉机等。这些机械都具有较大的棉箱和一定规格的角钉机件。输入的原料在箱内进行比较充分的混合,同时利用角钉把原料扯松并尽量去除较大的杂质。

(3) 开棉机械,如轴流式开棉机、精开棉机等。它们的主要作用是利用打手机件对原料进行打击,撕扯,是原料进一步松解并去除杂质。

(4) 清棉、成卷机械,如单打手成卷机。它的主要作用是以比较细致的打手机件,使输入原料获得进一步的开松和除杂,再利用均棉机构及成卷机构制成比较均匀的棉卷或化纤卷。采用清梳联合机时,则输出均匀的棉流,供梳棉机加工使用。

(5) 辅助机械,如凝棉器、配棉器、除金属装置、异纤清除器等。

以上各类机械通过凝棉器和配棉器连接,组合成开清棉联合机。

3 现代开清棉技术的特点

(1) 精细抓棉。抓取的棉束尽量小且均匀,为其他机台的开松、除杂、混合及均匀创造良好的条件。

(2) 多仓混棉。采用多仓混棉机,有利于增大储棉量,实现棉流长片段大范围之间的均匀混合。

(3) 柔和开松。采用各种新型打手,并辅之以弹性握持,进行柔和开松。

(4) 自调匀整。采用自调匀整装置,其灵敏度高,匀整效果显著。

(5) 机电一体化。将机械设备与电气控制技术、流体控制技术、传感器技术有机结合,从而实现生产过程中的在线监测和自动控制。

(6) 强力除尘、短流程。利用气流进一步去除微尘,各单机性能大大提高,成套流程缩短。

(7) 采用清梳联,无需成卷。

技能训练

1. 分析开清棉典型流程特点。

课后练习

1. 简述开清棉工序的任务。
2. 开清棉联合机组主要包括哪些设备?这些设备的主要作用是什么?

任务 2.2　抓棉机类型及使用

工作任务

1. 绘制抓棉机结构简图。
2. 讨论提高直行往复式抓棉机混棉效果的工艺要点。

抓棉机(视频)

知识要点

1. 抓棉机的结构及工艺过程。
2. 抓棉机开松、混合作用及影响因素。
3. 抓棉机主要工艺参数设置。

抓棉机是开清棉联合机的第一台设备。抓棉机的主要作用是按照确定的配棉成分和一定的比例精细抓取原棉,经初步开松和混合,以棉流的形式送入后道设备。抓棉机要做到"轻抓、细抓、抓小、抓全、抓匀",保证成分正确,不损伤纤维,为后道设备的进一步开松、混合、除杂创造良好的条件。抓棉机按照机构特点可分为环行圆盘式抓棉机和直行往复式抓棉机两大类,其中直行往复式抓棉机是现代开清棉设备的主流机型和发展趋势。下面主要介绍直行往复式抓棉机:

1 直行往复式抓棉机的结构与原理

直行往复式抓棉机根据抓棉方式分为单打手抓棉机和双打手抓棉机,其代表机型中,JWF1016型、A3000型为单打手抓棉机,JWF1009型、JWF1011型、JWF1012型、JWF1018型、JSB008型、FA009型等均为双打手抓棉机。

1.1 直行往复式抓棉机的结构组成及工艺过程

直行往复式抓棉机主要由抓棉器、直行小车、转塔、塔座、轨道、吸棉槽、打手及压棉罗拉、覆盖带卷绕装置、抓棉器悬挂装置及电器控制系统组成。如图2-1所示,抓棉器及其平衡重锤挂在转塔顶部的轴上,并能沿转塔的立柱导轨做升降运动。转塔则与直行小车连接,它们共同沿两条地轨做往复直行运动。打手能在直行小车做往复运动时产生抓棉动作。直行小车运行时,两组肋条彼此错开地压在棉堆的表面。在肋条和压棉罗拉都压住棉堆的情况下,打手上的刀片即相继抓取棉堆表面的原棉并将其开松成较小棉块。接着,棉块被打手上抛到罩盖内,并由气力输送经伸缩管和固定输送管道输出。直行小车运动到一端转向时,抓棉器即下降2～10 mm。

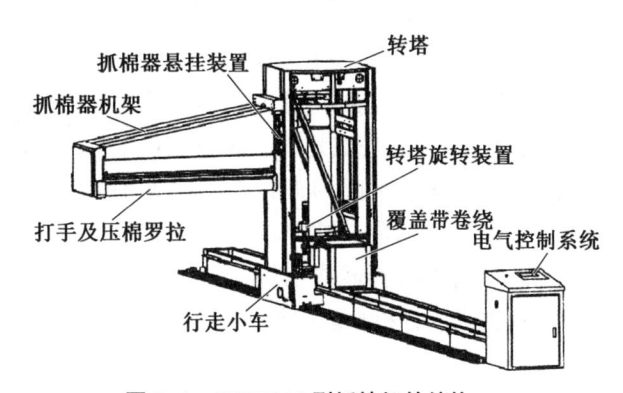

图2-1 JWF1012型抓棉机的结构

1.2 JWF1011型抓棉机的结构组成

JWF1011型抓棉机的结构如图2-2所示,适用于抓取各种不同等级的原棉和长度在76 mm以下的化学纤维,以满足2 000 kg/h的产量要求。该机的主要特点如下:

全机由微机控制,可自动检测,实现全自动抓棉。抓棉臂上装有两个抓棉打手和两个安全检测辊,抓臂升降带有平衡装置,升降安全平稳,实现精细抓取。打片齿数增加到44(22/根);打手采用双电机单独传动;加大打手中心;减少打手之间的高速旋转形成的气流的相互影响,有利于棉束顺畅转移。压棉辊采用钢板星形圆盘焊接圆辊,平整棉包。塔身可做180°回转运动,采用电机链条传动,跟踪塔身的运行状态,利于抓取棉束。优化抓臂吸腔形状,利于吸腔吸风量均衡分布,提高棉束转移效率;增大吸槽面积,适应高产棉流输送;动作灵活、精准可靠,自动化智能化程度高,便于清梳联系统集成控制;栅板增加高度调节功能,满足用户的不同产量需求;抓棉机两侧均可堆放棉包,满足一机两线,实现两个区多品种需求。

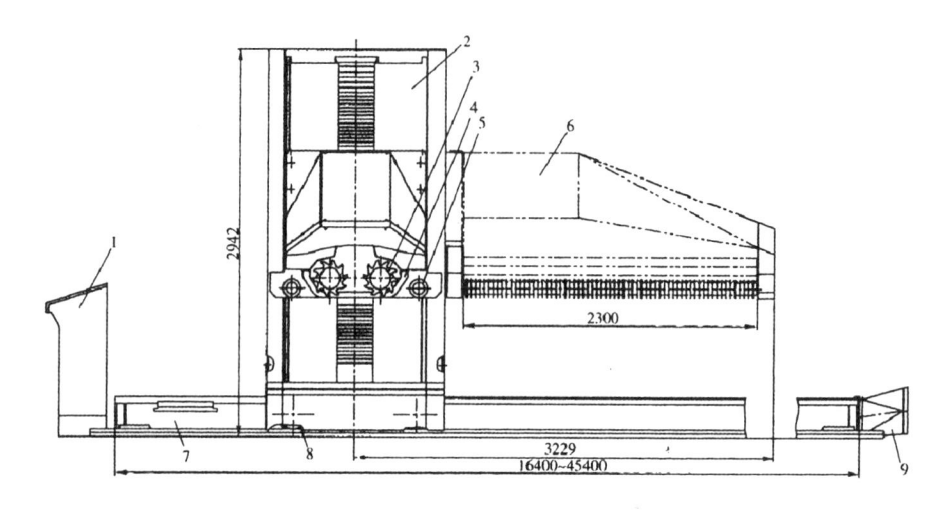

1—操作台 2—塔身 3—打手 4—肋条 5—压棉罗拉 6—抓棉头 7—地轨及吸棉槽 8—行走小车 9—出棉口

图 2-2　JWF1011 型抓棉机的结构

JWF1011 型抓棉机采用双打手结构（图 2-3），抓棉器内装有两只抓棉打手和三根压棉罗拉。打手刀片为锯齿形，刀尖排列均匀。三根压棉罗拉中，有两根分布在打手外侧，一根在两只打手之间。抓棉小车通过四个行走轮在地轨上做双向往复运动。同时，间歇下降的抓棉打手高速回转，对棉包顺序抓取。被抓取的棉束经输棉管道，在前方凝棉器或输棉风机的抽吸作用下，进入前方机台的棉箱内。

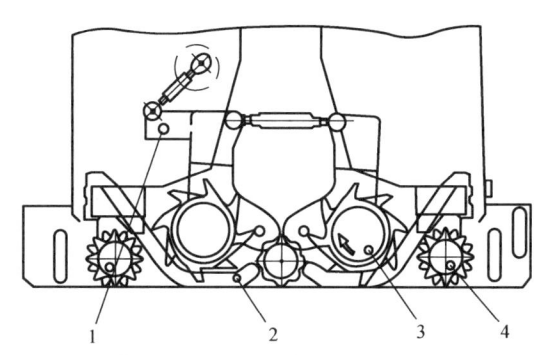

1—打手升降调节装置 2—肋条 3—打手 4—罗拉

图 2-3　JWF1011 型抓棉机的双打手结构

2　自动抓棉机工艺配置

自动抓棉机的工艺配置原则是在保证供应的前提下，尽可能实现勤抓、少抓、抓细、抓全，运转效率争取达到 90% 以上。

2.1　影响抓棉机开松作用的主要工艺参数

（1）打手刀片伸出肋条的距离。此距离大时，抓取的棉块大，开松作用降低，刀片易损坏。为提高开松作用，打手刀片伸出肋条的距离不宜过大，偏小掌握。

（2）抓棉打手间歇下降距离。此下降距离大时，抓棉机产量高，但开松作用降低、动力消耗增加。JWF1011 型抓棉机的抓棉打手间歇下降距离一般为 0.1～20 mm/次（偏小掌握）。

（3）打手转速。打手转速高时，刀片抓取的棉块小，开松作用好。但打手转速过高，则抓棉小车振动过大，易损伤纤维和刀片。JWF1016 型抓棉机的打手转速约为 1350 r/min，JWF1011 型抓棉机的打手转速约为 1178 r/min。

（4）抓棉小车运行速度。适当提高小车运行速度，单位时间内抓取的原料成分增多，有利于混合,同时产量提高。JWF1011 型抓棉机的抓棉小车运行速度一般为 1~20 m/min。

2.2 影响抓棉机混合作用的主要工艺因素

抓棉小车往复运行,按比例顺序抓取不同成分的原棉,实现原料的初步混合。提高抓棉机混合效果的主要措施如下:

(1) 合理编制排包图和上包操作。直行式纤维包排列原理如图 2-4 所示。实际操作时,先绘制一个圆,然后画一条水平线将其平分为两个半圆,接着将需排列的各种纤维包排列在上半圆周,再将上半圆周的各种纤维包对称地排列在下半圆周,则整个圆周排列的各种成分的纤维包与抓棉打手往复一次抓取的各种纤维原料的情况相同。因此,如果在整个圆周上各种成分的纤维包是均匀分散的,则纤维包排列是非常合理的。

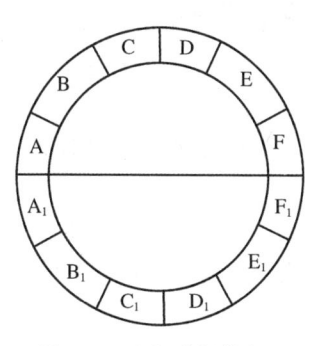

图 2-4 直行式纤维包排列原理

棉包排列要避免同一成分重复抓取。编制排包图应依据同一成分的纤维包在打手位置"横向分散、纵向错开"的原则,同时,在打手轴向的不同位置,不同成分的平均等级差异要尽量减少,使抓棉小车在各个位置抓取的纤维原料平均等级接近,以提高上包质量,保证棉包高低、松紧一致,削高嵌缝,平面看齐。

(2) 提高小车的运转率。为达到混棉均匀的目的,抓棉机抓取的棉块要小,所以在工艺配置上应做到"勤抓少抓",以提高抓棉机的运转率。运转率高,小车运行时间多,停车时间少,每次抓棉量少,而连续抓棉时间长,则混棉机棉箱内成分比较均匀。提高小车运行速度、减少抓棉打手下降动程及增加抓棉打手的刀片密度,都是提高运转率的有效措施。提高抓棉机的运转率,对后续工序的开松、除杂和棉卷均匀度都有益。

排包图示例

技能训练

1. 绘制抓棉机结构简图,讨论提高抓棉机混棉效果的工艺要点。

课后练习

1. 自动抓棉机有几种形式?试说明抓棉机的"勤抓少抓"工艺。
2. 试分析影响直行式自动抓棉机开松、混合作用的因素。

任务 2.3 混棉机类型及使用

工作任务

1. 绘制混棉机结构简图。
2. 列出目前混棉机械的混棉方式、代表机型,比较几种不同混棉机的工作原理。
3. 讨论混合效果评价方法。

> 知识要点
>
> 1. 混棉机的分类、各种混棉机结构及工艺过程。
> 2. 各种混棉机的混合原理。
> 3. 混棉机工艺设计与参数调整。

混棉是开清棉加工中的重要环节,混棉机械的主要作用是混合原料,其位置靠近抓棉机械。混棉机械的共同特点是都具有较大的棉箱和角钉机件,利用棉箱可对原料进行混合,利用角钉机件可对原料进行扯松,去除杂质和疵点。随着现纺纱原料和产品的多样化,特别是非棉混纺产品、色纺混色产品的开发对混合方式和质量的要求逐步提高和多样化,混棉方式和混棉设备也有多样化和组合式的发展趋势。其中多仓混棉机和精确称量棉机(棉簇混棉)是现代棉纺加工中的主要类型。

1 多仓混棉机

多仓混棉机主要利用多个储棉仓起细致的混合作用,同时利用打手、角钉帘、均棉罗拉和剥棉罗拉等机件产生一定的开松作用。多仓混棉机的混合作用,都是采用不同的方法形成时间差而实现的。按照形成时间差的不同方法,可分为两种类型:一种称为"时差混合",另一种为"程差混合"。

1.1 时差混合多仓混棉机

混棉机以"时差混合"原理作用的代表机型有 FA022 型、FA028 型、JWF1022 型、JWF1024 型、JWF1026 型等。

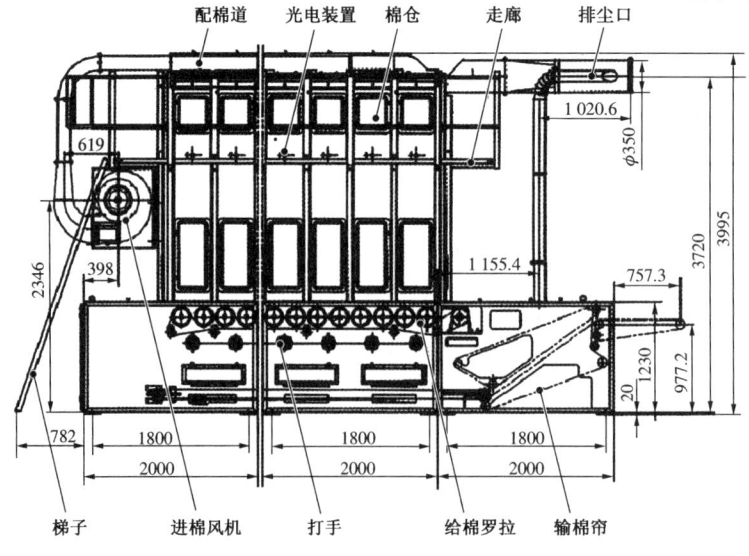

(1) JWF1026 型多仓混棉机的机构和工艺流程。JWF1026 型多仓混棉机适用于原棉、棉型化纤和中长化纤的混合(图 2-5)。该机有 6 仓、10 仓之分,其 6 仓结构如图 2-6 所示。

图 2-5 JWF1026 型多仓混棉机外观

图 2-6 JWF1026 型多仓混棉机结构

输棉风机将后方机台的原料抽吸过来,经过进棉管进入配棉道,顺次喂入各储棉仓。各储棉仓顶部均有活门,网眼板将纤维凝聚并留在仓内,使纤维与空气分离,凝聚的纤维充实储棉仓的下部,仓内的储料不断增高,当仓内储料达到一定高度,配棉道内气压(静压)上升到一定数值时,压差开关发出满仓信号(也有采用仓顶安装光电管检测仓内储料是否满仓),由仓位转换气动机构进行仓位转换,本仓活门关闭,下一仓活门自动打开,原料喂入转为下一仓;如此,逐仓喂料,直到充满最后一仓为止。在第二仓位观察窗的1/3~1/2 高度处装有光电管,监视着仓内纤维的存量高度。当最后一仓被充满时,若第二仓内纤维存量不多,原料高度低于光电管位置,则喂料就转回第一仓位;后方机台继续供料,使多仓混棉机进入下一循环的逐仓喂料过程。若最后一仓被充满时,第二仓内纤维存量较多,存料高度高于光电管位置,则后方机台停止供料,同时关闭进棉管中的总活门,但输棉风机仍然转动,气流经旁风道管进入垂直回风道,最后由混棉道逸出。待仓内存量高度低于光电管位置时,光电管装置发出信号,总活门打开,后方机台又开始供料,重复上述喂料过程。这样,储棉仓的高度总是保持阶梯状分布。在各仓底部均有一对给棉罗拉和一只打手,原料经开松后落入混棉道,顺次叠加在一起完成混合作用,然后被前方气流吸走。

(2) JWF1026 型多仓混棉机的混合特点。

① 时间差混合。JWF1026 型多仓混棉机的混合作用主要依靠各仓进棉时间差来实现。其工作原理概括为"逐仓喂入、阶梯储棉、不同时输入、同步输出、多仓混合",即在不同时间喂入各仓的原料,在同一时刻输出,达到各种纤维混合的目的。

② 大容量混合。JWF1026 型多仓混棉机的单仓最大质量 37.8~56.7 kg,混合片段较长,是高效能的混合机械。为了增大多仓混棉机的容量,除了增加仓位数外,还采用了正压气流配棉,气流在仓内形成正压,使仓内储棉密度提高,储棉量增大,最大产量视清棉机产量而定。

1.2 程差混合多仓混棉机

混棉机以"程差混合"原理工作的代表机型有 FA025 型、FA029 型、JWF1029 型、JSB325 型等。

(1) JSB325 型多仓混棉机的机构和工艺过程。JSB325 型多仓混棉机如图 2-7 所示。上一机台输出的棉流经顶部输棉风机吸入喂棉管道,在导向叶片的作用下,均匀喂入六只棉仓,气体则由棉仓上网眼板排出。各仓原棉在弯板处转 90°后叠加在水平输棉帘上,向前输送,受角钉帘的逐层抓取作用而撕扯成小棉束并输出。均棉罗拉回击过厚的棉块,使之落入小棉箱内,产生细致混合,剥棉罗拉剥取角钉帘上的棉束并喂入下一机台。

(2) JSB325 型多仓混棉机的混合特点。

① 程差混合。各仓同时输入、多层并合、不同时输出,依靠路程差产生的时间差,从而实现时差混合。

② 三重混合。在水平输棉帘、角钉帘及小棉箱三处产生三重混合作用,因而能实现均匀细致的混合效果。

③ 容量大,产量高。

(a) 外形　　　　　　　　　　　　　　(b) 结构

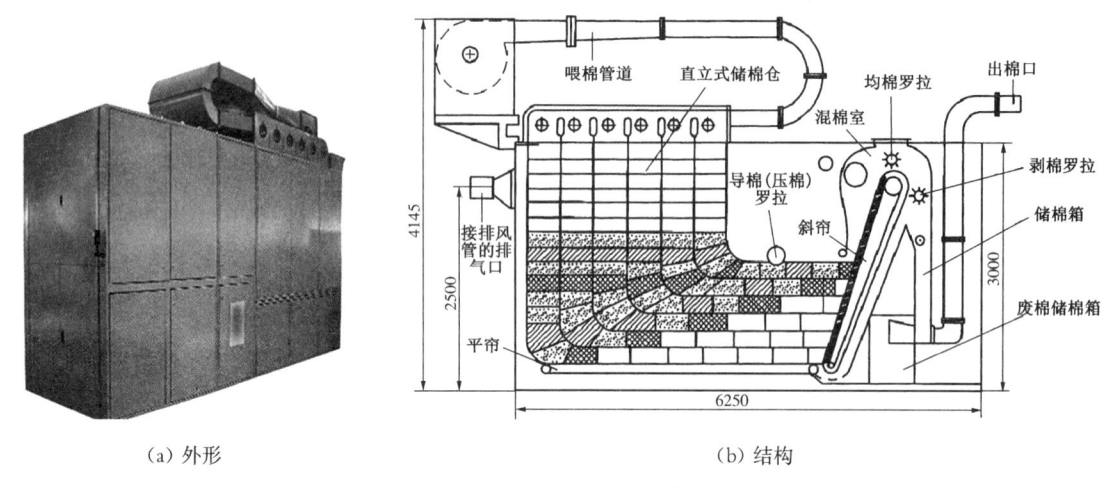

图 2-7　JSB325 型多仓混棉机

1.3　自动混棉机

（1）自动混棉机的结构和工艺流程。该机出口处为双打手，即圆柱角钉打手和 U 型刀片打手，在混棉的同时加强开松作用，并带有自动吸落棉装置。该机还可加装回花帘子，用于人工喂棉。该机结构如图 2-8 所示。

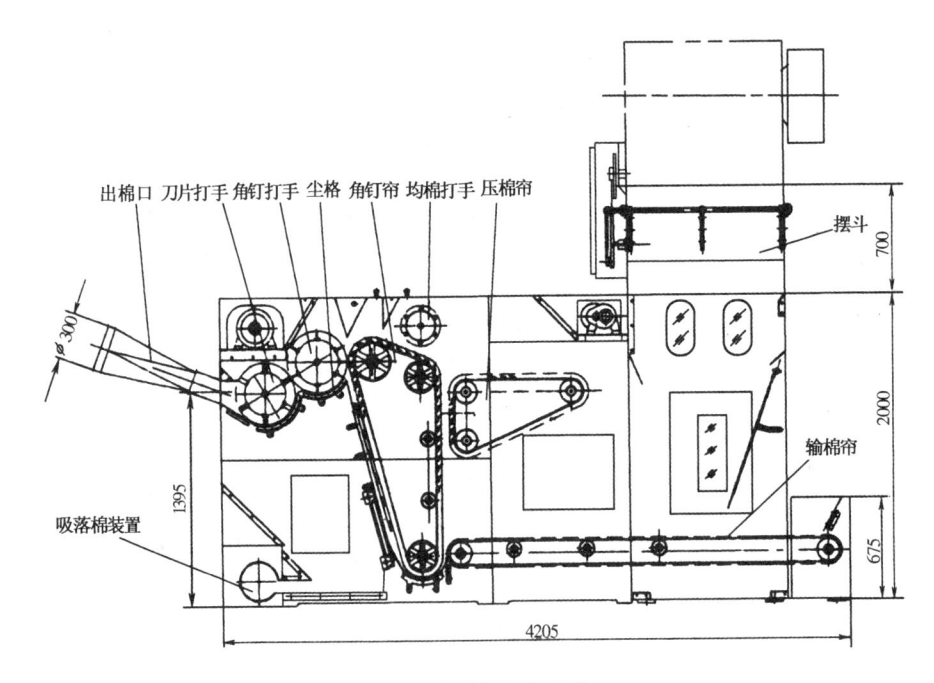

图 2-8　自动混棉机结构

该机一般位于自动抓棉机的前方，与凝棉器联合使用。原料靠储棉箱上方的凝棉器吸入本机，通过翼式摆斗的左右摆动，将棉块横向往复铺放在输棉帘上，形成一个多层混合的棉堆。压棉帘将棉堆适当压紧，因其速度和输棉帘相同，故棉堆被两者上下夹持而喂给角钉帘。角钉帘对棉堆进行垂直抓取,并携带棉块向上运动,当遇到压棉帘的角钉时,由于角钉帘的线速度大于压棉帘,于是棉块在两帘子之间受到撕扯作用,从而获得初步开松。被角钉帘抓取的棉块向上运动时,与均棉罗拉相遇,因均棉罗拉的角钉与角钉帘的角钉运动方向相反,棉块在此处既受撕扯作用又受打击作用。较大的棉块被撕成小块,一部分被均棉罗拉击落在压棉帘上,重新送回储棉箱与棉堆混合;一部分小而松的棉块被角钉帘上的角钉带出,由剥棉打手击落在尘格上。在打手和尘棒的共同作用下,棉块松解成小块后输入前方机械,继续加工,而棉块中部分较大的杂质如棉籽、籽棉等,通过尘棒间隙下落。

均棉罗拉与角钉帘之间的隔距可根据需要进行调节,使角钉帘上的棉块经均棉罗拉作用后,可以输出较均匀的棉量。储棉箱内的摇栅(或光电管)能控制棉箱内的储棉量。当储棉量超过一定高度时,通过电气系统使抓棉小车停止运行,停止给棉;反之,当棉箱内的储棉量低于一定水平时,电气系统使抓棉小车运行,继续给棉。在出棉部分装有间道装置,可以根据工艺要求改变出棉方向。

(2)自动混棉机的混合作用特点。该机主要利用"横铺直取、多层混合"的原理达到均匀混合的目的。这种方法不仅使角钉帘在同一时间内抓取的棉块能包含配棉规定的各种成分,还可使抓棉机喂入的各种成分原棉在较长片段上得到并合与混合。图2-9所示为该机的棉层铺放情况,其中 Z 方向是水平帘的喂棉方向,X 方向是棉层的铺放方向,Y 方向是角钉帘垂直运动的抓取方向。

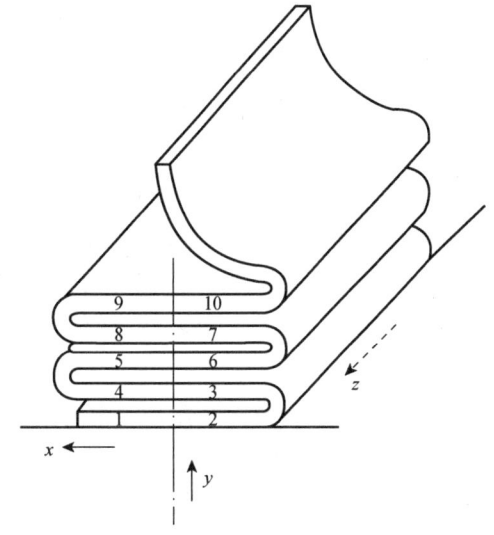

2 混棉机工艺设置

2.1 多仓混棉机的工艺参数

图2-9 自动混棉机的棉层铺放

(1)混合作用工艺参数。

① 时差混合的混棉机各仓满仓容量及换仓压力(可调),容量越大,混合时间差越大,混合效果越好。

② 时差混合的混棉机各仓满仓容量的大小,主要决定于换仓空气压力的高低,换仓压力高,容量大。

③ 第二仓光电管位置影响多仓混棉机延时混合效果,光电管位置低,可增加混合时间差,过低易空仓;位置高,影响阶梯状的成形,减弱"时差混合"效果。

④ 仓数越多,时差、路程差越大,混合效果越好。

⑤ 喂入量和输出量。

(2)多仓混棉机的开松作用。JWF1026型开松作用产生于各仓的底部先开松后混并;JSB325型开松作用产生于储棉箱内,先混并再开松。

2.2 自动混棉机的工艺配置

(1) 自动混棉机的混合作用。影响混合作用的主要因素：①摆斗的摆动速度；②输棉帘的输送速度；③混棉比斜板角度。提高摆斗的摆动速度和减小输棉帘速度，均可增加铺放的层数，混合效果好。为使棉箱内的多层棉堆外形不被破坏，便于角钉帘抓取全部配棉成分，在棉箱内的后侧装有混棉比斜板，其倾斜角可调整。棉箱内存棉量的波动要小，以保证均匀出棉。

(2) 自动混棉机的开松作用。自动混棉机的开松作用主要利用角钉等机件对棉块进行撕扯与自由打击来实现，对纤维的损伤小，杂质也不易破碎。该机的开松作用主要包括发生在以下四个部位的抓取、撕扯和打击：

① 角钉帘对压棉帘与输棉帘夹持的棉层的快速抓取。
② 角钉帘与压棉帘之间的撕扯。
③ 均棉罗拉与角钉帘之间的撕扯。
④ 剥棉打手对角钉帘上棉块的剥取打击。

以上部位中，除第一个发生的是一个角钉机件的扯松作用外，其余发生的均为两个角钉机件之间的撕扯作用。

影响自动混棉机开松作用主要工艺参数：①两角钉机件间的隔距；②角钉帘和均棉罗拉的速度；③角钉倾斜角与角钉密度。在保证产量的前提下，为加强开松作用，需加快均棉罗拉的转速、适当加快角钉帘的速度、缩小均棉罗拉与角钉帘的距离。因角钉帘与压棉帘的扯松作用发生在均棉罗拉之前，所以其隔距应比角钉帘与均棉罗拉的隔距大些。为了保证棉箱内原棉的均匀输送，输棉帘与压棉帘的速度应相同。角钉帘的速度因决定机台产量，故应首先选定。

(3) 自动混棉机除杂作用。自动混棉机除杂作用主要发生在角钉帘下方的尘格和剥棉打手下的尘格两个位置。影响自动混棉机除杂作用的因素主要有以下几点：①尘棒间的隔距；②剥棉打手和尘棒间的隔距；③剥棉打手的转速；④尘格包围角与出棉形式；⑤豪猪打手的转速。

自动混棉机的除杂效率较高，一般在10%左右，落棉含杂率应控制在70%以上，棉籽、籽棉等大杂质大部分应在本机排除，其排杂量在原有含量的50%以上，以实现大杂"早落、多落、防碎"的要求。

技能训练

1. 绘制自动混棉机结构简图。
2. 在实训基地或企业收集混棉机工艺，了解其混合作用的主要影响因素。

课后练习

1. 说明自动混棉机的组成与工艺过程，其开松方式有何特点？其混合方式有何特点？其开松点与除杂点发生在机器何处？如何调节？

2. 说明多仓混棉机的组成和工艺过程,影响混合效果的因素有哪些?
3. 基于时差混合与程差混合原理的多仓混棉机,在混合方式、开松方式上有何不同?
4. 如何评价混棉机的混合效果?

任务2.4 开棉机类型及使用

工作任务

1. 绘制开棉机的结构简图。
2. 比较不同开棉机的工作原理(开松、除杂原理、气流规律、除杂控制)。
3. 比较不同开棉机的工艺参数设置与调整。
4. 讨论开松除杂效果及评价。

知识要点

1. 开棉机的分类,各种开棉机的结构及工艺过程。
2. 各种开棉机的开松、除杂原理。
3. 开棉机工艺设计与参数调整。

开棉机械的共同特点是利用高速回转机件(打手)上的刀片、角钉或针齿对原料进行打击、分割或分梳,使原料得到开松和除杂。开棉机械的打击方式有两种:一是原料在非握持状态下经受打击,称为自由打击,其代表机型有 FA113 型、JWF1102 型、JWF1107 型单轴流式开棉机及 FA103 系列双轴流开棉机和传统的 FA104 系统多滚筒开棉机;二是原料在被握持状态下经受打击,称为握持打击,其代表机型有 JWF1104 型、FWF1115 型、JSB108/318 型精开棉机及传统的 FA106 型豪猪开棉机。

在开清棉联合机的排列组合中,一般先排自由打击的开棉机,再排握持打击的开棉机。

开棉机械的除杂是通过在打手的周围安装由若干尘棒组成的栅状尘格来完成的。受到高速回转的打手作用的纤维和杂质被投向尘格并与尘棒相撞,纤维块被尘棒截留,杂质则从尘棒间隙下落。

1 FA113型、JWF1102型、JWF1107型单轴流开棉机

该系列机型为高效的预开棉设备,一般安装在抓棉机和混棉机之间,具有结构简单、作用高效的特点,能满足高速运转的需求。

1.1 单轴流开棉机的机构组成及工作原理

单轴流开棉机的外形、打手和结构分别如图2-10(a)、(b)和(c)所示。进入该机型的

原料，沿导棉板做螺旋状运动，在自由状态下经受多次均匀、柔和的弹打，得到充分开松和除杂。

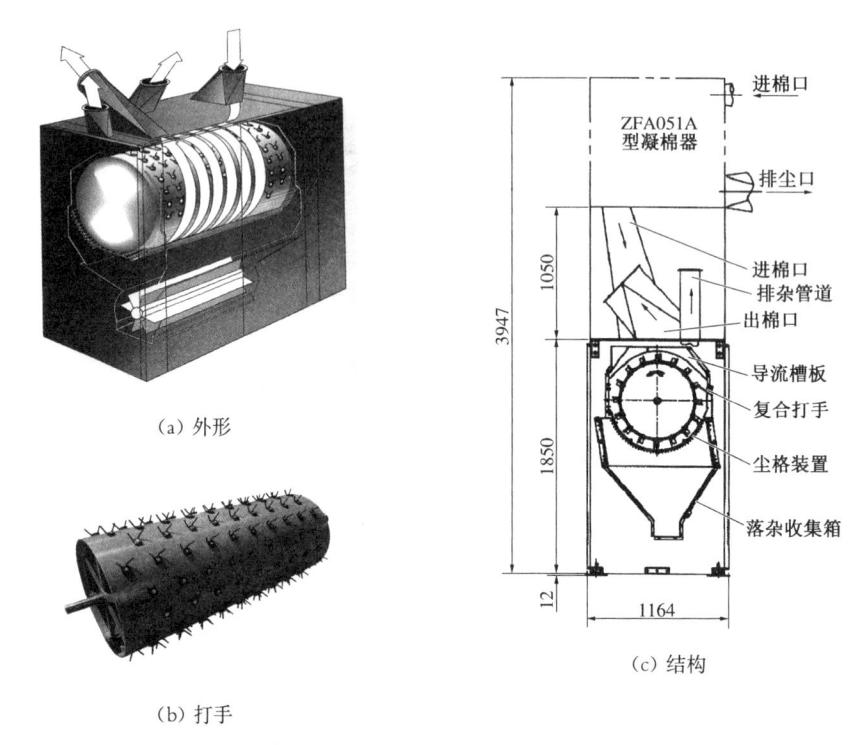

图 2-10　JWF1102型单轴流式开棉机

该机型的主要特点：(1)无握持开松，对纤维损伤少；(2)V形角钉富有弹性，开松柔和、充分，除杂效率高，实现了大杂"早落少碎"；(3)角钉打手转速在480～960 r/min，由变频电机传动，无级调速；(4)尘棒隔距可手动或自动调节，满足不同的工艺要求；(5)可选择间歇式或连续式吸落棉装置；(6)特殊设计的结构利于加强微尘和短绒的排除。三角尘棒结构见图2-11，尘棒工作原理及相关工艺名称见图2-12。

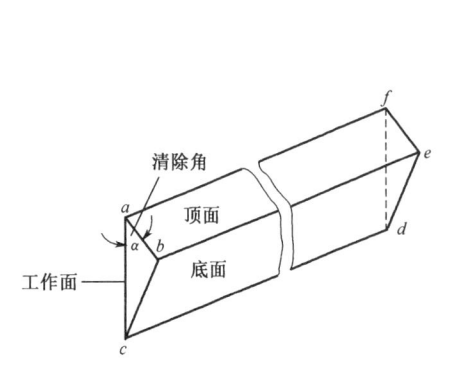

图 2-11　三角尘棒的结构(三面一角) 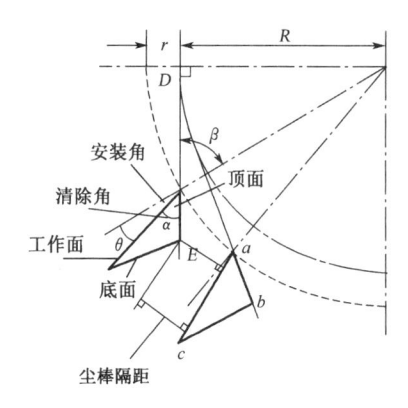　　图 2-12　尘棒工作原理及相关工艺名称

1.2 影响单轴流开棉机开松除杂作用的主要工艺参数

（1）打手转速。打手速度高，则打击力度大，纤维受到的冲击力大，开松除杂作用强。打手转速一般在 420～680 r/min。

（2）尘棒安装角。尘棒安装角大，则尘棒与打手之间的隔距减小，而尘棒与尘棒之间的隔距增大，由此提高开松作用强度和增加落棉量。尘棒安装角一般与隔距配合选择，当隔距为 6～10 mm 时，尘棒安装角可选择 3°～30°。

（3）进棉口和出棉口压力。进棉口静压过大，会使入口处尘棒间落白花；棉流出口静压低，易使落棉箱内的落棉回收；出入口处压差过大，会使棉条运动速度过快，棉条在机内停留时间缩短，这会降低开松作用。一般入口压力为 50～150 Pa，出口压力为 -200～-50 Pa。

2 FA103B 型双轴流开棉机

2.1 双轴流开棉机的机构组成及工作原理

双轴流开棉机有两个螺旋形排列的角钉辊筒组成，适用于加工各种等级的原棉，其机构如图 2-13 所示。原棉由气流输入打手室，并通过两个角钉辊筒经受自由打击，纤维受到的损伤小。在棉流沿打手轴向做旋转运动的同时，籽棉等大杂沿打手切线方向从尘棒间隙落下。转动的排杂打手能把尘杂聚拢，由自动吸落棉系统吸走，并能稳定尘室内的压力。FA103B 型双轴流开棉机上纤维的喂入和输出方式，在 FA103A 型的基础上进行变化，将原来由打手径向喂入和径向输出的纤维运动方式，改变为纤维从切向喂入和输出。

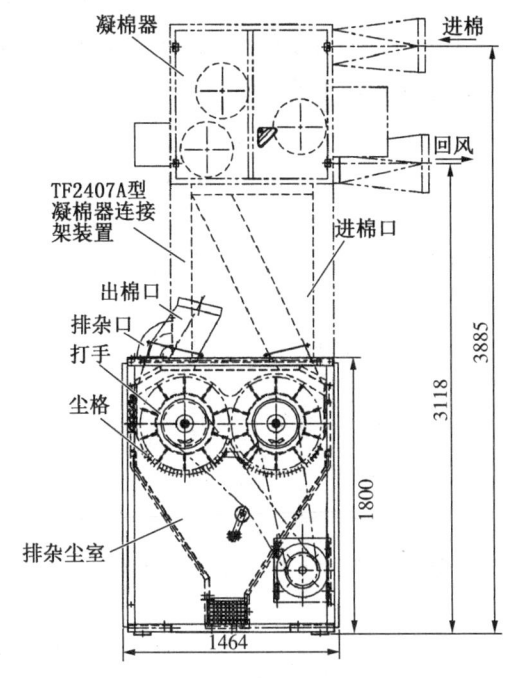

图 2-13 双轴流开棉机结构

2.2 影响双轴流式开棉机开松除杂作用的主要工艺参数

① 打手转速。打手转速高，打击力度大，对纤维的冲击力大，开松除杂作用强，一般为 650 r/min。

② 打手与尘棒间隔距。此隔距较小，可增强打手对纤维的冲击力度，从而增加开松除杂作用，一般为 15～23 mm。

③ 尘棒与尘棒间隔距。此隔距较大，可增加落棉量，一般选择为 5～8 mm。

④ 进棉口和出棉口压力。进棉口静压过大，会使入口处尘棒间落白花；棉流出口静压低，易使落棉箱内的落棉回收；出入口处压力差异过大，会使棉条运动速度过快，则棉条在机内停留时间缩短，这会降低开松作用。一般入口压力为 50～150 Pa，出口压力为 -200～-50 Pa。

3 精开棉机

精开棉机属于握持打击式开棉机,采用一对由加压装置施加压力的给棉罗拉来控制棉层的输入,然后由打手对棉层进行分割、撕扯,将棉层分解成较小的棉块和棉束,同时在打手、尘格及气流的共同作用下,去除纤维中的杂质和疵点。精开棉机的打手可以配置为不同的形式,包括刀片式、锯齿式、梳针式等,用于处理不同性状的原料。

3.1 JWF1104型精开棉机的机构组成及工作原理

JWF1104型开棉机结构如图2-14所示。本机主要用于对经过初步开松混合的原料进行储棉和进一步开松并除杂。待加工原料进入本机棉箱后,其中的大部分微尘、短绒及细小杂质可随着原料在棉箱中下落时由网眼板直接排至滤尘系统。棉箱底部的原料在气压的推送作用下喂入给棉罗拉,在给棉罗拉握持状态下,由角钉打手进行开松除杂,杂质被尘格分离后落在尘箱内并被排至滤尘系统。JWF1104型开棉机的打手形式是V形角钉,其转速一般为960 r/min(变频调节);星形给棉罗拉采用6叶翼片式,其转速最高为30 r/min(变频调节);翼片给棉罗拉采用30叶翼片式,其转速最高为30 r/min(变频调节);尘格采用40根尘棒,其调节方式为机外手动;产量一般为1600 kg/h。

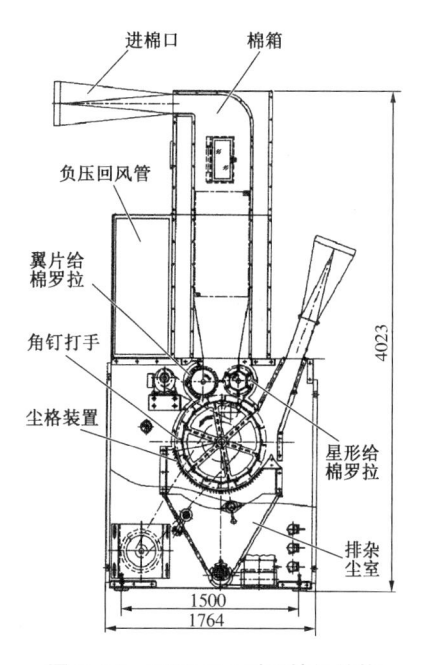

图2-14 JWF1104型开棉机结构

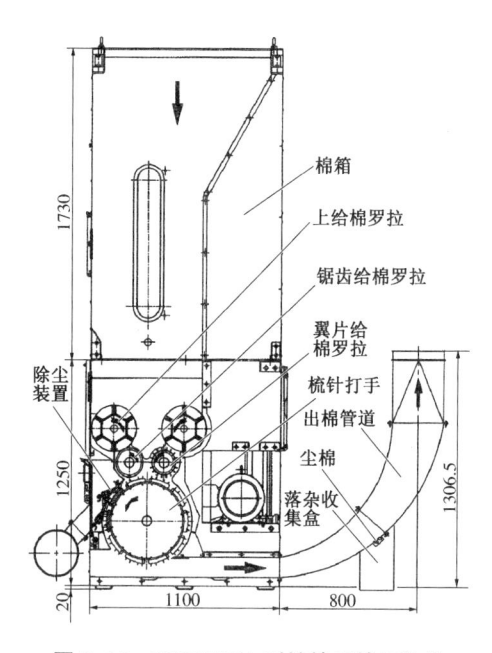

图2-15 JWF1126A型储棉开棉机结构

3.2 JWF1126A型储棉开棉机的机构组成及工作原理

JWF1126A型储棉开棉机结构如图2-15所示。该机型配有较大容量的储棉箱,其内装有三对对射式光电装置,能够在线精确控制储棉量,保证加工过程中纤维的均匀输送。该机由上下两对给棉罗拉握持纤维,将纤维连续均匀地输送给梳针打手进行开松和除杂,适用于高产纺化纤流程。

上给棉罗拉采用6叶翼片式,其转速最高为12.5 r/min(变频调节);锯齿给棉罗拉采用针布式,其转速最高为30 r/min(变频在线调节);打手采用梳针式,其转速可选580 r/min、670 r/min、781 r/min;尘棒采用三角形,一个尘格含两根尘棒;产量一般为1800 kg/h;除尘刀与打手间隔距可以手动调节;棉箱储棉调节采用光电式。

不同型号的精开棉机各有特点,如JSB108型、JSB318型精开棉机采用铝合金梳针打手(可选配豪猪打手、鼻形打手),其转速可选600 r/min、540 r/min、480 r/min;JSB108型的尘格采用三把除尘刀+一组尘棒,JSB318型的尘格采用六把除尘刀+一组尘棒。

3.3 影响精开棉机开松除杂作用的主要因素

开棉机械的主要作用是对原料进行开松和除杂。开棉机的工艺参数应根据原棉性质和成纱质量要求合理配置,一方面避免过度打击造成对纤维的损伤和杂质碎裂,另一方面要防止可纺纤维下落而造成浪费。影响精开棉机的开松除杂作用的主要因素如下:

(1) 打手转速。当给棉量一定时,打手转速高,开松除杂作用好;但打手速度过高,杂质易碎裂,而且易落白花或形成紧棉束,落棉含杂率反而降低。应根据纤维原料性质及其杂质特征,平衡开松除杂和纤维保护两个方面。打手转速依据工艺原则应偏高选择,但在加工纤维长度长、含杂少或成熟度较差的原棉时,通常采用较低的打手转速。采用梳针打手时,纺棉时打手转速一般在500~650 r/min,纺棉型化纤时打手转速一般在550~750 r/min,纺中长化纤时打手转速一般在450~550 r/min;采用锯齿打手时,打手转速应较梳针打手低一档选用。

(2) 给棉罗拉转速。给棉罗拉转速是决定精开棉机产量的主要因素。给棉罗拉转速高,则产量高,但开松作用差,落棉率低;反之,则产量低,但开松作用强,落棉率高。给棉罗拉转速依据工艺原则宜偏低选择,一般在14~70 r/min。

(3) 打手与给棉罗拉间隔距。此隔距较小时,开松作用较大,纤维易损伤。此隔距不经常变动,应根据纤维长度和棉层厚度确定。当加工较长纤维、喂入棉层较厚时,此隔距应偏大选择。此隔距的确定应优先考虑纤维长度,一般而言,加工棉及长度在38 mm以下的棉型化纤时为6~7 mm,加工长度在38~51 mm的化纤时为8~9 mm,加工长度在51~76 mm的化纤时为10~11 mm。

(4) 打手与尘棒间隔距。此隔距应按由小到大的规律配置,以适应棉块逐渐开松、体积膨胀的要求。此隔距越小,棉块受尘棒阻击的机会越多,在打手室内停留的时间越长,故开松作用大,落棉增加;反之,开松作用差,落棉减少。采用小隔距工艺原则,一般进口隔距为10~14 mm,出口隔距为14.5~18.5 mm。此隔距不易调节,在原棉性质变化不大时,一般不调整。

(5) 尘棒与尘棒间隔距。此隔距应根据原棉含杂情况、杂质性质和加工要求配置。一般情况下,此隔距的配置规律是从入口到出口,由大到小,这样有利于开松除杂,减少可纺纤维的损失。根据工艺要求,此隔距可通过改变尘棒安装角在机外整组进行调节。采用大隔距工艺原则,一般进口隔距为11~15 mm,中间隔距为6~10 mm,出口隔距为4~7 mm。

4　除杂效果评定指标

为了鉴定除杂效果，配合工艺参数的调整要定期进行落棉试验与分析。表示除杂效果的指标有落棉率、落棉含杂率、落杂率、除杂效率和落棉含纤率等。

（1）落棉率：反映落棉的数量。

$$落棉率 = \frac{落棉质量}{喂入原棉质量} \times 100\%$$

（2）落棉含杂率：反映落棉的质量，用纤维杂质分离机把落棉中的杂质分离出来进行称重。

$$落棉含杂率 = \frac{落棉中杂质质量}{落棉质量} \times 100\%$$

（3）落杂率：反映落杂的数量，也称绝对落杂率。

$$落杂率 = \frac{落棉中杂质质量}{喂入原棉质量} \times 100\%$$

（4）除杂效率：反映去除杂质的效能，与落棉含杂率有关。

$$除杂效率 = \frac{落杂率}{喂入原棉含杂率} \times 100\%$$

（5）落棉含纤维率：反映可纺纤维的损失量。

$$落棉含纤率 = \frac{落棉中纤维质量}{落棉质量} \times 100\%$$

（6）总除杂效率：反映开清棉工序机械总的除杂效能。

$$总除杂效率 = \frac{原棉含杂率 - 棉卷含杂率}{原棉含杂率} \times 100\%$$

技能训练

1. 绘制开棉机结构简图。
2. 在实训基地或企业收集开棉机工艺，了解其开松除杂作用的主要影响因素。

课后练习

1. 开棉机如何分类？各有何特点？各类开棉机在开清棉工艺流程中设置在何处较合适？为什么？
2. 比较各种不同类别的开棉机的组成和工艺过程。其开松、除杂方式有何特点？如何提高其开松、除杂效果？
3. 如何评价开棉机的开松效果与除杂效果？

任务 2.5 给棉机类型及使用

📠 工作任务

1. 绘制给棉机的结构图。
2. 说明给棉机的开松、除杂、均匀作用的形成。
3. 描述棉箱给棉机在使用中的工艺要点。

📑 知识要点

1. 给棉机的分类,各种给棉机结构及工艺过程。
2. 给棉机的作用及原理。
3. 给棉机工艺设计与参数调整。

给棉机械是将经开松、除杂后输出的纤维流经纤气分离后,利用流量控制和密度均衡的方法,输出均匀的棉层。根据开清棉后续连接的设备不同,给棉机械主要有两大类型,一类是连接传统成卷机的给棉机,以 SFA161A 型双箱给棉机、FA046A 型、FA161A 型振动给棉机和 FA179C 型喂棉箱为代表;另一类是连接输棉机的清梳联喂棉箱,以 FA172 系列、FA173 系列、FA177 系列、FA178 系列、FA179 系列、JWF1173A 型、JWF1177A 型、JSC371 型、JSC180 型喂棉箱以及 JWF1134 系列喂棉机等为代表。

1 振动棉箱给棉机的工艺过程

1.1 SFA161A 型振动棉箱给棉机

SFA161A 型振动棉箱给棉机的主要机构如图 2-16 所示。原棉经凝棉器喂入本机进棉箱,进棉箱内装有调节板,用以调节进棉箱的容量,侧面装有光电管,可根据进棉箱内原料的充满程度控制电气配棉器进棉活门的启闭,使棉箱内的原料保持一定高度。进棉箱下部有一对角钉罗拉,用以输出原料。机器中部为储棉箱,下方有输棉帘。原料由角钉罗拉输出后落在输棉帘上,由输棉帘送入储棉箱。储棉箱中部装有摇板,摇板随箱内原料的翻滚而摆动。当原料超过或少于规定容量时,由于摇板的倾斜带动一套连杆及拉耙装置,以控制角钉罗拉的停止或转动。输棉帘前方为角钉帘,角钉帘上植有倾斜角钉,用以抓取和扯松原料。角钉帘后上方的均棉罗拉从角钉帘上打落较大及较厚的棉块或棉层,以保证角钉帘带出的棉层厚度相同,使机器均匀出棉,并具有扯松原料的作用。均棉罗拉表面装有角钉,与角钉帘的角钉交叉排列。均棉罗拉与角钉帘之间的隔距可以根据需要进行调节。角钉帘的前方有剥棉打手,用于从角钉帘上剥取原料,使其进入振动棉箱,同时具有开松作用。

振动棉箱由振动板和出棉罗拉等组成。振动棉箱的上部装有光电管,控制角钉帘和输棉帘的停止或转动。经振动板作用后的筵棉,由输出罗拉均匀地输送至单打手成卷机。

SFA161A 型采用振动板棉箱给棉,棉束在棉箱内自由下落,棉层横向密度较均匀,为提高棉卷质量创造了条件,但其振动频率及振幅不可调节。

1.2 FA046A、SFA161A 振动棉箱给棉机

FA046A、FA161A 的振动频率及振幅可以调节,以适应不同原料的加工要求。FA046A 型振动棉箱给棉机如图 2-17 所示。本系列机型主要采用振动棉箱,输出的纤维经振动后成为密度均匀的筵棉而喂入成卷机,制成均匀的棉卷。

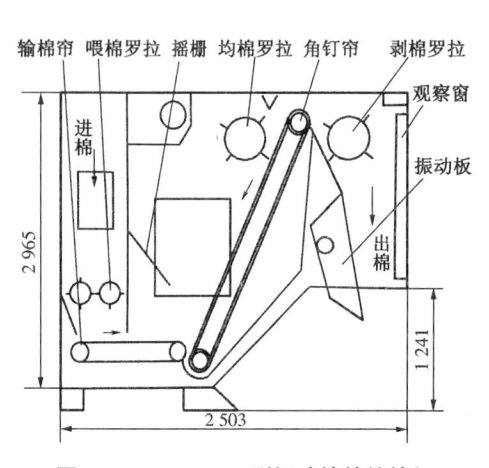

图 2-16 SFA161A 型振动棉箱给棉机

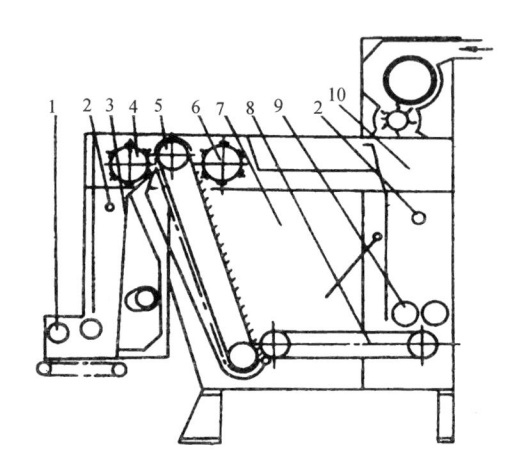

1—输出罗拉 2—光电管 3—振动板
4—剥棉打手 5—角钉帘 6—均棉罗拉
7—中储棉箱 8—输棉帘 9—角钉罗拉 10—进棉箱

图 2-17 FA046 型振动棉箱给棉机

2 振动式给棉机的均匀作用

为达到开松效果良好和出棉均匀的要求,双棉箱给棉机通过三个棉箱逐步控制储棉量的稳定,从而实现出棉均匀的目的。均匀作用主要通过以下途径实现:

(1)进棉箱和振动棉箱内均装有光电管,用以控制进棉箱和振动棉箱内存棉量的相对稳定,使单位时间内的输出棉量一致。

(2)中棉箱的存棉量由摇板—拉耙机构控制。

(3)角钉帘与均棉罗拉隔距控制出棉均匀。当两者隔距小时,除开松作用增强外,还能使输出棉束减小和均匀,但产量低(此时应适当增加角钉帘的线速度)。

(4)振动棉箱控制输出棉层均匀,采用了振动棉箱使箱内的原料密度更均匀,因而使均匀作用改善。

技能训练

1. 绘制给棉机结构图。

2. 在实训基地或企业收集给棉机工艺,了解其均匀给棉作用的主要影响因素。

课后练习

1. 给棉机械的作用是什么?
2. SFA161A 型振动式给棉机的组成和工艺过程怎样?其均匀方式有何特点?如何提高其均匀、混合效果?

任务 2.6　清棉机、成卷机类型及使用

工作任务

1. 绘制清棉机的结构简图。
2. 了解清棉机主要作用及工艺参数。

知识要点

1. 单打手成卷机的结构及工艺过程。
2. 单打手成卷机的均匀、开松作用及原理。
3. 单打手成卷机的工艺设计与参数调整。

原料经上述一系列机械加工后,已达到一定程度的开松与混合,一些较大的杂质已被清除,但还有相当数量的破籽、不孕籽、籽屑和短纤维等杂质,需经过清棉机械进一步开松与清除。清棉机械的作用主要包括:继续开松、均匀、混合原料,控制和提高棉层纵、横向的均匀度,制成一定规格的棉卷或棉层。

清棉机一般配置在开清棉工序的末端,其后方直接联接梳棉机而形成清梳联系统,也可以针对不同类别纤维的加工需要,配置在成卷机之前,可灵活处理不同性能和要求的原料。与精开棉机相比,清棉机一般采用齿形更小的锯齿或梳针打手,打手周围采用预分梳板、除尘刀和负压吸风口结构的预梳排杂装置,能够排除更加细小的杂质、疵点和微尘,以实现更精细的松解和清洁作用。

1　JWF1125 型清棉机

1.1　机构组成及工作原理

该机适用于加工各种等级的原棉,对经过初步开松、混合的棉纤维进行精细开松、除杂,并有效去除棉束中的杂质,加工后的纤维在输棉风机的抽吸作用下送入下一机台。该机型的结构如图 2-18 所示。

1.2 影响清棉机开松除杂作用的工艺参数

(1) 打手转速。打手转速会影响打手对棉层的打击强度。打手转速高,则开松除杂作用强,落棉率高;但打手转速过高,会使杂质易破碎,纤维易损伤。应根据纤维原料性质和杂质特征,平衡开松除杂和保护纤维两个方面。清棉机处于开清棉工序的末期,纤维开松度较高,一般打手转速为 500~1000 r/min,可以偏高掌握。

(2) 给棉罗拉转速。给棉罗拉转速决定设备产量,同时决定进入打手室的纤维量。较低的给棉罗拉转速会使进入打手室的纤维量减少,从而增加开松除杂效果,但产量降低。给棉罗拉转速一般为 12~142 r/min,可以偏低掌握。

(3) 打手与给棉罗拉间隔距。此隔距根据纤维长度与棉层厚度缺定,应优先考虑纤维长度。此隔距较小时,锯齿或梳针进入棉层较深,开松作用较强,但较长纤维易损伤或者击落后易扭结。清棉机型号不同,此隔距值有差异。

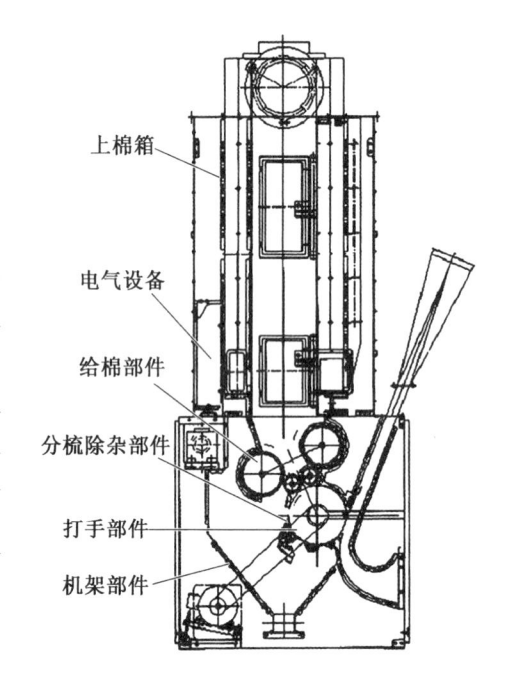

图 2-18 JWF1125 型清棉机结构

(4) 给棉罗拉与除尘刀间隔距。此隔距实际上就是第一落杂区的大小,第一落杂区通常是主除杂区,对整体落棉量起关键作用,落杂区大,落棉率高。

(5) 除尘刀分梳板组件与打手间隔距。此隔距主要包括除尘刀、预梳板和导棉板出口三处与打手间的距离。较小的除尘刀与打手间隔距可以阻挡更多的气流进入落杂箱,从而增加落棉量;较小的预梳板与打手间隔距和导棉板与打手间隔距可以增强打手对纤维的开松作用。此隔距一般自除尘刀入口至导棉板出口,按照由大至小的规律设置。JWF1125 型清棉机工艺隔距见图 2-19。

(6) 排杂管风压。排杂管风压会影响排杂区落棉量,风压负压大,有利于杂质、短纤维和微尘排出,但过大易造成落棉增多,纤维损失增大,能量消耗增多。排杂管风压选择以合适为宜。

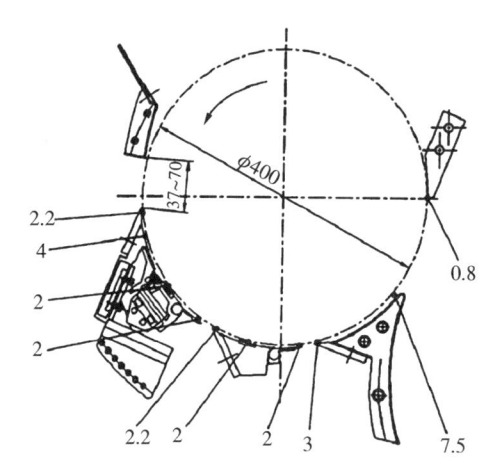

图 2-19 JWF1125 型清棉机工艺隔距

2 FA146A 型成卷机工艺过程

成卷机的作用是将开清棉加工完成的纤维制成一定规格和质量要求的棉卷,供给梳棉机使用。成卷机一般装配有自调匀整机构,保证纤维恒定地输送,配备有清棉打手进行纤维的除杂和分解,最终经凝棉尘笼形成棉层后,由成卷机构卷绕形成棉卷。从结构上分,现代成卷机有单尘笼凝棉和双尘笼凝棉之分,FA146A 型成卷机为单尘笼,FA1141 型成卷机为双尘笼。

FA146A 型单打手成卷机适用于加工各种原棉、棉型化纤及长度为 76 mm 以下的中长化纤,其结构如图 2-20 所示。双棉箱给棉机振动棉箱输出的棉层经角钉罗拉、天平罗拉杆头组件喂给综合打手。当通过棉层太厚或太薄时,经变速机构自动调节天平罗拉的给棉速度。天平罗拉输出的棉层受到综合打手的打击、分割、撕扯和梳理作用,开松的棉块被打手抛向尘格,杂质通过尘格落下,棉块则在打手与尘棒的共同作用下得到进一步的开松。由于风机的作用,棉块被凝聚在尘笼的表面,形成较为均匀的棉层,细小的杂质和短纤维穿过尘笼网眼,被风机吸出机外。尘笼表面的棉层由剥棉罗拉剥下,经过凹凸防黏罗拉,再由四个紧压罗拉压紧,之后经导棉罗拉,由棉卷罗拉卷绕在棉卷扦上制成棉卷,最后自动落卷称重。

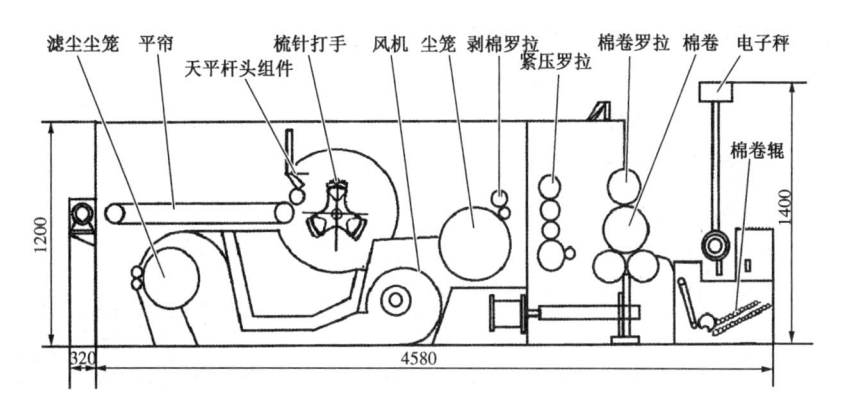

图 2-20　FA146A 型成卷机结构

3　单打手成卷机的主要机构和作用

3.1　打手的结构与作用

单打手成卷机采用综合打手。综合打手由翼式打手和梳针打手发展而来,其结构如图 2-21 所示。

在打手的每一臂上,都是刀片 1 装在前面,梳针 2 装在后面,因此兼有翼式打手和梳针打手的特点。刀片的刀口角(楔角)为 70°,梳针直径为 3.2 mm,梳针密度为 1.42 枚/m^2,梳针倾角为 20°,梳针高度自头排到末排依次递增,以加强对棉层的梳理作用。此外,打手刀片可根据工艺要求进行拆装,拆下刀片,换成护板,即可用作梳针打手。综合打手对棉层的作用是先利用刀片对棉层的整个横向施以较大的打

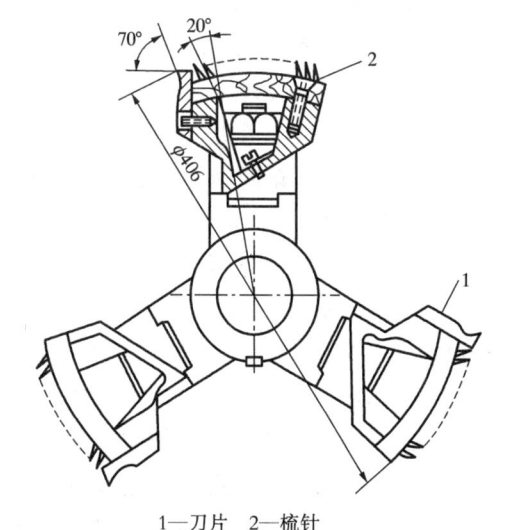

1—刀片　2—梳针

图 2-21　综合打手结构

击冲量,进行打击开松之后,梳针刺入棉层内部进行分割、撕扯、梳理,破坏纤维之间、纤维与杂质之间的联系而实现开松。综合打手作用缓和,杂质破碎较少,并能清除部分细小杂质。

3.2 尘棒的结构和作用

综合打手下方约 1/4 的圆周外装有一组尘棒,尘棒的结构及作用与豪猪式开棉机相同,也是三角形尘棒,与综合打手配合,起开松、除杂的作用。尘棒之间的隔距也通过机外手轮进行调节。

3.3 均匀机构和作用

清棉机的产品要达到一定的均匀要求,必须对棉层的纵、横向均匀度加以控制,产品的均匀度是在开清棉联合机中逐步获得的。

(1) 天平调节装置的工作原理。天平调节装置由棉层检测、连杆传递、调节和变速等机构组成,通过棉层的厚薄变化来调节天平罗拉的给棉速度,使天平罗拉单位时间内的给棉量保持一定。当棉层变厚时,天平罗拉转速减慢,给棉速度相应减慢。反之,棉层变薄时,天平罗拉转速成比例地增加,给棉速度加快。传统的铁炮皮带变速机构为机械式变速机构,它对棉层喂给量的均匀调整有很大的滞后性,已经淘汰。

天平调节装置的这套均匀机构沿横向分段检测棉层,然后进行纵向控制,所以,对棉层的横向均匀度不能调节。

(2) 尘笼的结构和作用。尘笼与风道的结构如图 2-22 所示。在综合打手的前方,有上、下一对尘笼 5、6。尘笼两端有出风口 1,与由机架墙板构成的风道 2 相连接。当风机 3 回转并通过排风口 4 向地沟排风时,在尘笼网眼外形成一定的负压,促使空气由打手室向尘笼流动,棉块被吸在尘笼表面而凝聚成棉层。细小尘杂和短绒随气流进入网眼,经风机排入机台下面的尘道中,再经滤尘设备净化。净化后的空气可进入车间回用,棉层则由尘笼前面的一对出棉罗拉剥下而向前输送。

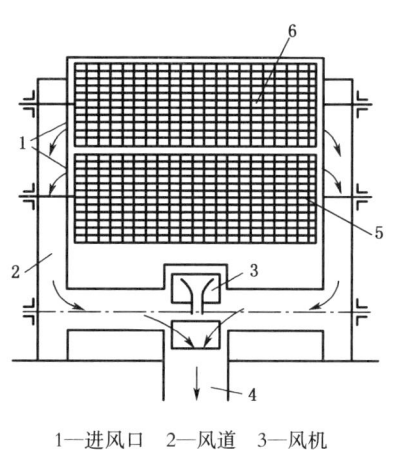

1—进风口 2—风道 3—风机
4—排风口 5,6—尘笼

图 2-22 尘笼与风道

尘笼的主要作用是凝聚棉层、调节棉层的横向均匀度,使棉块均匀地分布在尘笼表面。在凝聚棉层的过程中,尘笼表面吸附棉层较厚的地方,透过的气流减弱,便不再吸附棉块,而吸附棉层较薄的地方,仍有较强的气流通过,使棉块补充上去。尘笼的这种均匀自调作用,提高了棉层的横向均匀度,有利于制成均匀的棉卷。

(3) 自调匀整装置。清棉机上的天平喂给部分广泛采用了电子式自调匀整装置,反应灵敏,调速范围大,控制准确及时,如 SYH301 型自调匀整装置。其机构原理如图 2-23 所示,在天平调节装置的总连杆上挂有重锤 3,重锤上装有高精度位移传感器。当天平罗拉和天平杆之间的棉层厚薄发生变化时,经天平杆传递,使总连杆重锤产生位移,传感器 3

检测出变化量,转换为电信号后送给匀整仪 2 处理,从而调整天平罗拉的电机速度,使天平罗拉喂入速度变化,达到瞬时喂入棉量一致的目的。

4 单打手成卷机主要工艺影响因素

(1) 综合打手速度。在一定范围内增加打手转速,可增加打击数,提高开松除杂效果。但打手转速太高,易打碎杂质、损伤纤维和落白花。一般打手转速为 900~1000 r/min。加工的纤维长度长或成熟度较差时,宜采用较低转速。

(2) 打手与天平罗拉间隔距。一般在喂入棉层薄、加工纤维短而成熟度好时,此隔距应小;反之,则应适当放大。一般为 8.5~10.5 mm,由加工纤维的长度和棉层厚度决定。

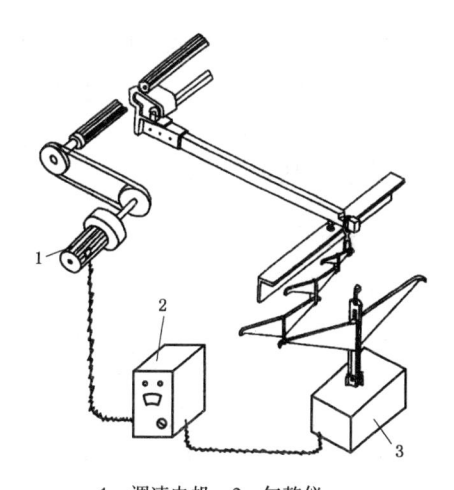

1—调速电机　2—匀整仪
3—重锤和位移传感器
图 2-23　SYH301 型自调匀整装置

(3) 打手与尘棒间隔距。随着棉块逐渐开松、体积增大,此隔距从进口至出口逐渐增大,一般进口为 8~10 mm,出口为 16~18 mm。

(4) 尘棒与尘棒间隔距。此隔距主要根据喂入原棉的含杂内容和含杂量而定,一般为 5~8 mm。适当放大此隔距,可提高单打手成卷机的落棉率和除杂效率,但应避免落白花。

任务 2.7　开清棉流程设计

工作任务

1. 讨论开清棉联合机中各主机之间的联接方式。
2. 讨论开清棉联合机的联动控制的实现方式。
3. 设计给定品种的开清棉流程。

知识要点

1. 凝棉器的结构、作用及工艺。
2. 配棉器的种类、作用。
3. 开清棉联合机的联动控制方法。
4. 开清棉流程组合原则及典型流程。

开清棉工序是多机台生产,在整个工艺流程中,通过凝棉器把每一个单机互相衔接起来,利用管道气流输棉,组成一套连续加工的系统。为了平衡产量,原棉由开棉机输出后,在喂入清棉机前还要进行分配,故在开棉机与清棉机之间,要有一定形式的分配机械;为了适应加工不同的原料，开清棉各单机之间还要有一定的组合形式；为了使各单机保持连续定量供应，还需要一套联动控制装置。

1 开清棉联合机的联接

1.1 凝棉器

凝棉器用于在开清棉流程中联接各棉箱，由尘笼、剥棉打手和风扇组成，其主要作用包括：①输送棉块；②排除短绒和细杂；③排除车间中部分含尘气流。

凝棉器根据分离纤维和气流的方式不同分为尘笼式和无动力式。

（1）尘笼式凝棉器。尘笼式凝棉器是在凝棉器中纤维借风机的抽吸，凝聚在尘笼表面，被打手剥取落入棉箱内，部分尘杂和短绒则进入尘笼内部，被送到滤尘器排除。主要型号有 ZFA051A 系列凝棉器。

（2）无动力凝棉器。无动力凝棉器中没有尘笼和打手，利用风机将纤维吹入机内，再利用弧形或环形设置的网眼板的隔离作用，实现纤维和气流的分离。无动力凝棉器根据其结构又可分为卧式和立式两种。立式无动力凝棉器的主要机型有 FA054 型、JFA030 型、CDX-1200 型凝棉器的技术特征（图 2-24）。卧式无动力凝棉器的主要机型有 FA052 型、FA053 型、FA054 型和 JFA030 型等。

1.1.1 ZFA051A 型凝棉器的机构和工艺过程

ZFA051A 型凝棉器的机构如图 2-25 所示。当风机高速回转时，空气不断排出，使进棉管内形成负压区，棉流即由输入口向尘笼表面凝聚，一部分小尘杂和短绒则随气流穿过尘笼网眼，经风道排入尘室或滤尘器，凝聚在尘笼表面的棉层由剥棉打手剥下，落入储棉箱。

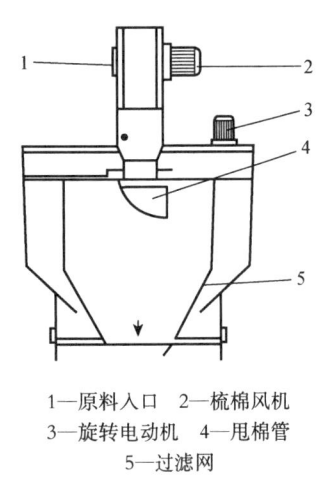

图 2-24 立式无动力凝棉器的结构
1—原料入口 2—梳棉风机 3—旋转电动机 4—甩棉管 5—过滤网

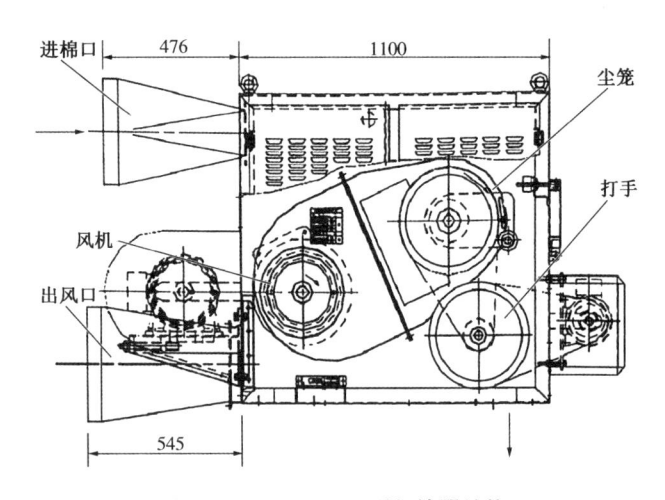

图 2-25 ZFA051A 型凝棉器结构

1.1.2 凝棉器的工艺参数

（1）风机速度。风机速度的确定，应符合棉流的输送要求。当风机转速太低时，风量和风压都不够，容易造成堵车；反之，风机转速过高，动力消耗大且凝棉器振动较大，容易损坏机件。选用的原则为在不发生堵车的前提下,要尽量选用较低的转速。选择风机速度还应考虑机台间输棉管道的长度、管道是否漏风等。

(2) 尘笼转速。尘笼转速的高低,影响凝聚棉层的厚薄,当尘笼转速较高时,凝聚棉层薄,增加了清除细小尘杂和去除短绒的作用。但尘笼表面容易形成一股随尘笼回转的气流,使棉层不能紧贴尘笼表面而呈浮游状态,在尘笼气流的作用下容易成块冲向前方,如积聚过多,在打手的上方容易发生堵车。所以,尘笼转速不宜过快。ZFA051A 型凝棉器的剥棉打手转速为 368 r/min 时,尘笼转速采用 113 r/min。

(3) 剥棉打手。凝棉器采用皮翼式剥棉打手。为了克服剥棉处尘笼的吸附力,剥棉打手的线速度应高于尘笼的线速度。另外,打手直径小,易缠花。根据生产经验,打手与尘笼的线速度之比一般不小于 2∶1。

1.2 梳棉风机和配棉器

(1) 输棉风机。风机在开清流程中利用气流的作用输送纤维到下一台设备,是开清棉设备连接的主要装置。主要型号有 JFA026 型、JFA020A 型、FN440A 型、FT201B 型和 JFA026A 型、JFA026D 型、FT240F 型、FT245 型输棉风机。

(2) 配棉器。由于开棉机与清棉机产量不平衡,需要借助配棉器将开棉机输出的原料均匀地分配给 2～3 台清棉机,用于开清棉流程中的输棉管道,由前方机台发出信号控制配棉器阀门开启或关闭,达到匹配输送的目的,以保证连续生产并获得均匀的棉卷或棉流。配棉器的形式有电气配棉器和气流配棉器两种,电气配棉采用吸棉的方式,气流配棉采用吹棉的方式,JFA001A 型气动配棉器见图 2-26。

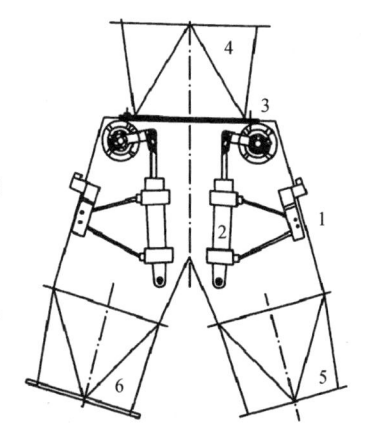

1—气动控制器 2—气动驱动器
3—调节阀门 4—纤维流进口
5,6—纤维流输出口

图 2-26 JFA001A 型气动配棉器结构

1.3 金属探除器与火星探除器

(1) 金属探除器。金属探除器一般安装于开清棉工序的抓棉机之后的输棉管道中,在连续生产的情况下,探测并排除混于纤维中的金属杂质。MT904 型金属探除器装置如图 2-27 所示。在输棉管的一段部位装有电子探测装置(图中没画出),当探测到棉流中含有金属杂质时,由于金属对磁场起干扰作用,发出信号并通过放大系统使输棉管专门设置的活门 1 短暂开放(图中虚线位置),使夹带金属的棉块通过支管道 2 落入收集箱 3,然后活门立即复位,恢复水平管道的正常输棉,棉流仅中断 2～3 s。经过收集箱的气流透过筛网 4,进入另一支管道 2,汇入主棉流。该装置的灵敏度较高,棉流中的金属杂质可基本排除干净,防止金属杂质带入下台机器而损坏机件和引起火灾。

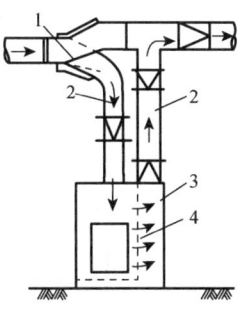

1—活门 2—支管道
3—收集箱 4—筛网

图 2-27 MT904 型金属探除器装置

(2) 火星探除器。火星探除器一般安装在开清棉输棉管道中,采用红外传感器探测火警信号,能有效地检测并排除纺织纤维中含有的火星,用以防护设备免受火灾。119E/F型火星探除器适用管道 200~600 mm,环境要求温度在 -10~40 ℃,相对湿度≤80%。

1.4 多功能分离设备

多功能分离设备一般以重物分离功能为主,设置于抓棉机和开棉机之间,利用离心力去除气流输送棉流中比纤维束重的杂质。很多的分离设备带有金属探测或火星检测功能,可以同时去除金属杂质和进行火情报警,同时该设备设置有气流平衡部件用于解决清梳联输送过程中因前后风机风量不匹配造成的故障停车,因此也被称为多功能气流塔。主要设备型号包括 JWF0001 型多功能分离器(图 2-28)、TF45A 型重物分离器(图 2-29)、FA100/A 型多功能气流塔、TF45B 型重物分离器(图 2-30)等。

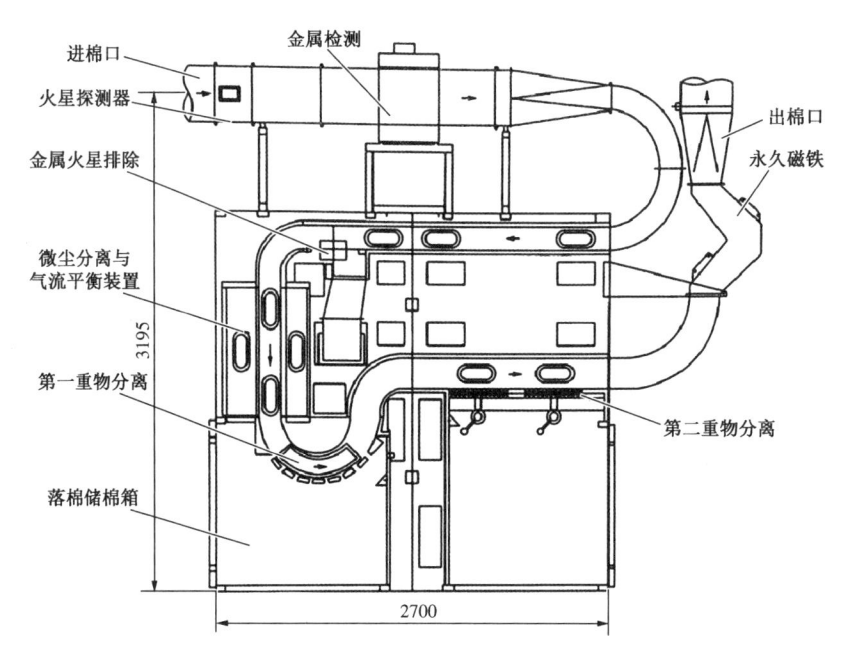

图 2-28 JWF0001 型多功能分离器结构

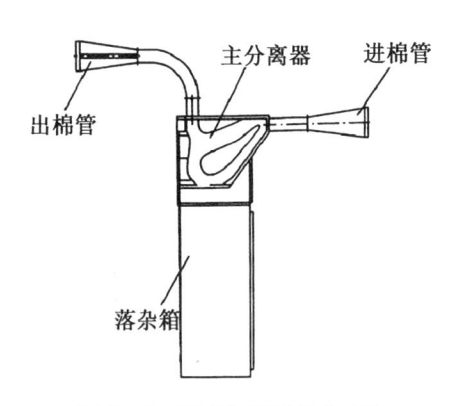

图 2-29 TF45A 型重物分离器

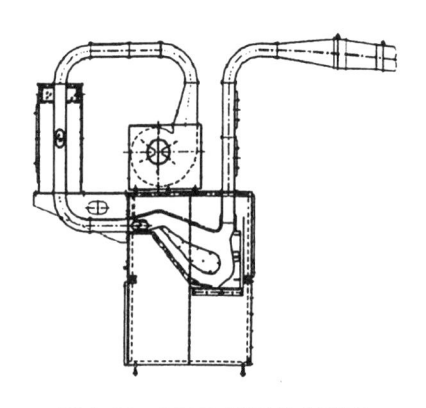

图 2-30 TF45B 型重物分离器

2 开清棉联合机组的联动

开清棉联合机是由各个单机用一套联动装置联系起来,前后呼应,控制整个给棉运动。当棉箱内棉量充满或不足时以及落卷停车或开车时,使前后机械及时停止给棉或及时给棉,以保证定量供应和连续生产。此外,联动装置还要保障工作安全,防止单机台因故障而充塞原棉,造成机台堵塞、损坏或火灾危险等。

2.1 控制方法

联动装置在构造上可分为机械式和电气式两种,后者的控制较为灵敏、准确。国产开清棉联合机采用机械和电气相结合的控制装置。机械式如拉耙装置、离合器等,电气式如光电管、按钮连续控制开关等。

控制方法可分逐台控制、循序控制和联锁控制三种。逐台控制是一段一段地控制。如前方的一台机器不需要原棉时,可以控制其后方的一台不给棉,但后方更远的机器仍可给棉;反之,当前方的一台机器需要棉时,后一台机的给棉部分便产生运动向前给棉。联锁控制就是把某台机器的运动或某个机器的几种运动联系起来控制。例如自动抓棉机打手的上升与下降,当打手正在下降时需要改为上升,应先停止打手下降,然后使打手上升;若不先停止打手下降,即使按动上升按钮,打手也无法上升。采用这种控制可避免两相线路同时闭合而造成短路停车事故。循序控制是对开清棉机开车、关车的次序进行控制。

2.2 开关车的顺序

一般是先开前一台机器的凝棉器,再开后一台的打手,达到正常转速后,再逐台开启给棉机件。如果前一台凝棉器未开车,则喂入机台的打手不能转动;机台的打手不起动,则给棉机件不能开动。关车的顺序与开车顺序相反,即先停给棉,再关打手,最后凝棉器停止吸风。

3 开清棉的工艺原则

开清棉是纺纱的第一道工序,通过各单机的作用逐步实现对原棉的开松、除杂、混合、均匀的加工要求。各单机的作用各有侧重,开清棉工艺主要是对抓棉机、混棉机、开棉机、给棉机、清棉机等主要设备工艺参数进行合理配置,现代开清棉流程的工艺原则是"多包取用、精细抓棉、均匀混合、渐进开松、早落少碎、以梳代打、少伤纤维"。

3.1 开清棉工艺流程选择要求

选择开清棉流程,必须根据单机的性能和特点、纺纱品种和质量要求,并结合使用原棉的含杂内容和数量,纤维长度、线密度、成熟系数和包装密度等因素综合考虑。使用化纤时,要根据纤维的性能和特点,如纤维长度、线密度、弹性、疵点多少、包装松紧、混棉均匀等因素考虑。选定的开清棉流程的灵活性和适应性要广,要能够加工不同品质的原棉或化纤,做到一机多用,应变性强。

开清点是指对原料进行开松、除杂作用的主要打击部件。开清棉流程应配置适当个数的开清点,主要打手为轴流、豪猪、锯片、综合、梳针、锯齿等,每只打手作为一个开清点,多辊筒开棉机、混开棉机及多刺辊开棉机,每台也作为一个开清点。当原棉含杂高低和包装密度不同时,应考虑开清点的合理配置,根据原棉含杂情况不同,配置的开清点数可参见表2-1。

表2-1 原料与开清点关系

原棉含杂率/%	2.0以下	2.5~3.5	3.5~5.5	5.0以上
开清点数/个	1~2	2~3	3~4	5或经预处理后混用

根据纺纱线密度的不同,选择开清点数一般为高线密度纱3~4个开清点,中线密度纱2~3个开清点,低线密度纱1~2个开清点,当配置开清点时应考虑间道装置,以适应不同原料的加工要求。

要合理选用混棉机械,配置适当棉箱只数,保证棉箱内存棉密度稳定。为使混合充分均匀,可选用多仓混棉机。

在传统成卷开清棉流程中,还要合理调整摇板、摇栅、光电检测装置,保证供应稳定、运转率高、给棉均匀、充分发挥天平调节机构或自调匀整装置作用,使棉卷质量不匀率达到质量指标要求。

3.2 开清棉典型工艺流程

开清棉工序在整个纺纱过程中具有产量高、机器种类多、流程长而多样等特点,因此开清棉工序的流程组合一般与生产的产品和使用的原料有密切的关系。随着纺纱设备高效、连续化的发展,开清棉工序与梳棉工序连接而成的清梳联已经成为棉纺纱加工的主流形式,提高单机的开松作用和除杂效果,减少纤维的损伤,增加混合作用,提供混合比例的准确度,进一步实现工艺流程自动化,连续化,提高流程的适应性。而传统的成卷流程主要适用于小批量、多组分、功能性及特殊纤维的加工。

由于现代开清棉设备具有高产高效的特点,一般在加工纯棉、纯化纤及棉与化学纤维混纺产品时,开清棉流程采用"一抓、一开、一混、一清"的短流程配置方式,而一些较小批量、混合成分多而复杂的低产品种,一般可采用传统的长流程配置。

开清棉流程在工艺参数选择上采用不同原料不同处理的原则,一般依据纤维种类、含杂特点进行处理,特别是杂质类型不同时,应考虑清梳分工。

下面介绍传统的开清棉(成卷)工艺流程:

(1) 纯棉。

FA009型往复式抓棉机→FT245F型输棉风机→AMP-2000型火星金属探除器→FT213型三通摇板阀→FT215B型微尘分流器→FT214A型桥式磁铁→FA125型重物分离器→FT204F型输棉风机→FA105A1型单轴流开棉机→FT222F型输棉风机→FA029型多仓混棉机→FT224型弧型磁铁→FT204F型输棉风机→FA179-165型喂棉箱→FA116-165型主除杂机→FT221B型两路配棉器→(FT201B型输棉风机 + FA179C型喂棉箱 + FA1141型成卷机)×2

(2) 化学纤维。

FA009型往复式抓棉机→FT245F型输棉风机→AMP-2000型火星金属探除器→FT213型三通摇板阀→FT215B型微尘分流器→FT214A型桥式磁铁→FA125型重物分离

器→FT204F 型输棉风机→FA105A1 型单轴流开棉机→FT245F 型输棉风机→FA1113 型多仓混棉机→FT214A 型桥式磁铁→FT201B 型输棉风机→FA055 型立式纤维分离器→FA1112 型精开棉机→FT221B 型两路配棉器→(FT201B 型输棉风机＋FA055 型立式纤维分离器＋FA1131 型振动式给棉机＋FA1141 型成卷机)×2

技能训练

1. 根据给定的纺纱原料及开清棉流程组合原则,设计适合的开清棉流程。

课后练习

1. 开清棉联合机的联接方式如何？要求如何？
2. 凝棉器的作用是什么？其种类有哪些？各有何特点？
3. 配棉器的作用是什么？
4. 开清棉流程中设置了哪些安全装置？

任务2.8　棉卷质量检测与分析

工作任务

1. 讨论棉卷质量要求的指标与控制措施。
2. 讨论节约用棉的有效途径。
3. 完成棉卷质量不匀率(棉卷均匀度)及伸长率实验。

知识要点

1. 棉卷质量要求。
2. 开清棉的杂质清除能力及不同原料的处理工艺。
3. 棉卷均匀度要求及控制途径。

提高棉卷质量和节约用棉是开清棉工序一项经常性的重要工作。它不仅影响细纱的质量,而且在很大程度上决定了产品的成本。为提高棉卷质量,一方面要充分发挥开清棉工序各单机的作用,另一方面要制定必要的棉卷质量检验项目和控制指标,以便及时发现问题并纠正,确保成纱质量的稳定和提高。

1　棉卷质量要求

目前,开清棉工序的质量检验项目有棉卷含杂率、棉卷质量、棉卷质量差异和棉卷不匀率等(表2-2)。此外,还要进行各机台的落棉试验,分析落杂情况,控制落棉数量,增加落杂,减少可纺纤维的损失等。节约用棉是指在不影响棉卷质量的前提下,尽量减少可纺纤维的损失。具体做法是提高各单机的落棉含杂率和降低开清棉联合机的总落棉率,即统破籽率。由于总落棉率直接影响每件纱的用棉量,所以它是节约用棉的主要控制指标,其中含杂量会影响开清棉联合机的除杂效率和棉卷含杂率。提高质量和节约用棉是矛盾的对立与统一,涉及的面很广,不仅与原棉有关,而且与工艺调整、机械维修、操作管理、温湿度控制等都有密切关系。

表 2-2 开清棉工序的质量检验项目和控制范围

检验项目	质量控制范围
棉卷质量不匀率	棉 1.1% 左右,涤 1.4% 左右
棉卷含杂率	按原棉性能质量要求制定,一般为 0.9%~1.6%
正卷率	>98%
棉卷伸长率	棉<4%,涤<1%
棉卷回潮率	棉 7.5%0~8.3%,涤 0.4%~0.7%
总除杂效率	按原棉性能质量要求制定,一般为 45%~65%
总落棉率	一般为原棉含杂率的 70%~110%

2 棉卷含杂率的控制

在整个纺纱过程中,除杂任务绝大部分由开清棉和梳棉两个工序负担,其他工序除了络筒机有一定除杂作用外,其余各工序的除杂作用很少。在清、梳两个工序中,清棉一般除大杂,如棉籽、籽棉、不孕籽、破籽等,而一些细小、黏附性很强的杂质以及短绒等,则可留给梳棉工序清除,如带纤维籽屑、软籽表皮、短绒等。开清棉联合机各单机结构特点不同,对不同杂质的除杂效率各异,故应充分发挥各单机特长,在清梳合理分工的前提下,使棉卷含杂率尽可能降低,达到降低成纱棉结、杂质和节约用棉的目的。

棉卷含杂率的控制,应视原棉含杂数量和内容而定。开清棉除杂工艺原则有两条:①不同原棉不同处理;②贯彻早落、少碎、多松、少打的原则。

开清棉工序的总除杂效率、落棉率、棉卷含杂率的一般控制范围见表 2-3。

表 2-3 开清棉工序总除杂效率

原棉含杂率/%	开清棉总除杂效率/%	落棉含杂率/%	棉卷含杂率/%
1.5 以下	40 左右	50 左右	0.9 以下
1.5~1.9	45 左右	55 左右	1 以下
2~2.4	50 左右	55 左右	1.2 以下
2.5~2.9	55 左右	60 左右	1.4 以下
3~4	60 左右	65 左右	1.6 以下

(1) 开清棉各单机对各类杂质和疵点的清除能力。棉箱机械角钉帘下和剥棉打手部分应尽可能将原棉中的棉籽、籽棉全部除去,如有少量残留,则应在精开棉机中全部除去。不孕籽、尘屑、碎叶应在主要打手部位排除,但往往还有少量被带入棉卷,由下一道工序梳棉机的刺辊部分排除。带纤维籽屑、僵片、软籽表皮等在开棉机加工中较难清除,一般在清棉机的梳针打手处可排除一部分,余下部分应在梳棉机中排除。

原棉中含棉籽、籽棉、大破籽等大杂较多时,应执行早落防碎的工艺,防止这些大杂在之后的握持打击中被罗拉压碎成为破籽和带纤维籽屑,否则在开清棉加工中会更难清除,这会增加梳棉机的除杂负担。因此,必须充分发挥棉箱机械的扯松作用,采用多松工艺,在第一台棉箱的剥棉打手下配置较大的尘棒间隔距,创造大杂早落多落的条件。

对于含不孕籽较多的原棉,应充分发挥各类打手机械的除杂作用。加工含软籽表皮和带纤维籽屑较多的原棉时,除充分发挥梳针打手的作用外,主要打手(如精开棉机、轴流开棉机上的打手)应采用较小的尘棒隔距及少补风、全死箱等清除细杂的工艺。

(2) 不同原棉不同处理。

① 正常原棉。由于原棉成熟正常、线密度适中、单纤维强力较大、回潮率适中、有害疵点少,因此,开清棉一般采用多松早落、松打交替的工艺,充分发挥棉箱机械以及开棉机的开松除杂作用。

② 低级棉。由于低级棉成熟度差、单纤维强力低、回潮率大、有害疵点多,因此,开清棉一般采用多松早落多落、少打轻打、薄喂慢速、少返少滚、减少束丝和棉结的工艺。

③ 原棉含杂率过高。含大杂多时,应多松早落多落,适当增加开清点;含细小杂质较多时,应使梳棉工序多负担除杂任务。

④ 原棉回潮率过高、过低。原棉回潮率过高,会降低开清棉机械的开松和除杂的效果,因此原棉需经干燥再混用。干燥可采用松解曝晒的方法。对于回潮率过低的原棉,如低于7%,一般先给湿,然后放置24 h再混用。

3 棉卷均匀度的控制

棉卷不匀分纵向不匀和横向不匀,在生产中以控制纵向不匀为主。纵向不匀指棉卷单位长度的质量差异,它直接影响生条质量不匀率和细纱的质量偏差,通常以棉卷1 m长为片段,称重后算出其不匀率的数值。棉卷不匀率根据不同原料不同控制,一般棉纤维控制在1%以内,棉型化纤控制在1.5%以内,中长化纤控制在1.8%以内。在棉卷测长过程中,通过灯光目测棉纤维横向的分布情况,如破洞及横向各处的厚薄差异等。横向不匀过大的棉卷,在梳棉机上加工时,棉层薄的地方,纤维不能在给棉罗拉与给棉板的握持下进行梳理,容易落入车肚成为落棉,不利于节约用棉。所以棉卷横向不匀特别严重时,要及时改善。另外,生产上还应控制棉卷的重重差异,即控制棉卷定量或棉卷线密度的变化。一般要求每个棉卷质量与规定质量相差不超过正负1.0%~1.5%,超过此范围则做退卷处理。退卷率一般要求不超过1%,即正卷率需在99%以上。棉卷均匀度控制的好坏是衡量开清棉工序生产是否稳定的一项重要指标。

提高棉卷均匀度和正卷率的主要途径如下:

（1）原料。混合原料中各成分的回潮率差异过大或化纤的含油率差异过大时，如果原料混合得不够均匀，就会造成开松度的差异，影响天平罗拉喂入棉层密度的变化，使得棉卷均匀度恶化，因此，应使喂入原棉密度力求一致。

（2）工艺。调整好整套机组的定量供应，稳定棉箱中存棉的高度和密度，控制各单机单位时间的给棉量和输出量稳定，提高机台运转率。正确选用适当的打手和尘笼速度，使尘笼吸风均匀。

（3）机械状态。保证天平调节装置的正常工作状态或采用自调匀整装置。

（4）车间温湿度。严格控制车间温湿度变化，使棉卷回潮率及棉层密度趋向稳定。开清棉车间的相对湿度一般为55%～65%。

（5）操作管理。严格执行运转操作工作法，树立质量第一的思想。按配棉排包图上包，回花、再用棉应按混合比例混用，操作人员不能随便改变工艺等。

技能训练

1. 在实习工厂或企业了解棉卷质量控制指标、疵卷类型，学习质量控制的方法。

课后练习

1. 棉卷有哪些质量控制指标？
2. 如何控制棉卷的含杂率？
3. 如何提高棉卷的均匀度？
4. 疵卷有哪些种类？如何控制？

任务2.9 开清棉工序加工化纤的特点

工作任务

1. 讨论开清棉加工化纤的工艺流程设置原则及要求。
2. 比较开清棉加工化纤与棉的工艺区别。
3. 讨论化纤黏卷的控制方法。

知识要点

1. 化纤的特点。
2. 开清棉加工化纤的工艺流程。
3. 开清棉加工化纤的主要工艺参数。
4. 防止黏卷的措施。

1　化纤的特点

目前在棉纺设备上加工的化学纤维可分为两类：长度 40 mm 以下的棉型化纤；51～76 mm 的中长化纤。化纤的特点是无杂质，较蓬松，含有硬丝、并丝、束丝等少量疵点，加工时极易产生静电并产生黏卷现象。另外，化纤中含有少量的超长和倍长纤维，极易缠绕打手。

2　开清棉工序加工化纤的工艺流程与工艺参数

2.1　工艺流程

采用短流程（2 个棉箱、2 个开清点）、多梳少打的工艺路线，以减少纤维损伤，防止黏卷。

2.2　打手形式

采用梳针辊筒。

2.3　工艺参数

（1）打手转速。一般比加工同线密度的棉纤维低，如速度过高，不仅容易损伤纤维，而且会因开松过度而造成纤维层粘连。

（2）风扇速度。风扇与打手的速比应比加工棉纤维时大，风扇转速宜控制在 1400～1700 r/min。

（3）给棉罗拉速度。给棉罗拉速度以较快为好，这样棉箱厚度可调小，形成薄层快喂的加工方式，有利于加工。

（4）打手与给棉罗拉间的隔距。由于化学纤维的长度比棉纤维长且与金属间的摩擦系数较大，所以清棉机打手与给棉罗拉间的隔距应比纺棉时大，一般为 11 mm。

（5）尘棒间的隔距。因化纤含杂少，故尘棒间的隔距应比纺棉时小。在化学纤维含疵率低的情况下，打手室落杂区的尘棒还要反装，适当采用补风，以减少可纺纤维的损失。

（6）打手与尘棒间的隔距。因纤维蓬松，为了减少纤维损伤或搓滚成团的现象，打手与尘棒间的隔距应放大。

3　防止黏卷的措施

黏卷是化纤纺纱中一个突出的问题。化纤易产生黏卷的原因：一是纤维卷曲少且在加工过程中易于消失，纤维间的抱和力小；二是化纤较为蓬松，回弹性大；三是吸湿性差，与金属的摩擦系数大，易产生静电。防止黏卷的措施有以下几种：

（1）采用凹凸罗拉防黏装置。一对凹凸罗拉，使纤维层在进入紧压罗拉前先经凹凸罗拉轧成槽纹，使化纤卷内外层分清，起到较好的防黏作用。

（2）增大上下尘笼的凝棉比。上、下尘笼的凝棉比例应比纺棉纱时大，使大部分纤维凝聚在尘笼表面，这对防止黏卷有显著的效果。

（3）增大紧压罗拉的压力。增大压力，可使纤维层内的纤维集聚紧密，一般压力比纺棉时大30%左右。

（4）采用渐增加压。采用该措施可使纤维卷加压随成卷直径的增加而增加，防止了内紧外松和纤维层质量的内重外轻，小卷黏层、大卷蓬松的现象也得到改善。

（5）在第二、第三紧压罗拉内安装电热丝。通过电热丝加热，使紧压罗拉的表面温度升高到95～105℃。纤维层在通过第二、第三紧压罗拉时，可获得暂时的热定形，从而达到防止黏卷的目的。

（6）采用重定量、短定长的工艺措施。该措施不仅可防止黏卷，还可降低化纤卷的不匀率。适当增加成卷定量有利于改善纤维层的结构，增强纤维间的抱和力，从而减少黏卷。

（7）在化纤卷间夹粗纱（或生条）。用5～7根粗纱或生条头夹入化纤内，将纤维层隔开，可作为防止黏卷的一个辅助性措施。

技能训练

1. 讨论开清棉加工化纤与棉纤维在工艺上的差别。

课后练习

1. 阐述开清棉加工化纤的主要工艺流程和参数。
2. 说明防止黏卷的措施。

项目 3

梳棉机工作原理及工艺设计

教学目标

1. 理论知识

（1）梳棉工序的任务，梳棉机的工艺过程，梳棉机的组成及其作用。

（2）给棉和刺辊部分的机构与作用，给棉和刺辊部分的分梳作用，梳棉机刺辊下方除杂方式及其控制落物率与落物含杂率。

（3）锡林-刺辊间、锡林-盖板间、锡林-道夫间的针面配置特点，分梳、除杂、均匀、混合、转移、凝聚等作用的发生部位及过程。

（4）梳棉机的主要工艺参数及选用。

（5）刺辊、锡林、道夫、盖板针布的要求及选用。

（6）梳棉质量指标及其调控。

2. 实践技能

能完成梳棉机工艺设计、质量控制、操作及设备调试。

3. 方法能力

培养分析归纳能力；提升总结表达能力；训练动手操作能力；建立知识更新能力。

4. 社会能力

通过课程思政，引导学生树立正确的世界观、人生观、价值观，培养学生的团队协作能力，以及爱岗敬业、吃苦耐劳、精益求精的工匠精神。

项目导入

经过开清棉联合机加工后，棉卷或散棉中纤维多呈松散棉块、棉束状态，并含有40%～50%的杂质，其中多数为细小的、黏附性较强的纤维性杂质（如带纤维破籽、籽屑、软籽表皮、棉结等），所以必需将纤维束彻底分解成单根纤维，清除残留在其中的细小杂质，使各配棉成分纤维在单纤维状态下充分混合，制成均匀的棉条以满足后道工序的要求。

任务 3.1　梳棉机工艺流程

工作任务

1. 绘制梳棉机工艺流程简图。

知识要点

1. 梳棉工序的任务。
2. 梳棉机的工艺过程。
3. 梳棉机的作用原理。

梳棉机(视频)

1　梳棉工序的任务

梳棉工序的任务主要如下：

(1) 分梳。在尽可能少损伤纤维的前提下,对喂入棉层进行细致、彻底的分梳,使束纤维分离成单纤维状态。

(2) 除杂。在纤维充分分离的基础上,彻底清除残留的杂质疵点。

(3) 均匀混合。使纤维在单纤维状态下充分混合并分布均匀。

(4) 成条。制成一定规格和质量要求的匀均棉条并有规律地圈放在棉条筒中。

梳棉工序的任务由梳棉机完成。梳棉机上棉束被分离成单纤维的程度与成纱强力及条干密切相关,其除杂效果在很大程度上决定了成纱的棉结杂质含量和条干。梳棉机的落棉率在普梳系统各单机中为最大,且落棉中有一定量的可纺纤维,所以梳棉机落棉的数量和质量直接与用棉量有关。

综上所述,梳棉机良好的工作状态,对于改善纱条结构、提高成纱质量、节约用棉、降低成本,都很重要。

2　梳棉机的发展趋势

(1) 速度与产量不断提高,JWF1216 型梳棉机的最高理论产量在 170 kg/h 左右,设计出条速度在 340 m/min 左右。

(2) 适纺范围不断扩大,新型梳棉机的适纺范围在 22～76 mm,既能加工棉、棉型化纤,还可以加工中长化纤。

(3) 主要机件、支撑件的刚度和加工精度不断提高,优化结构设计,其质量轻、刚性好,从而改善了梳棉机的稳定性。使用寿命更长,维护保养更便捷。

(4) 采用三刺辊梳棉机,扩大分梳区域,改进附加分梳元件和采用新型针布,使分梳质量和除杂效果大大提高。

(5) 优化了滤尘管道,配置了金属、断条、厚卷、满筒等多种自停装置,采用了计算机通信与数字同步技术及自动换筒圈条器。

(6) 采用了精准的自调匀整系统和在线监测系统,保证了稳定的生条质量和匀整度。

3 梳棉机的工艺过程

如图 3-1 所示,棉层沿给棉板进入给棉罗拉 4 和给棉板 5 之间,在紧握状态下向前喂给刺辊 6,接受开松与分梳。由刺辊分梳后的纤维随同刺辊向下经过吸风除尘刀 3 和分梳板 30、吸风小漏底被锡林剥取,杂质、短绒等在给棉板、除尘刀、分梳板、小漏底之间被吸风口吸入尘室成为落棉。由锡林 10 剥取的纤维随同锡林向上经过后固定盖板 8 的梳理和后棉网清洁器 9 吸尘后,进入锡林盖板工作区,由锡林和活动盖板进行细致的分梳。充塞到盖板针齿内的短绒、棉结、杂质和少量可纺纤维,在走出工作区后经盖板花清洁装置 17 刷下后由吸风口吸走。随锡林走出工作区的纤维通过棉网清洁器 9 吸尘及前固定盖板 18 梳理后进入锡林道夫工作区,其中一部分纤维凝聚于道夫 25 表面,另一部分纤维随锡林返回,又与从刺辊针面剥取的纤维并合重新进入锡林盖板工作区进行分梳。道夫表面所凝聚的纤维层,被剥棉装置形成棉网,经喇叭口汇集成棉条由大压辊输出,通过圈条器将棉条有规律地圈放在棉条筒内。

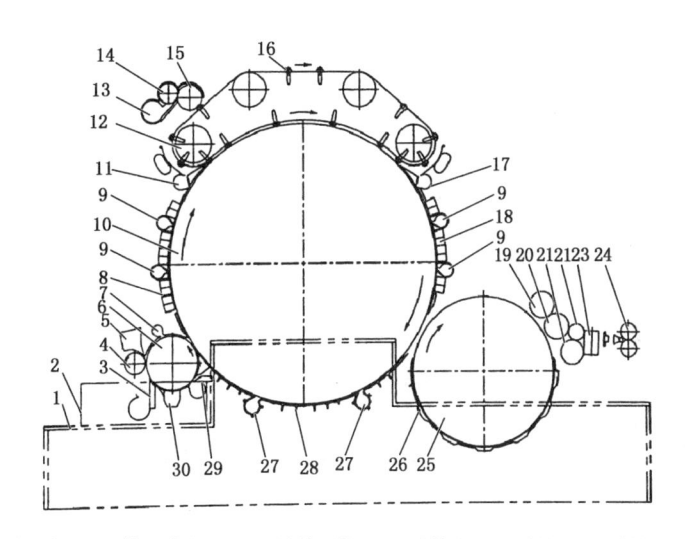

1—大机架 2—小机架 3—第一除尘刀 4—给棉罗拉 5—给棉板 6—刺辊 7—刺辊罩 8—后固定盖板
9—棉网清洁器 10—锡林 11—后上盖板吸罩 12—盖板主传动 13—盖板清洁吸罩 14—盖板清洁辊
15—盖板刷辊 16—活动盖板 17—前上盖板吸罩 18—前固定盖板 19—清洁辊 20—剥棉罗拉
21—下轧辊 22—上轧辊 23—皮圈导棉 24—大压辊 25—道夫 26—道夫漏底 27—漏底吸管
28—大漏底 29—第二除尘刀 30—分梳板

图 3-1 JWF1213 型梳棉机结构

根据加工特点,梳棉机可分为给棉刺辊部分,锡林、盖板、道夫部分和剥棉圈条部分。

4 梳棉机的作用原理

4.1 针面间的作用条件

由于梳棉机上各主要机件表面包有针布,所以各机件间的作用实质上是两个针面间

的作用。两针面间要对纤维产生作用,必须满足以下三个条件:

(1) 两针面有一定的针齿密度,以便对纤维产生足够的握持力。

(2) 两针面间有较小的隔距,使纤维能够与两针面针齿充分接触。

(3) 两针面间有相对运动。

4.2 针面间的作用

根据两针面针齿配置及两针面相对运动的方向不同,针面对纤维可产生三种不同的作用。

(1) 分梳作用。两针面的针齿平行配置,彼此以本身的针尖迎着对方的针尖相对运动,则可得到分梳作用,如图3-2所示。由于两针面间隔距很小,故由任一针面携带的纤维都有可能同时被两个针面的针齿握持而受到两个针面的共同作用。此时,纤维和针齿间的作用力为 R。R 可分解为平行于针齿工作面方向的分力 p 及垂直于针齿工作面方向的分力 q,前者使纤维沿针齿向针内运动,后者使纤维压向针齿。无论对于哪个针面,在分力 p 的作用下,纤维都有沿针齿向针内移动的趋势。因此,两个针面都有握持纤维的能力,从而使纤维有可能在两针面间受到梳理。

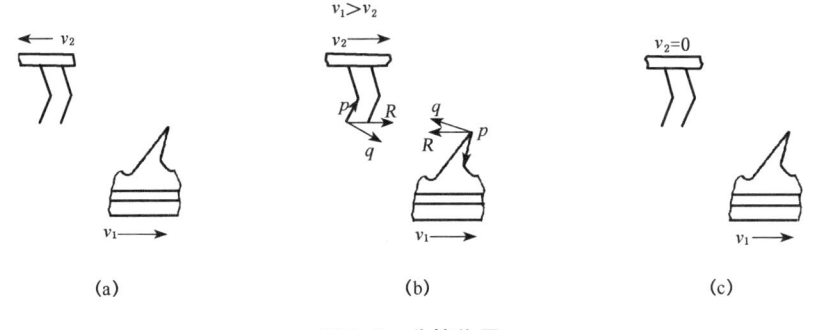

图 3-2 分梳作用

由于两针面的针齿密度、针齿规格不同,分梳时握持纤维的能力不同,因此,两针面分梳时,会发生以下情况:

① 握持能力强的针面握持纤维,握持能力弱的针面梳理纤维的尾端。这种情况被称为"梳理"。

② 握持能力强的针面从握持能力弱的针面上抓取纤维,握持能力弱的针面梳理纤维的另一端,即纤维从一个针面被转移到另一个针面。这种情况被称为"转移"。

③ 两针面都具有较强的握持力。当对纤维的握持力大于纤维间的联系力(摩擦抱合力)时,纤维束分解成两个小束或两根纤维。这种情况被称为"纤维束的分解"。针面对纤维的握持能力与纤维或纤维束接触的针齿数、纤维(束)对针齿的包围角、加工纤维的长度及纤维与针齿间摩擦系数、纤维与纤维间摩擦系数有关。

(2) 剥取作用。两针面的针齿交叉配置,且一个针面的针尖沿另一针面针齿的倾斜方向运动,则前一针面的针齿从后一针面的针齿上剥取纤维,完成从一个针面向另一个针面转移纤维的作用。这种作用被称为剥取作用,如图3-3所示。在图3-3(a)、(b)中,针面Ⅰ

的针尖沿针面Ⅱ的针齿倾斜方向运动,因两针面相对运动对纤维产生分梳力 R。将 R 分解为平行于针齿工作面方向的分力 p 和垂直于针齿工作面方向的分力 q。对针面Ⅰ来说,纤维在分力 q 的作用下有沿针齿向针内移动的趋势;对针面Ⅱ来说,纤维在分力 p 的作用下有沿着针齿向外移动的趋势,所以针面Ⅱ握持的纤维将被针面Ⅰ剥取。而在图 3-3(c) 中,则是针面Ⅱ剥取针面Ⅰ上的纤维。因此,在剥取作用中,只要符合一定的工艺条件,纤维将从一个针面完全转移到另一个针面。

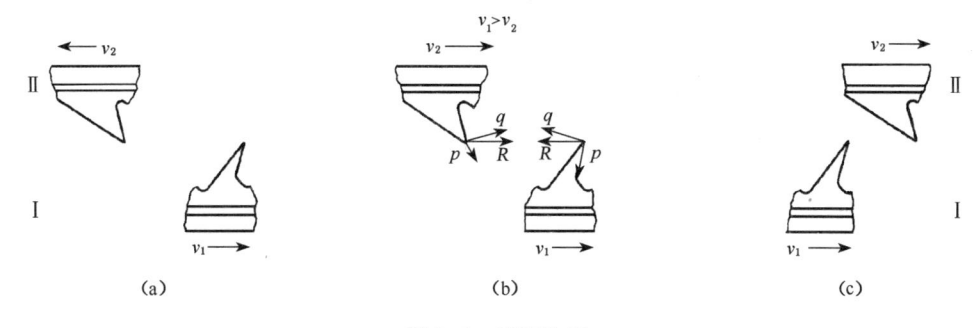

图 3-3 剥取作用

(3) 提升作用。两针面的针齿相互平行配置,一个针面的针尖顺着另一个针面的针尖运动,当两针面之间的隔距很小时,两针面的作用为提升作用,如图 3-4 所示。从受力分析可知,沿针齿工作面方向的分力 p 指向针尖,表示纤维将从针内滑出。若某针面内沉有纤维,在另一针面的提升作用下,纤维将升至针齿表面。

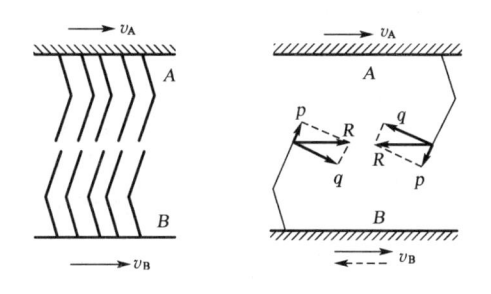

图 3-4 提升作用

技能训练

1. 绘制梳棉机工艺流程简图。

课后练习

1. 梳棉工序的任务是什么?
2. 试给出梳棉机各主要机件的相对位置、转向和针齿的配置。
3. 两针面发生作用的条件是什么?什么是分梳作用、剥取作用、提升作用?

任务3.2 给棉刺辊部分机构特点及工艺要点

📋 工作任务

1. 讨论梳棉机加工期间保证喂入棉层握持有效性的措施。
2. 分析给面板分梳工艺长度对分梳效果的影响。
3. 分析刺辊分梳度的作用和缺陷。
4. 绘制刺辊部分的除杂机构简图,并分析除杂原理及主要工艺参数的调控方法。

📋 知识要点

1. 给棉刺辊部分的结构。
2. 给棉部分的握持作用。
3. 给棉刺辊部分的分梳作用。
4. 刺辊部分的气流与除杂作用。

1 给棉刺辊部分

给棉刺辊部分由棉卷罗拉、给棉板、给棉罗拉、分梳板、刺辊等机件组成,如图3-5所示。该部分的主要作用是握持、喂给、分梳和除杂。

1.1 棉卷架与棉卷罗拉

棉卷架和棉卷罗拉棉卷架由生铁制成,中间沟槽用以搁置棉卷扦,确保棉卷顺利退绕。槽底倾斜的目的是使棉卷直径较小时增加与棉卷罗拉之间的接触面积,防止棉卷退解时的打滑,减小意外牵伸。顶端凹弧上放置备用棉卷。棉卷罗拉也由生铁制成,中空,棉卷搁置在上面。当棉卷罗拉回转时依靠摩擦力使棉卷退解。棉卷罗拉表面有凹槽以避免棉卷打滑。

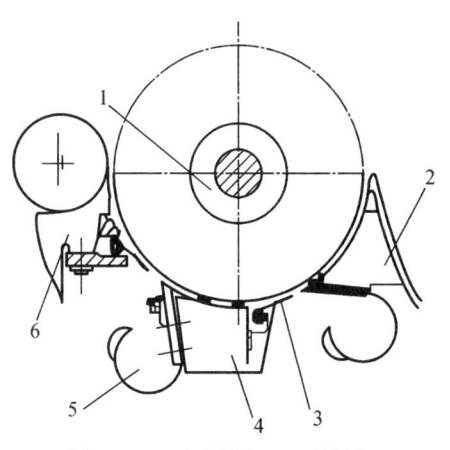

1—刺辊 2—三角小漏底 3—导棉板
4—分梳板 5—吸风口 6—给棉板

图3-5 梳棉机给棉刺辊部分

1.2 给棉板和给棉罗拉

给棉罗拉是一个表面刻有齿形沟槽或包有锯齿的圆柱形回转体。根据给棉板与给棉罗拉的相对位置,有两种喂入形式,其剖面形状如图3-6所示。给棉板的整个斜面长度称为给棉板工作面长度。各种机型的给棉板工作面形状不尽相同,可根据具体的使用要求进行选择。

(a) 顺向喂入　　　　(b) 逆向喂入

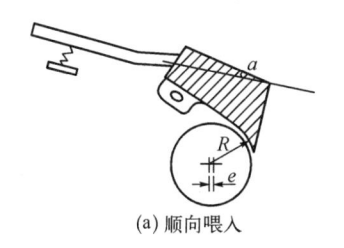

图 3-6　梳棉机给棉板与给棉罗拉的相对位置

给棉罗拉与给棉板前端(鼻端)共同对棉层组成强有力的握持钳口,依靠摩擦作用,给刺辊供应棉层。为了使棉层握持牢靠、喂给均匀,给棉罗拉与给棉板必须满足以下条件:

(1) 鼻端处的握持力最强。为使刺辊分梳时棉束尾端不过早滑脱,要求最强握持点在给棉板鼻端处,给棉罗拉与给棉板间隔距自入口到出口应逐渐缩小,使棉层在圆弧段逐渐被压缩,握持逐渐增强。因此,给棉罗拉半径略小于给棉板曲率半径,其中心向鼻端方向偏过一偏心距。

(2) 给棉罗拉对棉层应具有足够的握持力。给棉钳口握持力的大小与给棉罗拉对棉层的摩擦力有关,而摩擦力又取决于给棉罗拉的加压及给棉罗拉对棉层的摩擦系数和握持状态。

在给棉罗拉表面铣以直线或螺旋沟槽,或菱形凸起,或包卷锯齿,并进行淬火处理来增大给棉罗拉的摩擦系数和耐磨性能。不同的表面形式又决定了给棉罗拉和给棉板对棉层的握持状态不同。

在给棉罗拉两端施加一定的压力,且压力方向偏向给棉板鼻端,压力的大小应与机上罗拉直径相适应以减少罗拉因两端加压而产生一定的中间挠度。不同机型其加压方式各异。

1.3　刺辊

刺辊结构如图 3-7 所示。刺辊主要由筒体 1 和包覆物(锯条)组成。筒体有铸铁和钢板焊接结构两种,筒体外包覆金属针布。筒体两端通过堵头 4(法兰盘)和锥套 3 固定在刺辊轴上,沿堵头内侧圆周有槽底大、槽口小的梯形沟槽,平衡铁螺丝可沿沟槽在整个圆周移动,校验平衡时,平衡铁 5 可固紧在需要的位置上。平衡后再装上镶盖 2 封闭筒体。

由于刺辊转速较高,与相邻机件的隔距很小,因此对刺辊筒体和针齿面的圆整度、刺辊圆柱针齿面与刺辊轴的同心度及整个刺辊的静动平衡等都有较高的要求。

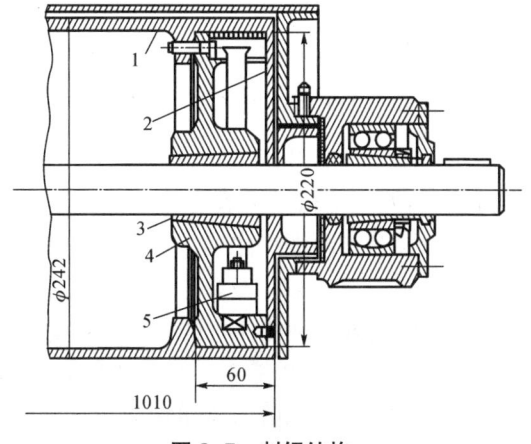

图 3-7　刺辊结构

1.4 刺辊车肚附件

刺辊车肚附件的主要作用是除杂、分梳和托持纤维,不同型号梳棉机的车肚附件形式不同,但基本由除尘刀、分梳板和小漏底组成。

(1) 除尘刀。形如带刃扁钢或以钢板弯折成刀尖状,两端嵌在机框上的托脚内或固装于分梳板、小漏底的前端,其作用是配合刺辊排除杂质(破籽、不孕籽、僵片等),并对刺辊表面可纺纤维起一定的托待作用。

(2) 分梳板。分梳板主要由分梳板主体、除尘刀 1、导棉板 4 和分梳板支承四部分组成,如图 3-8 所示。分梳板主体采用一组或两组锰钢齿片 3 组成。

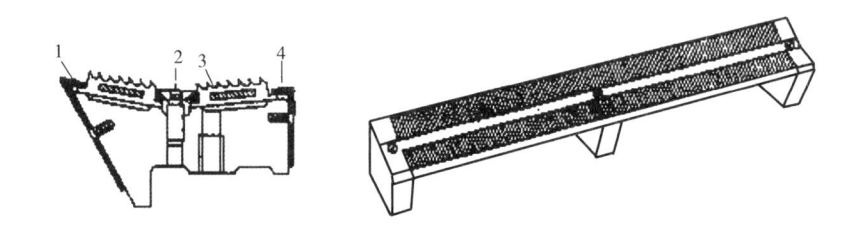

图 3-8 锯齿分梳板

齿片间以铝合金隔片间隔,并以螺钉 2 固定在分梳板支承上,再用胶合树脂固定在外壳上。齿面应与刺辊同心,表面平整,齿尖光洁。

除尘刀与导棉板(落棉量调节板)可分别用螺钉固装于分梳板的前后侧,各自表面有若干个长圆孔可单独调节与刺辊间的隔距。导棉板(落棉量调节板)与刺辊平行的一面,备有几种规格尺寸,以适应不同工艺的要求。分梳板上是否加装除尘刀、导棉板,因机型而异。

分梳板的主要作用是与刺辊配合,对刺辊上的纤维进行自由分梳,松解棉束,排除杂质和短绒。

(3) 小漏底。小漏底为三角形或弧形光板,采用平滑的镀锌铁板制造,其主要作用是托持刺辊(锡林)上的纤维,引导刺辊、锡林三角区的气流运动,以保证刺辊表面纤维顺利地向锡林转移。

1.5 新型梳棉机车肚附件

(1) JWF1213 型梳棉机的车肚附件。JWF1213 型梳棉机的车肚附件由两把带吸风口的除尘刀、两块落棉量调节板、一块分梳板和一个小漏底组成,如图 3-9(a)所示,除尘刀分别装在分梳板与小漏底之前。两块落棉量调节板分别装在给棉板和分梳板之后,可通过机外手轮调节其与刺辊及除尘刀之间的隔距,以调节车肚落棉量。

(2) 国内外几种梳棉机的后部工艺配置。

① 国内单刺辊梳棉机。如 JWF1204 型、JWF1213 型、JWF1216 型、MK7 型、SC326 型机,其后部工艺基本相同,都采用两个除杂区与预分梳板。JWF1213 型梳棉机的后部工艺配置如图 3-9(a)所示。

② 刺辊下方除杂区与预分梳板的配置。立达 C70 型 C75 型 C80 型单刺辊梳棉机,其后部工艺都采用单落杂区与一块双齿条固定分梳板配置。单刺辊梳棉机的刺辊下方设置除杂区的数量在减少。最早都配置两个除杂区,一个配置两块齿条的预分梳板。现在国内的单刺辊梳棉机沿用此配置,而 C70 型、C75 型、C80 型梳棉机的刺辊下方只配置一个除杂区与一个两块齿条的预分梳板;TC8 型、TC10 型梳棉机在加工化学纤维时,刺辊下方只配置一个除杂区,如图 3-9(b)所示。

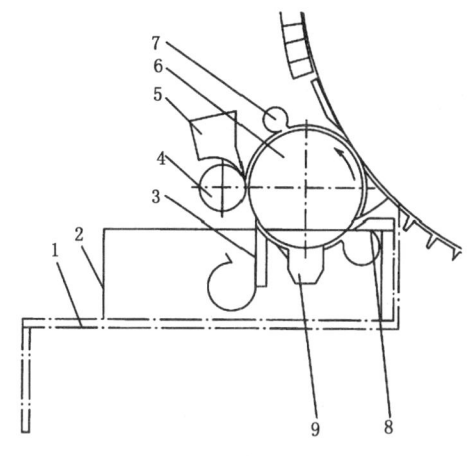

1—大机架　2—小机架　3—第一除尘刀
4—给棉罗拉　5—给棉板　6—刺辊
7—刺辊放气罩　8—第二除尘刀　9—分梳板
(a) JWF1213 型梳棉机

(b) 单刺辊梳棉机

图 3-9　梳棉机后部工艺配置

③ 三刺辊梳棉机的后部工艺配置。分两类:一类是三个刺辊直径相同,如 TC8 型梳棉机上第一刺辊低位、第二和第三刺辊位置高且排列在同一水平线上,或如 TC10 型、TC19i 型、JSC328A 型梳棉机其三刺辊呈 V 形排列,如图 3-10(a)、(b)所示;另一类为非相同直径的三个刺辊的轴心线都在同一水平线上,如图 3-10(c)、(d)所示。

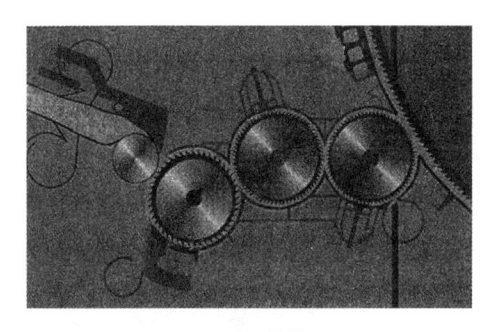

(a) TC8 型梳棉机

(b) JSC328A 型、TC10 型梳棉机

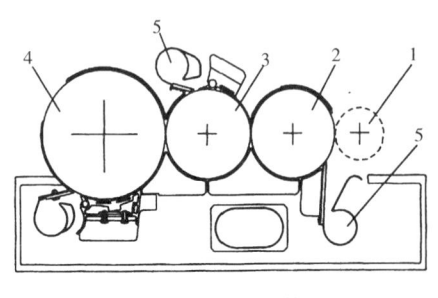

(c) JWF1206 型梳棉机　　　　　　　　　　(d) JWF1212 型梳棉机

1—给棉罗拉　2—第一刺辊　3—第二刺辊　4—第三刺辊　5—落杂区

图 3-10　三刺辊梳棉机后部工艺配置

1.6　刺辊下方的除杂方式

刺辊下方配置按除杂方式分为自然沉降式除杂系统和积极式除杂系统。

（1）自然沉降式除杂系统。该类梳棉机刺辊下方配置除尘刀与小漏底或分梳板的组合装置两件及弧形托板，这样将刺辊下方分割成三个除杂区，如图 3-11 所示。特点是含尘量高的外围气流受到除尘刀或小漏底口切割后从除杂区折入车肚，其中尘杂靠其自身重力沉降于车肚成为落物。分梳板由分梳板主体、除尘刀、导棉板和加强筋四个部分组成。

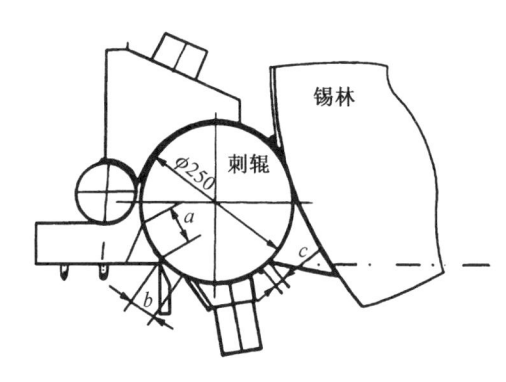

a—第一落杂区；b—第二落杂区；c—第三落杂区

图 3-11　自然沉降式除杂系统刺辊下方配置

① 分梳板主体。它是分梳板组合的心脏，采用锯齿片用胶合树脂固定在外壳上，再以铝合金板作为齿片间的夹片制成。要求分梳板上锯齿横向分布均匀，分梳板圆弧表面平整，齿面与刺辊同心，齿尖光洁。

② 除尘刀。刀角 30°，刀体有六个长圆孔，用螺丝固装于分梳板主体的前侧。可以单独调节除尘力与刺辊间隔距。该部件的作用为切割刺辊表面的气流附面层，除去杂质。

③ 导棉板。导棉板由薄钢板制成，L 形，安装在分梳板主体的后侧面，其与刺辊间隔距可以调节。导棉板要求表面光滑平整，与刺辊表面平行的一面备有几种规格尺寸，以适应不同工艺的要求。

（2）积极式除杂系统。该类梳棉机刺辊下方结构如图 3-12 所示，由落棉调节板、除尘刀与吸风除杂槽组合装置、分梳板、弧形托板等组成。

积极式除杂系统的原理是利用吸风主动引导

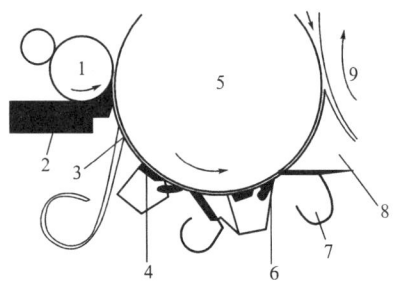

1—给棉罗拉　2—给棉板　3—除尘刀
4—分梳板　5—刺辊　6—落棉调节板
7—吸风除杂槽　8—弧形托板　9—锡林

图 3-12　积极式除杂系统刺辊下方配置

刺辊附面层外层气流进入吸风槽而实现除杂,如图 3-13 所示。

① 分梳板。属于单一性质的分梳板,与刺辊共同分梳纤维。

② 除尘刀与吸风除杂槽组合装置。该装置利用吸风槽内的负压,吸收由除尘刀切割下来的刺辊气流附面层,清除杂质。

图 3-13 除杂原理

③ 落棉调节装置。利用其安装的角度,控制刺辊表面气流附面层的厚度及除尘刀切割气流附面层的厚度,调节落棉量及除杂效率。

④ 弧形托板。为弧形无孔钢板,起托持纤维作用。

(3) 加装分梳板的作用。刺辊加装分梳板能起到预分梳作用,这是因为分梳板表面的锯齿对随刺辊通过的纤维束和纤维进行自由梳理,增加了刺辊作用区的梳理度,特别是位于喂入棉层里层的纤维束和小纤维块,在刺辊梳理过程中受到较弱的梳理作用,在刺辊下安装分梳板可以弥补这个缺陷。

2 给棉部分的握持作用

给棉罗拉和给棉板共同对棉层的握持作用,将直接影响给棉刺辊部分的分梳质量,因而给棉罗拉加压和给棉板圆弧面以及给棉板规格,对给棉部分的握持分梳作用有很大影响。

2.1 给棉罗拉加压

梳棉机的给棉罗拉加压方式采用杠杆偏心式弹簧加压机构与流体加压装置,国产机型都采用杠杆偏心式弹簧加压机构。加压量应该依棉层定量、结构、刺辊速度以及罗拉直径等因素综合考虑后调节,一般加压量为 38~54 N/10 mm。

给棉罗拉加压机构设有厚卷自停装置。当棉卷出现厚段(超过双层棉卷厚度)或棉卷内夹有铁丝或其他硬物时,迫使给棉罗拉抬高,螺钉抬起,通过连杆使微动开关发生作用,使道夫自动停转。

2.2 给棉板圆弧面

给棉板与给棉罗拉正对位置为圆弧面,其轴心与给棉罗拉的不重合,上下呈偏心配置,形成一个进口大、出口小的纤维通道,有效控制棉层,在刺辊分梳棉层中棉束头端时,棉束尾端不会过早滑脱。

3 给棉刺辊部分的分梳作用

3.1 分梳过程

给棉刺辊部分的分梳作用可分为两部分:一是握持分梳;二是自由分梳。

(1) 握持分梳。握持分梳时,棉层被有效握持,经给棉钳口缓慢地喂进刺辊锯齿的作用弧内,如图 3-14 所示。高速回转的刺辊以其锯齿自上而下地打击、穿刺和分割棉层。由于棉层的恒速喂入,纤维或棉束受到的握持力逐渐减弱,在刺辊锯齿的抓取和摩擦作用下逐渐被锯齿带走,被带走的纤维或纤维束的尾端在相邻纤维束的摩擦力控制下滑移,受到分离与伸直。因为棉层在给棉罗拉与给棉板间受到较大圆弧面的控制,同时刺辊有较大的齿密,对棉层的作用齿数较多,加上刺辊与给棉罗拉的速度差异可达千倍左右,所以棉层中 70%~80% 的棉束被刺辊分解成单纤维状态。

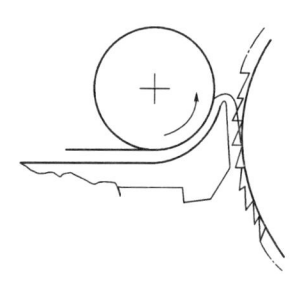

图 3-14 握持分梳过程

(2) 自由分梳。自由分梳作用发生在刺辊与分梳板之间,当刺辊带着纤维经过分梳板时,纤维尾端从锯齿间滑过,使位于刺辊纤维层表面、在握持分梳时受到较弱梳理作用的纤维束、小棉块得到分梳,从而减少了进入锡林盖板工作区的纤维束和棉束长度,提高了纤维的分离程度,为锡林盖板工作区的细致分梳创造了有利条件,所以该分梳也被称为预分梳。

3.2 影响分梳效果的因素

分梳效果以棉层中棉束的质量百分率表示,棉束质量百分率愈小,说明纤维的分离程度、单纤化程度愈高,分梳效果好。影响分梳效果的因素除喂入品的结构状态外,主要还有以下几个方面:

(1) 给棉握持方面。

① 给棉罗拉表面形式。不同的给棉罗拉表面形式,决定不同的握持状态。采用直线沟槽罗拉握持时,齿峰与齿谷交替通过给棉板鼻端,会导致棉层纵向相邻片段的握持力及握持位置发生变化,造成纵向分梳作用有差异,同时导致棉条短片段不匀增大。采用螺旋沟槽时,棉条的短片段不匀因紧握点连续而有所改善。采用菱形凸起表面时,因其左右螺旋沟槽的导程不等,握持点具有一定的连续性,故落棉中长纤维较少,棉条不匀有所降低。采用表面包有锯条的给棉罗拉,用隔条限制齿顶伸出长度,由齿顶构成的握持点多且分散均匀,使棉层在横向受压缩的同时,纵向部分纤维受到压缩和拉伸,形成弹性握持,有利于刺辊梳理时纤维的伸直和损伤减少。故罗拉加压量可适当减小。

② 给棉钳口加压量。当机型一定时,给棉钳口加压量应随刺辊转速、喂入棉层定量、纤维品种变化而调整。当转速高、定量大、纤维与罗拉间摩擦系数小时,应增加加压量。

③ 给棉方式。给棉罗拉与给棉板相对位置的变化,构成不同的握持喂给方式:

顺向喂给,即棉层喂给方向与刺辊分梳方向相同。若配以锯齿罗拉弹性握持,则刺辊分梳时,锯齿握持的较长纤维尾端可从握持钳口中顺利抽出,以避免损伤。

逆向喂给,即棉层喂给方向与刺辊分梳方向相反,刺辊分梳时,锯齿所带纤维尾端受到的阻力大,纤维易被拉断。

④ 给棉分梳工艺长度。给棉分梳工艺长度指给棉罗拉与给棉板握持点 a 到给棉罗拉(或给棉板)与刺辊最小隔距点 b 间的距离,如图 3-15 所示。

分梳工艺长度决定了刺辊刺入棉层的高低位置,分梳工艺长度短,始梳点位置升高,纤维被握持分梳的长度增加,刺辊的分梳作用增强,但纤维损伤逐步加剧。若分梳工艺长度过长,始梳点过低,则纤维被握持分梳的长度过小,棉束质量百分率增加。

刺辊分梳时，纤维会被锯齿侧面的棱角或前棱打断，或因排列紊乱、相互扭结而被拉断，受梳理的时间愈长，纤维损伤的概率愈大，所以分梳工艺长度的选择应兼顾分梳效果与纤维损伤这两个方面。生产实践证明，当分梳工艺长度约等于纤维的主体长度时，分梳效果好，纤维损伤也不显著。所以在加工不同长度的纤维时，给棉分梳工艺长度应与纤维的主体长度相适应。在纤维长度改变时，调整给棉板的高低位置，即可改变分梳工艺长度。

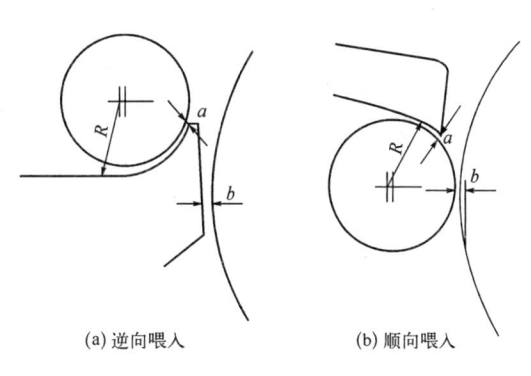

(a) 逆向喂入　　(b) 顺向喂入

图 3-15　给棉分梳工艺长度

在纤维长度改变时，可在一定范围内调整分梳工艺长度，提高给棉板的工艺适应性。在逆向喂给的梳棉机上，为了与加工的纤维长度相适应，给棉板有五种规格、三种类型（直线面、双直线面和圆弧面）可供选择，见表 3-2。

表 3-2　给棉板规格的选用

给棉板工作面长度/mm	给棉板分梳工艺长度/mm	适纺纤维长度（棉纤维主体长度）/mm
28	27~28	29 以下
30	29~30	29~31
32	31~32	原棉：33 以上，化纤：38
46（双直线）	45~46	中长化纤：51~60
60（双直线）	59~60	中长化纤：60~75

(2) 刺辊分梳方面。

① 刺辊的转速。刺辊转速较低时，在一定范围内增加刺辊转速，握持分梳作用增强，残留的棉束质量百分率降低，并且随着刺辊转速增大，降低棉束质量百分率的幅度趋小。但刺辊转速太高，不仅不能明显地提高分梳效果，而且会增加纤维的损伤。增加刺辊转速时，还应考虑锡林与刺辊间的速比。如刺辊速度增加，锡林速度不变或未能按比例增加，会影响锡林顺利剥取刺辊表面纤维的作用。

② 刺辊形式及针齿规格。刺辊有梳针和锯齿两种类型，梳针型刺辊在除杂和避免纤维损伤方面优于锯齿型刺辊；梳针对纤维的作用比较缓和，开松能力较强，有利于纤维与杂质分离，而且在梳理中不易打碎杂质；梳针在使用时的磨损小，不易变形，使用寿命长。但加工难度较大，维修不方便，所以国内梳棉机均采用锯齿型刺辊。

刺辊的锯齿规格如图 3-16 所示，在锯齿规格中，锯齿工作角 α、齿基厚 w、纵向齿距 p 和齿尖厚度 b 对分梳作用的影响较大。

锯齿工作角 α 会影响锯齿对棉层的穿刺能力和刺辊的除杂作用，α 小有利于锯齿刺入棉须分梳，但对杂质的抛落不利，α 过小还会造成刺辊返花、棉结增多。因此，锯齿工作角的选择应兼顾分梳与除杂两个方面。

(a) 普通刺辊针布　　　　(b) V形自锁针布

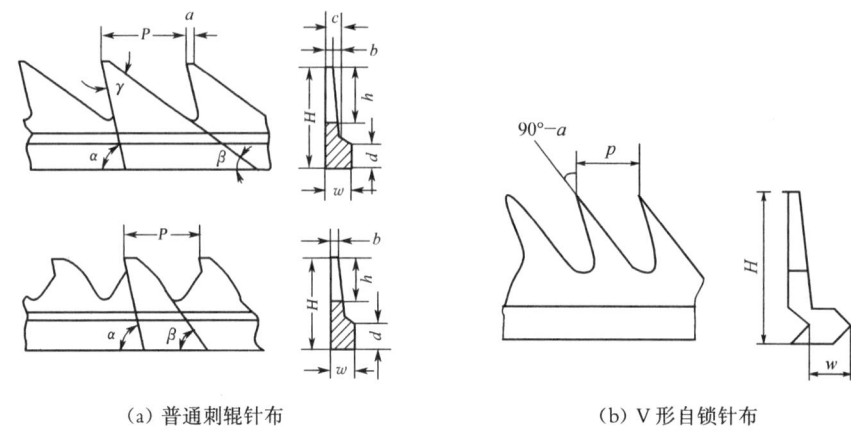

图 3-16　刺辊锯条规格

锯齿密度包括纵向密度和横向密度,横向密度与齿基厚 w 有关,纵向密度与齿距 p 有关,齿距小,则密度大。锯齿密度大时,每根纤维受到的作用次数增多,但纤维损伤的可能性增加,所以当密度大时可适当降低刺辊速度来减少对纤维的损伤。密度增加,对纤维的握持力增强,对落杂及纤维转移不利,所以齿密应与工作角相配合,即大工作角与大齿密配合,小齿密与小工作角相配合以兼顾分梳,落棉与转移。

锯齿的齿尖厚度分厚型(0.4 mm)、中薄型(0.2~0.3 mm)、薄型(0.2 mm以下)三种。薄齿穿刺能力强、分梳效果好,纤维损伤少、刺辊落棉率低、落棉含杂率高,但薄齿强度低,易轧伤、倒齿。

锯齿总高 H 和齿高 h 小,强度高,纤维向锡林转移效果好,但 h 又应与棉层厚度相适应,一般在 2.7~4.0 mm。锯齿总高 H 则应根据基部高度 d(1.5~1.6 mm)和齿高 h 确定,一般在 5.60~5.85 mm。

随着梳棉机产量的不断提高,刺辊锯齿有向薄齿、高密的发展趋势,以便在不过多提高刺辊转速的情况下提高穿刺能力,保证分梳质量。

(3) 刺辊与给棉罗拉(或给棉板)隔距。刺辊与给棉板或给棉罗拉间的隔距偏大时,棉须底层不受锯齿直接分梳的纤维增多,棉须各层纤维的平均分梳长度比较短,因而分梳效果差。在机械状态良好的条件下,此隔距以偏小掌握为宜,一般采用 0.18~0.30 mm。在喂入棉层偏厚、加工纤维的强力偏低等情况下,为了减少短绒,可适当增加此隔距。

4　刺辊部分的除杂作用

刺辊车肚是梳棉机主要除杂区,可去除棉卷中 50%~60% 的杂质,经过刺辊良好的分梳作用,包裹在纤维间的杂质被分离出来,或与纤维间的联系力松懈,在刺辊高速回转的离心力作用下,依靠气流控制和机械控制相结合的方法,使杂质充分落下,纤维尽可能地少落并得到回收。

4.1　气流附面层原理与落杂区划分

(1) 气流附面层。当物体高速运动时,运动物体的表面因摩擦而带动一层空气流动,由于空气分子的黏滞与摩擦作用,里层空气带动外层空气,这样层层带动,就在运动物体的表面形成气流层,称为附面层。附面层有以下特点:

① 附面层的厚度。在一定范围内,附面层厚度 δ 与附面层形成点 A 的距离成正比,离形成点越远,附面层厚度愈厚,如图 3-17(a)所示。与形成点的距离达到一定值后,附面层厚度达到正常,即这一厚度为一常数。

② 附面层速度分布。附面层内,受空气黏滞阻力的影响,距运动物体表面距离不同的各点上的气流速度不同,距运动体愈近,速度愈大,并接近运动物体表面速度,距运动体表面愈远,其速度愈小,在速度小至运动物体速度1%的位置,就是附面层的边界。附面层中各层气流速度形成一种分布,如图 3-17(b)所示。

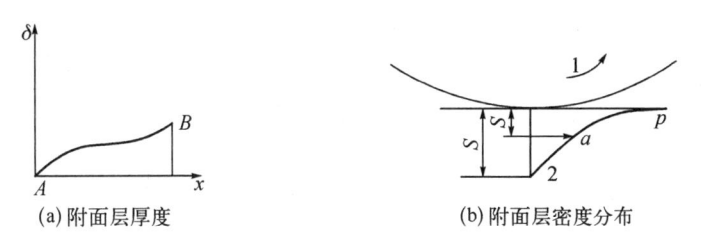

(a) 附面层厚度　　(b) 附面层密度分布

1—回转体　2—附面层

图 3-17　气流附面层

③ 回转体附面层中不同性质物体的运动规律。如果在回转体的附面层中悬浮有两种不同比重的物体。当物体随气流做回转运动时,受气流速度及离心力的影响,物体有向附面层外层移动的趋势,质量大,体积小的物体因离心力大而在附面层中悬浮的时间短,质量轻,体积大的物体则在附面层中悬浮的时间长,从而促使附面层内不同质量重物与轻物分道而行,附面层外重物多于轻物,内层轻物多于重物。

刺辊对棉层进行分梳时,纤维和杂质被锯齿带走并随其作回转运动,脱离锯齿的纤维与杂质便悬浮于刺辊的附面层中,杂质因体积小,质量大而多处于附面层的外层,纤维因其体积大、质量轻而多处于附面层的内层,并沿着各自的运动轨迹离开附面层下落,如图 3-18 所示。

利用纤维与杂质在附面层中的分类现象,对附面层进行不同的切割,即可达到去杂保纤、调节落棉的目的。在附面层中,纤维与杂质的运动是相互影响的,有些纤维与杂质黏附较紧而随杂质一起落下成为落棉,也有一些与纤维黏滞力较强的细小杂质随纤维继续在附面层中前进。

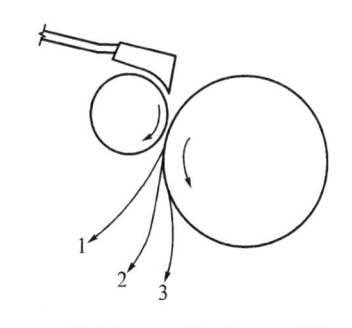

1—较重杂　2—较轻杂　3—纤维

图 3-18　纤维与杂质的运动轨迹

(2) 落杂区的划分。梳棉机机型不同,则刺辊车肚附件各异,落杂区的划分也不同,一般为 2~3 个落杂区,即给棉板至第一附件间的空档为第一落杂区。第一附件至第二附件间的空档为第二落杂区,第二附件至第三附件间的空档为第三落杂区。

4.2 刺辊车肚的气流与除杂

刺辊车肚气流与除杂如图3-19所示。在刺辊3与给棉板5(给棉罗拉4)隔距点处,因隔距小而又有棉须,故可看作刺辊附面层的形成点,在第一落杂区内,附面层形成并逐渐增厚,要求自给棉板下补入气流,补入气流对刺辊上纤维有一定的托持作用,增厚的附面层在除尘刀7处受阻被分割,大部分气流被除尘刀阻挡而沿刀背向下流动,其中的杂质、短纤维随之落入车肚或被吸风口7吸走。进入刺辊与除尘刀隔距的气流通过分梳板8的导棉板6后又开始增厚,并要求从导棉板下补入气流。增厚的附面层又被小漏底除尘刀所切割,尘杂随被切割的气流落下并吸走。通过小漏底1的气流与锡林2带动的气流汇合,一部分进入锡林后罩板,一部分进入刺辊罩盖内被吸尘罩吸走。若吸尘不畅,则会使刺棍罩盖内静压增高而迫使气流从给棉板(给棉罗拉)与刺辊隔距点处喷下,使部分纤维脱离锯齿进入落棉。

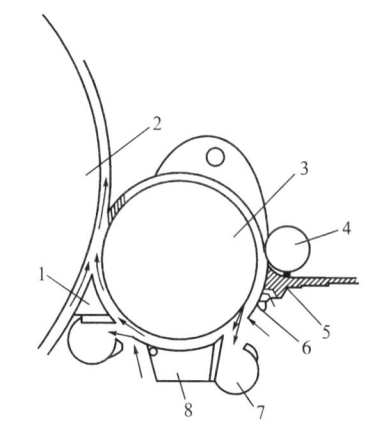

图 3-19　刺辊车肚气流与除杂

4.3 影响刺辊除杂的因素

实际生产过程中,当配棉成分发生较大变化或对成纱质量有不同要求时,应及时调整刺辊落棉;若各机台机械状态或落棉率存在较大差异,亦需对刺辊落棉作必要调整,以便做到稳定生产、保证质量和节约用棉。

影响后车肚落棉的因素很多,可归纳为两大类:一类是与分梳强度有关的因素,如刺辊转速、给棉板(或给棉罗拉)与刺辊间隔距、棉卷定量及梳棉机的产量等;另一类是与刺辊周围气流组织有关的因素,如除尘刀、小漏底、分梳板与刺辊的隔距、除尘刀的厚度、导棉板的弦长等。现就主要因素讨论如下:

(1)刺辊速度。提高刺辊速度,有利于分解棉束,暴露杂质。刺辊速度增加后,锯齿上纤维、杂质的离心力及空气阻力均相应增加,对长纤维来说,离心力增加较小而空气阻力增加较多,杂质则相反,随着刺辊速度的提高,除杂作用增强。刺辊速度必须与锡林速度保持一定的比例关系。在刺辊速度改变的同时,分梳板、除尘刀和小漏底的工艺必须做相应的调整。在其他条件不变时,增大锯齿工作角 α,也有利于短绒及杂质的排除。

(2)刺辊直径。增大刺辊直径,有利于除杂区分梳除杂附件的安排,使吸尘点增多。刺辊直径增大,刺辊下可安置三组带除尘刀的吸风装置和两把偏转刀(可调节落杂区及落棉量)、两块分梳板,使刺辊部分除杂工作增加。

(3)除杂区除杂工艺设置。除杂区除杂工艺主要是落杂区长度、除尘刀隔距及除尘刀角度。除杂区与刺辊针面之间的隔距决定除尘刀切割刺辊表面气流附面层的厚度,控制着脱离纤维层的杂质偏离刺辊针面的程度,最终控制着落物率的高低与落物含杂率的多少。现在都采用积极式除杂方式,除尘刀的角度不再列入工艺考虑范围,重点考虑设置落杂区长度。

① 落杂区分配。当喂入棉卷含杂量和含杂内容改变时，可通过调整除尘刀、导棉板位置或除尘刀、导棉板规格来调整前后落杂区的长度分配。加大第一落杂区长度可以保证杂质抛出的必要时间，使该区内附面层的厚度增加，附面层中悬浮的杂质总量较多，有利于除尘刀分割较厚的附面层气流以排除较多的杂质。所以，当棉卷含杂量较高时，应适当放大第一落杂区长度。同理，放大第二落杂区长度，同样有利于排除杂质，但落下杂质总量较第一落杂区少。若梳棉机有第三落杂区时，一般落杂区长度不做改变。

② 除尘刀、小漏底入口与刺辊间的隔距。除尘刀、小漏底入口与刺辊的隔距缩小，切割的附面层厚度加厚，有利于除杂，但由于在附面层内层所含的纤维量较多而杂质较少，因此隔距在一定范围内再缩小，将使落棉中可纺纤维含量增加，而杂质落下量不显著。除尘刀、小漏底入口与刺辊间隔距一般在 0.3～0.5 mm，除尘刀处宜偏小掌握，小漏底处宜偏大掌握。

5　给棉刺辊部分新技术

提高分梳效果，减轻各梳理区的表面负荷，使梳棉机高产优质方面取得突破性发展的主要措施之一。但过多提高分梳部件的速度，会造成机器振动，能耗增加，对纤维的损伤增加，因此，在高产梳棉机上扩大分梳面，装加分梳附件即成为提高分梳效果的关键所在。近年来，人们在分梳附件的配置上进行着不断地探索和努力，现简述如下：

(1) 双分梳板。双分梳板如图 3-20 所示。当开清棉联合机采用新型单机组合时，所提供的棉卷（或散棉）中纤维的分离度较好且含杂少，采用双块分梳板梳棉机与之配套，可增加纤维被自由分梳的时间和区域，有利于提高梳棉机的产质量。在开清棉使用传统的单机组合配套时，因双块分梳板分梳面增大造成的落杂区长度减少，使棉卷中的杂质不能被充分去除。所以梳棉机应与开清棉联合机相匹配，才能发挥其应有的作用。

(2) 多吸口除尘系统。如图 3-21 所示。在刺辊下装加预分梳装置的同时，在每一个附件前装加落棉吸除吸口，使每一个落杂区中由除尘刀切割的气流层被顺利导入除尘系统。加设多吸口除尘系统，大大增加了刺辊部分的除杂效果，可使 90% 的杂质从这里排出，为减少锡林、盖板针布磨损、增加使用寿命，稳定梳理质量创造了条件。

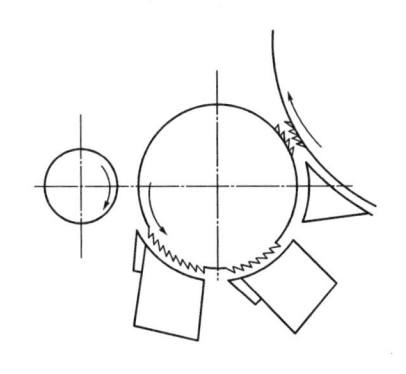

图 3-20　梳棉机刺辊双块分梳板

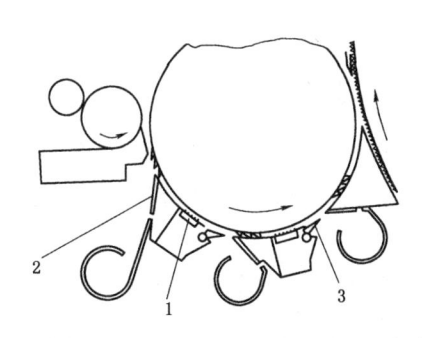

1—弧形分梳板　2—有吸尘罩盖的除尘刀　3—偏转刀片
图 3-21　多吸口除尘系统

(3) 三刺辊梳棉机。它包括三只分梳除杂刺辊,每个刺辊都配有一块分梳板和一只带吸风管的除尘刀组合件,这三只刺辊包覆有三种不同规格的针布,齿密依次增加。三只刺辊的直径较小,各刺辊表面线速度依次增大,并与锡林速度相匹配,第一刺辊由于承担着握持分梳的任务,所以速度可低些以减少纤维的损伤,其后的刺辊速度逐次增大,有利于杂质在纤维充分分离的状态下排除。三辊针齿和速度的配置为剥取作用。

三个刺辊与配置的分梳板及吸风除尘刀相结合,更有利于大杂早落少碎及小杂质、微尘、短纤维的分步排除,使分梳除杂效率大为提高。JWF1206 型梳棉机,各个刺部位都配置3组预分梳板3把除尘刀和3个吸口;JSC328A 型梳棉机第一、第三刺部位各设置一个除杂区,第二刺辊部位设置一个预分梳板;而 TC8 型梳棉机;第一、三刺辊部位各设置一个除杂区,配置三套预分梳装置;而 JWF1212 型梳棉机只在第一、第三刺辊部位都设置一套"除杂+预分梳"装置;TC10 型梳棉机在第一刺辊下方设置一个除杂区;而 TC19i 型梳棉机在第一、第三刺部位各设置一个除杂区。

(4) 增大刺辊直径以增加预分梳区域,增加附加分梳元件数量,也是一项提高分梳除杂效果的有效措施。

技能训练

1. 进行给棉刺辊部分的工艺参数调节训练。
2. 完成梳棉机落棉实验、棉结杂质测试实验。

课后练习

1. 给棉和刺辊部分的机构与作用是什么?给棉板有哪几种?各有何特点?
2. 梳棉机刺辊下方除杂方式有哪些?各有何特点?如何控制落物率与落物含杂率?
3. 给棉刺辊部分的分梳作用是如何完成的?影响刺辊分梳效果的主要因素有哪些?

任务3.3 锡林盖板道夫部分机构特点及工艺要点

工作任务

1. 比较对纤维产生三种基本作用的针面配置条件,以及这些条件下的纤维流向。
2. 绘制 C、T、F、D 机构和针面配置简图,分析针面配置对纤维的作用,并在图上标注纤维流向。
3. 写出锡林—盖板、锡林—道夫间的主要作用关键词,说明产生这些作用的根本原因及其影响因素。
4. 描述输出棉网中的纤维弯钩特点。
5. 讨论调控盖板花的措施。

> **知识要点**
>
> 1. 锡林、盖板、道夫部分的结构与作用。
> 2. 刺辊与锡林间的纤维转移。
> 3. 锡林与盖板间的分梳作用。
> 4. 锡林与道夫间的凝聚作用。
> 5. 锡林、盖板和道夫部分的混合与均匀作用。
> 6. 锡林、盖板部分的除杂作用。

锡林、盖板和道夫部分主要由锡林、盖板、道夫、前后固定盖板、前后罩板和锡林车肚罩板等组成。经刺辊分梳后转移至锡林针面上的棉层中,大部分纤维呈单纤维状态,棉束质量百分率约15%~25%,此外还含有一定数量的短绒和黏附性较强的细小结杂。所以,这部分机构的主要作用包括:锡林和盖板对纤维做进一步的细致分梳,彻底分解棉束,并去除部分短绒和细小杂质;道夫将从锡林针面转移过来的纤维凝聚成纤维层,在分梳、凝聚过程中实现均匀与混合;设置前、后罩板和锡林车肚罩板,罩住或托持锡林上的纤维,以免纤维飞散。

1 锡林、盖板和道夫部分的机构与作用

1.1 锡林、道夫的结构和作用

锡林是梳棉机的主要元件,其作用是将经过刺辊初步分梳的纤维剥取并带入锡林盖板工作区,做进一步的分梳、伸直和均匀混合,并将纤维转移给道夫。道夫的作用是将锡林表面的纤维凝聚成纤维层,并在凝聚过程中对纤维做进一步分梳和均匀混合。

锡林、道夫均由钢板焊接结构或铸铁滚筒和针布组成。滚筒结构如图3-22所示。滚筒两端用堵头(法兰)和裂口轴套将滚筒与轴联接在一起。由于两者均为大直径回转件,与相邻机件的隔距很小,为保证机件回转平稳、隔距准确,对滚筒圆整度、滚筒与轴的同心度及滚筒的动静平衡等,都有较高的要求。

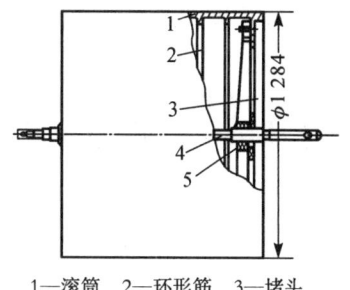

1—滚筒 2—环形筋 3—堵头
4—滚筒轴 5—裂口轴承

图3-22 锡林滚筒结构

1.2 活动盖板的结构和作用

活动盖板的作用是与锡林配合,对纤维作进一步细致的分梳,使纤维充分伸直和分离,并去除部分短绒和细小杂质,在单纤维状态下均匀混合。不同的梳棉机具有不同的活动盖板根数,一般为80~106,其中工作盖板(参加锡林、盖板工作区分梳作用)根数为28~41。所有活动盖板用链条或齿形带联接起来构成回转盖板,由盖板传动机构传动,沿着锡林墙板上的曲轨慢速回转。

活动盖板由盖板铁骨和盖板针布组成。盖板铁骨是一根狭长铁条，其工作面包覆盖板针布。为了增加刚性，保证盖板、锡林两针面间隔距准确，盖板铁骨呈"T"形，且铁骨两端各有一段圆脊，相当于链条的滚子，以接受盖板机构的推动。盖板铁骨两端的扁平部搁在曲轨上，曲轨支持面叫踵趾面。如图 3-23 所示，为使每根盖板与锡林两针面间的隔距入口大于出口，踵趾面与盖板针面不平行，所以扁平部截面的入口一侧（趾部）较厚，而出口一侧（踵部）较薄，这种厚度差叫踵趾差。踵趾差的作用是使蓬松的纤维层在锡林、盖板两针面间逐渐受到分梳。国产梳棉机的踵趾差一般在 0.56 mm。

(a) 盖板铁骨　　(b) 盖板踵趾面

图 3-23　盖板铁骨和盖板踵趾面

另一类是每端为一对由硬质合金制成的圆柱形定位销，配置了铝制模件制造的盖板铁骨的盖板。该类盖板质量轻，同时采用同步齿形带，通过其上的定位销固定，减小了盖板运行阻力，降低了盖板踵趾及曲轨的磨损，而且采用圆柱体代替盖板踵趾面，使盖板运转更加平稳，盖板针面与锡林针面间隔距校调更为精确，如图 3-24 所示。

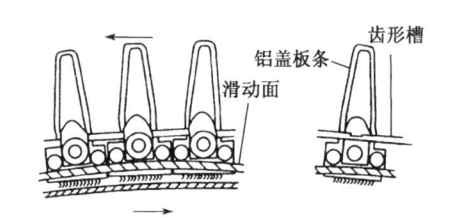

图 3-24　新型盖板及传动

包盖板机将盖板针布包覆在盖板铁骨上形成盖板针面。盖板针面要求平整，具有准确的踵趾关系。

1.3　固定盖板的结构与作用

固定盖板的结构如图 3-25 所示。按其安装位置，可分为前固定盖板和后固定盖板，机型不同，其安装数量及组合不同。

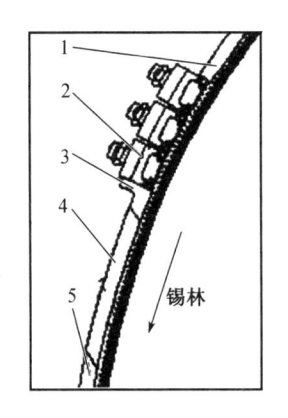

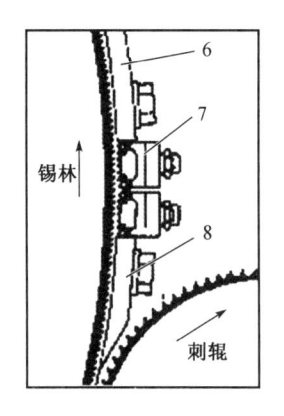

1—前上罩板　2—前固定盖板　3—联接板　4—抄针门　5—前下罩板　6—后上罩板　7—后固定盖板　8—后下罩板

图 3-25　固定盖板及安装位置

后固定盖板 7 安装在后下罩板 8 的上部。每块盖板上均包覆金属针布,其齿尖密度配置自下而上逐渐由稀到密。后固定盖板的作用是对进入锡林盖板工作区的纤维进行预分梳,减轻锡林针布和回转盖板针布的梳理负荷。

前固定盖板 2 安装在前上罩板 1 和抄针门 4 之间,其作用是使纤维层由锡林向道夫转移前再次受到分梳,以提高纤维伸直平行度和改善生条质量。

固定盖板若配以除尘刀及吸风系统(棉网清洁器),会进一步加强梳棉机对杂质、短绒、微尘的排除作用,使生条质量大为改观,如图 3-26 所示。

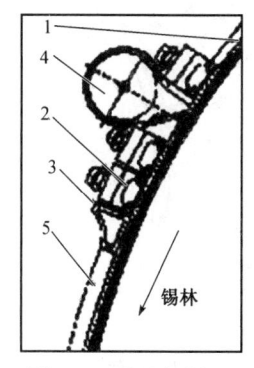

1—前上罩板　2—前固定盖板　3—联接板
4—棉网清洁器　5—前下罩板

图 3-26　带棉网清洁器的固定盖板

新型梳棉机上均配置了带棉网清洁器的固定盖板机构,现举例如下:

(1) 瑞士 Rieter 公司生产的 C10 型梳棉机的锡林前后各配置了六块固定盖板,其间还安装了除尘刀和吸风装置,如图 3-27 所示。

(2) Platt2000 型梳棉机采用的 TM2000 型固定分梳板由弧形分梳板 5、除尘刀 3 和排杂风道 4 组成,如图 3-28 所示,分梳板安装于盖板 1 和道夫 7 之间。

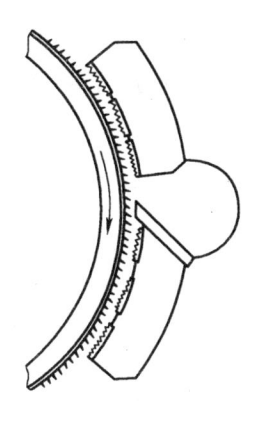

图 3-27　C10 型梳棉机锡林后固定盖板 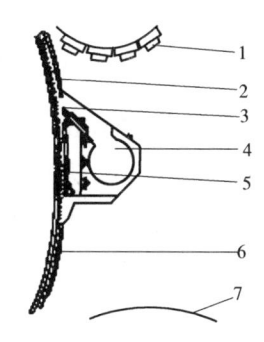　　**图 3-28　Patt2000 型梳棉机前固定盖板**

(3) 英国 Corsrol MK5 及 MK5C 型梳棉机上的固定盖板装有可对杂质、短绒、微尘排放量精确控制的高效气流排杂系统,如图 3-29 所示。该系统由一块控制固定盖板 4、一块控制板 3、一把除尘刀 2 及三块固定盖板 1 组成。气流从控制固定盖板处补入,经过控制板后,受除尘刀作用,从控制板与固定盖板间排出,并带走杂质、短绒和尘屑。

(4) 意大利 Marzoli C501 型梳棉机配置了前后各六块固定盖板及相应的除尘刀和吸尘系统,如图 3-30 所示。

从以上实例可以看出,欲使附加分梳的效果显著,需增加附加分梳元件的数量,为此必须扩大锡林上附加分梳区域的有效面积。有效的扩大措施如下:

① 采用较小的道夫直径。

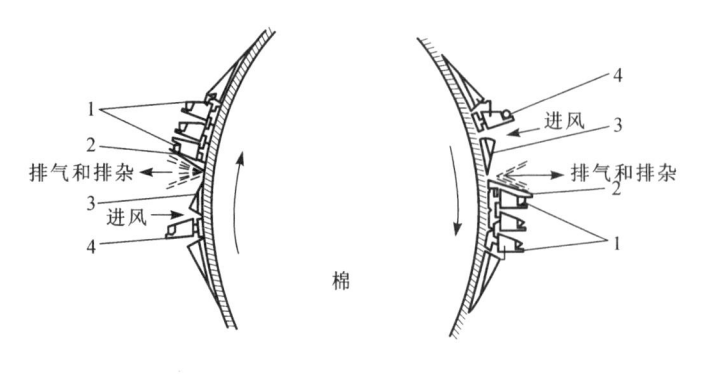

图 3-29　MK5 型梳棉机固定盖板

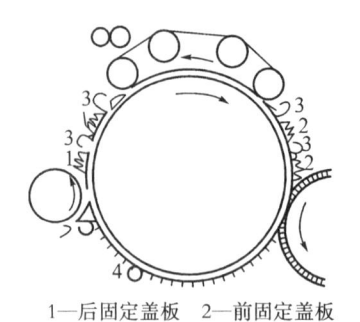

1—后固定盖板　2—前固定盖板
3—有吸尘罩的除尘刀　4—吸尘盖板
图 3-30　C501 型梳棉机固定盖板

② 抬高锡林的相对位置。
③ 适当减少活动盖板总数和工作盖板数。

1.4　前后罩板的结构和作用

前后罩板包括后上、后下、前上、前下罩板和抄针门，它们的主要作用是罩住锡林针面上的纤维，以免纤维飞散。前后罩板一般采用厚度为 4~6 mm 的钢板制成，上下呈刀口形，用螺丝分别固装于前后短轨上，其高低位置以及它们与锡林间的隔距可根据工艺要求进行调节。后下罩板位于刺辊的前上方，其下缘与刺辊罩壳连接。调节后罩板与锡林间入口隔距的大小，可以调节小漏底出口处气流静压的高低，从而影响后车肚的气流和落棉。前上罩板的上缘位于盖板工作区的出口处，它的高低位置及其与锡林间的隔距，直接影响纤维由盖板向锡林的转移，从而可以控制盖板花数量。

1.5　锡林车肚罩板的结构和作用

新型梳棉机的锡林下方装有十二块光滑的弧形板和两只吸风口。锡林车肚罩板由铁皮或经过防棉蜡和增柔剂黏结处理的光铝板制成，它的入口前缘呈圆形以免挂花，出口和小漏底衔接。车肚罩板的主要作用是托持锡林上的纤维，并使落下的短绒和尘屑从吸风口排走。墙板处有调节和紧固螺钉，可调节罩板及吸风口与锡林间隔距。

1.6　锡林墙板和盖板清洁装置

锡林墙板为一圆弧形铁板，和锡林轴承为一体，固定于锡林两侧的机框上，其上安装有曲轨，弓板盖板调节支架，抄磨针托架和调节刺辊、道夫的螺钉等部件。

曲轨 3 是由生铁制成的弧形铁轨，其上有短轴和槽孔，利用托脚 1 及其螺栓装在墙板上，左右各一根，其表面光滑并具有弹性。盖板在曲轨上缓慢滑行，可通过调节螺丝 2 来调节曲轨的高低位置，以改变盖板与锡林间的隔距，如图 3-31 所示。

盖板清洁装置由一根包有弯脚钢丝针布的毛刷辊 2 和一根包有直脚钢丝针布的清洁辊 1 及吸风罩组成，如图 3-32 所示。当活动盖板走出工作区时，由毛刷辊将盖板上的盖板花刷下，转移给清洁辊后由吸风口吸走。毛刷辊与盖板间的相对位置可调。清洁辊由单独电机传动。

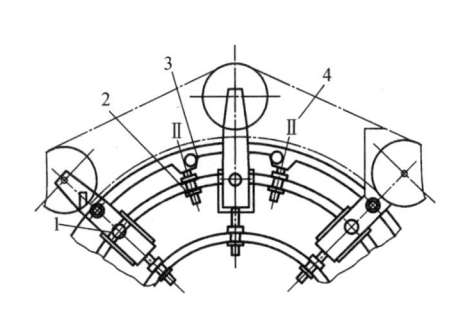

图 3-31 曲轨与盖板托脚

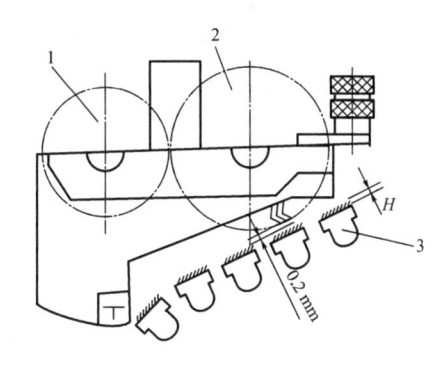

图 3-32 盖板清洁装置

2 刺辊与锡林间纤维的转移

刺辊表面的纤维经过预分梳后,在刺辊与锡林的隔距点处完成向锡林针面的转移。为了使纤维能顺利转移给锡林,刺辊与锡林针面间采取剥取配置,其剥取作用与下列因素有关:

（1）锡林与刺辊的速比。设小漏底鼻尖和后罩板底边为转移区,其长度为 S,如图 3-33 所示。

设纤维长度为 L,锡林表面速度为 V_2,刺辊表面速度为 V_1,则刺辊上某一锯齿经过转移区的时间为 $t=S/V_1$。设纤维在转移区开始时即被锡林针齿抓住另一端,在接近后罩板底部时以伸直状态转移至锡林,则在时间 t 内,锡林某针齿抓取的纤维除通过长度 S 外,还应走过一段等于纤维长度的距离,即在同一时间内,锡林走过的距离为 $S+L$,即:

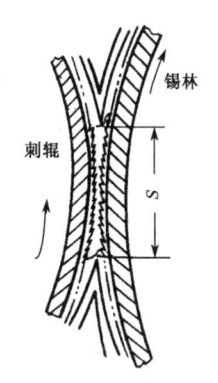

图 3-33 纤维由刺辊向锡林转移

$$\frac{V_2}{V_1}=\frac{S+L}{S} \tag{3-1}$$

由上式可知,锡林与刺辊的速比与转移区的长度及纤维长度有关。依靠刺辊离心力和进入转移区气流的作用,纤维在速比较小时也能被锡林剥下,但纤维在转移过程中伸直的作用差,这会影响锡林针面纤维层的结构。关车时,因离心力较小,会产生刺辊返花较多的现象。因此,锡林与刺辊的速比应根据不同的原料和工艺要求确定,一般纺棉时为 1.4~1.7,纺棉型化纤或中长化纤时为 1.8~2.4。

（2）刺辊与锡林的隔距。此隔距愈小,纤维转移愈完全。由于隔距小,锡林针尖抓取纤维的机会多,时间早,纤维(束)与锡林针面的接触齿数多,锡林对纤维的握持力增加,有利于转移,隔距一般选择 0.13~0.18 mm。

3 锡林与盖板间的分梳作用

3.1 分梳作用

锡林与盖板针面的隔距很小,两针面的针齿平行配置,有相对速度,则两针面发生分梳作用,如图 3-34 所示。

任一针面携带的纤维束,被另一针面的针齿握持或被嵌入针齿间,就受到两个针面的共同作用。此时,纤维束产生张力 R,将 R 分解为平行于针面方向的分力 P 和垂直于针齿方向的分力 Q,P 使纤维沿针齿工作面向针内运动,Q 使纤维压向针齿面,有:

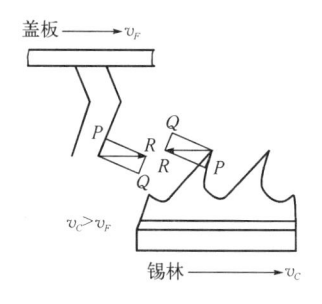

$$P = R\cos\alpha; \quad Q = R\sin\alpha$$

式中:α 为针面工作角。

图 3-34 两针面间的分梳作用

可见,对于任一针面而言,在 P 的作用下,纤维都有沿针齿工作面向针内移动的趋势。因而两个针面都有握持纤维的能力,使纤维束有可能在两针面间受到分梳作用。在锡林、盖板针面和锡林、道夫针面都属分梳作用的配置。在锡林、盖板两针面间,纤维和纤维束被反复交替转移和梳理,使之受到充分梳理,绝大部分成为单根纤维状态。同样,在锡林、道夫的两针面间,则是利用分梳作用来达到锡林上的部分纤维转移给道夫针面的目的。

3.2 锡林盖板纤维层的形成和特点

(1) 锡林纤维层的形成及其特点。金属针布因针隙间容纤维量少,自由纤维量占纤维总量的比例大,内层纤维量很少,所以该类梳棉机上的锡林针面负荷比较小,形成比较平衡的针面所需时间较短,纤维受力均衡,针面负荷不再随时间的延长而变化,所以基本上可以不需抄针,而是间隔数天后抄一次针,以清除嵌塞在针隙间的破籽、叶屑等。另外,金属针布针齿浅,其上的纤维层处于针尖的较高位置,有利于分梳和转移。

(2) 盖板纤维层的形成及其特点。锡林针面纤维层走进工作区之后,由于锡林离心力的作用,部分纤维尾端翘起,即为盖板针齿抓取、握持,继而反复交替转移,形成盖板纤维层。盖板纤维层有以下特点:

① 因盖板上针布较长,则充塞的纤维层较厚,而且离开梳理区的盖板上纤维层较进入梳理区的沉入稍深。

② 被盖板针齿握持的纤维成弯钩状态,而且每根盖板向着锡林运动方向侧优先抓取纤维,而被抓取的纤维尾端嵌入其针齿间,使得盖板上的纤维层是头上厚、尾部薄,而尾部有一部分纤维与下一块盖板的纤维层相连,再加上盖板针面机械状态的差异,因而形成盖板花的波动。

③ 带纤维杂质和棉结等细小杂质在工作区中随同纤维在锡林、盖板间反复转移,并受锡林离心力的作用,挤入盖板针面,形成盖板花。

3.3 纤维转移分梳的几种情况

锡林针面携带新纤维进入锡林工作区后,纤维一端被一针面抓取,另一端受到另一针面梳理而被直接带出盖板梳理工作区;或者纤维在两针面间发生转移,接受反复梳理后被带出盖板梳理工作区。在锡林—盖板梳理区经过一次梳理就被转移出梳理区,还是在锡林—盖板梳理区反复转移接受多次梳理,取决于锡林与盖板两针面上的负荷大小。

3.4　影响分梳作用的主要因素

影响锡林盖板间分梳作用的主要因素有锡林速度和直径、台时产量、针布规格与锡林盖板间隔距等。

(1) 锡林的速度和直径。在一定的产量条件下增加锡林和刺辊速度时,由于锡林一周输出的纤维量与锡林转速成反比,同时,离心力按速度平方成比例增大,增加了从锡林到道夫的转移能力,并使锡林盖板针面负荷显著减少。锡林增速还可加强纤维从锡林向盖板的转移。因而锡林增速可使棉网中未分解的棉束的质量和数量减少。提高锡林速度是高产、保证质量甚至是提高质量的有效措施,是高产优质的工艺措施。在一定的产量条件下减小锡林直径时,一定要使锡林线速度不变,因离心力随锡林直径的减小而增加,削弱了针齿握持纤维的能力,影响分梳作用。为了不降低梳棉机的分梳效能,可以减小针布工作角,所以小锡林梳棉机的针布工作角一般可小到65°。

(2) 台时产量。在原有状态下增加台时产量时,会使锡林盖板的针面负荷增加而影响分梳作用。

(3) 针布规格。为了使两针面纤维分配关系正常和加强纤维在锡林盖板间的相互转移,两针面的针布工作角应接近。为了增加纤维从锡林向道夫转移,可减小道夫针布的工作角,或减少锡林和道夫间的隔距。在弹性针布梳棉机上因针布工作角过小会限制道夫隔距的缩小,故以增加道夫针密为主;在金属针布梳棉机上因分梳时针布工作角不变,故采用减小道夫针布工作角的方法以提高道夫转移纤维的能力。所以,相互作用的两针面规格必须配套使用。配用新型半硬性盖板针布可减少盖板针面负荷,从而可提高分梳效能。

(4) 锡林和盖板间的隔距。此隔距减小,会产生以下作用:

① 针齿刺入纤维层深,与之接触的纤维多。

② 纤维被针齿分梳或握持的长度长,梳理力大。

③ 锡林、盖板针面间转移的纤维数量多。

④ 浮于锡林、盖板针面间的纤维数量少,被搓成棉结的可能性小。因此,小隔距能增强分梳作用,减少生条和成纱的棉结粒数。但是,缩小隔距的前提是锡林、道夫、刺辊有较高的圆整度、较好的动平衡,盖板平直度好。

(5) 盖板回转方式。在盖板正向回转时,刚进入盖板区的纤维在清洁盖板的作用下得到较好的梳理,而在出盖板区时,由于这时的盖板充塞已接近饱和状态,纤维得不到细致的梳理,梳理效果不是最理想,还有可能使少量盖板花进入到道夫纤维层中。为了加强分梳能力,新型梳棉机采用盖板反向回转方式,其作用是使分梳负荷在锡林分梳区域内合理分配。理想的状况是锡林、盖板间分梳作用逐渐加强,在锡林走出盖板区时,纤维能得到细致的梳理,这样才能得到良好的梳理效果。此外,进入盖板区的纤维先被略有充塞的盖板粗略地梳理,在出盖板区时又被清洁的盖板细致地梳理,这样的梳理由粗到细、逐渐加强,改善了分梳效果。采用反转盖板后棉网质量有一定改善,成纱细节、棉结、杂质都有所降低。

4 锡林与道夫间的凝聚作用

锡林与道夫间的作用常被称为凝聚作用,这是因为慢速道夫在一个单位面积上的纤维是从快速锡林许多个单位面积上转移、凝集而得的。然而,锡林与道夫间的"凝聚"实质上是分梳。正是由于这种实质上的分梳作用,道夫清洁针面仅能凝聚锡林纤维层中的部分纤维,不可能凝聚锡林纤维层中的全部纤维。

走出锡林、盖板分梳区的纤维接着要转移给道夫,而该类纤维从锡林针面转移到道夫清洁针面上,是依靠分梳作用实现的。

锡林针面上的纤维离开盖板工作区后,在离心力的作用下,部分浮升在针面或在针面翘起,当走到前下罩板下口及锡林道夫三角区时,纤维在离心力和道夫吸尘罩气流的共同作用下,纤维一端抛向道夫,被道夫针面抓取,如图 3-35 所示,有少量纤维未经梳理就转给道夫,也有少量纤维在两针面间反复转移。纤维与道夫针间的梳理角为 α_2,在上三角区至隔距点间逐渐减小,使纤维与道夫针面的接触点增多,有利于转移。在隔距点下方,因道夫直径较锡林小,α_2 增大,而纤维与锡林针间的梳理角 α_1 反而减小,再加上在下三角区处形成气流附面层,有补入气流,增加了锡林针面的握持作用,也有被道夫抓取的纤维返回锡林,从而形成反复转移。

棉网中的大部分纤维呈弯钩状,尤以后弯钩居多,这是因为道夫针面在凝聚纤维的过程中,纤维的一端被道夫握持,另一端受锡林的梳理。而锡林的表面速度远大于道夫的,因而被锡林梳直了的一端在前,握持的一端在后,这样纤维随道夫转出时就成为后弯钩纤维,所以生条中的弯钩以后弯钩居多。

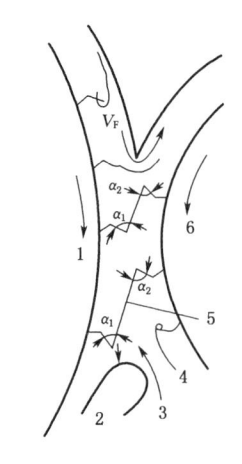

1—锡林 2—大漏底 3—气流
4—后弯钩 5—纤维 6—道夫

图 3-35 锡林转移纤维至道夫的情况

4.1 道夫转移率的概念和意义

道夫转移率表示道夫转移锡林上纤维的能力。它不同于锡林一转向道夫转移的纤维量 g,因为 g 只取决于产量和锡林转速,与其他因素无关,不能表示道夫转移纤维的能力。

道夫转移率(γ_1)可用下式表示:

$$\gamma_1 = \frac{g}{Q_c} \times 100\% \tag{3-2}$$

式中:Q_c 为锡林针面上全部纤维量。

在金属针布梳棉机上,Q_c 近似于 Q_0,道夫转移率也可用下式计算:

$$\gamma_2 = \frac{g}{Q_0} \times 100\% \tag{3-3}$$

式中:Q_0 为锡林盖板针面自由纤维量。

道夫转移率一般为 6%~15%。

4.2 道夫转移率与产质量的关系

当梳棉机的产量增加,锡林速度不变时,g 增加得多,r_2 增加得多,Q_0 增加得少。所以高产时道夫转移率 r_2 高,便相应降低了锡林盖板针面负荷 Q_0,增强了锡林盖板的梳理作用。低速低产和高速高产时,r_2 相差很多,但在实际生产中棉网质量相接近;高速低产和低速高产时,r_2 相接近,但棉网质量前者较后者要好得多。因而不能仅用道夫转移率的大小作为衡量梳理质量优劣的标准,由于很多影响因素其相互间均有联系,故不能忽略条件的不同,而单看转移率的大小。

在一般情况下,高速时的转移量大,应有适当高一些的道夫转移率。但是,转移率过高时会使"锡林一转,一次工作区分梳"或"锡林多转,一次工作区分梳"的纤维在棉网中占有过大的比例,影响梳理、混合作用。所以金属针布梳棉机的 r_2 一般控制在 3%~14% 的范围内,而以 10%~12% 较为适宜。

4.3 影响道夫转移率的因素

影响道夫转移率的因素有针布规格、锡林和道夫间隔距、生条定量和道夫速度以及产量和锡林转速等。

(1) 针布规格。道夫针布工作角 a 一般较锡林针布工作角小 10°左右,以提高其抓取纤维的能力;道夫针齿比锡林高,以增加针齿间空隙,从而增加容纤量以及泄出道夫隔距处的气流。道夫针齿应锋利光洁,一方面可以提高 r_2,另一方面可减少或消除锡林绕花现象。

(2) 锡林和道夫间的隔距。采用较小隔距可增加道夫针齿和纤维的接触机会,使锡林盖板针面自由纤维量 Q_0 减小,从而提高 r_2。

(3) 生条定量和道夫速度。生条定量轻和道夫速度快时,道夫针齿抓取纤维的能力增加,道夫转移率 r_2 提高。

(4) 产量和锡林转速。当产量增加而锡林速度不变时,g 的增加倍数大于自由纤维量 Q_0 的增加倍数,因而 r_2 随产量增加而加大。当锡林速度提高而产量不变时,g 的减少倍数小于 Q_0 减少的倍数,因而 r_2 随锡林转速提高而加大。

5 锡林、盖板和道夫部分的混合与均匀作用

5.1 混合作用

由分梳作用的分析可知,纤维在锡林、盖板间和锡林、道夫间所受的是自由分梳作用和相互转移作用。锡林一转从刺辊上取得的纤维量,在同一转中被锡林带出工作区的仅是一部分,这部分纤维与锡林上原有的纤维一起与道夫相遇时,转移给道夫的又是其中的一小部分。可见纤维在机内停留的时间不同,这样便使同一时间喂入机内的纤维可能分布在不同时间输出的棉网内。由此可知,纤维在针面间的转移就产生了混合作用。这种混合作用的效果取决于锡林、盖板两针面的负荷大小及进入锡林、盖板梳理区的锡林针面负荷的均匀性。如果两针面的负荷适中,进入锡林与盖板梳理区的锡林针面负荷均匀性大,则盖板针面吸放性能较好,两针面间纤维转移就频繁,混合作用也好。

5.2 均匀作用

由于盖板针齿较深,能充塞的纤维量较大,因而其针面负荷较大,同样盖板针面吸放纤维能力也较大。在锡林与盖板梳理区,当盖板针齿具有较强的抓取能力,就能尽可能地抓取纤维,吸收纤维;但当锡林针面具有较强的抓取能力时,纤维就不断地从盖板针面上转移给锡林,此时盖板放出纤维。当进入锡林与盖板梳理区的锡林针面负荷突然增大时,锡林针面就不断地向盖板转移纤维,使锡林针面负荷降低;但当进入锡林与盖板梳理区的锡林针面负荷突然减小时,锡林针面抓取能力强,就不断地吸收盖板转移过来的纤维,增大针面负荷。因此,这种针面的吸放纤维作用使得走出锡林与盖板梳理区的锡林针面负荷均匀。同时,由于针面吸放纤维作用有个过程,则梳棉机输出的生条不可能出现突发性地、阶跃状粗细变化。但是,当喂入纤维量的波动片段长且不足以引起锡林和盖板针面负荷发生较大变化时,输出生条质量也将随之发生波动,此时梳棉机的均匀作用仅是起到延缓波动的作用。因此,必须控制喂入棉卷的均匀度和注意棉卷搭头时的质量。只有当进入锡林与盖板梳理区的锡林针面负荷不均匀程度在盖板针面负荷吸放纤维可调节的范围内,总能使锡林与盖板梳理区的锡林针面负荷均匀。

5.3 混合作用及均匀作用与生条和成纱质量的关系

开清工序将喂入原料的各种成分进行块状或束状纤维间的初步混合,梳棉机的锡林盖板和道夫部分对喂入原料进行了单根纤维之间的进一步混合。因此,锡林、盖板、道夫间由分梳、转移而引起的混合作用影响生条和成纱中各种成分按比例的均匀分布。由锡林、盖板间的分梳、转移作用而引起的吸放纤维作用和道夫的凝聚作用改善了生条的短片段不匀,为成纱的均匀度打下了基础。总之,锡林、盖板和道夫部分的混合作用与均匀作用对生条和成纱质量有直接影响,而提高混合作用与均匀作用的关键是提高锡林、盖板间和锡林、道夫间的分梳和转移能力。

6 锡林、盖板部分的除杂作用

锡林、盖板部分的除杂作用主要是靠排除盖板花和抄针花进行的。因金属针布梳棉机不需经常抄针,一般5~10天才抄针一次,以清除嵌入针齿间的破籽、僵棉等,抄针花极少,故它主要是靠盖板除杂。

6.1 锡林周围的气流情况

如图3-36所示,锡林2带动气流通过后罩板,在后罩板内的气压是正值,自后罩板输出后的气流附面层逐渐增厚,遇到后区第一块盖板时,由于隔距小而附面层受阻,进入工作区入口,几块盖板的气流从盖板间隙内排出,气压仍为正值。为确保锡林与盖板4分梳顺利,梳棉机外后罩板与盖板之间安装吸尘点,降低该处

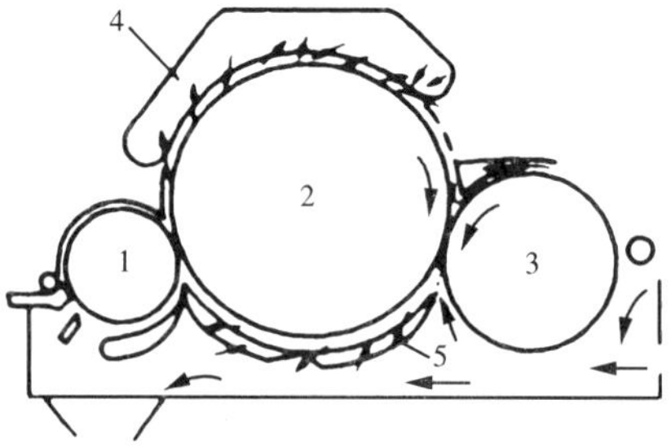

1—刺辊 2—锡林 3—道夫
4—盖板 5—大漏底

图3-36 锡林周围的气流情况

的气流压力。工作区中间部分盖板间的气压较小,它接近大气压,因而气流在盖板缝隙处有进有出。接近盖板出口处的气流附面层又增厚,这就要求从盖板出口处补入气流,此处的气压为负值,前上罩板内的气压亦是负值。气流到达道夫3罩盖内壁后输出,并带出含尘空气。锡林道夫三角区的气压为正值,当采用道夫吸尘点后,该处气压随之下降,当此三角区较大时,纤维会在该处打转,有时被带出而在棉网中成为疵点,到后道工序则易产生纱疵。过锡林与道夫隔距点后,锡林表面附面层又增厚,在大漏底5入口处有一股气流补入附面层,当大漏底入口离道夫距离过近时,这股气流会吹在道夫针面的棉网上,影响棉网均匀。这是因为锡林转过其与道夫的隔距点后,附面层急剧扩散增厚,使表面纤维处于蓬松状态,针齿对这种纤维的握持减弱。如果拆去大漏底,落棉率会立即增加,落白也增多。如果将大漏底隔距调小,仍可看到在大漏底入口处有落白现象,这是由于过小的隔距不能使较厚的气流附面层顺利通过。因此,大漏底可以托持纤维,并稳定锡林下方的气流,但不影响后车肚气流的稳定。

在锡林大漏底下常因后车肚吸斗抽吸,空气从道夫棉网下和机框下向后车肚输送。如在道夫机框下开门,输入空气会将大漏底下落棉吹向后车肚吸斗。如在此处另加喷射的气流,就有自动清扫大漏底落棉的作用。大漏底内负压较小,它接近大气压,因而气流在大漏底尘格处有进有出。

在高产梳棉机上,除上述的在后罩板与盖板之间安装吸尘点,降低该处的气流压力外,在锡林底部安装锡林罩壳模板,稳定锡林底部气流,并在锡林底部安装锡林罩壳模板处设计了两吸风槽,控制其底部气流压力,同时起到除杂作用。

6.2 锡林盖板间的除杂作用

纤维在锡林、盖板针面间进行交替、反复分梳和转移时,大部分短绒杂质不是随纤维一起充塞针隙的,而是随纤维在锡林和盖板间上下转移,部分短绒杂质转移到盖板后,不易再转移到锡林,这是因为向下转移只有一个抓取力,没有离心力,靠近工作区出口处,由于锡林高速所产生的离心力将体积小而密度大的杂质抛向盖板纤维层表面,这些杂质来不及再转移到锡林即已走出工作区,因而盖板花中含有较多的短绒杂质,并且盖板针面的外层表面附有较多杂质。

盖板花中的大部分杂质带纤维籽屑、软籽表皮、僵瓣,还有一部分棉结。16 mm以下短纤维约占盖板花总量的40%以上,这是由于短纤维不易被锡林针齿抓取,因而存留在盖板花中。

盖板花的含杂率和含杂粒数都随盖板参与工作时间的延长而增加,盖板刚进入盖板梳理区时增加较快,接近走出工作区时有饱和趋势。

6.3 控制除杂量的方法

在锡林盖板部分,根据棉卷的含杂情况和对生条的质量要求来控制除杂量,一般采用调节盖板速度和调节前上罩板上口与锡林间隔距的方法。

(1) 调节盖板速度。当盖板速度较快时,每根盖板在工作区内停留的时间减少,其针面负荷也略有减少,每根盖板花量略有降低,但是总的盖板花和除杂效率反而有所增加,故在一定范围内加快盖板速度,可以提高盖板的除杂效率。

(2) 调节前上罩板上口与锡林间隔距。前上罩板对盖板花的作用,可用图3-37(a)说明,当纤维离开工作区的最后一、二块盖板遇到前上罩板时,纤维的尾端被迫弯曲而贴附于锡林针面,特别是较长纤维,这样便增加了锡林针齿对纤维的握持作用,使原来被盖板针齿握持的纤维沿盖板针齿工作面方向脱落,这就是前上罩板对盖板花所起的机械作用。当锡林走出工作区时,由于附面层的作用,使原来被盖板所握持的纤维,易于吸入前上罩板内,这就是前上罩板对盖板花所起的气流作用。正是由于前上罩板对纤维所起的机械作用和该处的气流作用,纤维易于脱离盖板而转向锡林。根据工艺要求调节上述两个作用,可以控制盖板花数量。

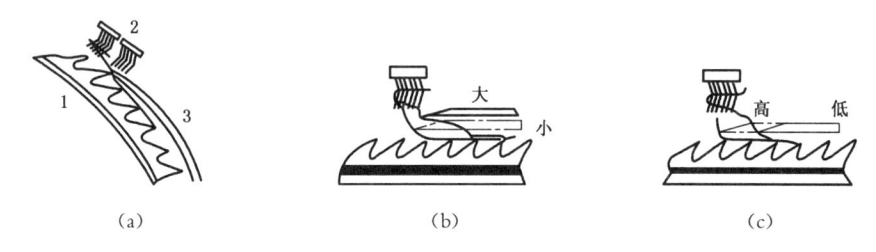

1—锡林　2—盖板　3—前上罩板

图3-37　前上罩板对盖板花的影响

如图3-37(b)所示,从机械作用分析,纤维被前上罩板压下,较小隔距时纤维与针齿的接触多于较大隔距时的接触数,锡林针齿对纤维的握持力增大,纤维易被锡林针齿抓取,使盖板花减少;相反,增大隔距则使盖板花增加。而从气流作用分析,较大隔距时进入锡林罩板间的气流附面层较厚,吸入前上罩板的纤维多,盖板花应减少。看起来两者似有矛盾,但是,由于机械作用所起的影响因素超过气流作用的影响因素,综合两种影响因素的结果,仍是隔距大,盖板花增加,隔距小,盖板花减少。

如图3-37(c)所示,从机械作用来分析,当前上罩板的位置较高时,它的效果与减小前上罩板上与锡林间隔距相似,即盖板花减少;位置低,盖板花增加。从气流作用来分析,位置较高时锡林针面附面层较薄,大部分气流进入罩板,部分气流从前上罩板上表面溢出,盖板花增加。但是,调节前上罩板上口的高低位置,就必须将抄针门和前下罩板一起上抬,这样不仅工作麻烦,而且会影响道夫三角区气流,因而在实际生产中一般是不采用的。

以上两种调节盖板花数量的方法,当需要大幅度大面积调节盖板花数量时,才采用调节盖板速度的方法;需要调节个别机台并调节幅度较小时,可以调节前上罩板上口与锡林间隔距。

在梳棉机上如看到盖板花从前上罩板吸入和转移的现象,说明盖板针齿对纤维的握持作用较差。在这种情况下,宜放大最后几块工作盖板与锡林间隔距,可使前上罩板上口附近的附面层增厚,从而有部分气流在前上罩板表面溢出,使盖板花增加,以利除杂。

6.4 盖板花的去除

梳棉机采用清洁刷清洁盖板针齿,然后通过收集盖板管道将盖板花吸走,如图3-38所示。梳棉机的盖板运动方向在盖板梳理区与锡林的相同,属于前出盖板花,因而,盖板收集点设计在机前前罩板位置上方的盖板上。其他类型梳棉机,因盖板反转,盖板花收集点在机后方向。

梳棉机的盖板清洁毛刷与盖板针齿、三罗拉剥棉装置中安全清洁辊与剥棉罗拉间为提升作用。两针面的针齿平行配置,相对运动方向顺着针尖,有相对速度,两个针面针齿的分力均指向针齿尖端,从而使纤维自针隙间提起使之处于针尖位置。为使提升作用完善,在实际应用中常使速度较快、针密较小的清洁针面接近或稍稍插入充满纤维的剥棉罗拉针面,经一定作用过程后,快速针面即离去或增大隔距,这样可使纤维被提升,停留在原来针面的针齿尖端。

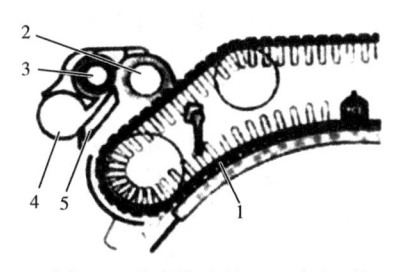

1—盖板 2—钢丝大毛刷 3—清洁罗拉
4—吸落棉风槽 5—除尘刀

图3-38 圆毛刷盖板花清洁装置

技能训练

1. 完成锡林、盖板、道夫之间的工艺参数调整。
2. 完成梳棉机"四锋一准"上机实验。

课后练习

1. 锡林、盖板和道夫部分的作用是什么?
2. 锡林—盖板间是如何实现对纤维的梳理与除杂的?棉结是如何产生的?如何控制棉结产生?
3. 锡林—刺辊间和锡林—道夫间的纤维转移原理是什么?如何提高两者之间的纤维转移率?
4. 梳棉机的混合、均匀作用是怎样完成的?

任务3.4 分梳元件选用

工作任务

1. 列出梳棉机分梳元件选用的基本原则。
2. 分析锡林针布、道夫针布发展的主要特点。
3. 说明抄针、侧磨、平磨的作用。

知识要点

1. 针布的纺纱工艺性能要求。

2. 金属针布、弹性针布的规格及特点。
3. 梳棉机主要机件针布的选配。

梳棉分梳元件就是人们常说的针布。针布包覆在刺辊、锡林、道夫和罗拉式剥棉装置的剥棉罗拉的筒体上,或包覆在盖板、预分梳板、固定分梳板铁骨的平面上。它们的规格、型号、工艺性能和制造质量,直接决定着梳棉机的分梳、除杂、混合与均匀作用。所以梳棉分梳元件是完成梳棉机任务、实现优质高产的必要条件。

1 针布的纺纱工艺性能要求

(1) 具有良好穿刺和握持能力,使纤维在两针面间受到有效的分梳。

(2) 具有良好的转移能力,使纤维(束)易于从一个针面向另一个针面转移,即纤维(束)在锡林与盖板两针面间,应能顺利地往返转移,从而得到充分、细致的分梳;而已分梳好的纤维又能适时地由锡林向道夫凝聚转移,以降低针面负荷,改善自由分梳效能,提高分梳质量。

(3) 具有合理的齿形和适当的齿隙容纤量,使梳棉机具备应有的吸放纤维能力,起均匀混合作用。

针布分金属针布和弹性针布两大类。弹性针布的应用范围主要在弹性盖板针布这一领域。由于金属针布使用性能稳定、可选择的规格多、防止纤维充塞和改善梳理效能、梳理质量好且稳定、抄针、磨针周期长,故其涉及所有类型的针布。随着梳棉机的产量增加,纤维负荷增加,梳理度下降,为此,必须设法减轻针布负荷,增加梳理度;因而,锡林针布的齿高随产量增加而减小,齿密随产量增加而增加。由此可见,锡林针布齿条向矮、浅、尖、薄、小(前角余角小,齿形小)发展,与之相配套的道夫、盖板针布也发生了相应变化。

2 金属针布

2.1 金属针布的齿形规格

针布的齿形和规格参数直接影响分梳、转移、除杂、混合均匀以及抗轧防嵌等性能。如图 3-39 所示,总齿高 H 指底面到齿顶面的高度;齿前角 β 为齿前面与底面垂直线的夹角;工作角 α 为齿前面与底面的夹角,有 $\alpha+\beta=90°$;纵向齿距 P 为相邻两齿对应点间的距离。这些参数中,工作角、齿形、齿密和齿深较为重要。

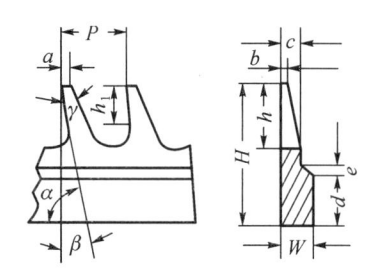

H— 总齿高 h— 齿尖高(齿深) h_0— 齿尖有效高
α— 工作角 β— 齿前角 γ— 齿尖角 P— 纵向齿距
W— 基部厚度 a— 齿尖宽度 b— 齿尖厚度
c— 齿根厚度 d— 基部高度 e— 台阶高度

图 3-39 金属针布

为了进一步提高梳理效能,要求针布既能加强分梳又能防止纤维沉入针根,为此设计了具有负角、弧背等特征的新型齿形。图 3-40(a)所示为针布齿条齿顶形式:平顶形,齿顶强度大,不易磨损,但刺入纤维束的能力较弱;尖顶形,齿顶强度小易磨损,但分梳能力强;弧顶形,其总体性能介于平顶形与尖顶形之间;鹰嘴形,齿顶强度大,不易磨损,分梳能力强,握持纤维能力强。图 3-40(b)所示为针布齿条齿尖断面形式:楔形,握持与分梳纤维能力差；尖劈形，握持纤维能力差，分梳纤维能力好；齿部斜面沟槽形，握持纤维能力强，但分梳能力差。图 3-40(c)所示为针布齿条齿形：直齿圆底形，易充塞纤维，分梳能力好，握持纤维能力强；直齿平底形；折齿负角形，分梳纤维能力强，齿浅有利于纤维在两针面间转移，对针面纤维的均匀、混合作用有利；双弧线形，分梳能力介于直齿圆底形与直齿平底形、折齿负角形之间，但制造困难。

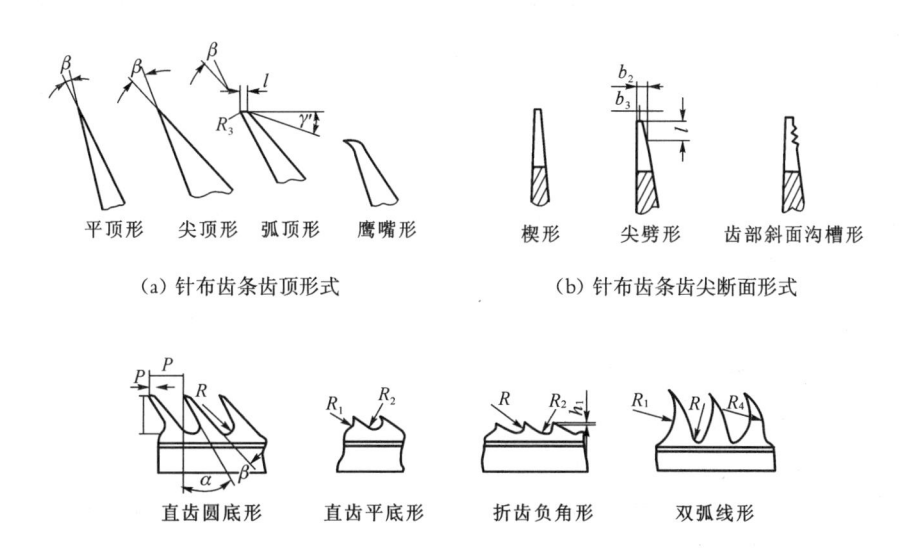

(a) 针布齿条齿顶形式
平顶形　尖顶形　弧顶形　鹰嘴形

(b) 针布齿条齿尖断面形式
楔形　尖劈形　齿部斜面沟槽形

(c) 针布齿条齿形
直齿圆底形　直齿平底形　折齿负角形　双弧线形

图 3-40　齿形

齿顶面积：齿尖宽度 a 和齿尖厚度 b 的乘积即齿顶面积。齿顶面积越小，针齿越锋利。

齿尖耐磨度：齿尖耐磨度关系到锋利度的持久性和针布的使用寿命。随着梳棉机高产高速的要求，必须采取有效措施，提高齿尖耐磨度。

针齿光洁度：针齿毛糙，易挂纤维，增加棉结，所以新针布需经喷砂抛光处理，新包针布应适当经刷光处理。

梳理用齿条的规格参数如表 3-3 所示。

表 3-3　梳理用齿条的规格参数

名称	作用说明
工作角 α	影响针齿对纤维的握持、分梳转移能力，α 大，转移能力强；α 小，握持穿刺的能力强
齿距 P	影响纵向齿密，P 愈小，密度愈大，分梳质量好
齿基厚 w	影响横向密度，w 愈小，横向密度愈大，分梳质量好
齿深 h	h 小，纤维充塞少，转移率高，齿尖强度高，但容纤维量降低
齿基高 d	d 过大，不易包卷，影响包后平整度，易倒条；d 过小，包卷易伸长变形
齿尖角 γ	γ 越小，齿愈小，穿刺能力强，易脆断
齿顶面积 $a \times b$	$a \times b$ 愈小，针齿愈锋利，分梳效果好，棉结少；但 $a \times b$ 过小，锋利度衰退较快

梳理用齿条型号由适纺纤维类别代号、齿总高、齿前角、齿距、基部厚度和基部横截面代号顺序组成。适纺纤维类别代号：棉纤维为 A，毛纤维为 B，麻纤维为 C，丝纤维为 D；被包卷部件代号：锡林为 C，道夫为 D，刺辊为 T，固定盖板为 G，剥棉罗拉为 S。梳棉机梳理用齿条有两种标记方法，一种为厂家标记，一种为标准标记，如表3-4所示。

表3-4 梳理用齿条规格和标记方法

原金属针布型号	H/mm	β/(°)	P/mm	w/mm	标准型号
JT49	3.5	15	1.6	0.80	AC3515×01680
JT38	4.5	30	1.8	0.9	AD4530×01890
SAC53	2.8	20	1.3	0.67	AC2820×01367
SAC54	2.8	28	1.5	0.67	AD2828×01567

2.2 锡林针布

新型锡林针布（棉型）的特点为矮、浅、尖、薄、密、小（前角余角小，齿形小），纺纱性能优良。近年来，这些特点有了进一步发展。

（1）采用大前角（即小工作角）。

梳棉机的分梳主要由刺辊部分的握持分梳和锡林、盖板部分的自由分梳组成，（不计各附加分梳件的自由分梳），而且后者是更为细致充分的梳理，为使针、齿面产生理想的自由分梳作用，必须使针、齿面（锡林、盖板）的针、齿具有良好的穿刺纤维层及棉束的能力和良好的抓取、握持纤维的能力。只有这样，才能使梳针刺入并牢牢握持纤维和棉束，进行两针面间的梳理。新型针布首先把前角变大，把工作角减少，以尽量满足分梳的要求，而采用矮齿、浅齿，改善表面粗糙度。道夫针布通过采用较大前角并增大齿深等措施来解决转移问题，同时极大地提高了针布对纤维的分梳作用，减少了滑脱纤维，使浮游纤维减少，生条棉结、纤维伸直度、均匀度、梳理度及成纱质量得到极大改善，适应高速、高产。

在小锡林分梳时，针齿工作角要小。但纺化学纤维较长且易起静电，针齿工作角要放大，这样纤维易转移且不易损伤。

（2）采用矮齿、浅齿。

使纤维处于齿尖，与另一针面（盖板、道夫）的接触长度和作用齿数增加，有利于纤维的分梳、交替和转移等作用，提高了梳理效果和均匀混合效果。转移率大，针布纤维负荷轻，对减少棉结有利，并解决了针布的转移问题，为进一步增大齿前角和增加齿密创造了条件，同时扩大了齿前角大的针布适应锡林速度和纤维种类的范围。因此，增大齿前角就必须采用更矮、更浅的齿。

采用矮齿还能提高针齿的抗轧强度，使锡林针布不易轧伤且不易嵌破籽。随着高产梳棉机的发展，针齿将不断变矮变浅。

采用矮齿时，齿深可以相应减小，以有利于更大齿前角时纤维的转移和纺纱质量的提高，均匀度、棉网结构、纤维伸直度都有所改善，并提高了成纱质量，减轻了齿尖磨损。采用薄齿时必须与矮齿结合，以利于针布包卷。

(3) 采用薄齿、密齿。

增加齿密有利于增强针布对纤维的握持、分梳能力,特别是横向齿密增大更有利于把纤维束分梳成单纤维。因而密齿、薄齿具有增强分梳、减少棉结、改善棉条结构的作用。采用薄齿后产生的另一特点是增大横、纵向齿密比,也更有利于纺纱质量的改善。要求高产量时采用密齿,提高分梳度。

锡林针布还要求有尖齿、平整、锋利、光洁、耐磨等特点。

2.3 道夫针布

道夫针布的主要作用是抓取凝聚纤维,把已分梳的单纤维及时从锡林上充分转移出来凝聚成棉网。道夫针布应具有足够的抓取力和握持力,因此必须采用深而细的基本齿形。

道夫针布的规格应随锡林速度、锡林针布和梳棉机产量变化而适当调整。一般采用增大齿前角和增大齿高来增加齿间容量,由此实现顺利引导高速气流,解决纤维转移。

(1) 齿前角应随着梳棉机速度、产量增加而增大。因为生条定量加重和锡林针布矮齿、密齿、大齿前角的采用,为了平衡转移率,道夫针布齿前角应略增大。

(2) 道夫针布齿深加大,齿间容量加大,道夫针布接触纤维的长度大,道夫针布的握持、抓取力大,有利于纤维向道夫针布的转移和凝聚,促进顺利引导高速气流。但齿深增大后,针布的抗轧性能差,针布易于倒伏和轧伤。特别是大前角时,更易轧坏。若道夫针布的齿深增大,齿距会适当放大,齿密会适当减小。

(3) 弧形变角齿尖的设计以适应超高产梳棉机和一些难转移纤维的需要,格拉夫公司(Graf)和霍林思渥斯公司(Hollingsworth)开发的弧形变角齿尖针布齿条新产品,极大地提高了道夫针布的剥取转移性能。齿前面采用弧形,增大了齿尖部分的前角,而且还改善了梳理棉网质量,特别是棉结的显著降低。

2.4 刺辊针布

刺辊的主要任务是对纤维和棉束进行握持分梳并清除其中的杂质,然后把经过分梳的纤维完善地转移给锡林。在此握持分梳过程中,应尽可能少损伤纤维,刺辊齿条的合理规格参数是完成上述任务的主要保证。为此,新型齿条应满足以下条件:

(1) 适当减小齿条的前角。新型齿条的前角,纺棉时应减小到 $10°\sim15°$,纺棉型化学纤维、中长化学纤维时减小到 $0\sim5°$。

(2) 适当加大锯齿的工作角。新型锯条的锯齿工作角,纺棉时应增加到 $80°\sim86°$,纺棉型化学纤维时增加到 $85°\sim90°$,纺中长化学纤维时增加到 $90°\sim95°$。

(3) 适当增加齿密,提高齿尖的锋利度。齿密增加,齿尖锋利度提高,有利于对纤维的分梳作用。但齿密增加可能会影响后车肚落杂作用,因而必须与适当减小齿条前角、增大锯条的工作角相结合,以实现既增加分梳能力,又提高后车肚除杂效率。化学纤维不需要除杂,而且纤维长度大,因而可以加大齿距。

(4) 提高齿尖耐磨性能。由于刺辊是握持分梳,梳理作用剧烈,梳理力大;刺辊齿密小(即远比锡林针布稀),每个齿尖的作用纤维较锡林针布多;喂入棉卷的开松度较差,棉束多且大,因而刺辊齿条的磨损远较锡林针布严重而且频繁。

(5) 齿顶厚。锯条有厚型、中型和薄型三种。薄齿穿刺能力好,分梳作用强,损伤纤维少,而且刺辊落棉减少而落棉含杂率高。但与厚齿相比,由于薄齿强度较低,如喂入棉层中有硬性杂物时,则易被轧伤和倒齿。

(6) 齿条在刺辊表面上的包卷方式。一种是滚筒表面车螺旋槽,齿条就包嵌在槽内;另一种是表面不车槽,采用无槽包卷法,引进设备 DK715 型、DK740 型、C4 型等均采用此种刺辊光胎包以自锁齿条。有条件尽可能采用自锁式刺辊齿条,以改善包卷后齿顶面的圆整度。

2.5 分梳板和前后固定盖板针布的选用和配套

(1) 选用配套因素。附加分梳元件针布的选用配套因素与刺辊、锡林、道夫、盖板针布一样,应考虑以下因素:

① 加工纤维的性质(如种类、长度等)。

② 梳棉机的工艺(如产量、速度等)。

③ 纺纱要求(如纱的线密度等)。

④ 刺辊、锡林、道夫、盖板针布间的相互配套及规格参数间的相互影响。

⑤ 梳理作用应依次循序增加,如设 N_T、N_F、N_C 分别为刺辊、盖板、锡林的针齿密度,N_1、N_2、N_3 分别为分梳板、后固定盖板、前固定盖板的针布齿密,则有 $N_T \leqslant N_1 \leqslant N_2 \leqslant N_F \leqslant N_3 \leqslant N_C$。

⑥ 分梳板、前后固定盖板针布应具有自洁能力,即不充塞纤维和杂质,始终保持清洁针面,但应具有握持分梳纤维的能力。

所以附加分梳件针布的选用配套应考虑上述六个因素,才能发挥良好的梳理效果,获得满意的梳理质量和优良的产品。

(2) 刺辊分梳板针布的选用和配套。

① 齿密 N_1。进入分梳板梳理区的纤维和棉束,经过刺辊与给棉板间的握持分梳,棉卷中的棉束已经受到刺辊锯齿的梳解,棉束已有所减小,同时考虑分梳板针齿不充塞纤维、具有自洁能力,因此,N_1 略大于 $N_T(N_0 > N_T)$。

② 工作角。分梳板针齿应具有握持分梳和自洁的能力,因此,工作角应接近和略大于刺辊针齿的工作角。加工化学纤维时,刺辊的工作角一般为 85°~95°,分梳板宜采用 90°或略大(如中长纤维时)。分梳板锯片一般采用平行倾斜排列(倾斜角为 7°~7.5°),这样可减少纵向重复梳理,增加横向梳理,利于加强对纤维束的分梳;同时使部分纤维与锯齿背面棱边接触,增加纤维上升分力,利于防止分梳板锯齿充塞纤维,增加锯齿自洁能力。

③ 齿距。一般在 4~5 mm,其纵向齿密接近和略大于刺辊锯齿。

(3) 后固定盖板针布的选用和配套。

① 齿密 N_2。棉束纤维经分梳板分梳后进入后固定盖板梳理区,纤维受梳理度已增加,棉束进一步减小,齿密 N_2 应略大于分梳板齿密,但应小于盖板针密 N_F。同时后固定盖板锯齿仍较粗大,齿深较大,应保持针齿自洁能力。

② 工作角。后固定盖板针齿同样应具有握持分梳能力和自洁能力,后固定盖板针齿

工作角为 80°～90°，棉纤维以 85°左右为宜，化学纤维以 90°为宜。后固定盖板齿条也应采用平行倾斜排列，以加强分梳作用和自洁能力。

（4）前固定盖板针布的选用和配套。

① 齿密 N_3。前固定盖板针齿小，齿浅，较锡林针布密，工作角小，握持、抓取力大，因而前固定盖板针齿自洁能力强，降低生条成纱棉结。此外，纤维经锡林盖板细致梳理后，再进入前固定盖板区梳理，其齿密 N_3 应大于盖板针密 N_F，否则就不能充分发挥前固定盖板分梳效能。

② 工作角。应具有握持分梳能力和自洁能力，只能选用适当大小的工作角。工作角宜采用 70°～85°，可根据加工纤维（棉或化学纤维）、锡林针布工作角以及自身齿深等因素适当选用。

3 弹性针布

3.1 弹性针布和盖板针布的结构及规格参数

弹性针布和盖板针布由底布和植在其上的梳针组成。弹性针布结构及规格参数如图 3-41 所示。

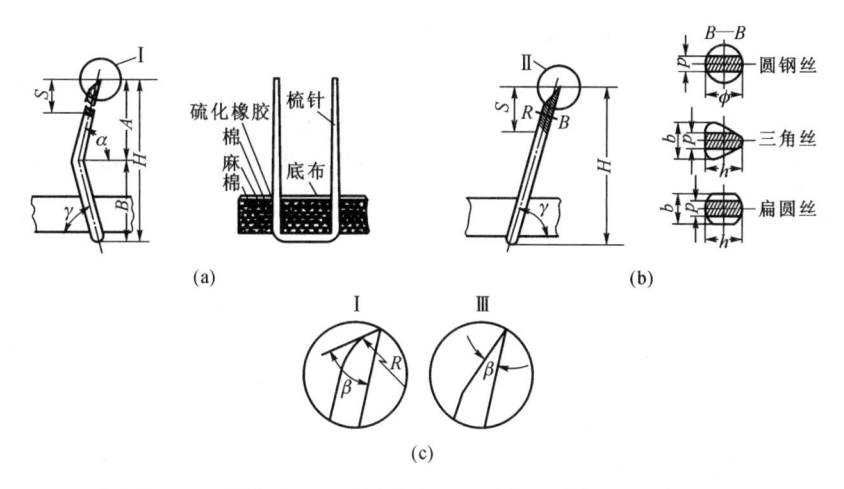

A—上膝高度　B—下膝高度　S—侧磨深度　α—动角（工作角）　β—针尖角　γ—植角
b—针截面宽度　φ—针截面直径　h—针尖截面长度　p—针尖宽度

图 3-41　弹性针布

底布由硫化橡胶、棉织物、麻织物等多层织物用混炼胶胶合而成。底布是植针的基础，其基本要求包括：① 强力高；② 弹性好；③ 伸长小。

目前弹性针布的底布结构，锡林道夫底布有六层橡皮面（VCLCCC）、六层中橡皮（CVCLCC），其中，V 代表橡胶，C 代表棉织物，L 代表麻织物。盖板底布有五层橡皮面、七层橡皮面、八层橡皮面等不同的规格。

3.2 新型盖板针布的特点

（1）增强梳针的抗弯性能，并加强底布。采取的措施有以下几条：

① 减短梳针裸针高度,可以减小钢针挠度,增强抗弯性能;同时,促使纤维无法沉入针布底部而常处于针面,不易充塞针布,从而有效地提高了纤维在锡林—盖板梳理区两针面交替分梳,增强了反复转移的频率,增强均匀混合的机会,保证了有效地分梳;此外,有利于实施紧隔距强分梳。

② 采用异形钢丝,以提高梳针抗弯性能和梳理性能,如扁圆形、椭圆(双凸)形钢丝等。

③ 加大钢丝直径。

④ 采用高碳钢和合金钢,提高梳针抗弯性能和耐磨性能。

⑤ 改进底布结构,增加底布厚度(胶合层增多),表面覆以硫化橡胶层,由此使植针稳固,增加弹性。

(2) 改进针布的植针排列和减小横向针尖距。

① 超横密型。采用特殊的错位排列,针尖间隙均匀,针间没有直线通道,横向针尖距缩小,纵向适当放稀,以适应锡林的配套要求,使分梳作用加强,纤维损伤减小。

② 稀密型。将一根盖板的针尖排列分为稀密两个部分:在趾面隔距较大处(约 1/3 针面)针面为稀区;而在踵端隔距较小处(约 2/3 针面)采用较密排列(密区)。这种稀密植针排列,既有利于减少盖板花充塞和杂质碎裂,并能减少纤维损伤。根据植针稀密排列的特点,可分横向稀密、纵向稀密和纵横向均有稀密的植针组织。

③ 横向密、纵向渐增的弧形曲线排列。此类针布横向为超密型,而纵向齿尖距由大到小,针尖密度逐渐增加,形成曲线弧形的针尖排列组织,梳理时每根盖板入口处隔距大、针密小,出口处隔距小、针密大,使其与锡林针布齿尖的相互梳理达到缓和、充分、完善的最佳配合,从而改善分梳除杂能力,达到减少棉结、减少纤维损伤、提高产品质量的目的。特别对高速高产梳棉机更为适合,如 PT、JPT、TP 和 MCH 等,其中 MCH、TP 为纵向分三个区。

④ 其他型。如英国针布公司、金井公司等采用的其他几种植针式。这样可使横向针尖距缩小到 0.5 mm 以下,纵向针尖由稀到密渐增,以改善分梳除杂效能,达到减少棉结、减少纤维损伤、提高产品质量的目的,如 PT、JPT、TP、MCH52 等。

(3) 提高针尖锋利度、平整度和耐磨度,降低针尖的粗糙度。

(4) 在保证抗弯性能的情况下适当增加齿密。

(5) 采用较小的盖板针布工作角。盖板梳针有直针与弯针两种。在梳理过程中,梳针受到梳理力的作用而向后仰,使锡林到盖板间的梳理隔距发生变化,影响分梳质量。为了减小隔距变化,将梳针设计成弯曲状。半硬性直针盖板针布,由于梳针截面改进,针较短,抗弯矩大,受力后不易变形。

4 针布选配原则

梳棉机经过高精密的装配。刺辊、锡林、道夫、盖板针布的配套,合理的工艺速度,以及各梳理机件优良的工作状况,是梳棉机实现高产的基础。针布配套方案的优劣关系到生条中棉结的多少和短绒率的高低。

高产梳棉的迅速发展促进了新型针布的发展,以及刺辊分梳板、锡林前后固定盖板的推广应用,因而在针布选配中,不仅要研究锡林、道夫、盖板、刺辊新型针布的配套(即四配套),还应该考虑分梳板、前后固定盖板针布的配套。这七种针布的选用配套也可以简称其为"七配套"。

针布选用应根据所纺原料、梳棉机产量及速度等要素综合考虑,并以锡林针布为核心,在选定锡林针布型号后,盖板、道夫、刺辊等针布型号可相应选配。

为充分发挥梳理效能,锡林针布型号选择应满足"矮、浅、小、尖、薄、密"的基本要求,齿形均为直齿形,并尽量选用耐磨材质。

道夫针布以转移凝聚为主。为了高产高速时有良好的梳理转移作用,道夫针布在齿形上有较大改进。如选用齿尖采用鹰嘴式、圆弧背或驼峰齿背,齿侧采用阶梯形、沟槽形。现代梳棉机上的道夫防轧装置较可靠,故道夫针布高度由 4 mm 趋向于 4.5~5 mm,以加强其凝聚转移功能。

盖板针布选型时,主要考虑所纺原料。纺不同原料时,采用的盖板针布有较大区别,纺棉时采用弯脚植针式针布。有各种植针式可挑选,一般采用横密,纵向有稀、中、密三个针尖密度,形成纵向针尖为渐增式曲线排列的花纹形植针式盖板针布。在类同的密度时,可优选花纹形,对提高梳理效能有利,也有助于产品质量的提高。盖板针布的密度一般在 $360\sim500$ 针$/(25.4\ mm)^2$。植针的工作角一般为 75°,随锡林针布工作角的减小,可相应减小至 72°。针布用钢丝截面由三角形形发展为椭圆形及双凸形,由此制成的针尖为刀口形,在梳理时具有极好的穿刺纤维束的能力。纺化纤时,多采用直脚截切式的半硬性盖板针布,也被称为钻石形,齿尖呈现尖劈角,加大扁平钢丝截面,增强梳理化纤的抗弯强度;密度较稀,一般为 $180\sim340$ 针$/(25.4\ mm)^2$;180 针采用双列式,将中间约 1/3 不植针,形成双踵趾面。截切形针布也可用于纺低级棉与粗特纱。

刺辊齿条主要选择其工作角,一般在 5°~15°,即前角在 75°~85°,纺棉时宜偏大,纺化纤时宜小些。对于高产梳棉机和清梳联,刺辊等已广泛采用自锁式齿条,避免损伤时影响锡林针布等;耐磨齿条也有采用。

技能训练

1. 讨论各针布的特点。
2. 进行梳棉机针布的选配。

课后练习

1. 针布的纺纱工艺性能有哪些要求?
2. 锯齿针布的规格参数有哪些?其大小对纺纱性能有何影响?
3. 锡林、道夫、刺辊针布各有何要求?为什么?
4. 梳棉机针齿选配原则有哪些?

任务 3.5　剥棉、成条和圈条部分的使用要点

工作任务

1. 绘制梳棉机剥棉、成条和圈条部分机构简图，并标注纤维流向。
2. 讨论剥棉、成条和圈条部分机构作用原理和工艺设置。

知识要点

1. 剥棉装置的机构和作用原理。
2. 成条部分的机构和作用原理。
3. 圈条器的机构和作用原理。

1　剥棉装置

剥棉装置的作用是将凝聚在道夫表面的纤维剥下形成棉网。梳棉工艺对剥棉装置的要求如下：

（1）能顺利地从道夫上剥取纤维层，并保持棉层的良好结构和均匀性，不增加棉结。

（2）在原料性状、工艺条件及温湿度发生变化时，能保证稳定剥棉，不会引起棉网破洞、破边甚至断头。

（3）机构简单，使用维修方便。

三罗拉剥棉装置结构紧凑，操作维修方便，剥棉效能良好，所以被大多数国内外梳棉机所采用。

三罗拉剥棉装置由剥棉罗拉 3 和一对轧（碎）辊 4、5 组成，如图 3-44 所示。

剥棉罗拉表面包覆有"山"形锯条，"山"形锯条因其工作角为负角，不能握持纤维，所以工作时不会破坏棉网的结构。道夫 1 棉网中的大部分纤维，尾端被道夫针齿所握持，头端浮于道夫针面，当其与定速回转的剥棉罗拉相遇时，由于道夫与剥棉罗拉间隔距很小（0.12～0.18 mm），剥棉罗拉与纤维接触产生摩擦力，再加上纤维间的黏附作用，使纤维从道夫上被剥离。剥棉罗拉的表面速度略高于道夫，从而产生一定的棉网张力，这一张力既不会破坏棉网结构，又可增加棉网在剥棉罗拉上的黏附力，使剥棉罗拉能连续地从道夫上剥下棉网并交给上下轧棍。上下轧棍与剥棉罗拉之间配置有较小的隔距和一定的张力牵伸，依靠轧辊与棉网的摩擦黏附和棉网中纤维间的黏滞力将棉网从剥棉罗拉上剥下来。棉网从上下轧辊间输出时，上下轧辊对棉网中的杂质有压碎作用，以避免棉网在输出过程中因杂质而造成的结构变化。

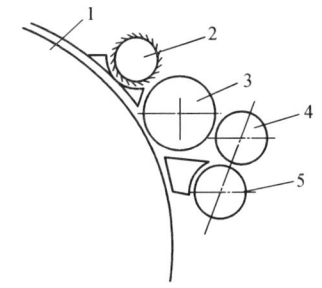

1—道夫　2—安全清洁辊
3—剥棉罗拉　4—上轧辊
5—下轧辊

图 3-44　三罗拉剥棉装置

三罗拉剥棉装置在剥棉罗拉上加装了一套安全清洁辊2和返花摇板自停装置，安全清洁辊表面包覆有直角钢丝抄针针布，由单独电机传动，以高速击碎返花纤维并由尘罩吸走，可基本防止剥棉罗拉返花、轧伤针布的问题发生。

JWF1216型梳棉机增加剥棉罗拉及清洁辊铝合金型材防护罩板；优化了密封结构和密封材料，清洁周期显著延长；JSC228A型高产梳棉机采用倾斜式三罗拉剥棉和带皮圈导棉的气动操纵翻转式棉网集束器，断条时自动打开，生头后自动关闭。在剥棉罗拉上方装有单独电动机传动的高速安全清洁辊，下方装有适应高速的剥棉拖板。

2　成条部分

棉网由剥棉装置剥离后，由大压辊牵引，经喇叭口逐渐集拢、压缩成条。

2.1　棉网的运动

棉网在上下轧辊与喇叭口之间的一段行程中，由于棉网横向各点与喇叭口的距离不等，因而棉网横向各点虽由轧辊同时输出，却不同时到达喇叭口，即棉网横向各点进入喇叭口有一定的时间差，从而在棉网纵向产生混合与均匀作用，有利于降低生条的条干不匀率。

2.2　喇叭口与压辊

从轧辊输出的棉网，集拢成棉条后是很松软的，经喇叭口和压辊的压缩后，方能成为紧密而光滑的棉条。棉条紧密度的增加，不仅可增加条筒的容量，而且还可以减少下道工序引出棉条时所产生的意外牵伸和断头。棉条的紧密程度取决于喇叭口出口截面大小、形状及压辊施加压力大小等因素。

（1）喇叭口。喇叭口直径的大小对棉条的紧密程度影响较大。喇叭口的直径需与生条定量相适应，如直径过小，棉条在喇叭口与大压辊间受到意外牵伸，影响生条的均匀度；如直径过大，达不到压缩棉条的作用，影响条筒的容量。喇叭口的出口截面是长方形，它的长边与压辊钳口线垂直交叉，可使棉条四面受压，以增加棉条紧密度。

（2）压辊。压辊加压的大小同样会影响生条的紧密程度。压辊的加压装置可以调节加压量的大小，纺化纤时压力应适当增加。采用凹凸压辊、双压辊等技术措施，可使棉条压缩更紧密，以增加条筒容量并减少断头。

3　圈条器

3.1　圈条器的结构、作用和工艺要求

圈条器由圈条喇叭口、小压辊、圈条盘（圈条斜管齿轮）、圈条器传动部分等组成。圈条器的作用是将压辊输出的棉条，有序地圈放在棉条筒中，以便储运和供下道工序使用。

对圈条器的工艺要求如下：

（1）圈条斜管齿轮每回转一转圈放的棉条长度，应为小压辊同时送出的长度与圈条牵伸之积。

（2）圈条斜管齿轮转速与底盘齿轮转速之比，称为圈条速比。圈条速比的大小，应保

证棉条一圈圈紧密铺放,相邻棉条不叠不离,外型整齐,有利于增加条筒容量。

(3) 棉条圈放应层次清晰,互不黏附,外缘与筒壁的间隙应大小适当,棉条在下道工序能顺利引出。

(4) 在圈条器提供的几何空间条件下,合理配置圈条工艺,提高条筒容量,减少换筒次数,以提高设备利用率和劳动生产率。

(5) 圈条器应适应高速,运转时负荷轻、噪声小、磨灭少、不堵条、便于保养。

3.2 圈条工艺

(1) 偏心距。圈条斜管齿轮与底盘两回转轴线之间的垂直距离,即条筒中心与圈条中心的距离称为偏心距,如图3-43所示。偏心距的大小根据条筒直径、棉条圈放半径及气孔大小等决定的。

(2) 大小圈条。棉条圈放有大、小圈条之分。棉条圈放直径大于条筒半径者被称为大圈条,棉条圈放直径小于条筒半径者则被称为小圈条,如图3-44所示。大圈条的各圈棉条在交叉处留有气孔,即图3-44中的 d_0,每层圈条数少于小圈条,重叠密度也小于小圈条。在条筒直径相同时,大圈条的条筒容量较小圈条少,但大圈条条圈的曲率半径大,纤维伸直较好,可减少黏条并保持棉条光滑,圈条质量好。

大小圈条的选用应视条筒直径确定,一般大筒采用小圈条,小筒使用大圈条。随着梳棉机的高产高速化,条筒直径不断增大,圈条的曲率半径也在增加,所以梳棉机上都采用大筒、小圈条。

(3) 圈条牵伸。为了保证正确的圈条成形,圈条斜管与小压辊之间有一定的张力牵伸,也称为圈条牵伸。牵伸过小,斜管易堵塞;牵伸过大,由于斜管被拉动,已圈入条筒的棉条会产生意外牵伸,棉条表面易拉毛,从而影响棉条结构和成纱质量。一般纺棉时圈条牵伸控制在1~1.06倍,纺化纤时,考虑到纤维的弹性回缩,圈条牵伸小于1倍。

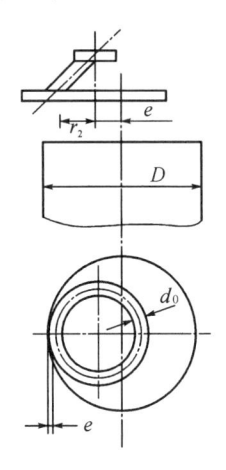

图3-43 圈条器偏心距

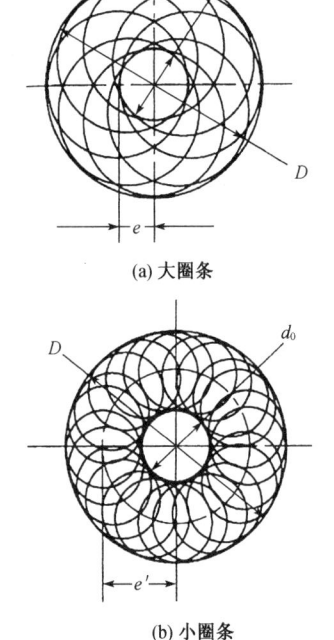

(a) 大圈条

(b) 小圈条

图3-44 大小圈条

技能训练

1. 选择梳棉机的主要剥棉、成条与圈条工艺。

课后练习

1. 三罗拉剥棉装置的机构组成及作用有哪些?
2. 影响罗拉剥棉效果的因素有哪些?
3. 圈条方式有几种?各有什么特点?如何选择?

任务 3.6　生条质量分析与调控

工作任务

1. 分析生条质量指标及调控措施。

知识要点

1. 生条质量指标。
2. 生条棉结杂质的控制。
3. 生条均匀度的控制。

在普梳系统中,梳棉加工之后的工序基本不再具有开松、分梳和清除杂质的作用,所以生条的质量,特别是结杂含量,直接影响成纱的质量。因此,对生条的质量进行控制尤为重要。

1　生条质量指标

生条的质量指标可分为生产中的经常检验项目和参考项目两大类。

1.1　经常性检验项目

(1) 生条条干不匀率。生条条干不匀率反映了生条每米片段的粗细不匀情况,检验指标有萨氏条干及与乌氏条干两种,一般萨氏条干 CV 应控制在 14%～18%,乌氏条干 CV 控制在 4% 以下。

(2) 生条质量不匀率。该指标反映了生条 5 m 片段的粗细不匀情况,质量不匀率应控制在 4.0% 以下。

(3) 生条棉结杂质。该指标反映了每克生条包含的棉结杂质粒数,一般由企业根据产品要求自定,其参考范围见表 3-5。

表 3-5　生条中棉结杂质的控制范围

棉纱线密度/tex	棉结数/结杂总数		
	优	良	中
32 以上	25～40/110～160	35～50/150～200	45～60/180～220
20～30	20～38/100～135	38～45/135～150	45～60/150～180
19～29	10～20/75～100	20～30/100～120	30～40/120～150
11 以下	6～12/55～75	12～15/75～90	15～18/90～120

(4) 生条短绒率。该指标指生条中 16 mm 以下纤维的质量百分率。普通梳棉机的短绒产生量大于排除量，所以生条中短绒含量一般较棉卷多。采用多吸点吸风，大大提高了梳棉机对短绒、尘屑的排除量，可使生条中的短绒含量小于棉卷。生条短绒率一般控制在 4% 以下。

1.2 参考指标

棉网清晰度是反映棉网结构状态的一个综合性指标，通过目测观察棉网中纤维的伸直度、分离度及均匀分布状况，能快速了解梳棉机的机械状态及工艺配置是否合理。

2 改善生条质量

根据质量控制原理，影响产品质量的因素主要有五个方面，即人的因素、机械因素、原料因素、工艺方法因素和环境因素，因此提高产品质量的措施也从这些方面着手。在一定的产量条件下，提高质量的措施主要如下：

2.1 控制生条结杂

生条中的结杂一部分是由原棉性状所决定的，另一部分是在开清棉和梳棉工序的加工过程中造成的。梳棉工序在刺辊锯齿的打击摩擦作用和锡林盖板间的反复搓转作用下击碎大量杂质，并排除大量杂质和棉结，同时，又将弹性和刚性比较小而回潮率较高的低成熟纤维扭结成棉结。开清棉工序加工时所形成的棉团、索丝以及未被排除的带纤维杂质、短纤维和有害疵点，在梳棉工序中也易转化为棉结。在梳棉工序，一方面排除了大量结杂，另一方面又形成许多新的小棉结。总地来说，通过梳棉工序，结杂的质量大为减少，而粒数有所增加，特别是棉结粒数大幅度增加，因此，梳棉工序是影响成纱结杂数的关键。控制生条结杂就是在高产低耗的前提下尽量多排除结杂，少形成棉结。

为控制梳棉工序的生条结杂，应做好以下工作：

(1) 把好原料关。控制原棉中的结杂含量，是控制成纱结杂的重要环节。其次控制混用原料中不成熟纤维、死纤维的含量及粗纱头、回花的混用量，确保在梳棉时不产生大量棉结。

(2) 清梳工序合理分担除杂任务。大而易分离排除的杂质，如棉籽、籽棉、破籽、不孕籽、僵棉、砂土等，由开清棉工序排除；黏附力较大的带纤维杂质、带纤维籽屑、未被开清棉工序排除的部分破籽、不孕籽和僵棉、短绒和带纤维细小杂质，由梳棉工序清除。在梳棉工序中，棉卷中的不孕籽和僵棉、死纤维，应在刺辊部分排除，而带纤维籽屑及棉结、短绒等则应在锡林至盖板部分清除。在一般情况下，按棉卷和生条的含杂计算得出的总除杂效率达 90% 左右，刺辊部分的除杂效率控制在 50%～60%，而锡林至盖板部分控制在 8%～10%，生条含杂率应控制在 0.15% 以下。由此可见刺辊部分是排杂的重点。

(3) 提高分梳效能。既要增强刺辊部分握持梳理的能力，又要提高锡林至盖板部分自由梳理和反复梳理的效能。因而在给棉板与刺辊间、锡林与盖板间采用较小隔距，以增加对纤维的作用，有利于减少棉结的形成和清除棉结。锯条和针布的针齿锋利是提高分梳效能的有效保证。

(4) 改善纤维转移情况,减少新棉结的形成。形成棉结的根本原因是纤维间的搓转,而返花、绕花和挂花等不正常现象,常易造成剧烈摩擦,从而导致纤维搓转而形成棉结。返花、绕花和挂花的主要原因是速比或隔距配置不当,或开松、梳理元件的锋利光滑程度不够。因为梳理元件锋利容易抓取纤维,而光滑则易释放纤维。应针对产生原因,采取相应措施,以消除纤维搓转和剧烈的摩擦现象。

(5) 设计合理的梳棉机产量。根据选用针布的性能,设计锡林合理的转速,锡林针面有效、合理的针面负荷可确保锡林盖板梳理区有较好的分梳能力,减少棉结产生,有利于排除杂质。同时,也有利于纤维从锡林向道夫、刺辊向锡林转移。适当增大锡林与刺辊的速比,有利于生条的均匀与多成分纤维的混合作用,减少刺辊返花现象。

(6) 加强温湿度管理,控制纤维上机回潮率。在高温高湿条件下,棉纤维的塑性大,抗弯性能差,纤维易黏附,容易形成棉结,特别是成熟度低的原棉,由于更易吸收水分子而形成棉结,同时纤维弹性差,在盖板工作区,往往会由于未被梳开而搓转成棉结。但温湿度过低,易产生静电,棉网易破碎或断裂。因而必须加强车间温湿度管理,同时控制纤维上机回潮率,使之在放湿状态下进行加工,以增加纤维的刚性和弹性,减少纤维与针齿间的摩擦和充塞针隙现象。一般纯棉卷的上机回潮率控制在 6.5%～7%,相对湿度以 55%～60%为宜。

2.2 降低生条不匀率

生条不匀包括长片段不匀和短片段不匀两种,前者以生条 5 m 片段间的不匀情况来表示,称为质量不匀率;后者则表示生条每米片段内的不匀情况,称为条干不匀率。产生质量不匀率的主要原因是喂入棉卷不匀和各机台的落棉量有差异;条干不匀率主要是由于分梳效能不理想造成棉网结构不良而产生的,其原因主要是机械状态不良和工艺配置不当。改善生条条干不匀率的措施主要有下列几方面:

(1) 提高分梳效能。分梳效能关系到纤维的梳理度和分离度,因而直接影响锡林、盖板的均匀混合作用,由此影响纤维从锡林向道夫转移时在道夫针面上的均匀分布程度,从而影响棉网和生条的均匀度。

(2) 改善棉网清晰度。棉网清晰度实质上是棉网结构的反映。目测棉网中有比较多的云斑、破洞、破边,这就是清晰度差的棉网,也可以说是棉网结构不良。改善棉网清晰度的措施,也是改善分梳效能的措施。在正常的机械状态下,采用"紧隔距、强分梳、四锋一准"的工艺,确保梳棉机有合理的产量与合理的锡林转速,可以保持足够的分梳度,提高棉网的清晰度。

(3) 合适的牵伸张力。剥棉装置与大压辊间、小压辊与大压辊间、圈条器与小压辊间的各个牵伸张力过大,会使生条条干不匀率增加。

2.3 控制生条短绒率

梳棉工序在一定程度上既能排除短绒,同时又会产生短绒。它在车肚落棉和盖板花中排除了一定数量的短绒,可是在刺辊部分和盖板工作区的梳理过程中,损伤了一定数量的纤维,造成一些纤维断裂,从而产生一定数量的短绒。生产实践表明,产生的短绒数量一般多于被排除的短绒数量,因而生条中的短绒含量较棉卷中多 2%～4%。生条短绒率过高,不利于后道工序中牵伸的正常进行,影响成纱条干和强力。因此,要合理选用给棉板分梳工艺长度和刺辊转速,尽量减少纤维的损伤和断裂,少产生短绒,尽量在后车肚落棉和盖板花中多排除短绒。生条短绒率的控制范围视原料情况以及成纱的条干和强力要求确定,一般为 14%以下。

3 生条均匀度的控制

生条不匀率分为生条质量不匀率和生条条干不匀率两种,前者表示生条长片段(5 m)的质量差异情况,后者表示生条每米片段的条干不匀情况。

3.1 生条质量不匀率的控制

生条质量不匀率和细纱质量不匀率及质量偏差有一定的关系。对生条质量不匀率应从内不匀率和外不匀率两个方面加以控制。影响生条质量不匀率的主要因素有棉卷质量不匀、梳棉机各机台间落棉率的差异、机械状态不良等。控制生条质量的内不匀率,应控制棉卷质量不匀率,消除棉卷黏层、破洞和换卷接头不良。降低生条质量的外不匀率,则要求纺同线密度纱的各台梳棉机隔距和落棉率统一,防止牵伸变换齿轮用错,做好设备的状态维修工作,以确保机械状态的良好。

3.2 生条条干不匀率的控制

生条条干不匀率影响成纱的质量不匀率、条干和强力。影响生条条干不匀率的主要因素有分梳质量、纤维由锡林向道夫转移的均匀程度、机械状态以及棉网云斑、破洞和破边等。

分梳质量差时,残留的纤维束较多,或棉网中呈现一簇簇大小不同的聚集纤维,而形成云斑或鱼鳞状的疵病。机械状态不良,如隔距不准,刺辊、锡林和道夫振动而引起隔距周期性地变化,圈条器部分齿轮啮合不良等,均会增加条干不匀率。另外,如剥棉罗拉隔距不准、道夫至圈条器间各个部分牵伸和棉网张力牵伸过大、生条定量过轻等,也会增加条干不匀。

4 合理控制落棉率

低耗的原则是在保证产量和质量的前提下,降低原料消耗。梳棉工序的落棉包括后车肚落棉、盖板花和吸尘落棉。后车肚落棉数量最多,盖板花次之,吸尘落棉最少(视吸尘装置的效果而定)。

后车肚落棉应根据喂入棉卷的含杂率和含杂情况以及成纱的质量要求而定。控制的主要手段是调整后车肚工艺,在保证质量的前提下降低原料消耗。一般刺辊部分的除杂效率以控制在 50%～60%为宜。盖板除杂对去除细杂、棉结和短绒较刺辊部分有效。如喂入棉卷中带纤维杂质少,可减少盖板花,以节约用棉;反之,应增加盖板花,以保证生条质量。盖板除杂率一般控制在 8%～10%。低耗的主要措施可从如下两方面着手。

4.1 控制落棉数量和台差

(1) 落棉率、落棉含杂率和除杂效率的控制。根据原棉性状、棉卷含杂和纺纱线密度,总落棉率应控制在一定的范围内。在充分排除杂质和疵点的情况下,较高的落棉含杂率意味着原料消耗的降低。

(2) 落棉差异的控制。落棉差异是指纺制同线密度纱各机台间落棉率和除杂效率的差异,俗称台差,要求台差愈小愈好,以利于控制生条质量不匀率。后车肚落棉是重点控制部分,当各台落棉差异较大时,可调节各机台的后车肚落棉工艺。纺同线密度纱的盖板速度应保持一致,如发现各机台间盖板花差异较大时,可调节盖板工艺。

4.2 控制落棉内容

后车肚落棉是落棉重点。

对于自然沉降式除杂方式,不但要检查总的落棉含杂率和含杂内容,还应注意三个落杂区各自的落杂情况,并加以控制。第一落杂区的落杂大部分是大杂,如发现有落白等不正常现象,应检查调整;第二落杂区是刺辊排杂的重点区域,在此处落下的是小部分大杂和大部分小杂,由于这个落杂区较长,可纺纤维落下的机会相对增多,应注意气流回收,当棉卷中小杂质偏多时,此落杂区应相应加长,以充分排除小杂;小漏底落杂区的落棉是短绒和尘屑,需注意小漏底内的气流大小及其稳定程度。

后车肚落棉中如有较严重的落白现象和可纺纤维含量较多时,应控制刺辊部分的气流,控制三个落杂区的落杂数量和内容,可调整除尘刀的高低位置和角度以及小漏底工艺。盖板花的含杂内容是带纤维细杂、短绒和棉结。如盖板花中可纺纤维含量过多,可调整前上罩板上口。

对于积极抽吸式除杂方式,调整好落棉控制调节板及吸风槽内的负压,控制后车肚落棉。

技能训练

1. 分析生条质量控制措施。
2. 进行棉条定量、质量不匀率实验。

课后练习

1. 如何控制生条结杂?如何控制落棉率?
2. 如何降低生条不匀率?

任务 3.7 梳棉工序加工化纤的特点

工作任务

1. 讨论梳棉工序加工化纤的特点。
2. 比较梳棉工序加工棉与化纤的工艺差异。

知识要点

1. 化学纤维的特性与梳棉加工的要求。
2. 梳棉工艺的合理调整。

1 化学纤维特性对梳棉工艺的要求

在梳棉机上加工化学纤维时由于其工艺特性与棉纤维并不完全相同,必须采用不同的工艺进行加工,才能达到高产、优质、低耗的目的。棉型化学纤维和中长型化学纤维在梳棉机上加工时的工艺性能,可概括为如下几点。

(1) 化学纤维的长度较长,在棉纺设备上加工的棉型化学纤维和中长化学纤维。棉型化学纤维和中长化学纤维如采用加工棉时的工艺,势必增加纤维损伤,影响顺利转移。因此,必须相应改变有关工艺参数。

(2) 化学纤维基本上不含杂质,仅含极少量粗硬丝和饼块等杂质,必须采用不落棉的工艺配置,达到低耗的要求。

(3) 纤维的回潮率比棉小得多,与金属机件间的摩擦因数又大,在加工过程中易产生静电,易产生绕花和生条发毛现象,因而在速度和隔距配置上应针对这一特性采取相应措施。

(4) 化学纤维的抱合力不如棉,特别是合成纤维,因为纤维之间的摩擦因数较小,故易产生棉网下坠和破边现象。

(5) 纤维的弹性远较棉好,回弹力强,条子蓬松,通过喇叭口和圈条斜管时,易造成通道堵塞。

(6) 由于化学纤维在梳理过程中所产生的静电不易消失,且含有油脂,故易黏附在分梳元件上,不能顺利转移,从而引起绕锡林、盖板、道夫针齿和刺辊锯齿以及刺辊返花现象,造成棉结增多。故需采用适用于纺化学纤维的针布。

2 合理调整梳棉工艺

2.1 给棉工艺

(1) 给棉加压。化学纤维之间的抱合作用差,压缩回弹性大,棉层内的纤维容易离散,必须增强给棉罗拉和给棉板对棉层的握持力,以利于刺辊对棉层的穿刺,加强分梳作用。

增强给棉握持的方法就是增大给棉罗拉压力,一般比在纺棉时增大20%左右,由于刺辊分梳效能的提高,棉网质量有所改善。

(2) 给棉板工作面长度。化学纤维的切断长度一般均较棉纤维为长,为了减少纤维损伤和提高成纱强力,加大分梳工艺长度。

2.2 后车肚工艺

尽可能不落或少落。所加工的化学纤维含疵较多时,后车肚落棉可掌握在0.2%～0.3%,含疵较少时,掌握在0.1%左右。

2.3 锡林与刺辊间的速比

如前所述,锡林与刺辊间速比的恰当与否,影响刺辊上纤维向锡林的转移,速比与转移区长度和纤维或纤维束长度有关。根据棉型化学纤维和中长化学纤维较原棉长的特点,一般在锡林速度不变的情况下,降低刺辊速度,使速比相应增加,以保证顺利转移并减少纤维损伤。但在此前提下,速比也不宜过大,以免造成刺辊转速过低而影响分梳。

2.4 速度配置

(1) 锡林转速 锡林高速可以减轻针面负荷,增强分梳,由于锡林、刺辊间速比较纺棉时大,锡林速度的提高,可使刺辊转速不致过低而影响刺辊分梳。

(2) 刺辊转速 刺辊速度必须与锡林相适应,刺辊速度高,有利于开松除杂,但过高会造成纤维损伤。刺辊速度与锡林速度不相适应时,纤维不能顺利转移,造成返花、棉结增多。

(3) 盖板速度 盖板速度影响除杂效率和盖板花量。根据化学纤维含杂少的特点,可降低盖板速度。

(4) 道夫转速 道夫速度低,多次盖板工作区梳理的纤维数量多,有利于改善棉网质量,过低则影响产量。对成纱质量要求较高的品种,道夫速度可放慢些。

2.5 隔距配置

根据棉型化学纤维和中长化学纤维的长度特点,各梳理机件之间的隔距原则上较纺棉时为大,但对各部分隔距,均需按其具体要求而定。

(1) 刺辊与给棉板间隔距。此隔距应视棉层厚度和纤维长度确定,一般纺棉型化学纤维时比纺棉时大,纺中长化学纤维时宜更大。

(2) 锡林与盖板间隔距。要求在减少充塞的前提下充分梳理,锡林与盖板间隔距应比纺棉时略大。

(3) 锡林与道夫间隔距。锡林与道夫间隔距以偏小掌握为宜。

2.6 张力牵伸

由于化学纤维间的摩擦系数小,抱合力不如棉,为避免棉网下坠和飘浮,一般以棉网不坠不飘为原则,张力牵伸以偏小掌握为宜。

2.7 生条定量

除黏胶纤维外,化学纤维的密度均轻于棉,成条粗。纤维蓬松,弹性好,容易引起斜管堵塞,生条定量应较纺棉时稍轻。

3 分梳元件的选用

选化纤用分梳元件非常重要。加工黏胶纤维无论金属针布或弹性针布均可采用。但在加工合成纤维时,必须用化纤专用型或棉与化纤通用型针布。否则纤维容易充塞针齿间和缠绕针面。在选择加工合成纤维用的金属针布时,应以锡林不缠绕纤维,生条结杂少,棉网清晰度好为主要依据。

3.1 锡林针布的选用

合成纤维与金属针布针齿间的摩擦系数较大,纤维进入针齿间不易上浮。所以选用的针布除应具有良好的握持和穿刺能力以及针齿锋利、耐磨和光洁等基本性能外,还应有适当的转移能力。因此,锡林针布应选用的针齿规格要工作角较大,齿深较浅,齿密较稀,其齿形为弧背负角。这种金属针布可以增强对纤维的释放和转移能力,并能有效地防止纤维缠绕锡林或受损伤,有利于纤维向道夫凝聚转移。

3.2 道夫针布的选用

加工化纤时道夫用金属针布的选用必须与锡林针布配套,一般使道夫的凝聚能力适当大些,降低锡林针面负荷,减少棉结。所以,道夫针布宜选用针齿工作角较小,而且与锡林的差值比纺棉大,齿密较稀,稀于锡林针密,齿深较深,齿形为直齿形。这些规格考虑出自有利于道夫从锡林凝聚转移纤维和便于剥棉罗拉从道夫上剥取纤维成网。

3.3 盖板针布的选用

盖板一般应选用针密较稀,钢针较粗,针高较短的无弯膝的双列 702 型盖板针布。这种针布梳针的抗弯能力强,能适应高产量强分梳的要求。针布中间少植八列针,不易充塞纤维,盖板花较少。

3.4 刺辊锯条的选用

刺辊锯条宜选用工作角较大的薄型稀齿类,一般选用 75°×4.5 齿/25.4 mm 的规格,分梳效果较好。特别是齿尖厚度为 0.15~0.20 mm 的薄型锯条,它对于棉层的穿刺和分梳能力较强。纺中长纤维时,为了避免刺辊绕花,采用较大工作角的刺辊锯条,如 95°×3.5 齿/25.4 mm,并易被锡林剥取,但分梳效果较差。

技能训练

1. 完成某化纤纱线产品梳棉加工的工艺参数选择。

课后练习

1. 化纤在分梳工艺中应注意哪些问题？
2. 梳棉机加工化纤如何选用分梳元件？
3. 梳棉工序加工化纤时有哪些工艺特点？

项目 4

清梳联流程设计

> **教学目标**
>
> **1. 理论知识**
> (1) 清梳联技术的意义,清梳联工艺流程的选择、要求及设计原则。
> (2) 清梳联的喂棉箱、超高效清棉机、主除杂机、新型高产梳棉机的组成及其作用。
> (3) 清梳联流程中除微尘机、异性纤维检测装置的组成及其作用特点。
> (4) 清梳联工艺调试与质量控制。
>
> **2. 实践技能**
> 能完成清梳联工艺设计、质量控制、操作及设备调试。
>
> **3. 方法能力**
> 培养分析归纳能力;提升总结表达能力;训练动手操作能力;建立知识更新能力。
>
> **4. 社会能力**
> 通过课程思政,引导学生树立正确的世界观、人生观、价值观,培养学生的团队协作能力,以及爱岗敬业、吃苦耐劳、精益求精的工匠精神。

> **项目导入**
>
> 开清棉联合机将棉包加工成棉卷,纤维多呈松散棉块、棉束状态,并除去部分杂质。梳棉机进一步将棉块、棉束分解成单根纤维,清除残留在其中的细小杂质,并使各配棉成分在单纤维状态下充分混合,制成均匀的棉条,以满足后道工序的要求。为达到缩短工艺流程、减少劳动力、提高劳动生产率的目的,使纺纱过程实现连续化、自动化、优质高产和低消耗,通过气流输送控制技术,将开清棉和梳棉两个工序联接起来,即清梳联技术。

任务 4.1 概述

工作任务

1. 分别设计一套纺棉、纺化纤的清梳联工艺流程。
2. 设计清梳联典型设备的主要工艺参数。

知识要点

1. 清梳联技术的发展趋势。
2. 清梳联各单机组成及工作原理。

清梳联(清钢联)实现了开清棉与梳棉两工序之间的联接、纤维流的自动分配与平衡调节,完成了清梳两工序之间的纤维流连续化、自动化供应与控制;同时实现了高产高效,减少了用工,减轻了工人劳动强度,提高了原料在开清段的制成率,降低了生产成本,提高了生条、成纱质量。

清梳联技术有如下发展趋势:

(1) 短流程。与传统工艺相比,清梳联技术缩短了工艺流程。

(2) 宽幅化。清梳联工艺流程中的各主机已经向着宽幅化发展,在稳定加工效能和产品质量的前提下,提高产量。

(3) 全流程棉流输送均匀稳定的控制系统。清梳联系统自调匀整的目的在于控制生条的质量不匀率与条干不匀率。在生产中,即控制同品种各梳棉机输出生条定量的台差与每台输出生条的条干不匀。清梳联过去采用终端控制,即通过梳棉机自调匀整装置控制生条质量,使之达到预期的控制目标。但机组内各机台间的供应控制采用"开、停、开"的控制方法,机台停车以后,由于受到纤维自重的影响,棉层密度发生变化,在输送过程中,首、尾喂棉密度会不同,尤其是第一台梳棉机和最后一台梳棉机间的差异更大。因此,先进的清梳联均采用全流程无停车跟踪连续无级喂棉控制系统,使整个喂棉系统达到棉层密度稳定均匀的目的,生条质量波动小,台间差异改善。

(4) 异性纤维杂物自动检测清除系统。棉纺厂使用的原棉中常混有异性纤维和杂物,在一般的纺纱过程中很难除去,纺成纱、织成布后,严重影响最终产品质量。用异性纤维自动检测系统代替人工拣除原棉中异性纤维和杂质,系统清除率可达 80% 以上,保证残留的异性纤维和杂质在质量允许范围内。

(5) 喂棉箱与梳棉机一体设计。清梳联喂棉箱出棉罗拉与梳棉机给棉罗拉合二为一,减少了喂棉箱输出筐棉的意外牵伸,保证喂给均匀。

技能训练

1. 讨论清梳联技术的发展趋势。

课后练习

1. 清梳联技术的发展趋势如何？
2. 清梳联技术的意义是什么？

任务 4.2 清梳联工艺过程

工作任务

1. 设计一套能纺制精梳纱的清梳联机组。

知识要点

1. 国内外有代表性的几种清梳联工艺流程和组合特点。
2. 纺绵、纺化纤常用清梳联工艺过程。

1 清梳联工艺流程

清梳联工艺流程的设置原则：纺棉时"一抓、一开、一混、一清、多梳"，纺化纤时"一抓、一混、一清、多梳"。清梳联可分为有回棉和无回棉两种工艺流程，新型的清梳联工艺多采用无回棉系统。清棉机打手输出的原料由输棉风机均匀地分配到各台梳棉机的喂棉箱中，其给棉过程采用电子压差开关进行控制。当箱内压力低于设定值时即给棉，达到设定值时即停止给棉。无回棉喂给装置控制灵敏度准确，气流稳定，可保证棉层的均匀喂给，还可避免纤维的重复打击，减少纤维损伤和成纱棉结、杂质。常见国产郑州宏大新型清梳联工艺流程的组合情况如下：

1.1 纯棉环锭纺

JWF1018 型往复式抓棉机→JWF0001 型多功能分离器→JWF1102 型单轴流开棉机→JWF1026 型多仓混棉机→JWF1124C 型开棉机→JWF1054 型除微尘机→AMP-119AⅡ-PD-350 型火花探测器→TF2202B 型配棉三通→[（JWF1216 型梳棉机+TF2513A 型自动换筒圈条器）]×2

该清梳联流程具有如下特点：

（1）选配往复抓棉机、单轴流开棉机和多仓混棉机，实现了多包取用、精细抓棉。在单轴流开棉机上，纤维流从辊筒一端的切向向下喂入，沿辊筒轴向经多次开松，并从辊筒另一端的切向向上输出,其间受到打手角钉、尘棒和导流槽的共同作用,完成开松除杂任务。多仓混棉机采用大容量混合,供棉稳定,还采用逐仓喂棉及底部同时输出工艺,时差混合效果显著,达到了充分的均匀混合,减少了纱线染色差异。

(2) 配置了喂棉箱。喂棉箱是清棉机组与梳棉机的联接装置,采用上下棉箱结构。喂棉箱的工作任务是将清棉机输出的,经过开松、除杂、混合的筵棉,均匀地输送给梳棉机,确保梳棉机连续均匀地供棉,实现清梳工序连续化。清棉机组的原料通过变频调速的梳棉风机、输送管道被输送到各台喂棉箱的上棉箱。配棉总管内设有压力传感器,根据压力大小控制清棉设备给棉系统的喂入量多少,由此保证上棉箱的压力稳定,实现上棉箱内棉纤维密度均匀。下棉箱采用闭路循环气流系统,由风机通过静压扩散循环吹气,因此整个机幅内下棉箱压力均匀,从而确保经过前、后静压箱产生的筵棉结构均匀。同时,自调匀整控制器可根据下棉箱压力控制上棉箱给棉罗拉的转速,给棉罗拉的转速通过变频调节,以实现连续喂棉。

(3) 配置了集中控制柜,由可编程序控制与运行状态显示,根据工艺要求设置自动和手动开关,手动开关供维修、试车用,自动开关能按工艺要求自动顺序开车或关车,大大方便了运转管理,减轻了劳动强度。

(4) 配置了安全防轧系统,在抓棉、开棉之间装有金属火星及重杂物三合一探除器,有效防止金属、硬杂物进入机内,避免了这些物质轧伤机体与针布,有利于清梳联设备长期正常运行。

(5) 清梳联喂棉箱采用无回棉上下两节棉箱,在配棉总管内设有压力传感器,保证了上棉箱内棉花密度均匀。下棉箱采用风机通过静压扩散循环吹气,使整个机幅内下棉箱压力均匀。根据下棉箱压力控制上棉箱给棉罗拉速度,保证下棉箱压力稳定。采用螺旋式排列梳针打手,纤维损伤小。

1.2 化纤环锭纺清梳联

JWF1018型往复式抓棉机→AMP-3000-300型火星金属探除器→TF45B型重物分离器→JWF1024型多仓混棉机→FA051A-120型凝棉器+JWF1126A-160型开棉机→ZFA9104-500输棉风机→AMP-119AⅡ-350型火花探测器→TF2202B型配棉三通→[(JWF1212型梳棉机+TF2513A型自动换筒圈条器)×8]×2

技能训练

1. 针对某纱线产品,设计一套清梳联工艺流程。

课后练习

1. 写出清梳联工艺过程。

任务 4.3　清梳联特有单机的结构与工艺原理

工作任务

1. 讨论清梳联流程特有单机的结构特点和工作原理。

知识要点

1. 往复式抓棉机的打手形式及其特点，计算机控制系统的应用给往复式抓棉机抓取纤维块带来的好处。
2. 轴流开棉机、单梳针辊筒清棉机、新型高产梳棉机的组成及其作用特点。
3. 清梳联流程中喂棉箱、除微尘机、异性纤维检测清除装置的组成及其作用特点。

1　往复式抓棉机

1.1　往复式抓棉机分类

按抓棉打手配置多少，可分为单打手往复式抓棉机和双打手往复式抓棉机；按抓棉打手旋转方式，可分为正反旋转型往复式抓棉机和单方向旋转型往复式抓棉机。通过纤维原料包的细致排布、抓棉打手的精细抓棉，实现纤维的初步开松与混合，是清梳联工艺流程降低纤维损伤与原料充分混合的基础。

1.2　往复式抓棉机主要特点

往复式抓棉机主要由抓棉头、行走小车和转塔等组成，如图 4-1 所示。往复式抓棉机适用于各种原棉和 76 mm 以下的化学纤维。

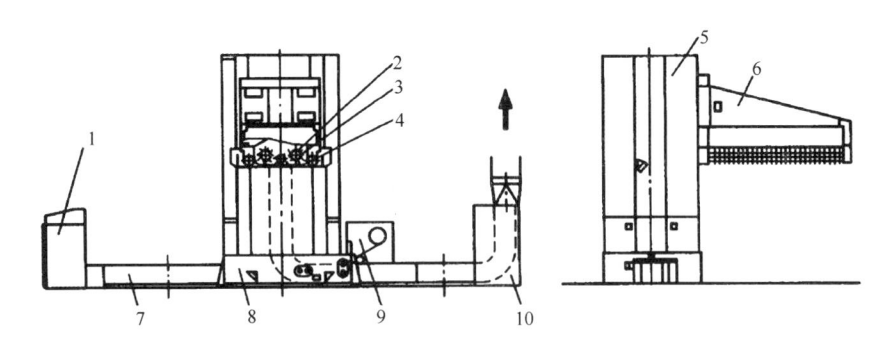

1—操作台　2—抓棉打手　3—肋条　4—压棉罗拉　5—转塔　6—抓棉头
7—输棉风道及地轨　8—行走小车　9—覆盖带卷绕装置　10—出棉口

图 4-1　往复式抓棉机结构

抓棉器内装有抓棉打手 2 和压棉罗拉 4。抓棉打手刀片为锯齿形，刀尖排列均匀。

目前,采用转塔结构抓棉机的打手工作幅宽主要为 2300 mm、2400 mm、2500 mm、3500 mm。以 JWF1013 型往复式抓棉机为例:采用双侧棉包台,每侧排包数视导轨长度不同而不等,最多排包可达 300 包;采用双打手抓棉方式,每个打手有 24 片刀盘,每盘上设有不同角度的 10 个齿,在工作中,两个打手 48 把刀盘交错排列,打手转速变频可调,抓棉臂抓取深度(0.1~20 mm)、水平运行速度(2~20 mm/min)可调,同时抓棉刀尖与肋条位置可内缩 1 mm 以上,打手仅抓取肋条压紧后棉包的上表层纤维,抓取后的棉束小而均匀,质量平均在 25 mg 左右,做到"多包取用,精细抓取",为后续机台的开松、混合、高效除杂创造了条件,并且具有更换品种方便等优点。

两个抓棉打手,无论抓棉小车向前或向后运动,总有一个抓棉打手是顺向抓棉,而另一个抓棉打手是逆向抓棉。由电动机驱动的打手悬挂装置将逆向抓棉打手抬高,抬高的高度可根据需要进行调节,防止该打手抓棉深度过大,使两个打手在工作时的负荷基本相当,减少皮带、轴承等机件的磨损。上、下浮动的双据片打手抓取的棉束大小均匀,离散度小,以实现清梳联工艺一开始就将棉块抓细、抓小、抓匀的要求。抓棉打手与抓棉小车的运行方向如图 4-2 所示。

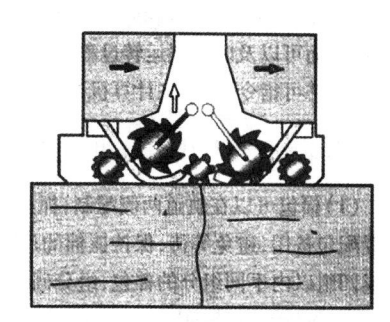

图 4-2 抓棉打手与抓棉小车的运行方向

1.3 计算机控制系统的应用

新型往复式自动抓棉机的出现,彻底地减轻了操作者的劳动强度,并具有很好的开松效能。为了充分发挥高产量、多品种、自动化的效能,配备了计算机控制系统。利用光电、脉冲感应扫描,转换为电信号输入计算机,对工艺所需、控制所需、监控所需等程序存储进行比较,作用于抓棉机构的升降、往复、抓取原棉并吸送前方机台。

全自动计算机抓包机全部动作均由操作台控制,操作台设有数字显示和多个功能键。运转工作步骤由计算机自动操作,操作台可指令控制计算机系统,系统中存储了近百个调整信息,可随时调用查询,从而可以及时掌握运转过程中的抓棉深度、包组的起始位置、瞬时高度、抓棉机构的瞬时位置等,并可指令调整,在计算机控制下可同时调整供应四个品种以内的生产。智能自动控制技术与分区排包技术的结合,采用单侧分区堆放对应原料,可实现同时生产两个品种,最多可生产三个品种。采用双侧棉包台配置,当一侧原料抓棉结束后,启动抓棉打手转向模块,抓棉机转塔自动旋转到另一侧,实现抓棉打手继续抓取另一侧的原料。

往复抓棉机通过抓棉小车带着抓棉打手的往复运动、抓棉器的升降与转向、运用找平技术与抓棉器的连续上升或下降的智能化抓棉,混棉包数多,开松度好。为了减少操作者的工作量,计算机系统能对保持不变批量数据进行存储,可以再次应用,其功能和精确程度是人工难以做到的。该计算机系统控制功能如下:

(1)棉包可以在轨道两侧配置,抓棉塔相应转向 180°运转生产,即一侧正常抓棉时,另一侧放置配包备用,避免等待,保持抓棉的连续性,提高效率。每一侧为一区,一区内可分别放置四组或四组以内不同组分的棉包,组分间棉包高度可以交错不一。抓棉机可同品种分别混抓,也可按品种分抓。

（2）在一个工作区配置了高度为 1600 mm、1200mm、800 mm 的三个包组，人工操作只需输入对最高包组计划抓取的高度。如输入为 4 mm，则其余两组由计算机系统自动计算出相应的抓取深度为 3 mm 和 2 mm，在运行中执行。最终可使三组不同高度的包组同时抓取完，利于多包取用、成分一致。

（3）配置新包时，棉包上层较松，抓取上层时产量较低，此时输入一个补充增加倍数（一般为 2~5 倍），即可增加抓棉深度，但在抓取运行中每次行程后依序自动减少抓棉深度的 10%，这样 10 次行程后即恢复原抓棉深度。对每条加工线、每个工作区，可分别施加增加倍数，控制准确无误。

（4）抓棉深度的控制调整，依据原棉成分松紧状态、回潮情况、产量等因素进行。调整时不需做机械调整操作，只需通过对计算机系统敲键输入即可完成，非常简便。

（5）包组配置后，无论包组数多少，计算机系统经空程扫描，即可对各组起始、终止点存储记忆，运行中可分组按存储各包组的起始、终止点控制抓棉机构起始、终止抓程。

（6）在一个工作区内可配供四个以内的品种，在机组联动控制的信号指令需求下，通过抓棉机计算机系统控制及时抓取对应包组，准确无误。

2 轴流开棉机

轴流开棉机按打手个数可分有单轴流和双轴流两种，单轴流开棉机的理论除杂效率为 25%~35%；双轴流开棉机的理论除杂效率为 15%~25%。轴流开棉机结构简单，调节方便，能适应不同品级棉花的处理要求，对纤维块进行自由式打击，除去其中较大的杂质，对纤维损伤小，杂质不易碎裂，达到"先松后混，早落少碎，柔和开松"的工艺目的。

单轴流开棉机的作用过程是：纤维流从其辊筒的一端向下喂入，沿其辊筒轴向通过打手角钉、尘棒和导流槽共同作用，完成开松除杂。进入打手室内的棉束在 V 形角钉的打击作用下，逐渐分解开松，暴露在棉束外部的颗粒性杂质、微尘，在尘棒的刮擦作用下，脱离纤维块，通过尘格进入落杂箱，开松的棉束沿导流槽呈螺旋状在机内回转数圈后输出，尘棒隔距可依据原料含杂量与落杂情况进行调节。

双轴流开棉机上，两辊筒旋转方向相同，纤维流经过两辊筒的协同开松与除杂。为充分发挥轴流开棉机高效除杂的作用，应合理控制进棉口、出棉口和排杂口的风量、风压，选择合适的打手转速和尘棒隔距。

3 多仓混棉机

清梳联流程大多使用 6 仓、8 仓、10 仓三种规格的混棉机来完成原料的进一步混合，多仓混棉机的单仓容量可达 30~120 kg。多仓混棉机的混棉片段越长，混合效果就好，能使各组分纤维混合得更加均匀，纱线的均匀性指标越好。

多仓混棉机的混合方式可分为：不同时喂入同时输出的时差混合功能，如 JWF1024 型、JWF1026 型等，有 6 仓和 10 仓，工作机幅有 1200 mm、1600 mm、1800 mm、2000 mm 等。同时喂入不同时输出的程差混合功能，如 JWF1029 型，JWF1031 型、JWF1033 型等，储棉仓有 6 仓和 8 仓，工作机幅有 1200 mm、1600 mm 等。

4 清棉机

清梳联用清棉机广泛采用锯齿、梳针进行穿刺、撕扯、开松与打手和尘棒或分梳板相互协同的击打开棉,使开松、除杂效率大大提高。清梳联用清棉机按辊筒多少可分为单梳针辊筒清棉机和三辊筒清棉机:单辊筒清棉机可根据原棉不同,选用更换粗锯齿、细锯齿或梳针等不同的梳理元件辊筒,既可单台,也可两台串联,灵活多变,适应小批量多品种;三辊筒清棉机可进行连续开松、除杂,多用于含杂量较高的生产线。

4.1 单梳针辊筒清棉机

JWF1124型单梳针辊筒清棉机专为清梳联流程设计,对经过初步开松、混合、除杂的筵棉做进一步的开松、除杂。采用梳针辊筒开松梳理,提高纤维的开松度,取消了传统的尘格装置,采用三把除尘刀、三块分梳板、两块调节板及三个吸风口控制开松、除杂,给棉罗拉采用双变频器控制进行无级调整,可在一定范围内根据清梳联喂棉箱的需要自动调整,达到连续喂棉的目的。该设备一般在原棉含杂率较低(0~2%)、纤维较细或加工化学纤维时采用。

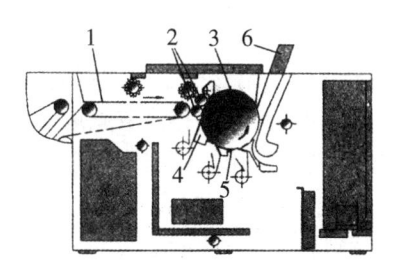

1—输棉帘 2—压棉罗拉 3—梳针辊筒打手
4—除尘刀、分梳板与吸风口组合
5—调节板 6—出棉口

图4-3 单梳针辊筒清棉机

4.2 三辊筒清棉机

图4-4所示为三辊筒清棉机,主要由机架、给棉系统、清棉系统、排杂系统和电气控制系统组成。

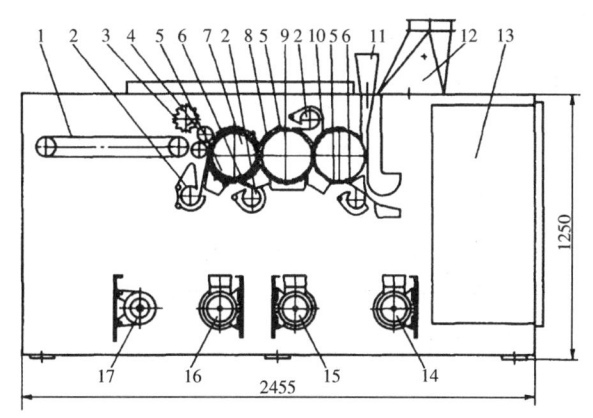

1—输棉帘 2—吸口 3—压棉罗拉 4—给棉罗拉 5—落棉调节板 6—除尘刀 7—第一清棉辊筒
8—预分梳板 9—第二清棉辊筒 10—第三清棉辊筒 11—出棉口 12—排杂口 13—电气控制柜
14—第三辊筒电动机 15—第二辊筒电动机 16—第一辊筒电动机 17—给棉电动机

图4-4 三辊筒清棉机

(1)给棉系统。给棉系统由输棉帘1、压棉罗拉3和给棉罗拉4组成,根据前方要棉情况,由交流变频器进行无级调速喂给。输棉帘呈水平状态,其上方装有两只压棉罗拉,将后方机器输入的原棉初步压紧后送入两只给棉罗拉之中。上给棉罗拉为沟槽罗拉,两端轴承座采用碟形弹簧加压。下给棉罗拉为锯齿罗拉，其齿向与转动方向相反。在保证对棉层的平均握持力的同时，又使纤维具有可纺性，减少对纤维的损伤，当喂入棉层过厚时，上给棉罗拉上移，触及限位开关，停止给棉，防止堵车。

（2）清棉系统。清棉系统由三只直径相同而形式各异的辊筒及其附属的除尘刀6、分梳板等组成。三只清棉辊筒分别由三只交流异步电动机单独传动，其转速以 1.7∶1 左右的比例递增，以利于纤维的开松和转移。

第一清棉辊筒 7 为角钉辊筒，装有两把除尘刀。两除尘刀之间装有两组分梳板。

第二清棉辊筒 9 为粗锯齿辊筒，装有一组分梳板及一把除尘刀。

第三清棉辊筒 10 为细锯齿辊筒，装有一把除尘刀。

此外，C-Ⅲ型超高效清棉机，采用三只辊筒打手（第一打手为梳针打手，第二打手为粗锯齿打手，第三打手为细锯齿打手，三只打手速度递增），实行以梳代打的开松原则。各打手之间的纤维转移采取剥取转移法，并以磁力棒产生静电转移效应协助打手转移纤维，防止返花。采用尘棒与吸除杂相结合的方式，有效控制各打手的除杂效果。

5　异性纤维分拣机

异性纤维（俗称"三丝"）主要指棉花采摘、收购、加工等环节中混入棉纤维的其他纤维（如化纤丝、头发丝、麻纤维等）和脏棉纤维。异性纤维分拣机是在开清棉环节有效识别并快速清除异纤的设备（图 4-5）。现代异性纤维分拣机已经发展成为独立的专用设备，其中设置了专门的检测通道。检测通道一般是封闭全透明的扁平管道，管道中间前后两面采用进口的超白玻璃，保证 95% 以上的

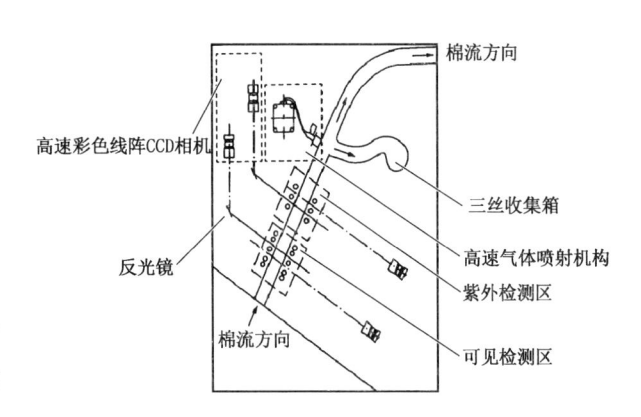

图 4-5　异性纤维分拣机检测箱结构

透光率。前端设备的原棉从进棉口进入检测通道后，由检测管道两侧安装的高速高分辨率线阵相机对棉流表面进行扫描，采集的图像数据被传输到计算机进行分析处理，并将检测到的结果通知下位喷气控制单元。喷气控制单元收到发现异性纤维的命令后，及时开启电磁阀将其喷出，再由吸棉风机将异性纤维吸入废棉袋。

6　除微尘机

本机的主要作用是排除原棉中的部分细小杂质、微尘和短绒。除微尘机作为开清棉流程中的最后一个除杂点，它可大大降低纤维的含杂率。除微尘机是依靠气流作用将纤维流送至金属滤网，通过纤维与空气的分离过程控制，实现排除纤维中的微尘与部分短绒的目的；不同的是除微尘机拥有更大的滤网，每块纤维块分散在滤网上，靠自身重力克服过滤时滤网对其的黏附阻力，自由向下滑动，实现对经充分开松的纤维块清除其中的微尘和短绒。

除微尘设备主要型号有 FA151 型、FA156 型、JWF1054 型、JWF1053 型和 SFA201 型。

JWF1054型除微尘机(图4-6)是新型高效除微尘机械,它通过扁形进棉管道与开棉机相连,由棉箱上半部的滤尘网板、尘杂出口、出棉风机和输棉管道等组成。充分开松的纤维流,在输棉风机吸引下进入扁形的棉箱,以极高的速度水平进入棉箱,与滤尘网板产生碰撞,使纤维束中的微生短绒和细小杂质与之分离,细小杂质、短绒和微尘穿过网板孔后,由排尘风机吸取送至滤尘设备,脱尘后的纤维则由出棉风机吸取,输送至前方机台。由于纤维束与滤尘网板碰撞后,在系统气流的作用下,以自由状态沿网板滑动,因此纤维束与网板孔接触相应增加,这有效地提高了除尘效果,而纤维在气流推动的滑移过程中不受损伤。

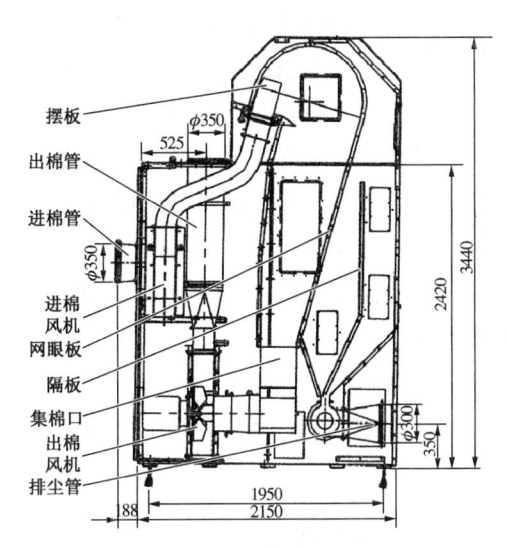

图4-6 JWF1054型除微尘机结构

JWF1054型除微尘机的除微尘、短绒的效果,还取决于进棉风机、出棉风机的风量和风压。进棉风机与电动机联接。风机通过变频器实现变速。调试时,应适当调节变频器的频率,使纤维顺利被吸入风机并输出。纤维收集口位置有补风口。调节挡风板,可以调整出棉风机风量,避免棉纤维在收集口位置产生拥堵。机器的前侧封板上有补风板,调节补风挡板,可以调整滤尘风量。

7 喂棉箱

清梳联纤维流分配系统采用无回花技术,实现对同线内的各连接喂棉箱的上棉箱均衡连续喂棉。现代高产梳棉机的喂棉箱多为上、下结构的气压棉箱,以保持下棉箱棉层密度均匀一致。

JWFl77A型清梳联喂棉箱均采用无回棉的上、下双棉箱喂棉箱系统结构,如图4-7所示。上棉箱1接受配棉总管分配系统分配来的纤维流,由过滤箱9经排尘管道10将空气排走,则纤维块沉入上棉箱底部。在配棉总管中,设有压力传感器,将压力信号转换为电信号,并传给控制器,由控制器控制开清棉中清棉机喂棉罗拉的速度。根据上棉箱内压力大小来控制开清棉设备输送给梳棉系统喂入量,以保证清梳联喂棉箱上棉箱的压力稳定,保证了上棉箱内纤维层密度的均匀。棉罗拉2钳口将上棉箱底部的纤维层喂给开松辊3开松、除杂,输入下棉箱。下棉箱采用闭路循环气流系

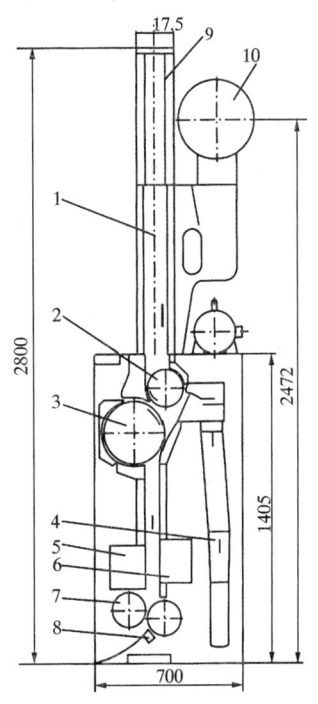

1—上棉箱 2—给棉罗拉 3—开松辊
4—风机 5—前静压箱 6—后静压箱
7—输出罗拉 8—导棉板 9—过滤箱
10—排尘管道

图4-7 JWF1177A型喂棉箱结构

统,由风机通过静压扩散循环吹气,使整个机幅内下棉箱压力均匀,这样确保经过前、后静压箱形成的筵棉结构均匀。下棉箱中设有下棉箱压力传感器,它将下棉箱的压力信号转换为电信号,并传给自调匀整控制器,由自调匀整控制器根据下棉箱压力控制上棉箱给棉罗拉的转速。给棉罗拉的转速通过变频调节,以实现连续喂棉。开松打手将上棉箱给棉罗拉钳口输出的棉层均匀开松后进入下棉箱,保证了下棉箱压力更稳定。下棉箱在 300 Pa 压力工作时波动小于 20 Pa,为梳棉机提供均匀稳定的棉层,为保证生条质量不匀率小且稳定提供了良好的基础。最后,经输出罗拉 7 钳口导出下棉箱,经导棉板导入梳棉机给棉罗拉钳口。

清梳联喂棉箱的上棉箱大多采用单罗拉顺向喂棉结构,原料通过给棉罗拉与给棉板,再经过棉箱打手的均棉、剥取,最后在棉箱循环风机和回风箱排风作用下,确保下棉箱储棉高度和密度均匀一致,最大限度地保证供给梳棉机的筵棉均匀稳定。

8 新型高产梳棉机

新型梳棉机都向提高梳棉产质量方向协同发展。新型梳棉机采用增加锡林分梳弧长、增加机幅来提高分梳面积,以保证高产后足够的梳理度,实现高速、高产、高质。根据产量和纺纱品种,万锭配套 4～8 台梳棉机。加装前后固定盖板,增加棉网清洁器数量,使用新型针布以及采用单刺辊或三刺辊,减少回转盖板根数,工作盖板减少到 30 根左右。此外,通过自调匀整技术、机上在线磨针等技术的运用,为提高和稳定质量奠定了坚实基础。为方便设备维修与工艺调整、质量监控,采用模块化设计,并辅以自动化、微电子、变频等技术,实现质量在线检测、数据显示、工艺在线调整、人机对话等。锡林辊筒采用整体铸造或钢板卷绕成型技术,使锡林滚筒的尺寸稳定性得到大幅提升,提高了锡林的运转稳定性。采用整体机架技术,可提高整台梳棉机的工艺参数上机的可靠性与稳定性。

技能训练

1. 讨论几种清梳联特有单机的结构与工艺原理。

课后练习

1. 往复式抓棉机的打手形式有几种?各有何特点?计算机控制系统的应用给往复式抓棉机抓取纤维块带来什么好处?
2. 单梳针辊筒清棉机、新型高产梳棉机的组成及其作用是什么?
3. 除微尘机、异性纤维检测清除装置的组成及工作原理是什么?
4. 清梳联喂棉箱组成及其作用是什么?

任务 4.4　清梳联工艺及其调整

工作任务
1. 掌握清梳联质量控制方法。

知识要点
1. 清梳联工艺调试注意事项。
2. 清梳联质量控制。

1　清梳联质量指标

（1）清梳联生条 5 m 质量总不匀率控制在 1.5%～2%，5 m 生条质量内不匀率控制在 1.0%～2.5%，5 m 生条质量偏差控制在 ±2.5%，合格率达到 100%。

（2）生条短绒率：中特纱≤18%；细特纱≤14%。

（3）短绒增长率：开清棉≤1%；梳棉≤65%。

（4）生条棉结数：生条棉结视原棉品级而定，棉结数不大于疵点数的三分之一。棉结增长率：开清棉＜80%，梳棉＜—80%；落棉率：开清棉≤3%，梳棉后车≤2.0%；除杂效率：视原棉含杂率，一般总除杂率为 95%～98%，其中开清棉为 40%～65%，梳棉为 92%～97%。

2　流程选用

根据所纺品种、使用原料的情况选用合理的流程，清梳联流程短，设备结构简单，便于维修。

（1）原棉含杂率高，成熟度较好，可选用由除杂效能高的高效清梳机组成的流程，提高开松和除杂功能。原棉含杂率低，纺细持纱，可选由握持分梳作用柔和的清棉机组成的流程。

（2）若同时纺两个品种，可采用一机两线流程。

（3）转杯纺流程中要充分利用除微尘机，去除开松后原棉中的细小杂质和短绒。

（4）清梳联由多种单机组合而成，在完成开松、除杂、混合、均匀作用时，各单机的作用各有侧重，合理分配。

3　工艺调试

有了合理的流程，还需要合理的工艺来保证其发挥出最大的功效。

（1）要提高清棉各机台的运转率。首先，住复抓棉机运转率要达到 85%，才能实现其精细抓取的特点，多仓混棉机的换仓压力在确保机台供应的前提下，选用较小的压力，一般在 150～250 Pa 之间。这样,可提高开松度,改善不匀率。

(2) 凝棉器风机转速在保证纤维能顺利转移的前提下,尽量调低;打手转速相应调低,以减小束丝。

(3) 在满足开松度要求的条件下,各打手的转速可适当调低,对减少棉结和短绒有利。

(4) 调整连续喂棉装置,选用合适的比例常数(P)、积分常数(I)、微分常数(D)的值和模糊强度,保证配棉压力稳定,使波动范围在 ±20 Pa;配棉道的压力根据品种、流程不同,设定在 750～950 Pa;输棉风量在不堵塞配棉道的前提下尽量减小。

(5) 调整好滤尘设备风量的配比,风量过大会浪费能源,而且由于负压过大,纤维容易在尘笼内积短绒;滤尘运转要稳定可靠,要特别注意滤尘设备的维护保养,使系统阻力保持稳定。

4 自调匀整

4.1 清梳联系统自调匀整的目的

其目的在于控制生条的质量不匀率与条干不匀率,在生产中,即控制同品种各梳棉机输出生条定量的台差与每台输出生条的条干不匀。

4.2 自调匀整装置的组成及工作原理

自调匀整装置共分三大部分,即检测机构、控制机构、执行机构。

(1) 梳棉机整机纤维流匀整部分控制。传感器检测部分包括给棉罗拉处的棉层厚度传感器、大压辊位置棉条厚度传感器、给棉罗拉速度传感器和道夫速度传感器。匀整器的控制器通过接近开关来跟踪检测给棉罗拉和道夫的速度,通过两个厚度传感器检测输入的棉层厚度。通过出条部分棉条厚度传感器检测棉条厚度。

当喂入棉层厚度变化时,通过改变给棉电动机转速来调整给棉罗拉与道夫的牵伸比,从而保证恒定的棉条定量输出。

由出条部分的传感器检测最终出条质量,当控制器检测到棉条传感器变化超过一定值时,改变给棉电动机速度,保证长片段棉条的出条质量。

(2) 梳棉机片段不匀率控制。

① 梳棉机超短片段匀整控制。通过喇叭口位置的非接触传感器检测生条定量,再通过喇叭口后道的超短片段牵伸罗拉进行定量补偿,获得更好的匀整效果。

② 梳棉机短片段匀整控制。通过检测给棉板和给棉罗拉之间喂入的筵棉厚度,根据测量结果自动调整给棉罗拉速度,得到均匀的生条定量。

③ 梳棉机长片段匀整控制。生条定量由出条端喇叭口位置的非接触传感器进行检测,测量信号经过处理,用来控制给棉系统。

(3) 连续喂棉控制。用于清梳联系统中清花末道开棉机喂棉与梳棉上棉箱管道间输送纤维原料时,根据管道静压力、梳棉机运行机台数,自动改变原料输送量,达到连续均匀输送的目的,直接影响生条的定量,是清梳联系统控制必备装置。

(4) 下棉箱连续喂棉控制。根据下棉箱测压传感器测得的储棉高度反馈的压力值,调整上棉箱给棉罗拉速度,保障均匀、连续地喂入原料。

4.3 自调匀整调试和管理要求

（1）要保证各传感器安装牢固、动作灵活,严格按设计要求调试和设定。

（2）处理好长片段和短片段之间的关系,应以长片段为主,短片段为辅,从直观角度片段的比例以 7∶3 或 6∶4 为宜。

（3）生产管理上,要建立质量信息反馈或定期检查体系,对发现不匀率有突变或异常的机台,要立即检查,并找出原因。

5 故障率与断头率

开清棉机组与梳棉机故障率及梳棉机断头率的高低,是决定清梳联正常生产的关键,尤其是开清棉机组的故障率。

开清棉机组故障率低,主要采取以下措施。

（1）配备高效能滤尘系统,保证各单机出口风压要求,并合理安排各打手风扇速度,保证管道内、机台内棉流通畅,不轧塞机车。

（2）加强棉箱管道加工安装精度要求,喂棉箱采用光亮不锈钢螺钉、点焊,使管道光滑无毛刺不挂花,并要十分注意密封件的选择,确保不跑漏气。

（3）气动薄膜、传感器、橡胶帘子及电气控制系统始终处于正常状态,确保设备运转正常。

（4）提高打手、风扇制造加工装配精度,并校动平衡,保证高速运转、运行平稳。

（5）采用无回转凝棉器,减少轧车,同时解决了凝棉器返花造成紧索丝。

6 清梳联质量控制

6.1 生条质量不匀率控制

（1）依据纺纱品种、配棉情况以及产量与温湿度,合理选择上棉箱输棉管道和下棉箱静压参数,是箱内储棉稳定、密度均匀、输出筵棉纵横均匀的基础,而且上棉箱储棉密度应适当高些,确保上、下棉箱均匀连续喂给,降低生条质量不匀率。

（2）提高机台运转率：开清棉机台运转率在 85%～100% 时能使系统运行稳定,并且是清梳联连续生产的重要因素。

（3）调控好多仓储棉状态,有利于稳定连续喂棉。首要工作是设定好多仓压力参数,一般以 200 Pa 左右为宜,调控逐仓阶梯形储棉高度,否则难以保证系统正常运行,也影响连续跟踪喂棉。

（4）充分发挥梳棉机的自调匀整仪的匀整作用,确保其性能稳定,持续可靠。清梳联因蓬松筵棉喂入梳棉机,纵横均匀不如棉卷,受温湿度影响与筵棉喂入移动张力影响较大,台、班间生产质量飘移难免,调校好自调匀整仪传感器位置,使检测准确,生条质量不匀率能控制在较好的水平。为改善并稳定生条质量不匀率,要尽可能提高机台运转率,保持多仓阶梯形储棉,稳定系统静压,调控喂棉箱内散棉的密度,调校自调匀整装置位移传感器的正确位置。

（5）保持机械状态良好，特别是梳棉机针布工作状态，不能出现绕花等不良情况。

（6）加强滤尘系统设备的管理与维护，以确保其工作状态稳定及清梳各吸点空气压力的稳定。为此，可采取积极式除杂系统的开清点、梳棉机落杂区。除此之外，滤尘系统状态也很重要。

（7）合理安排好清梳流程的开清点，使各处开清点开松分工明确，既能做到有效地开松纤维块，又能做到纤维损伤小，开松充分，除杂效果好，还能确保纤维流密度稳定，使后续机台能实现连续均匀喂给。

6.2 生条棉结杂质控制

（1）合理开清，抓、松、混、清是基础。原棉开松时结合早落、少碎、多排的原则。抓棉机抓取棉束要细、匀；原棉排包以配棉成分分成小单元，且必须找平、填实缝隙，根据总产量适当调整小车往复速度。机械要求是抓棉辊刀尖沿轴向在同一圆柱面上，肋条工作面平整，否则即使最优工艺也难达到应有效果。

（2）发挥自由开松作用，采用适当的握持打击强度。在满足开松条件下，轴流开棉机打手打击不宜过重，以免击碎杂质，损伤纤维。提高运转率是少损伤纤维、击碎杂质的措施之一；结合调整落棉工艺，如尘棒、尘刀、分梳漏底隔距，组织好各输棉风机的气流以及各机台吸落棉风量，能达到渐开缓打、早落、多排、少损碎的要求。根据所纺品种、原料及其含杂率，选择合理的开清点。要充分发挥松解纤维块的能力，使抓包机输出的纤维块经过轴流开棉机后，变得很松软，纤维彼此间联系松懈，这样可确保纤维流输送稳定，后续开松容易而不伤纤维，产生棉结少。

（3）充分利用梳棉机除杂能力，做到少产生棉结，多排除杂质。合理配置梳棉机锡林针面负荷，确保盖板梳理区对纤维束的分梳质量，少产生棉结。正确处理好梳棉机产量与锡林转速和锡林针面负荷的关系，力求在合理的锡林针面负荷的前提下，适当提高锡林转速、增大锡林与刺辊的速比，获取适度的高产。在高产时打手梳针、锯齿的针齿高度要适当降低，有利于针齿梳纤维块时实现从外部逐渐梳解纤维块，减少针齿、锯齿对纤维的损伤。锡林针齿矮，针隙容纳纤维量少，则盖板梳理区针隙带中漂浮的纤维少，产生棉结的机会也少，同时有利于结杂向盖板针面转移。此外，锡林向道夫高速转移时，其纤维的混合、均匀效果好，也有利于改善生条的条干与质量不匀率。

（4）确保输棉管道、棉箱密封并保持足够风量及压力，流畅输棉，光滑不黏挂，挤压阻塞，顺利转移对少产生棉结有利。

（5）提高清梳落棉含杂率与除尘效率是降低生条结杂的有效途径，实际生产中清梳除杂如何合理分配，清梳除杂保证成纱质量即可，即开清棉除杂效率掌握在60%左右，不宜强调落多、除尽；梳棉除杂效率在95%左右，注意提高落棉含杂率。要考虑清梳除杂互补性，应视配棉含杂成纱质量而定，合理分配。

6.3 生条短绒控制

清梳联短绒率增多，是由于高速机件在高速运行时对纤维的冲量很大，而容易导致纤

维损伤,并形成适度的短绒。要降低短绒产生,必须做到以下几点:

(1) 纤维块松软。加大轴流开棉机对纤维块的开解能力,使纤维块变得松软,纤维之间的联系降低,为后续加工创造条件。

(2) 喂给纤维层要薄。纤维层要薄,纤维块必然是松软、纤维联系小,后续分梳容易,纤维损伤小;抓棉机抓取的纤维块适当小、均匀,如果抓棉机抓取的纤维块很小忽必对纤维损伤严重,同时,对杂质破碎作用强大,不利于除杂。

(3) 流速快。要高产,纤维损伤要小,必须使清梳联流程的纤维流密度小,但流速要快,有利于分梳、除杂作用的进行。

在满足产量的前提下,适当降速,有利于少产生短绒。纤维包在使用前,必须经过一定时间的卸箍松包处理,以达到吸湿平衡。纤维包松散,有利于抓棉机抓取;纤维包达到吸湿平衡,纤维的可纺性好,有利于减少纤维损伤及降低短绒增长率。充分利用清梳联流程中的各个落棉点,尽量多排除短绒,也是解决生条短绒含量高的措施。

技能训练

1. 讨论清梳联质量控制。

课后练习

1. 清梳联工艺流程选择的要求是什么?主要工艺原则是什么?
2. 清梳联质量指标有哪些?怎样调控?

项目 5

并条机工作原理及工艺设计

教学目标

1. 理论知识

(1) 并条工序的任务,并条机的工艺过程。

(2) 条子的并合作用及提高条子并合效果的措施。

(3) 牵伸及实现罗拉牵伸的基本条件,机械牵伸与实际牵伸及两者的关系。

(4) 牵伸装置,总牵伸和部分牵伸及其关系。

(5) 牵伸区内纤维的分类,牵伸区内须条摩擦力界的概念、布置以及合理布置的途径。

(6) 并条机的组成及其作用,各牵伸形式的特点。

(7) 并条工序的道数、各道并条的总牵伸倍数及并条工序各道并合数的确定。

(8) 并条机后牵伸区牵伸倍数的确定,各牵伸区的牵伸握持距确定。

(9) 并条工序质量控制。

2. 实践技能

能完成并条机工艺设计、质量控制、操作及设备调试。

3. 方法能力

培养分析归纳能力;提升总结表达能力;训练动手操作能力;建立知识更新能力。

4. 社会能力

通过课程思政,引导学生树立正确的世界观、人生观、价值观,培养学生的团队协作能力,以及爱岗敬业、吃苦耐劳、精益求精的工匠精神。

项目导入

梳棉机制成的生条,是连续的条状半制品,具有纱条的初步形态,但其长片段不匀率很大,且大部分纤维呈弯钩或卷曲状态,同时还有部分小棉束。如果把这种生条直接纺成细纱,其品质将达不到国家标准的要求。所以,还需要将生条经过并条工序加工成熟条,以提高棉条质量。

任务 5.1　并条机工艺流程

工作任务

1. 绘制并条机结构简图，并标注主要机件名称、并条主要任务的实现部位。
2. 列表比较不同种类并条机的主要技术特征。

知识要点

1. 并条工序的任务。
2. 并条机的工艺过程。

并条机（视频）

1　并条工序的任务

梳棉机生产的生条，纤维经过初步定向、伸直具备纱条的初步形态。但是梳棉生条不匀率很大，且生条内纤维排列紊乱，大部分纤维成弯钩状态，如果直接把这种生条纺成细纱，细纱质量差。因此，在进一步纺纱之前需将梳棉生条并合，改善条干均匀度及纤维状态。并条工序的主要任务如下：

（1）并合。将6~8根棉条并合喂入并条机，制成一根棉条，由于各根棉条的粗段、细段有机会相互重合，改善条子长片段不匀率。生条的质量不匀率约为4.0%，经过并合后，熟条的质量不匀率应降到1%以下。

（2）牵伸。即将条子抽长拉细到原来的程度，同时经过牵伸改善纤维的状态，使弯钩及卷曲纤维得以进一步伸直平行，使小棉束进一步分离为单纤维。经过改变牵伸倍数，有效的控制熟条的定量，以保证纺出细纱的质量偏差和质量不匀率符合国家标准。

（3）混合。用反复并合的方法进一步实现单纤维的混合，保证条子的混棉成分均匀，稳定成纱质量。由于各种纤维的染色性能不同，采用不同纤维制成的条子，在并条机上并合，可以使各种纤维充分混合，这是保证成纱横截面上纤维获得较均匀的混合，防止染色后产生色差的有效手段，尤其在化纤与棉混纺时尤为重要。

（4）成条。将并条机制成的棉条有规则地圈放在棉条筒内，以便搬运存放，供下道工序使用。

2　FA312型并条机的工艺流程

图5-1所示为国产FA312型并条机的工艺过程。棉条筒1放在并条机机后导条架的两侧，每侧放置6~8个条筒。条子自条筒引出，通过导条架上的导条罗拉2积极喂入，经过给棉罗拉3后再经过塑料导条块聚拢，平齐地进入牵伸装置，经过牵伸后喂入的条子被拉成薄片，然后由导向辊5送入兼有集束和导向作用的弧形导管6和喇叭口，聚拢成条后由紧压罗拉7压紧成光滑紧密的棉条，再由圈条器8将棉条有规律地盘放在棉条筒9内。

为了防止牵伸过程中短纤维和细小杂质黏附在罗拉和皮辊表面,高速并条机都采用上下吸风式自动清洁装置,由上下吸风罩、风道、风机、滤棉箱和罗拉自动揩拭器等组成。为了减轻劳动强度,一般都设有自动换筒装置。

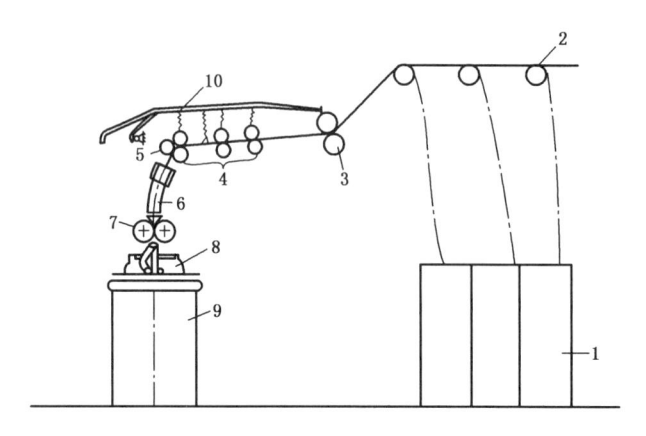

1—喂入棉条筒　2—导条罗拉　3—给棉罗拉　4—牵伸装置　5—导向罗拉
6—弧形导管　7—紧压罗拉　8—圈条盘　9—输出棉条筒　10—弹簧加压摇架

图 5-1　FA312 型并条机工艺过程

技能训练

1. 根据实训基地的设备型号,绘制并条机的工艺流程简图,并标注主要机件名称。

课后练习

1. 并条工序的任务是什么?
2. 并条机的工艺过程如何?
3. 简述并条机主要机构及作用。

任务 5.2　并合作用分析

工作任务

1. 讨论并合原理及并合根数的选择。

知识要点

1. 并合的均匀效应。
2. 降低棉条质量不匀率的途径。
3. 并合的均匀效应。

并合是并条机的主要作用,通过多根条子并合,可以使条子均匀。对于混纺纱来说,通过并合可以使几种成分的条子按一定的比例进行混合。

1 并合的均匀作用

1.1 并合原理

梳棉生条粗细不匀,当两根棉条在并条机上并合时,由于并合的随机性可能产生以下四种情况:一根条子的粗段和另一根条子的细段相遇,粗段与粗细适中段相遇,细段与粗细适中段相遇,最粗段与最粗段、最细段与最细段相遇。前三种可能都可以使条子均匀度得到改善,后一种情况虽不能使棉条均匀度提高,但也不会恶化。棉条并合根数越多,粗段与粗段、细段与细段相遇的机会越少,其他情况相遇的机会越多,因此,改善产品均匀度的效果越好。

1.2 并合根数与条干不匀率的关系

并合对改善棉条均匀度,降低条干不匀率效果非常明显,为了确定并合根数与条干不匀率之间的关系,可用数理统计的方法进行推证。

设有 n 根棉条,它们 5 m 长度片段平均质量及不匀率 H_0 都相等,则并合后产品的不匀率 H 为:

$$H = \frac{H_0}{\sqrt{n}} \tag{5-1}$$

由上式可见并合根数越多,并合后棉条的不匀率越低,其关系如图 5-2 所示,曲线前段陡峭,后段平滑,说明并合根数少时,并合效果非常明显,当并合根数超过一定范围时再增加并合数,并合效果就逐渐不明显了。这是因为并合根数越多,牵伸倍数也越大,由于牵伸装置对纤维的控制不尽完善,其带来的条干不匀也越大,所以应全面考虑并合与牵伸的综合效果。并条机上一般采用 6~8 根并合。

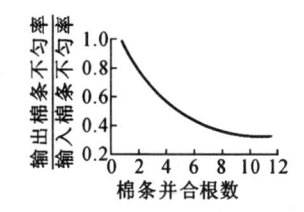

图 5-2 并合效果与并合根数的关系

2 降低棉条质量不匀率的途径

2.1 质量不匀率的种类

同一眼(或同一卷装)内单位长度质量(5 m 长度质量)之间的不匀率称为内不匀,以 C_N 表示;而眼与眼(或不同卷装)单位长度质量之间的不匀率称为外不匀,以 C_W 表示;在生产中测试时,样品取自不同的台、眼,其不匀率是总不匀率 C_Z。三者之间的关系如下:

$$C_Z^2 = C_N^2 + C_W^2 \tag{5-2}$$

2.2 降低棉条质量不匀率的途径

棉条质量不匀率直接影响成纱长片段不匀,因此要降低棉条的质量不匀率,一方面要控制每眼生产棉条的不匀率即内不匀,又要加强对眼与眼或台与台之间的不匀即外不匀的控制,使生产的棉条总不匀得到控制。为了降低棉条质量不匀率,工厂一般采用如下措施:

(1) 轻重条搭配。各台梳棉机生产的生条有轻有重,并条机各眼喂入的条子应将轻条、重条、轻重适中条子搭配使用,以降低眼与眼之间外不匀率。

(2) 积极式喂入。采用高架式或平台式积极喂入装置,在运转操作时应注意里外排条筒,远近条筒以及满浅条筒的搭配,并尽量减少喂入过程中的意外伸长。现在多数采用积极回转的接力式导条罗拉,并顺着喂入方向由筒中提取条子,无消极拖动和条子转弯现象,减少意外牵伸。

(3) 断头自停。断头自停装置的作用要求灵敏可靠,保证设定的喂入根数,防止漏条,防止喂入条的交叉重叠等不正常现象。FA312新型并条机采用红外光监控,与主电机的电磁制动装置配合,灵敏可靠,条子断头不会因高速被抽进牵伸区。

技能训练

1. 讨论并条机的并合数不超过8根的原因。

课后练习

1. 条子的并合作用是什么?如何提高条子的并合效果?
2. 降低棉条质量不匀率的途径有哪些?

任务5.3 牵伸基本原理分析

工作任务

1. 绘制牵伸装置模型图,通过讨论理解分区、速度、距离等概念。
2. 讨论机械牵伸和实际牵伸的关系,能进行牵伸倍数的计算。
3. 用移距偏差的概念解释牵伸引起须条附加不匀的原因。
4. 讨论摩擦力界的理想分布形态及实现途径。
5. 通过浮游纤维受力分析讨论牵伸区中纤维运动控制的重点。
6. 讨论稳定牵伸力的意义及牵伸力变化的因素、稳定措施。
7. 讨论牵伸倍数对前、后弯钩纤维伸直效果的影响。

知识要点

1. 牵伸的作用、实现牵伸的条件、牵伸倍数及其计算。
2. 牵伸区内纤维运动。
3. 牵伸区内纤维数量分布。

4. 牵伸区内须条摩擦力界及其分布。
5. 引导力和控制力。
6. 牵伸力和握持力。
7. 牵伸区内纤维运动的控制。
8. 纤维的伸直平行作用。

1 牵伸概述

1.1 实现牵伸的条件

在纺纱过程中,将须条抽长拉细的过程称为牵伸。须条的抽长拉细是须条中纤维沿长度方向作相对运动的结果,所以牵伸的实质是纤维沿须条轴向的相对运动,其目的是抽长拉细须条到达规定的线密度。在牵伸过程中由于纤维的相对运动,使纤维得以平行、伸直,在一定条件下,也可以使产品中的纤维束分离为单纤维。

并条机的牵伸机构由罗拉和皮辊组成牵伸钳口。每两对相邻的罗拉组成一个牵伸区,在每个牵伸区内实现牵伸的条件是:

(1) 每对罗拉组成一个有一定握持力的握持钳口。
(2) 两个钳口之间要有一定的握持距,这个距离稍大于纤维的品质长度,以利于牵伸的顺利进行,并可以避免损伤纤维。
(3) 两对罗拉钳口之间应有速度差,即前一对罗拉的线速度应大于后一对罗拉的线速度。

1.2 机械牵伸与实际牵伸

须条被抽长拉细的倍数称为牵伸倍数。用牵伸倍数可以表示牵伸的程度。图5-3所示为牵伸作用。

设备对罗拉之间不产生滑移,则牵伸倍数 E 可以用下式表示:

$$E=\frac{V_1}{V_2} \quad (5-3)$$

式中:V_1 为前罗拉输出速度;V_2 为后罗拉喂入速度。

假设在牵伸过程中无纤维散失,则单位时间内自牵伸区输出的产品质量与喂入的产品质量应相等,即:

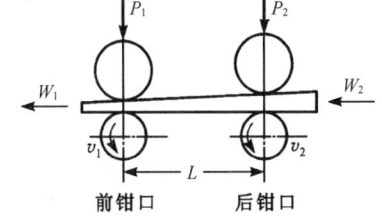

$$V_1 \times W_1 = V_2 \times W_2, \quad E=\frac{V_1}{V_2}=\frac{W_2}{W_1} \quad (5-4)$$

式中:W_1 为输出产品单位长度的质量;W_2 为喂入产品单位长度的质量。

实际上,牵伸过程中有落棉产生,皮辊也有滑溜现象,前者使牵伸倍数增大,后者使牵伸倍数减小,因而,不考虑落棉与皮辊滑溜的影响,用输出、喂入罗拉线速度求得的牵伸倍数,称为机械牵伸倍数或计算牵伸倍数;考虑了上述因素求得的牵伸倍数,称为实际牵伸倍数。

实际牵伸倍数可以用牵伸前后须条的线密度或定量之比求得：

$$E' = \frac{T_{t2}}{T_{t1}} = \frac{W'_2}{W'_1} \tag{5-5}$$

式中：E' 为实际牵伸倍数；W'_1 为输出产品的定量；W'_2 为喂入产品的定量；T_{t1} 为输出产品的线密度；T_{t2} 为喂入产品的线密度。

实际牵伸倍数与机械牵伸倍数之比称为牵伸效率 η，即：

$$\eta = \frac{E'}{E} \times 100\% \tag{5-6}$$

在纺纱过程中，牵伸效率常小于1，为了补偿牵伸效率，生产中常使用的一个经验数值是牵伸配合率，它相当于牵伸倍数的倒数 $1/\eta$。为了控制纺出纱条的定量，降低质量不匀率，生产上根据同类机台、同类产品长期实践积累，找出牵伸效率变化规律，然后在工艺设计中，预先考虑牵伸配合率，由实际牵伸与牵伸配合率算出机械牵伸，从而确定牵伸变换齿轮，即能纺出符合规定的须条。

1.3 总牵伸倍数与部分牵伸倍数

一个牵伸装置，常由几对牵伸罗拉组成，从最后一对喂入罗拉至最前一对输出罗拉间的牵伸倍数称为总牵伸倍数；其相邻两对罗拉间的牵伸倍数称为部分牵伸倍数。

设由四对牵伸罗拉组成三个牵伸区，罗拉线速度自后向前逐渐加快，即 $V_1 > V_2 > V_3 > V_4$，各部分牵伸倍数分别是：$E_1 = v_1/v_2$；$E_2 = v_2/v_3$；$E_3 = v_3/v_4$。总牵伸倍数：$E = v_1/v_4$。

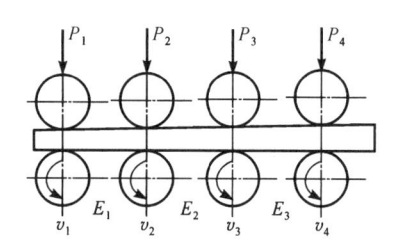

图 5-4 总牵伸与部分牵伸的关系

将三个部分牵伸倍数连乘，则：

$$E_1 \times E_2 \times E_3 = \frac{V_1}{V_2} \times \frac{V_2}{V_3} \times \frac{V_3}{V_4} = E \tag{5-7}$$

即总牵伸倍数等于各部分牵伸倍数的乘积。

2 牵伸区内须条摩擦力界及其分布

纤维在牵伸过程中的运动取决于牵伸过程中作用于纤维的外力。作用在整个须条中各根纤维上的力如果不均匀、不稳定，就会引起纤维变速点分布不稳定。

2.1 摩擦力界的形成与定义

在牵伸区中，纤维与纤维间、纤维与牵伸装置部件之间的摩擦力所作用的空间称为摩擦力界。摩擦力界具有一定的长度、宽度和强度。牵伸区中，纤维之间各个不同位置摩擦力强度不同所形成的一种分布，称为摩擦力界分布。摩擦力界每一点上摩擦力的大小，主要决定于纤维间压应力的大小，所以纤维间压应力的分布曲线，在一定程度上可以近似地代表摩擦力界的分布曲线。如图 5-5 中(a)，表示一对罗拉作用下须条轴线方向摩擦力界分布情况。

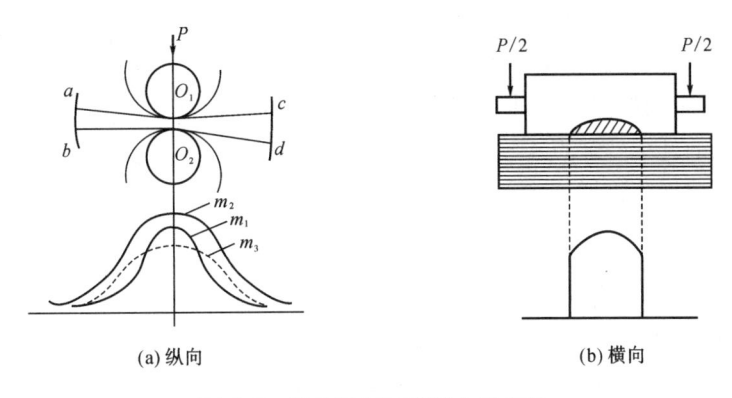

图 5-5　罗拉钳口下摩擦力界分布

(a) 纵向　　(b) 横向

由于上罗拉垂直压力 P 的作用，须条被上下罗拉握持，因而使纤维间产生压应力。这个应力的分布区域不仅作用在通过上下罗拉轴线的垂直平面上，而且还扩展到这个平面两侧的空间，在上下罗拉轴线的垂直平面 O_1O_2 上压应力最大，纤维接触最紧密，纤维间产生的摩擦力强度也最大，摩擦力界分布曲线在这个位置是峰值。在 O_1O_2 两侧，压应力逐渐减小，摩擦力强度也逐渐减小，形成一种中间高两端低的分布。

2.2　影响摩擦力界的因素

当皮辊加压、罗拉直径、棉条的定量变化时，其摩擦力界分布也会变化，其规律如下：

（1）皮辊加压。皮辊的压力增加，钳口内的纤维丛被压得更紧，摩擦力界长度扩展，且摩擦力界强度分布得峰值也增大（曲线 m_2）。

（2）罗拉直径。罗拉直径增大时，摩擦力界纵向长度扩展，但摩擦力界峰值减小。这是因为同样的压力分配在较大的面积上（曲线 m_3）。

（3）棉条定量。棉条定量增加，而其他条件不变，则加压后须条的宽度与厚度均有所增加，加大了与皮辊和罗拉的接触面积，摩擦力界分布曲线的峰值降低，长度扩展，与 m_3 形态相似。

（4）纤维的表面性能、抗弯刚度及纤维的长度、细度等。这些因素都会影响远离钳口过程中摩擦力界分布扩展的态势。

（5）罗拉隔距。隔距小时，其中部的摩擦力界强度较大；隔距大时，其中部的摩擦力界强度较小。

图 5-5 中(b)所示是沿须条横截面方向的罗拉钳口下的摩擦力界分布，这个方向的分布简称横向分布。当皮辊加压后，由于皮辊富有弹性和变形，须条完全被包围，中部的须条压缩得紧密，摩擦力界强度最大，两侧的须条，由于皮辊的变形，也受到较大的压力，所以，横向摩擦力界的分布比较均匀。

牵伸过程中，对纤维运动的控制是否完善，与摩擦力界的纵向分布密切相关，至于横向摩擦力界，只要求做到适当地约束须条，使之不过于向两侧扩散，保持须条横向分布均匀,摩擦力界分布均匀即可。

在一个牵伸区中,两对罗拉各自形成的摩擦力界连贯起来,就组成简单罗拉牵伸区中整个摩擦力界分布,如图5-6所示。可见,中部摩擦力界的强度较低,所保持的只是纤维间的抱合力,因而控制纤维的能力较差,致使较短的纤维变速点不稳定,恶化产品条干。可采用紧隔距、重加压来增强中部摩擦力界。

3 牵伸区内纤维数量的分布

牵伸区中的纤维,可以按其运动速度分:快速纤维与慢速纤维。快速纤维就是以前罗拉速度运动的纤维。慢速纤维就是以后罗拉速度运动的纤维。也可以以纤维的握持状态分为前控制纤维(也称前纤维)、后控制纤维(也称后纤维)与浮游纤维。前纤维是被前罗拉握持的纤维,后纤维是被后罗拉握持的纤维,浮游纤维是没有被前罗拉与后罗拉握持的纤维。

在牵伸区内,由后钳口向前钳口方向,从出现快速纤维开始,须条截面中的纤维数量即开始变化。愈向前,快速纤维越多,须条截面中纤维数量越少,在前钳口,所有纤维均变为快速纤维,结果从后钳口到前钳口的须条截面内的纤维数量由多变少,形成一种分布,如图5-7所示。

钳口间的须条可用切段称重法得到各截面的纤维数量分布曲线 $N(x)$。后钳口内的纤维数量等于喂入须条横截面内平均纤维根数 N_2,前钳口的纤维数量等于输出须条横截面内的平均纤维根数 N_1,且

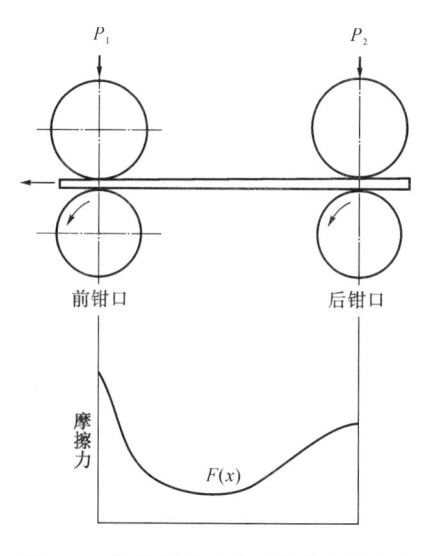

图5-6 简单罗拉牵伸区摩擦力界分布

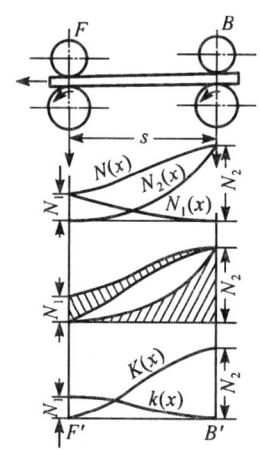

图5-7 简单罗拉牵伸区纤维数量分布

$N_2/N_1=E$。在设法除去牵伸区中的浮游纤维后(用夹持梳理法),即可得到前后钳口握持的纤维(简称前纤维或后纤维);再用切段称重法得到前钳口握持的纤维数量分布曲线 $N_1(x)$ 和后钳口握持的纤维数量分布曲线 $N_2(x)$。

如果以 $N(x)$ 曲线为基准,将快速纤维数量分布曲线 $N_1(x)$ 离底线的垂直距离相应地移至 $N(x)$ 曲线下,这样图乙中的上部和下部阴影部分分别为前纤维和后纤维在牵伸区内的数量分布,介于两者之间的空白部分,表示既不被前钳口握持又不被后钳口握持的那部分纤维即浮游纤维的数量分布。

通常牵伸区内,在罗拉握持可靠的条件下,前纤维为快速纤维,后纤维为慢速纤维,而浮游纤维受其周围快速纤维和慢速纤维影响速度不稳定。一般在后钳口处,由于其周围纤维多为慢速纤维,所以浮游纤维为慢速纤维;在前钳口处,由于其周围多为快速纤维,且越向前快速纤维数量越多,所以,浮游纤维变为快速纤维。按前、后纤维的比例,把浮游纤

维分配成快速纤维和慢速纤维两部分,再和前后纤维相加,得到快速纤维的数量分布 $k(x)$ 和慢速纤维的数量分布 $K(x)$。

4 引导力和控制力

牵伸区内任意一根浮游纤维都被周围的快速纤维和慢速纤维所包围。快速纤维作用于浮游纤维上的摩擦力 f_a 称为引导力。慢速纤维作用于浮游纤维上的力 f_v 称为控制力。控制力使浮游纤维保持慢速,而引导力则使浮游纤维快速前进。一根浮游纤维在牵伸区内所处不同位置时,作用于其上的引导力和控制力也不相同。当引导力大于控制力时,浮游纤维就会变速。

如图5-8所示,牵伸区内任意一根长度为 l_f 的浮游纤维,其头端位于 x_1 位置时,尾端位于 (x_1-l_f) 的位置,它被周围的快速纤维 l_1 和慢速纤维 l_0 所包围。

由于牵伸区内纵向摩擦力界强度分布为 $F_M(x)$,在任一截面 x 上,浮游纤维 l_f 的微小片段 d_x 受到周围纤维的摩擦力总和为 $F_M(x)dx$;由于牵伸区内快慢纤维的数量分布,慢速纤维对浮游纤维 l_f 的接触机率为 $K(x)/[k(x)+K(x)]$,快速纤维对它的接触机率为 $k(x)/[k(x)+K(x)]$。

则快速纤维对浮游纤维的引导力为:

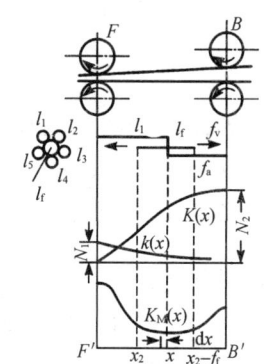

图5-8 引导力与控制力

$$f_a = \int_{x_1-l_f}^{x_1} \frac{k(x)}{k(x)+K(x)} F_M(x) dx \tag{5-8}$$

慢速纤维对浮游纤维的控制力为:

$$f_v = \int_{x_1-l_f}^{x_1} \frac{K(x)}{k(x)+K(x)} F_M(x) dx \tag{5-9}$$

显然,当 $f_a > f_v$ 时,该纤维改为快速运动;当 $f_a < f_v$ 时,该纤维仍保持原来慢速运动。

影响引导力和控制力的主要因素:接触的快、慢速纤维的数量;摩擦力界的强度分布;浮游纤维本身的长度和处在须条中的位置,以及纤维的摩擦性能。

为了使牵伸过程中浮游纤维运动保持稳定,必须使引导力和控制力稳定。

5 牵伸区内的纤维运动

牵伸的基本作用是使须条中纤维与纤维之间产生相对移动,使纤维与纤维头端之间的距离拉大,将纤维分布到较长的片段上。假设两根纤维牵伸之前头端之间距离为 a,牵伸之后纤维头端距离加大使纤维头端距离产生变化,这种变化称为移距变化。

经过牵伸后,产品的长片段不匀有很大的改善,其条干不匀(短片段不匀)却增加了,这说明牵伸对条干均匀度起着不良影响。为此,我们从研究牵伸过程中纤维的运动规律及牵伸前后纤维移距变化着手,掌握牵伸过程中纤维的运动规律,从而控制条干均匀度。

5.1 牵伸后纤维的正常移距

图 5-9 所示是两对罗拉组成的牵伸区。假设 A、B 是牵伸区内两根等长且平行伸直的纤维，牵伸之前 A、B 头端距离为 a_0，假设两根纤维都在同一变速点（前钳口线处）变速。变速之前两根纤维都以后罗拉表面速度 v_1 前进，由于纤维 A 头端在前，到达变速点的时间较早，变速后以前罗拉速度 v_2 前进。纤维 A 变速后，纤维 B 仍以较慢的速度 v_1 前进直到前钳口线。

假设纤维 B 到达前钳口线所需时间为 t，则 $t=a_0/v_1$；在同一时间内纤维 A 所走的距离为 a_1，则：

$$a_1 = v_2 \times t = v_2 \times (a_0/v_1) = (v_2/v_1)a_0 = Ea_0 \quad (5-10)$$

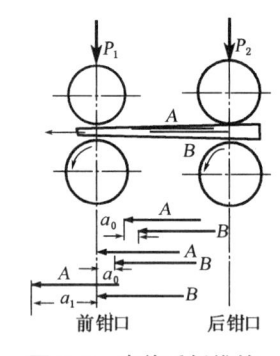

图 5-9 牵伸后纤维的正常移距

即经过牵伸后，两根纤维 A、B 之间的头端距离增大了 E 倍。假若纱条截面内所有纤维在同一变速点变速经过牵伸后，各根纤维头端距离均扩大为原来的 E 倍，这样，牵伸前后纱条条干均匀度没有变化。我们把这种移距变化即 $a_1 = Ea_0$ 称为正常移距。

5.2 移距偏差

通过对纤维进行移距试验，即用两根不同颜色的纤维夹在须条中，牵伸前其头端距离为 a_0，则经过 E 倍牵伸后，在输出的须条中测量这两根纤维的头端距离为 a_1。在反复试验中发现 a_1 有时大于 Ea_0，而有时小于 Ea_0，很少等于 Ea_0，这说明在实际牵伸中纤维头端并不在同一截面变速，使牵伸后须条条干均匀度恶化。

如图 5-10 所示。设纤维 A 在 x_1-x_1 界面变速，而纤维 B 到达 x_2-x_2 界面才变速（即头端在前的纤维先变速，头端在后的纤维后变速），纤维 A 变速后以较快的速度 v_2 运动，而纤维 B 仍以 v_1 运动。

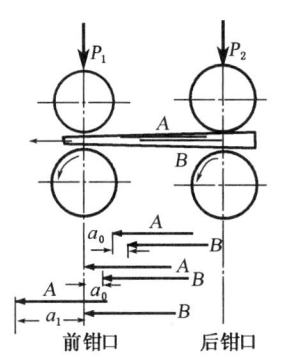

图 5-10 纤维头端在不同界面变速的移距

当纤维 B 到达变速界面 x_2-x_2 时所需时间为 $t=(a_0+x)/v_1$；在同一时间内纤维 A 所走的位移为：

$$a_1 + x = t \times v_2 = [(a_0+x)/v_1] \times v_2 = E(a_0+x)$$

$$a_1 = E(a_0+x) - x = Ea_0 + (E-1)x \quad (5-11)$$

由上式可知，由于前面纤维变速较早，后面纤维变速较晚，牵伸后纤维头端距离较正常移距偏大。

同理，假设纤维 A 在 x_2-x_2 界面上变速，而纤维 B 在 x_1-x_1 界面上变速，即头端在前的纤维变速点在后，头端在后的纤维变速点在前，且 $a_0 > x$，则当纤维 A 在 x_2-x_2 界面上变速后，纤维 B 尚须以速度 v_1 移动一段距离 (a_0-x) 才到达 x_1-x_1 界面而变速，所需时间为：

$$t = (a_0 - x)/v_1$$

在同一时间内,纤维 A 移动的距离为 $a_1 - x$,则:

$$a_1 - x = v_2 t = v_2(a_0 - x)/v_1 = E(a_0 - x)$$

$$a_1 = E(a_0 - x) + x = Ea_0 - (E-1)x \tag{5-12}$$

上式说明由于前面纤维变速较晚,后面纤维提前变速,牵伸后纤维的移距较正常移距为小。

综合上述两种情况,两根纤维在不同截面上变速后,头端的移距为:

$$a_1 = Ea_0 \pm (E-1)x \tag{5-13}$$

式(5-13)中 Ea_0 为须条经 E 倍牵伸后纤维头端的正常移距,$(E-1)x$ 为牵伸过程中纤维头端在不同界面上变速而引起的移距偏差。由此可见,在实际牵伸过程中,正是由于纤维头端不在同一位置变速,而引起的移距偏差,使须条经牵伸后产生附加不匀。在牵伸区内,若棉条的某一截面上有较多的纤维变速较早,使纤维头端距离较正常移距为小,便产生粗节,在粗节后面紧跟着的就是细节;反之,若有较多的纤维变速较晚,便产生细节,在细节之后紧跟着的就是粗节。从移距偏差 $(E-1)x$ 可知,当纤维变速位置越分散(x 值越大),牵伸倍数 E 越大时,则移距偏差越大,条干越不均匀。因此,在牵伸过程中,使纤维变速位置尽可能向前钳口集中,即 $x \to 0$,是改善条干均匀度、提高牵伸能力的重要条件。

5.3 纤维变速点的分布

为研究牵伸过程中纤维的变速界面,可采用以下试验方法进行测试:

如图 5-11 所示,在牵伸装置内放入试验用的棉条,在开车前将数根染有不同颜色的纤维头端,按等距离依次夹在棉条内,并在棉条上做记号"O"(扎结一根色纱),量出记号 O 和最末一根染色纤维的头端距离 b_i,如图(a);然后开车,使染色纤维进入牵伸区,当最后一根染色纤维到达变速界面前,该纤维仍以后罗拉速度运动,其头端到记号 O 的距离 b_i 不变,如图(b),直到这根纤维从前罗拉输出,而记号 O 尚未进入牵伸区立即停车,如图(c)。测量记号 O 至前钳口线的距离 s,前钳口线至染色纤维头端距离 c_i,即可计算出纤维头端变速点与前钳口线的距离 x_i。

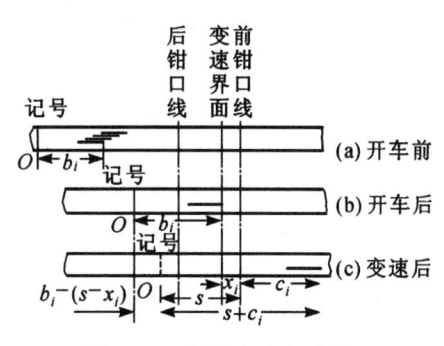

图 5-11 纤维变速点试验

由于纤维在距前钳口线 x_i 处变速,从变速点开始到关车的过程以速度 v_1 走过 $(x_i + c_i)$ 的距离,在此段时间内,记号 O 以速度 v_2 走过的距离为 $b_i - (s - x_i) = b_i + x_i - s$,则:

$$(x_i + c_i)/v_1 = (b_i + x_i - s)/v_2$$

$$x_i = [c_i - E \times (b_i - s)]/(E - 1) \tag{5-14}$$

因此,根据各根染色纤维的 b_i 及 c_i 值,便可算出各根染色纤维的变速点与前钳口线间

的距离 x_i 值。

根据试验,简单罗拉牵伸区内纤维变速点分布如图 5-12 所示,图中纵坐标表示纤维数量。

试验表明:

(1) 在牵伸过程中,纤维头端的变速界面 x_i(变速点至前钳口距离)有大有小,各个变速界面上变速纤维的数量也不相等,因而形成一种分布,即为纤维变速点分布(曲线 1)。

(2) 同样长度的纤维其头端也不在同一位置变速,同样呈现一种分布,长纤维变速点分布较集中且向前钳口靠近(曲线 2);短纤维变速点分布较分散且距前钳口较远(曲线 3)。

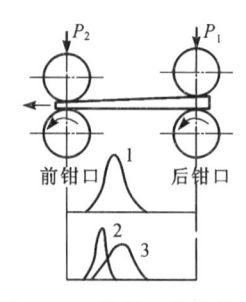

图 5-12 简单罗拉牵伸区内纤维变速点分布

(3) 在牵伸倍数一定的条件下,随着牵伸区隔距的增大,则变速点分布的离散性增加,变速点距前钳口的距离愈远;在隔距相同的条件下,随着牵伸倍数的增加,则变速点分布的离散性越小,且变速点位置靠近前钳口。

(4) 为了获得均匀的产品,应使纤维头端变速点分布尽可能向前钳口处集中且稳定。

实际上纤维变速点分布是不稳定的,即各变速界面变速纤维的数量是变化的。当变速点分布曲线向前钳口偏移,说明有比较多的纤维推迟变速,牵伸后输出的产品必然出现细节;当变速点分布曲线向后偏移,说明比较多的纤维提前变速,牵伸后输出的产品必然出现粗节。因此,变速点分布不稳定,是产品条干恶化的主要原因。在牵伸过程中,使纤维变速点分布集中而稳定,是保证产品条干均匀的必要条件。

6 牵伸力和握持力

牵伸区中,前钳口所握持的须条是由快速纤维组成,后钳口所握持的须条是由慢速纤维所组成。罗拉钳口必须具有足够的握持力来克服所有快速纤维和慢速纤维间的摩擦力,牵伸作用才能顺利进行。

6.1 牵伸力和握持力

(1) 牵伸力。牵伸过程中,以前罗拉速度运动的快速纤维从周围的慢速纤维中抽出时,所受到的摩擦阻力的总和,称为牵伸力。

牵伸力与控制力、引导力是有区别的,牵伸力是指须条在牵伸过程中受到的摩擦阻力,而控制力和引导力是对一根纤维而言的。牵伸力与快、慢速纤维的数量分布及工艺参数有关。

由于任意一根纤维受到周围的慢速纤维的摩擦阻力称为控制力,故牵伸力 T 可以从控制力的概念由式(5-9)导出:

$$T = \int_{S-l_m}^{S} F_M(x) \frac{K(x)}{k(x)+K(x)} k(x) dx \tag{5-15}$$

式中:l_m 为纤维最大长度;S 为前后钳口间的距离。

(2) 握持力。在罗拉牵伸中,为使牵伸顺利进行,罗拉钳口对须条要有足够的握持力,以克服须条牵伸时的牵伸力。

罗拉握持力是指罗拉钳口对须条的摩擦力，其大小取决于钳口对须条的压力及上下罗拉与须条间摩擦系数。如果罗拉握持力不足以克服须条上的牵伸力，须条就不能正确地按罗拉表面速度运动，而在罗拉钳口下方打滑，造成牵伸效率低、输出须条不匀，甚至出现"硬头"等不良后果。

如图 5-13 所示，在前钳口，前罗拉作用于须条的摩擦力 F_1 与须条的运动方向相同，皮辊对须条的摩擦力 f_1 与须条的运动方向相反，而牵伸力 T 是快速纤维受到慢速纤维的摩擦力的总和，故 T 与须条的运动方向相反。因而正常牵伸时，为了防止须条在钳口下打滑，前钳口握持须条的条件是：

$$F_1 - f_1 \geqslant T \qquad (5\text{-}16)$$

图 5-13 须条在两对简单罗拉构成的牵伸钳口下的受力分析

后钳口握持的须条，在牵伸力 T 的作用下，有向前滑动的趋势，故 T 与须条的运动方向相同，而后罗拉作用于须条的摩擦力 F_2 及后皮辊作用于须条的摩擦力 f_2 都与须条的运动方向相反。因而，正常牵伸时，后钳口握持须条的条件是：

$$F_2 + f_2 \geqslant T \qquad (5\text{-}17)$$

由以上分析可知，前后钳口的实际握持力分别为 $(F_1 - f_1)$ 及 $(F_2 + f_2)$。因此欲使前后钳口同样达到与牵伸力相适应的握持力，则 $F_1 > F_2$，故前皮辊上的压力 P_1 应大于后皮辊上的压力 P_2。

6.2 影响握持力和牵伸力的因素

(1) 影响握持力的因素。握持力的大小决定于上下罗拉与须条的摩擦系数及罗拉上的加压。因此，影响握持力的因素，除罗拉加压外，主要有皮辊的硬度，罗拉表面沟槽的形态及槽数，同时由于皮辊磨损中凹，皮辊芯子缺油而回转不灵活，罗拉沟槽棱角磨光等，对握持力亦有很大影响。牵伸装置对各对罗拉上所加压力的大小是通过实验确定的。一般应使钳口的握持力比最大牵伸力大 2~3 倍。

(2) 影响牵伸力的因素。影响牵伸力的因素很多，主要有以下几个：

① 牵伸倍数。

a. 当喂入棉条的线密度一定时，牵伸倍数与牵伸力的关系如图 5-14 所示。当牵伸倍数等于 1 时，纤维间没有相对滑移，牵伸力为零；此后，随着牵伸倍数的提高，须条呈张紧状态，牵伸力随牵伸倍数的增大而急速增大；在牵伸倍数接近临界值 E_c 时，纤维间开始产生滑动，当牵伸倍数超过 E_c 后，钳口下纤维数量减少，牵伸力下降。实验表明，棉条临界牵伸倍数 $E_c = 1.2 \sim 1.3$。

b. 当输出棉条线密度维持不变，喂入棉条的线密度增大。牵伸倍数增大，此时虽然前纤维数量不变，但由于后纤维数量增

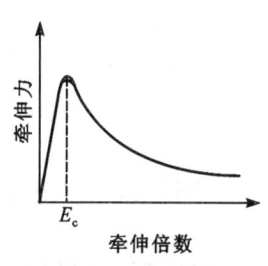

图 5-14 牵伸倍数与牵伸力

加,后钳口摩擦力界向前扩展,因而使每根纤维所受到的阻力增加,牵伸力也随之增加。因此,牵伸力随着喂入棉条线密度增大而增大。

② 罗拉握持距。当罗拉隔距变化时,牵伸力的变化曲线如图 5-15 所示,罗拉隔距增大,牵伸力减小,但到一定程度后隔距再增大时,牵伸力几乎没有变化,因为此时快速纤维的后端受到摩擦力界的影响较小。反之,当罗拉隔距缩小到一定程度后,快速纤维尾端受到后罗拉摩擦力界的影响较大,部分长纤维可能同时受到前后罗拉的控制,牵伸力剧增,使纤维拉断或牵伸不开而出现"硬头"。

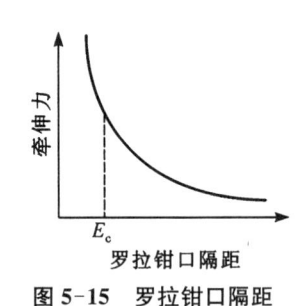

图 5-15 罗拉钳口隔距与牵伸力

③ 皮辊加压。牵伸区中后钳口皮辊压力增大,后摩擦力界强度、范围增大,牵伸力也随之增大。

④ 附加摩擦力界。由于曲线牵伸机构的后摩擦力界扩展,因此,即使后钳口处压力与简单罗拉牵伸相同,牵伸力也较大。如牵伸机构中采用集合器,压力棒等都会使牵伸区内附加摩擦力界增大,牵伸力增大。

⑤ 喂入棉条的厚度和密度。当喂入棉条厚度增大时,摩擦力界分布长度扩展,牵伸力变大。实验证明,当其他条件不变时,两根棉条并列喂入,其牵伸力为单根棉条的两倍;两根棉条上下重叠喂入,牵伸力为单根棉条的 3.2 倍。

⑥ 纤维性质等的影响。纤维长度长、细度细,则同样粗细的须条截面中纤维根数多,且纤维在较大的长度上受到摩擦阻力,所以牵伸力大,同时接触的纤维数量较多,抱合力一般较大,因而牵伸力增加。此外,纤维的平行伸直度愈差,纤维相互交叉纠缠,摩擦力较大,牵伸力增大。

⑦ 温湿度。温湿度与牵伸力密切相关。温度增高时,纤维间摩擦系数小,牵伸力降低。一般情况下,相对湿度增大,纤维摩擦系数增加;但相对湿度在 34%～76% 时,相对湿度增加,牵伸过程中纤维易于平行伸直,牵伸力反而降低。

6.3 对牵伸力和握持力的要求

牵伸力反映了牵伸区中快速纤维与慢速纤维之间的联系力,由于这种联系力的作用,使得须条紧张,并引导慢速纤维在紧张伸直的状态下转变速度。因此,牵伸力应具有一适当的数值,并保持稳定,这是保证牵伸区纤维运动稳定的必要条件。牵伸力不应过大,因为过大就意味着快速纤维与慢速纤维之间联系力非常紧密,易带动慢速纤维提前变速,而使变速点分布离散度增加,恶化须条条干。

同时,如果前罗拉钳口对纤维的握持力小于牵伸力,会引起须条在钳口下打滑,牵伸不开。

握持力必须大于牵伸力,才能使牵伸正常进行,一般握持力应比牵伸力大 2～3 倍。

7 牵伸区内纤维运动的控制

在牵伸过程中,控制纤维的运动,是提高须条均匀度的关键。

牵伸装置对纤维运动的控制是依靠其对须条的摩擦力界合理布置而建立的。

7.1 摩擦力界布置

摩擦力界布置应该使其一方面满足作用于个别纤维上的要求,同时又能满足作用于整个牵伸须条上力的要求。

对于个别纤维而言,适当加强控制力,并减少引导力,可以使纤维变速点向前钳口靠近,并有利于变速点的相对稳定。

对于整个须条而言,牵伸力应具有适当数值,并保持稳定。根据适当加强对浮游纤维的控制力,并减弱其对引导力的要求,在牵伸区纵向,应将后钳口的摩擦力界向前逐渐扩展并逐渐减弱,意味着加强慢速纤维对浮游纤维的控制,同时又能让比例逐渐增加的快速纤维从须条中顺利抽出,而不影响其他纤维的运动。

前钳口摩擦力界在纵向分布状态应高而狭,以便稳定地发挥对浮游纤维的引导作用,这样,可以保证纤维变速点分布向前钳口附近集中且相对稳定。

7.2 附加摩擦力界的应用

根据摩擦力界分布的理论要求,仅有两对罗拉组成的摩擦力界分布是不能满足要求的。在牵伸区域,由于两对罗拉之间有一定的隔距,且隔距主要适应所加工纤维长度的需要,因此由两对罗拉所建立的摩擦力界,其扩展到牵伸区的中部时,强度已经很弱,甚至在牵伸区中部的较长一段距离上,摩擦力界主要依靠纤维之间的抱合力来建立,因此控制力和引导力不稳定,波动较大,在此情况下,浮游纤维的运动将不能得到很好的控制,变速点分布离散度大,且不稳定。因此,需要在牵伸区中装有附加摩擦力界,以加强牵伸区中部摩擦力界,达到既控制浮游纤维运动,又不阻碍快速纤维运动的作用。

目前,常用的附加摩擦力界机构为皮圈、轻质辊、压力棒、曲线牵伸等形式来增加中部摩擦力界,改善对纤维运动的控制。

8 纤维的伸直平行作用

通过牵伸可以提高须条中纤维的平行伸直度,改善须条中纤维的弯钩状态,提高成纱质量。

8.1 平行伸直的概念

一根纤维在空间的真实长度(或称原始长度)为 ab,如图 5-16 所示,向任意平面 $x-x'$ 的最大投影长度为 cd,则纤维的伸直度 ξ 及平行度 p 分别如下:

$$\xi = (cd/ab) \times 100\% \quad (5-18)$$

$$p = \cos\theta = (cd/a'b') \times 100\% \quad (5-19)$$

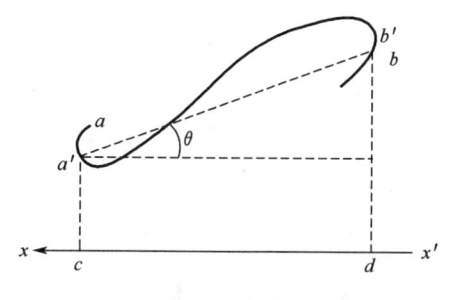

图 5-16 单纤维平行度与伸直度

牵伸过程中纤维的伸直过程,就是纤维自身

各部分间发生相对运动的过程。在须条中纤维的形态一般分为三类。即无弯钩的卷曲纤维，前弯钩纤维和后弯钩纤维。无弯钩的卷曲纤维，纤维的伸直过程较为简单，当它的前端与其他部分之间产生相对运动时，纤维即开始伸直。但是有弯钩的纤维，伸直过程较为复杂。通常将有弯钩纤维的较长部分称为"主体"，较短部分称为"弯钩"，位于牵伸前进方向的一端称为前端，另一端称为后端。弯钩与主体相连处称为弯曲点。弯钩的消除过程，即弯钩纤维的伸直过程，应看作是主体与弯钩产生相对运动的过程。主体和弯钩如果以相同速度运动，则不能将弯钩消除。

弯钩纤维能否伸直，必须具备三个条件：弯钩与主体部分必须有相对运动即速度差；伸直延续时间即速度差必须保持一定的时间；作用力即弯钩纤维所受到的引导力和控制力应相适应。

8.2 纤维伸直过程的延续时间

纤维能否伸直以及伸直效果的好坏，在很大程度上取决于伸直过程的延续时间。对于后弯钩纤维，开始伸直的最大可能位置是主体部分的中点越过了快慢速纤维数量相等的 R' 点，如图 5-17 所示。事实上由于主体的长度较长，它的中点还未到达 R' 点时，其头端可能已经进入前钳口线 FF'，由于前钳口的握持力迫使主体部分提前变速，因此延长了弯钩伸直的延续时间，提高了伸直效果；相反，对于前弯钩纤维，开始伸直的位置是弯钩的中点越过了 R' 点，而纤维弯曲点的位置还未到达前钳口，主体部分的中点尚未到达 R' 点。但当前弯钩纤维伸直发生后，由于弯曲点很快进入前钳口，迫使整根纤维作快速运动，使伸直过程提前结束，因此缩短了弯钩伸直的延续时间，降低了伸直效果。

可见，由于前钳口的强制握持作用，使后弯钩纤维伸直延续时间长，前弯钩纤维伸直延续时间短，所以，罗拉牵伸有利于后弯钩纤维的伸直。

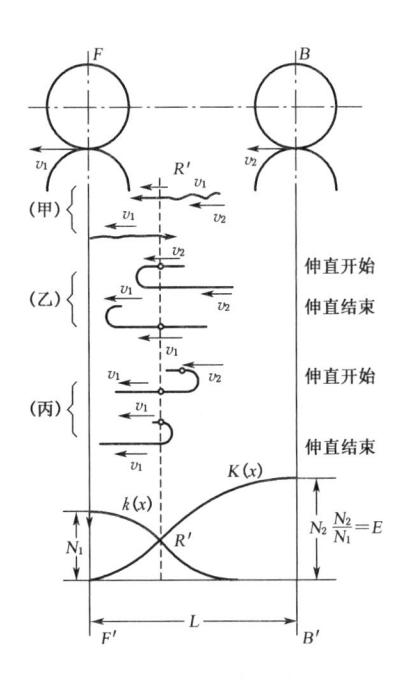

图 5-17 纤维的伸直过程

8.3 影响伸直平行效果的主要因素

实践证明，影响纤维伸直平行效果的主要因素有牵伸倍数及牵伸分配，牵伸形式，罗拉握持距和罗拉加压及工艺道数等。

（1）牵伸倍数及牵伸分配。牵伸倍数对弯钩纤维的伸直效果有直接影响。弯钩纤维的伸直度可以用伸直系数 η 表示：

$$\eta = 主体部分的长度 / 纤维的实际长度$$

经牵伸后，弯钩纤维的"主体"部分长度增大，"弯钩"部分长度减小，伸直系数相应增大。若用 η 表示伸直作用开始前的伸直系数，η' 表示伸直作用结束后的伸直系数，则 $\eta' > \eta$。

各种牵伸倍数下前弯钩纤维的伸直效果，可以用函数图像来表示，如图5-18所示。横坐标表示牵伸倍数，纵坐标表示伸直系数η'，各条曲线表示各种原始伸直系数的纤维在不同牵伸倍数下的伸直效果。图像共分为三个区：第①区表明牵伸倍数较小时，伸直效果随牵伸倍数的增大而提高；第②区表示牵伸倍数增大时，伸直效果先增大后减小，总的伸直效果不明显；第③区表示牵伸倍数更大时，各线段趋于水平，即$\eta'=\eta$，无伸直效果。

各种牵伸倍数下后弯钩纤维的伸直效果，也可以用函数图像表示，如图5-19所示。图中①、②、③三个区域的图像表明各种原始伸直系数的后弯钩纤维，经牵伸后，其伸直系数都随牵伸倍数的增大而提高。即牵伸倍数越大，后弯钩纤维的伸直效果越好。

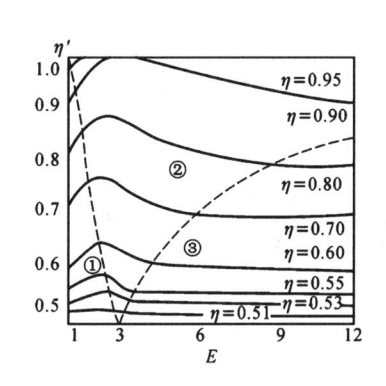

图5-18 前弯钩纤维伸直效果的函数图像　　**图5-19** 后弯钩纤维伸直效果的函数图像

从以上的分析可见，牵伸对伸直后弯钩有利，且牵伸倍数越大，对后弯钩纤维的伸直效果越好；而对于伸直前弯钩，伸直效果仅在牵伸倍数较小$E<3$时，才有一定的伸直作用。

由于梳棉生条中大部分纤维呈后弯钩状态，条子从条筒中引出后每经过一道工序，纤维发生一次倒向，所以使喂入头道并条机的生条中前弯钩纤维居多，喂入二道并条机的半熟条中后弯钩纤维居多。因此，在头道并条的后牵伸区采用较小的牵伸倍数（1.06~2.00），有利于前弯钩伸直；在二道并条的主牵伸区采用较大的牵伸倍数，有利于后弯钩的伸直。并条机道数间的牵伸配置采用头道小二道大，有利于消除后弯钩，可提高纤维的伸直度。

（2）牵伸形式。不同的牵伸形式，其牵伸区具有不同的摩擦力界分布，对须条牵伸能力和弯钩伸直作用不同。曲线牵伸和压力棒牵伸，由于加强了牵伸区后部的摩擦力界，对纤维的控制力加强，且主牵伸区牵伸倍数增大，对纤维伸直作用较好。

（3）工艺道数。由于细纱机是伸直纤维的最后一道工序，且牵伸倍数最大，有利于消除后弯钩，因此为了使喂入细纱机的粗纱中后弯钩纤维为主，在普梳纺纱工艺中，梳棉与细纱之间的工艺道数应符合"奇数原则"，这样有利于弯钩伸直。

技能训练

1. 描述牵伸的基本作用、牵伸区内纤维的运动与数量分布。
2. 分析牵伸区内纤维运动的特点及控制纤维运动的措施。

课后练习

1. 什么是牵伸？实现罗拉牵伸的基本条件是什么？什么是机械牵伸与实际牵伸？两者的关系如何？
2. 什么是牵伸装置的总牵伸和部分牵伸？两者的关系如何？
3. 牵伸区内的纤维如何分类？
4. 什么是牵伸区内须条摩擦力界？如何布置？其有何作用？如何在牵伸区内设置合理的须条摩擦力界？
5. 为何要控制牵伸区内浮游纤维的运动？如何控制？
6. 牵伸过程中纤维伸直平行必须具备的条件是什么？在实际过程中如何满足？
7. 简述奇数原则，说明采用奇数原则的原因。

任务5.4 牵伸机构

工作任务

1. 绘制并条机主要牵伸形式简图（附摩擦力界分布），分析不同牵伸装置的特点。

知识要点

1. 并条机的牵伸形式。

并条机的牵伸形式经历了从连续牵伸和双区牵伸到曲线牵伸的发展过程，其牵伸形式、牵伸区内摩擦力界布置，越来越有利于对纤维的控制。尤其是新型压力棒牵伸，使牵伸过程中纤维变速点分布集中，条干均匀，品质好。

1 三上四下曲线牵伸

三上四下曲线牵伸是在四罗拉双区牵伸形式上发展而来的，如图5-20所示。它用一根大皮辊骑跨在第二、三罗拉上，并将第二罗拉适当抬高，使须条在中区呈屈曲状握持，须条在第二罗拉上形成包围弧，对纤维控制作用较好。但在前区，由于须条对前皮辊表面有一小段包围弧，在后区须条在第三罗拉表面有一段包围弧，称为"反包围弧"，使两个牵伸区前钳口的摩擦力界增强，并向后扩展，虽然加强了前钳口对纤维的控制，但易引起纤维变速点分散后移，影响条干质量。

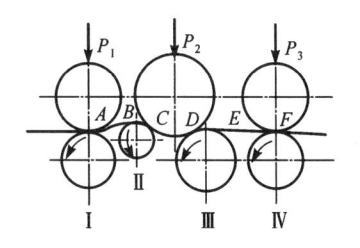

图5-20 三上四下曲线牵伸

2 新型牵伸形式

各种新型并条机其牵伸装置的特点：①在加大输出罗拉直径条件下，通过上下罗拉的不同组合，或采用压力棒等附加摩擦力界装置，以缩小主牵伸区的罗拉握持距，适应较短纤维的加工；②在主牵伸区，须条必须沿上下罗拉公切线方向进入钳口，尽量避免在前罗拉上出现反包围弧，否则会增加前钳口处的摩擦力界并向牵伸区扩展，使纤维提前变速，且变速点分散。

(1) 压力棒曲线牵伸。压力棒牵伸是目前高速并条机上广泛采用的一种牵伸机构，在主牵伸区放置压力棒，增加了牵伸区中部的摩擦力界，有利于纤维变速点向前钳口靠近且集中。根据压力棒与须条的相对位置，压力棒牵伸可分为下压式和上托式两种。

压力棒牵伸装置形式有上压式和下托式两种。

① 下压式压力棒。即压力棒在上须条在下，这种牵伸装置是当前高速并条机上采用最广泛的一种牵伸形式，如图 5-21、图 5-22 所示。在主牵伸区中装有压力棒，它是一根半圆辊或扇形棒。它的弧形边缘与须条接触并迫使须条的通道成为曲线。压力棒的两端，用一个鞍架套在中胶辊的轴承上，使压力棒中胶辊连结为一个整体，并可绕中胶辊的中心摆动。在机器运转时，压力棒被须条的张力托持而有向上抬起的倾向，所以需要加弹簧压力，以限制压力棒的上抬，其方法是在摇臂加压的摇架上加弹簧片，当摇架放下时，弹簧片施压于鞍架肩部，由于力矩作用使压力棒对须条也产生压力。这种下压式压力棒，由于压力棒在上易积花。

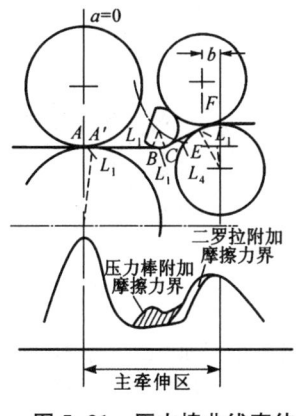

图 5-21 压力棒曲线牵伸　　图 5-22 压力棒安装结构

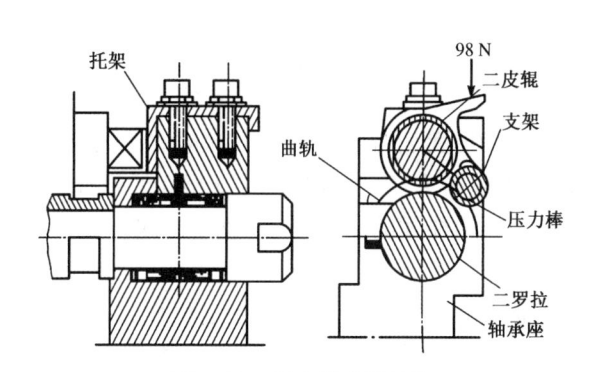

② 上托式压力棒。即压力棒在下须条在上，压力棒向上托起须条程屈曲状，增加对纤维的握持。由于压力棒处于须条下部，解决了压力棒积花现象，结构简单，操作方便。但当棉网高速运动向上的冲力较大时，压力棒对须条的控制作用较差，不适宜高速。图 5-23 (a)所示为上托式压力棒。

压力棒曲线牵伸的特点：

a. 由于压力棒可以调节，所以容易做到使须条沿前罗拉的握持点切向喂入。

b. 压力棒加强了主牵伸区后部摩擦力界，使纤维变速点向前钳口靠近且集中。

c. 对加工不同长度纤维的适应性强,适纺 25～80 mm。

d. 压力棒对须条的法向压力具有自调作用,它相当于一个弹性钳口的作用。当喂入品是粗段时,牵伸力增加,此时压力棒的正压力也正比例增加,加强了压力棒牵伸区后部的摩擦力界,可防止由于牵伸力增大将浮游纤维提前变速。当喂入品是细段时,须条上所受的压力略有降低,从而使压力棒能够稳定牵伸力。

(2) 三上三下、三上三下附导向辊压力棒曲线牵伸。如图 5-23(b)所示。这两种压力棒曲线牵伸的共同特点为均为双区牵伸,第一、第二罗拉间为主牵伸区,第二、第三罗拉间为后牵伸区,第二罗拉上的胶辊既是主牵伸区的控制辊,又是后牵伸区的牵伸辊,中皮辊易打滑。这种牵伸装置适合纺中、粗特纱。

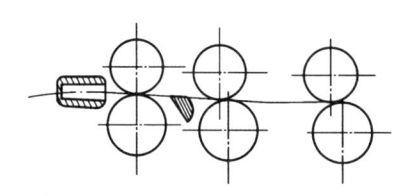

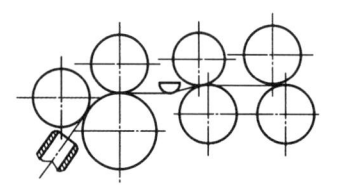

(a) 三上三下压力棒　　(b) 三上三下附导向辊压力棒

图 5-23　三上三下压力棒曲线牵伸

三上三下压力棒曲线牵伸如图 5-23(a)所示,其棉网在离开牵伸区进入集束区时,易受气流干扰,影响输出速度提高。三上三下附导向辊压力棒曲线牵伸如图 5-23(b)所示,其输出棉网在导向辊的作用下,转过一个角度后顺利地进入集束器,克服了三上三下棉网易散失的缺点。FA306 型、FA312 型等并条机采用三上三下压力棒曲线牵伸。

(3) 四上四下附导向辊、压力棒双区曲线牵伸。国产 FA311 型等并条机牵伸形式为四上四下附导向辊、压力棒双区曲线牵伸,如图 5-24 所示。

这种牵伸形式的特点是既有双区牵伸和曲线牵伸的优点,又带有压力棒,是一种新型曲线牵伸。与三上三下压力棒式的新型曲线牵伸结构相比,突出的特点是中区的牵伸倍数设计,为接近于 1 的略有张力的固定牵伸($E=1.018$)。这种设置改善了前区的后胶辊和后区的前胶辊的工作条件,使前区的后胶辊主要起握持作用,后区的前胶辊主要起牵伸作用,改善了牵伸过程中的受力状态。因此,在相同的牵伸系统制造精度条件下,对须条可获得较好的综合握持效果,利于稳定条干质量。另一方面,须条经后区牵伸后,进入牵伸倍数近于 1 的中区,可起稳定作用,给进入更大倍数的前区牵伸做好准备。这种牵伸系统可适纺纤维长度为 20～75 mm,通常情况下,适纺 60 mm 以下纤维。如纺 60～75 mm 纤维时,要拆除第三对罗拉,改为三上三下附导向辊压力棒式连续牵伸。

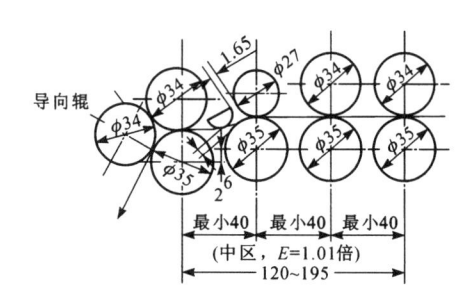

图 5-24　四上四下附导向辊、压力棒双区牵伸

(4) 多皮辊曲线牵伸。皮辊列数多于罗拉列数的曲线牵伸装置叫多皮辊曲线牵伸。这种曲线牵伸既能适应高速有能保证产品质量。

图 5-25 所示为德国青泽 720 并条机上的五上三下曲线牵伸装置，它具有以下特点：

① 结构简单，能满足并条机高速化的要求。该牵伸机构内没有集束区，整个牵伸区仅有三根罗拉，简化了结构和传动系统，罗拉列数少，为扩大各牵伸区的中心距创造了条件，适纺较长纤维。

② 前后牵伸区都是曲线牵伸，利用第二罗拉抬高对须条的曲线包围弧，加强了前牵伸区的后部摩擦力界分布，有利于条干均匀度。

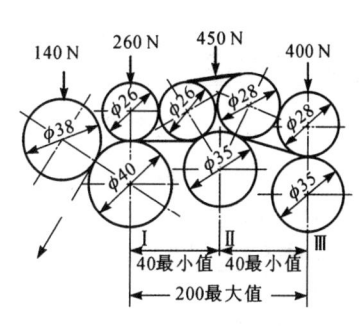

图 5-25 五上三下曲线牵伸装置

③ 由于将第二罗拉的位置抬高，第三罗拉位置降低，使三根罗拉成扇形配置，使须条在前、后两个牵伸区中都能直接沿公切线方向喂入，减小反包围弧到最低限度，对提高产品质量有利。

④ 前皮辊起导向的作用，有利于高速。

⑤ 对加工纤维长度适应性强。因为采用了多列皮辊，并缩短了中间两个皮辊的直径，罗拉钳口间距离缩小，能加工 25 mm 的短纤维。又由于罗拉列数少，可放大第一到第三罗拉间的中心距，故可加工长纤维。

技能训练

1. 绘制新型并条机常用的牵伸形式简图，比较其优缺点。

课后练习

1. 并条机的组成及其作用是什么？各牵伸形式有何特点？
2. 为什么双区牵伸的条干优于连续牵伸？曲线牵伸的条干优于双区牵伸？
3. 适应高速化的牵伸形式应具有哪些特点？说明压力棒曲线牵伸及多皮辊曲线牵伸的优点。
4. 压力棒的截面形状应满足哪些要求？压力棒的截面形状有几种？
5. 压力棒在牵伸区的安装方式有几种？各有何优缺点？

任务 5.5　牵伸工艺配置与工艺设计

工作任务

1. 讨论各道并条的总牵伸倍数的确定原则及原因。
2. 讨论后区牵伸倍数的确定原则及原因。
3. 确定 C28tex 的输入、输出品定量、总牵伸倍数及后区牵伸倍数。
4. 完成并条工艺设计报告。

> 知识要点
>
> 1. 牵伸工艺配置。
> 2. 并条机工艺设计。

1 牵伸工艺配置

并条工序是提高纤维伸直平行度与纱条条干均匀度的关键工序。为了获得质量较好的棉条，必须确定合理的并条机道数，选择优良的牵伸形式及牵伸工艺参数。牵伸工艺参数包括棉条线密度、并合数、总牵伸倍数、牵伸分配、罗拉握持距、皮辊加压、压力棒调节、集合器口径等。

1.1 牵伸倍数及牵伸分配

（1）总牵伸倍数。总牵伸倍数应与并合数及纺纱线密度适应，一般应稍大于或接近于并合数，根据生产经验，总牵伸倍数=(0.9~1.2)×并合数。

（2）牵伸分配。牵伸分配是指当并条机的总牵伸倍数一定时，配置各牵伸区倍数或头、二道并条机的牵伸倍数。决定牵伸分配的主要因素是牵伸形式，还要结合纱条结构状态考虑。

① 各牵伸区的牵伸分配。由于前区为主牵伸区，牵伸区内摩擦力界布置合理，尤其是曲线牵伸和压力棒牵伸，对纤维控制能力较好，纤维变速点稳定集中，所以可以承担大部分牵伸；后区由于为简单罗拉牵伸，且刚进入牵伸区内的须条纤维排列紊乱，所承担的牵伸倍数较小，主要起整理作用，使条子以良好的状态进入前区。

各道并条机前、后牵伸区的牵伸分配也不相同。喂入头道并条机条子中前弯钩居多，过大的牵伸倍数不利于弯钩纤维的伸直，且喂入头道并条机的是梳棉生条，纤维排列紊乱，高倍牵伸会造成移距偏差大，造成条干不匀。所以一般前区牵伸不宜太大，如果采用6根并合，应在3倍左右，后区应在1.7~2.0倍。喂入二道并条机的是半熟条，条子内纤维较为顺直，可选用较大的前区牵伸，以提高总牵伸倍数，降低熟条定量，而且由于喂入二道并条机的条子中的弯钩以后弯钩纤维居多，较大的牵伸倍数有利于消除弯钩。如果采用8根喂入，前区牵伸在7.5倍以上，后区牵伸在1.06~1.1倍。

② 头、二道并条机的牵伸分配。采用二道并条时，头、二道并条机的牵伸分配有两种工艺。一种是倒牵伸，即头道牵伸倍数稍大于并合数，二道牵伸倍数稍小于或等于并合数。这种牵伸形式由于头道并条喂入的生条中纤维紊乱，牵伸力较大，半熟条均匀度差，经过二道并条机时配以较小的牵伸倍数，可以改善条干均匀度。但这种牵伸装置由于喂入头道并条机时前弯钩纤维居多，较大的牵伸倍数不利于前弯钩伸直。第二种工艺是顺牵伸，即头道并条机牵伸倍数小于并合数，二道并条机牵伸倍数稍大于并合数，形成头道小、二道大的牵伸配置。这种配置有利于弯钩纤维的伸直，且牵伸力合理，熟条质量较好。实践证明，第二种牵伸工艺较为合理。

表 5-2 不同工艺的牵伸分配

工艺情况	并合数	头并总牵伸倍数	二并总牵伸倍数	头并后牵伸倍数	二并后牵伸倍数
1	8	8.6	8.00	1.45	1.45
2	8	8.00	8.60	1.74	1.15
3	8	7.00	8.60	1.74	1.07

表 5-3 29.16 tex 普梳纱不同工艺的纺纱实验

工艺情况	细纱条干 CV/%	−50%的细节 /(个·km^{-1})	+50%的粗节 /(个·km^{-1})	细纱单强 CV/%	头并条干 CV/%	二并条干 CV/%	粗纱条干 CV/%
1	14.70	8	113	10.99	3.84	3.54	5.63
2	13.12	3	53	8.95	3.64	3.07	5.29

1.2 罗拉握持距

牵伸装置中相邻罗拉间的距离有中心距,表面距和握持距三种。中心距是相邻两罗拉中心之间的距离;罗拉表面距是相邻两罗拉表面之间的最小距离;握持距是指相邻两对钳口线之间的须条长度。对于直线牵伸,握持距与罗拉中心距相等;对于曲线牵伸,罗拉握持距大于罗拉中心距。

(1) 几种不同牵伸形式的常用握持距。罗拉握持距是纺纱的主要工艺参数,其大小要适应加工纤维的长度并兼顾纤维的整齐度。为了既不损伤纤维长度又能控制绝大部分纤维的运动,并且考虑到胶辊在压力作用下产生变形,使实际钳口变宽,所以,罗拉握持距必须大于纤维的品质长度。但握持距的大小又必须适应各种牵伸区内牵伸力的要求,握持距大,罗拉中间摩擦力界薄弱,牵伸力小。由于牵伸力有差异,各牵伸区的握持距应取不同的数值,一般可由下式表示:

$$S = L_P + P$$

式中:S 为罗拉握持距;L_P 为纤维品质长度;P 为根据牵伸力及罗拉钳口扩展长度确定的长度。

罗拉握持距应全面衡量机械工艺条件和原料性能而定。如果罗拉握持力好,纤维长度短,整齐度好,须条定量轻时,前区握持距可偏小掌握,以利于改善条干均匀度;后区握持距偏大,有利于纤维伸直。各种不同牵伸形式各区握持距推荐 P 的范围见表 5-4。

表 5-4 不同牵伸形式各区握持距 P 值范围

牵伸形式	三上三下附导向辊压力棒曲线牵伸	四上四下附导向辊压力棒曲线牵伸	三上四下曲线牵伸
前区握持距 S_1	$L+(5\sim10)$	$L_P+(4\sim8)$	$L_P+(3\sim5)$
中区握持距 S_2		$L_P+(3\sim5)$	$L_P+(3\sim5)$
后区握持距 S_3	$L_P+(10\sim12)$	$L_P+(9\sim14)$	$L_P+(10\sim15)$

由上表可以看出,压力棒牵伸装置主牵伸区的握持距由于压力棒加强了主牵伸区中部的附加摩擦力界,对浮游纤维控制能力好,所以握持距比三上四下曲线牵伸大。

(2) 压力棒牵伸装置的握持距。由于压力棒牵伸装置的罗拉中心距一般是固定不变的,所以,前区罗拉握持距的大小取决于三个参数(图 5-21),即前胶辊前移或后移值 a,中胶辊前移或后移值 b 及压力棒与中罗拉间的隔距 s(标志压力棒的高低位置)。而罗拉握持距长度是由须条在压力棒和中罗拉表面的接触弧长度 L_3 和 L_5、须条离开压力棒后的自由距离 L_2、须条在前罗拉表面的接触弧长度 L_1 及须条在压力棒与中罗拉之间的长度 L_4 五段长度组成的。上述参数配置需注意:

① 自由长度 L_1+L_2 应小于纤维主体长度,使纤维能得到压力棒的有效控制。

② 须条对压力棒的接触弧长或包围角大小影响压力棒作用的正常发挥。如 FA311 型并条机 b 值为 1~2 mm 时,须条对压力棒的包围弧长为 2.6~2.9 mm,包围角为 23.4°~26°,工艺效果最好,包围弧过长,牵伸力过大,反而使条干恶化。

③ 尽量减小须条在前罗拉上的反包围弧,其长度超过 4 mm 时,条干会恶化。

1.3 罗拉加压

罗拉加压是保证须条顺利牵伸的必要条件,根据近来工艺"紧隔距、重加压",重加压是实现对纤维运动有效控制的主要手段。罗拉加压一般应考虑罗拉速度,纤维种类,棉条定量,牵伸形式等。罗拉速度快,须条定量重,牵伸倍数高时,加压宜重。棉与化纤混纺时,加压较纯棉纺高 20%,加工纯化纤应比纺纯棉高 30%。

国产并条机多采用弹簧摇架加压,不同牵伸形式的加压范围见表 5-5。

表 5-5 不同牵伸形式的加压范围

牵伸形式	皮辊加压(从前至后)
三上四下曲线牵伸	$(120×200×300×200)×2$
三上三下压力棒	$(118×294×314×294)×2$
四上四下压力棒	$(300×300×300×400×400)×2$

2 并条工序的工艺设计

2.1 并条机的道数

主要是考虑到牵伸对伸直后弯钩纤维有利,在普梳纺纱系统的梳棉和细纱之间工艺道数应符合"奇数原则"。如图 5-27 所示。

图 5-27 工艺道数与纤维的弯钩方向

在普梳纺纱系统中多经过头并、二并两道并条。当不同原料采用条子混纺时,为了提高纤维的混合效果,一般采用三道混并。对于精梳混纺产品来说,这样虽然混合效果很好,但由于多根条子反复并合,重复牵伸,使条子附加不匀增大,条子发毛过烂,易于粘连。

2.2 出条速度

随着并条机喂入形式、牵伸形式、传动方式及零件的改进和机器自动化程度的提高,并条机的出条速度提高很快。如1242型并条机的出条速度为30～70 m/min,A272型并条机出条速度为120～250 m/min,FA306型并条机的出条速度为148～600 m/min。FA311型并条机的出条速度可达150～500 m/min。并条机的出条速度与所加工纤维种类相关。由于化纤易起静电,纺化纤时速度高,易引起绕罗拉、皮辊等现象,所以纺化纤时出条速度比纺棉时低10%～20%。对于同类并条机来说,为了保证前、后道并条机的产量供应,头道出条速度略大于二道并条。

2.3 熟条定量

熟条定量是影响牵伸区牵伸力的一个主要因素,主要根据罗拉加压、纺纱线密度、纺纱品种及设备情况确定。一般棉条定量控制在12～25 g/(5 m)。纺细特纱时,熟条定量宜轻,纺粗特纱时,熟条定量宜重。当生条定量过重时,牵伸倍数大,应增大牵伸机构的加压。一般在保证产品供应的情况下,适当减轻熟条定量,有利于改善粗纱条干。

表 5-6 熟条定量范围

细纱线密度/tex	熟条定量/[g·(5 m)$^{-1}$]	细纱线密度/tex	熟条定量/[g·(5 m)$^{-1}$]
9以下	12～17	20～30	17～23
9～19	15～21	32以上	19～25

2.4 前罗拉速度选择

一般纺棉纤维时的速度略高于纺化学纤维的速度,涤预并条的速度略高于涤棉混并条的速度;普梳纱的速度略高于精梳纱的速度;棉预并条的速度略高于精梳后并条或混并条的速度。中特纱、粗特纱的速度略高于细特纱的速度。

技能训练

1. 完成某产品的并条工序的工艺设计。

课后练习

1. 并条工序的道数如何确定?各道并条的总牵伸倍数如何确定?为什么?
2. 并条工序各道的并合数确定有何要求?
3. 并条机后牵伸区牵伸倍数如何确定?各牵伸区的牵伸握持距如何确定?

任务5.6 熟条质量分析与调控

工作任务

1. 分析有缺陷的牵伸元件的确定方法。
2. 讨论牵伸波的成因及控制方法。
3. 根据纺出干重进行定量控制。

知识要点

1. 熟条的定量控制。
2. 质量不匀率及质量偏差。
3. 条干均匀度的控制。

熟条质量的好坏直接影响最后细纱的条干和质量偏差,并最终影响布面质量。所以,控制熟条质量是实现优质的重要环节。工厂对熟条质量的控制主要有条干定量控制、条干均匀度控制及质量不匀率控制。

1 熟条的定量控制

1.1 目的和要求

熟条的定量控制指将纺出熟条的平均干燥质量与设计的标准干燥质量间的差异控制在一定的范围内。全机台纺出的同一品种的平均干重与标准干重间的差异,称为全机台的平均质量差异;一台并条机纺出棉条的平均干重与标准干重之间的差异称为单机台的平均质量差异。前者影响细纱的质量偏差,后者影响细纱的质量不匀率。一般单机台平均干重差异不得超过±1%,全机台平均干重差异不得超过±0.5%。生产实践证明,当单机台的干重差异控制在±1%以内时,既可降低熟条的质量不匀率,又可使全机台的平均干重差异降低到±0.5%左右,从而保证细纱的质量不匀率和质量偏差均在标准范围内。所以对熟条的定量控制主要是对单机台的平均质量差异进行控制。

1.2 纺出定量的调整方法

为了及时控制棉条的纺出干燥质量,生产厂每班对每个品种的熟条测试2~3次,方法是每隔一定的时间在全部眼中各取一试样,试样总数根据具体品种所用台眼数的不同,一般为20~30段,分别称取每段质量(湿重),并随机抽取50 g试验棉条测定棉条回潮率,根据测得的数据计算出各单机台平均干重,并与设计标准干重进行比较,计算出单机台质量差异,看其是否在允许的控制范围之内。若超出允许的控制范围,则进行调整,方法是调冠牙或轻重牙,改变牵伸倍数,使纺出熟条定量在允许范围之内。FA311型并条机轻重

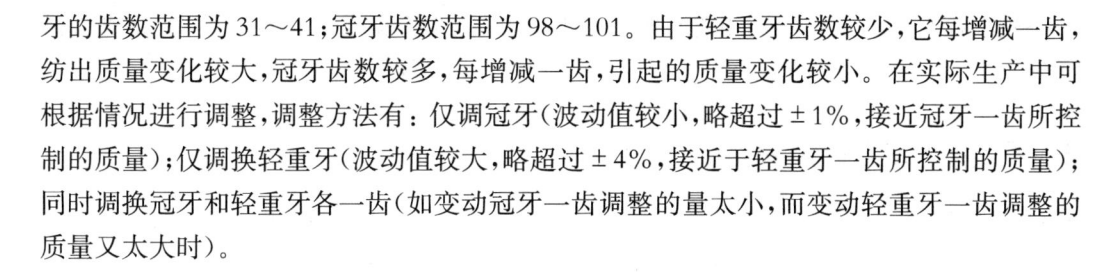

牙的齿数范围为31~41；冠牙齿数范围为98~101。由于轻重牙齿数较少，它每增减一齿，纺出质量变化较大，冠牙齿数较多，每增减一齿，引起的质量变化较小。在实际生产中可根据情况进行调整，调整方法有：仅调冠牙（波动值较小，略超过±1%，接近冠牙一齿所控制的质量）；仅调换轻重牙（波动值较大，略超过±4%，接近于轻重牙一齿所控制的质量）；同时调换冠牙和轻重牙各一齿（如变动冠牙一齿调整的量太小，而变动轻重牙一齿调整的质量又太大时）。

$$冠牙增减一牙所能调整的棉条干重 = \pm \frac{实际纺出干重}{机上使用冠牙数}$$

$$轻重牙增减一牙所能调整的棉条干重 = \pm \frac{实际纺出干重}{机上使用轻重牙数}$$

例如：熟条设计干重为 20 g/(5 m)，某台 FA311 并条机纺出干重为 20.25 g/(5 m)，机上轻重牙为40齿，冠牙为100齿，问是否需要调牙，如何调牙？

首先，求出纺出干重差异值的控制范围是 20 g×(±1%) = ±0.2 g。而纺出实际干重差异为 20.25 - 20.0 = 0.25 g，已超出允许范围，若使轻重牙减一齿，纺出干重变化量为 -20.25/40 = -0.506 g，变化太大；若使冠牙增一齿，纺出干重变化量为 -20.25/100 = -0.202 5 g，调整后纺出干重是 20.25 - 0.202 5 = 20.048 g，纺出实际干重差异为 20.048 - 20 = 0.048 g，在允许的范围之内，所以应将冠牙齿数增一齿为101齿即可。

各机台分别控制棉条的质量差异，对减少全机台棉条的质量偏差，降低棉条的质量不匀率效果明显，但由于各机台的轻重牙和冠牙齿数不同，应加强管理，认真核对，以防出现差错。

1.3 棉条定量的掌握

在实际生产中，对每个品种每批纱（一昼夜的生产量作为一批）都要控制质量偏差。这不仅是因为质量偏差是棉纱质量的一项指标，而且还涉及每件纱的用棉量。质量偏差为正值时，表明生产的棉纱比要求粗，用棉量增多；反之，质量偏差为负值时，每件纱的用棉量虽然较少，但所纺棉纱比要求细，对用户不利。国家标准规定了中、细特纱的质量偏差范围是 ±2.5%，月度累计偏差为 ±0.5% 以内。因此，纺出棉条干重的掌握既要考虑当时纺出细纱质量偏差的情况，又要考虑细纱累计质量偏差情况。如果纺出细纱质量偏差为正值，则棉条的干重应向偏轻掌握；反之，则应偏重掌握。细纱累计偏差为正值时，需要纺些轻纱，并条机的棉条纺出质量应偏轻掌握。

当原料或温湿度有变化时，常常引起粗纱机和细纱机牵伸效率的变化，导致细纱纺出干重的波动。如混合棉成分中纤维长度变长，细度变细或纤维整齐度较好及潮湿季节棉条的回潮率较大时，都会引起牵伸力增大，牵伸效率降低，导致细纱纺出质量偏差。这时，熟条干重宜偏轻掌握，反之宜偏重掌握。

棉条定量控制是保证棉纱质量的重要措施，但如熟条纺出干重波动大，齿轮变换频繁，细纱质量仍有不利影响。因此熟条的干重差异最好稳定在允许范围之内，变换齿轮以少调整为宜。为此，必须控制好棉卷的定量和质量不匀率，统一梳棉机的落棉率，在并条机上执行好轻重条搭配和巡回换筒等工作,以减少熟条纺出干重的波动,提高细纱质量。

2　质量不匀率及质量偏差

2.1　试验周期

预并、头并条子,每月每台至少两次;末并条子,每班每台每眼三次。每眼取 5 m,各个品种每次不少于 20 段。各次试验中,至少有一次应计算质量不匀率。

2.2　参考指标

末并条子质量不匀率:纯棉普梳＜1%;纯棉精梳＜0.8%;化学纤维混纺＜1%。

2.3　质量不匀率和质量偏差的控制

并条机的作用除使纤维伸直平行、均匀混合外,主要依靠并合原理,降低条子的质量偏差和质量不匀率。如果熟条的质量偏差和质量不匀率太高,在粗纱和细纱工序几乎无法得到改善。因此,要降低成纱的质量不匀率和质量偏差,必须严格控制熟条的质量偏差和质量不匀率。

为了降低熟条的质量不匀与质量偏差,除要求前工序有较好的半制品供应以及本工序的合理工艺配置和良好的机械状态外,还应切实做好以下两方面的工作。

(1) 轻重条搭配(详见第二节降低条子质量不匀率的措施)。

(2) 控制熟条质量偏差:条子的定量控制和调整范围有两种,一种是单机台各眼条子定量的控制。单机台的定量控制能及时消除并条机各台间纺出条子质量的差异,既有利于降低条子和细纱的质量不匀率,又有利于降低细纱的质量偏差。另一种是同一品种全部机台条子定量的控制。全机台的定量控制是为了控制细纱的质量偏差,使细纱在少调或不调牵伸齿轮的情况下,纺出纱的线密度符合国家规定的标准。条子的质量控制范围,可根据细纱质量偏差的允许波动范围 ±2.5% 作为参考。生产实践证明,如果单机台条子干重的差异百分率控制在 ±1% 左右,则全机台条子干重(即各单机台条子的平均干重)的差异百分率就有把握稳定在国家规定的范围之内。细特纱应更严,控制范围可根据实际情况确定。

3　条干均匀度的控制

条干均匀度是表示棉条粗细均匀程度的指标。棉条的条干均匀度不仅对粗纱条干均匀度、细纱条干均匀度、细纱断头等都有直接影响,而且还影响到布面质量,因此它是并条机质量控制的重要项目之一。

条干不匀率是指纱条粗细不匀的程度,不匀率越小,纱条越均匀。习惯上常用条干不匀率大小来定量地表示纱条的不匀程度。纱条的不匀分为规律性条干不匀和不规律性条干不匀。

条干不匀包括有规律性和无规律性的条干不匀两类。有规律性的条干不匀是指由于

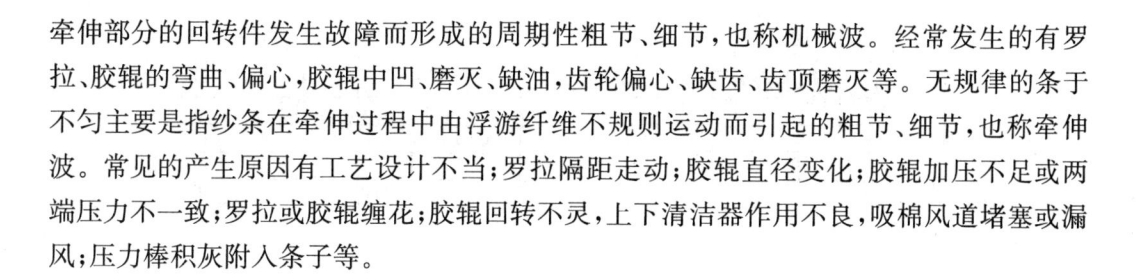

牵伸部分的回转件发生故障而形成的周期性粗节、细节,也称机械波。经常发生的有罗拉、胶辊的弯曲、偏心,胶辊中凹、磨灭、缺油,齿轮偏心、缺齿、齿顶磨灭等。无规律的条干不匀主要是指纱条在牵伸过程中由浮游纤维不规则运动而引起的粗节、细节,也称牵伸波。常见的产生原因有工艺设计不当;罗拉隔距走动;胶辊直径变化;胶辊加压不足或两端压力不一致;罗拉或胶辊缠花;胶辊回转不灵,上下清洁器作用不良,吸棉风道堵塞或漏风;压力棒积灰附入条子等。

3.1 规律性条干不匀的控制

(1) 利用条干曲线分析规律性不匀的原因。

利用萨氏(国产 Y311 型条干均匀度仪)条干不匀曲线的波形,可以判断产生条子条干不匀的原因和发生不匀的机件部位。该仪器通过上下有凹凸槽的一对导轮压紧条子,连续测定条子受压后的截面(厚度),来反映试样的短片段均匀。由于回转部件的机械性疵病形成的条子周期性条干不匀具有固定的波长,因此,可以在了解并条机传动图、各列罗拉、胶辊直径、牵伸倍数等工艺参数的情况下,假定某一部件有疵病而计算出该部件疵病形成的周期波的波长,对照条干曲线的周期波波长而得到验证,推断出机械性疵病发生的部位。

① 罗拉、皮辊造成的规律性不匀。由罗拉、皮辊造成不匀的波长等于某机件的圆周长度,再经前方各牵伸区牵伸后逐次放大,所以棉条不匀的实际波长 λ 可用下式计算:

$$\lambda = 造成不匀的牵伸机件的圆周长度 \times 前方各牵伸区的牵伸倍数$$

例如,某并条机的前罗拉直径为 28 mm,前罗拉至集束罗拉间的张力牵伸倍数为 1.014,集束罗拉至压辊间的张力牵伸倍数为 1.013,由前罗拉轴承磨灭引起罗拉握持点前后摆动所造成的条干不匀如图 5-28 所示,则前罗拉造成的规律性不匀的实际波长为:

$$\lambda = 28 \times \pi \times 1.014 \times 1.013 = 90.36 \text{ mm}$$

在 Y311 型条干均匀度仪上,棉条与记录纸的速度是 12∶1,即棉条每走 12 mm,记录纸相应走 1 mm,所以记录纸上不匀曲线的波长等于棉条上不匀的波长乘以 1/12。因此前罗拉造成的不匀在记录纸上的波长相当于 $90.36 \times 1/12 = 7.53$ mm。记录纸一大格中出现约 10 个规律性不匀的曲线时,说明问题发生在前罗拉上,如图 5-28(a)所示。

同理可以分析出记录纸大格中的曲线上,如果出现 7 个规律性高峰,问题发生在集束罗拉或前皮辊上,如图 5-28 中(b)所示;如果出现 2.5~3 个规律性高峰,问题发生在第二罗拉上,如图 5-28(c)所示;如果出现 1.5 个规律性高峰,问题发生在第三罗拉上;如果出现 1 个规律性高峰,问题发生在后罗拉或在中、后皮辊上,如图 5-28 中(d)所示。其他部位造成的规律性不匀,可以此类推。

② 牵伸齿轮造成的规律性条干不匀。由于牵伸传动齿轮本身有毛病(如齿轮缺齿、磨损、齿轮啮合不良、键销松动等)产生的规律性条干不匀,其波长可用下式计算:

$$\lambda = 该齿轮至其传动罗拉的传动比 \times 该罗拉造成的规律性条干不匀的实际波长$$

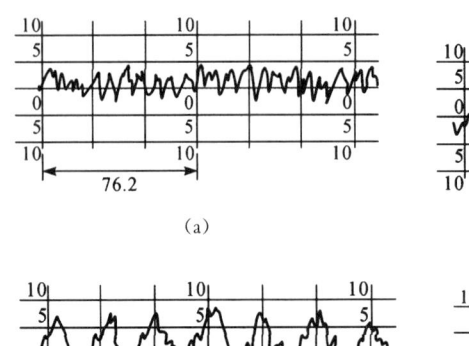

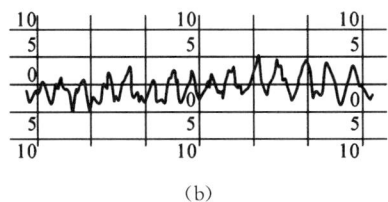

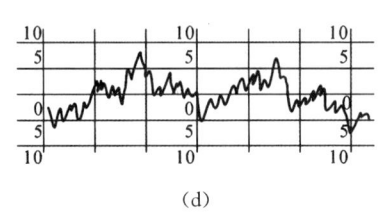

图 5-28 各种规律性不匀曲线

例如:某并条机后罗拉头的 35^T 齿轮磨损造成的规律性条干不匀的曲线如图 5-29 所示。设给棉罗拉到压辊间的牵伸倍数为 8.071,则按传动图可算出不匀的波长。

$$\lambda = 35/41 \times \pi \times 40 \times 8.071$$
$$= 0.8537 \times 1013.7$$
$$= 865.38 \text{ mm}$$

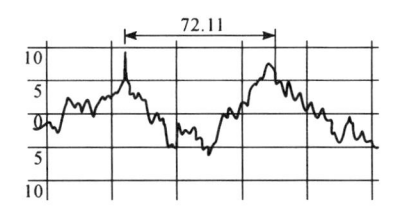

图 5-29 后罗拉头 35^T 齿轮磨损后的棉条条干曲线

折算条干曲线纸上的波长 = 865.38/12 = 72.11 mm

(2) 利用波普图分析条干不匀率及其原因。

波谱图又称条干周期性变异图,横坐标表示波长(用波长的对数表示),纵坐标表示周期变异振幅。图 5-30 所示为纱条不匀的波谱图,它由四种不匀成分组成。其中 A 为理想纱条的理论波谱图,根据纤维的主体及长度分布,理想波谱图的最高峰值出现在纤维平均长度为 2.7～2.8 倍处;B 为由于纤维、机械、工艺等不理想所形成的正常波谱图;C 为由于牵伸工艺不良造成牵伸波的图形;D 为由于机械不良形成的规律性不匀图形。用波谱图分析棉条不匀率,简捷方便。将波谱图的实际波形与理想波谱图或正常波谱图相比较,就能分析出产生不匀的种类,然后按照工艺参数推断出不匀产生的主要原因及机件部位。

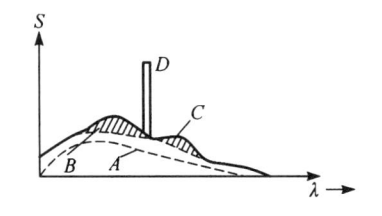

图 5-30 纱条的波谱图

对于牵伸罗拉或传动齿轮不正常所形成的周期性不匀,可根据波谱图上出现的凸条(俗称烟囱)所对应的波长和输出速度,来推算产生这种周期性不匀的机件的位置。通常有两种方法,一是波长计算,二是测速法。

① 波长计算法。与萨氏条干曲线波长的计算方法相同。

某并条机输出棉条的波谱图如图 5-31 所示。若在波长 9.02 cm 处出现一特大烟囱可得：

$$d = \lambda/\pi E$$

已知 $\lambda = 9.02$ cm $= 90.2$ mm，$E = 1.013 \times 1.014 = 1.026$ 倍，则：

$$d = 90.2/3.14 \times 1.026 = 27.98 \approx 28 \text{ mm}$$

由此可以确定这一周期性不匀发生在前罗拉（28 mm）处，可能是前罗拉偏心、齿轮磨损、罗拉弯曲、传动齿轮缺陷、齿轮啮合太紧等原因造成的。

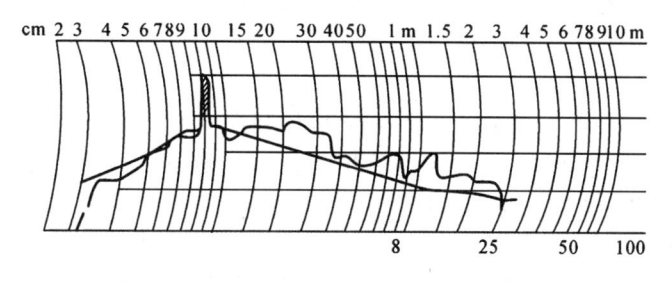

图 5-31　棉条规律性不匀的波谱图

② 测速法。测速法是判断周期性不匀产生原因的最简捷的方法。利用测速仪测出机台输出线速度 v 后，棉条周期性不匀的波长 λ 即可直接在波谱图上读出，若有弊病机件的转速为 n，则可按下式求出产生周期性不匀的机件的转速 n。

$$n = v/\lambda$$

例如，若某型并条机的波谱图上，在波长为 63 cm 处出现一烟囱，同时测得压辊输出速度为 250 m/min，则有弊病机件的转速为：

$$n = v/\lambda = 250 \times 100/63 = 396 \text{ r/min}$$

该转速等于中罗拉的转速，因此可以确定这一周期性不匀是由于中罗拉弯曲所造成的。这个方法同样适于判断传动齿轮的缺陷。

在两眼并条机上，如果两眼纺出的棉条不匀规律性相同，则故障应从传动部分去找，可能是罗拉头齿轮键松动、偏心、缺齿或罗拉头轴颈磨损、轴承损坏等原因造成。如果仅一眼有规律性波形，则可能是该眼的罗拉沟槽部分弯曲、偏心或沟槽表面局部有损伤凹陷，以及皮辊偏心、弯曲、表面局部损伤凹陷或皮辊轴承磨损、轴承损坏等原因造成。

当发现有规律性不匀的棉条时，可用上述方法找出原因，并及时排除故障。平时应加强机器的维护保管，按正常周期保全、保养，对不正常的机件及时维修或调换，以预防规律性不匀棉条的出现。

3.2　不规律性条干不匀的控制

不规律性条干不匀是由于纱条在牵伸过程中由于浮游纤维不规则运动而引起的粗节、细节，也称牵伸波。引起不规律性条干不匀的主要原因有以下几个方面：

（1）工艺设计不合理。如果罗拉隔距过大或过小、皮辊压力偏轻、后区牵伸倍数过大或过小，都可能造成条干不匀。因此，要加强工艺管理，使工艺设计合理化，每次改变工艺设计,应先在少量机台上做实验,当棉条均匀度正常时,再全面推广。

(2) 罗拉隔距走动。这是由于罗拉滑座螺丝松动或因罗拉缠花严重而造成。罗拉隔距走动,改变了对纤维的握持状态,引起纤维变速点的变化,因而出现不规律性条干不匀,所以要定期检查罗拉隔距,保证其正确性。

(3) 皮辊直径变化。由于皮辊在使用的过程中出现磨损,直径减小,使摩擦力界变窄,引起纤维变速点的改变而造成条干不匀,因此要加强皮辊的管理,严格规定各档皮辊的标准直径及允许的公差范围。

(4) 皮辊加压状态失常。如两端压力不一致、弹簧使用日久或加压触头没有压在皮辊套筒的中心,都会引起压力不足,因而不能很好地控制纤维的运动,致使纤维变速不规律,造成条干不匀。

(5) 罗拉或皮辊缠花。若车间温湿度高、罗拉和皮辊表面有油污、皮辊表面毛糙,都容易造成罗拉或皮辊缠花而产生条干不匀的棉条,因此,要加强温湿度管理,不能用油手摸罗拉或皮辊,并加强对皮辊的保养工作。

此外,喂入棉条重叠、棉条跑出后皮辊两端、棉条通道挂花、皮辊中凹、皮辊回转不灵、上下清洁器作用不良及吸棉风道堵塞或漏风引起飞花附入棉条,也都能产生不规律性条干不匀,因此对规律性条干不匀的原因必须仔细查找。平时应加强整顿机械状态,防止这类条干不匀的产生。

技能训练

1. 分析某纱线产品的熟条质量及其调控措施。

课后练习

1. 哪些情况下熟条干重应偏重掌握?哪些情况下熟条干重应偏轻掌握?
2. 规律性条干不匀是怎样产生的?怎样判断产生这类不匀的机件部位?
3. 产生不规律性条干不匀的原因有哪些?平时应做好哪些工作才能减少这类不匀?

任务 5.7　并条工序加工化学纤维的特点

工作任务

1. 确定加工化纤的工艺道数。
2. 分析加工化纤的工艺特点。

知识要点

1. 工艺道数和喂入条子的定量。
2. 工艺特点。
3. 圈条斜管形式。

1　工艺道数和喂入条子的定量

1.1　工艺道数

并条机的工艺道数取决于原料的混合方式纺纯棉、纯化纤及化纤与化纤混纺时由于采用棉包混棉,混合均匀充分,所以并条机多采用两道,以简化工艺,防止条子发毛。当采用棉与化纤如涤纶混纺时,由于原料含杂不同,所以在开清棉分开进行,在并条工序进行混合。由于采用的是条子混合,所以为了混合均匀,防止产生色差,多采用三道并条。

在生产精梳涤棉混纺纱时,涤纶生条先经过一道预并条,再与精梳棉条并合,这样可以降低涤纶生条的质量不匀率和控制生条的定量,使涤纶与棉混合时,保证混纺比正确;而且还可以使化纤条子中纤维的平行度、伸直度能和精梳棉条的情况相适应,在以后的混并机上可以使化纤与棉之间的张力差异减小,有利于混并条子的条干均匀度。但涤纶预并机上纤维易缠罗拉、皮辊,劳动强度高。

从纤维的混合效果看,混并机上条子的径向混合效果较差。近年来国内采用由多层棉网叠合的混合方式复并机,可以采用一道复并,再经过一道混并的工艺过程,代替一预三混并或三道混并的工艺过程。

1.2　喂入条子的定量

一般精梳涤棉混纺的混纺比为干重比(如 65∶35),这个比例必须从混并头道开始,用两种条子的干定量和并合根数搭配进行控制。两种条子的定量不应相差太大,以免罗拉钳口对两种条子的握持力不一致,影响正常牵伸。一般可根据混纺比确定两种条子的混合根数 n_1,n_2,根据纺纱线密度,选择一种条子的干定量 a,然后确定另一种条子的干定量 b。例如两种条子的混纺比为 $w_1∶w_2$,则 $n_1 a∶n_2 b = w_1∶w_2$。

知道了混并条子的干定量及混并机的牵伸倍数、喂入各种条子的根数,则可根据混纺比求出各种条子的干重。

例如,头道混并条子的干重为 20 g/(5 m),牵伸倍数为 6.2,4 根涤条、2 根棉条混合喂入,涤棉干重混纺比为 65∶35。则

$$涤条干重 = 20 \times 6.2 \times 0.65/4 = 20.15 \text{ g}/(5 \text{ m})$$
$$棉条干重 = 20 \times 6.2 \times 0.35/2 = 21.7 \text{ g}/(5 \text{ m})$$

为了提高混合效果,喂入头道混并机上的 6 根条子中,2 根棉条应排在二、五位置。

2　工艺特点

由于化纤具有整齐度好、长度长、卷曲数比棉多、纤维与金属之间摩擦系数较大等特点,所以牵伸过程中牵伸力较大。因此,工艺上采用"重加压、大隔距、通道光洁、防缠防堵"等措施,以保证纤维条质量。

(1) 罗拉握持距。化纤混纺时,确定罗拉握持距应以较大成分的纤维长度为基础,适当考虑混合纤维的加权平均长度;化纤与棉混纺时,主要考虑化纤的长度。罗拉握持距大

于纤维长度的数值应比纺纯棉时适当放大,并要结合罗拉加压大小而定。三上四下曲线牵伸的前区握持距约为 $L+(3\sim6)$ mm,后区握持距约为 $L+(12\sim16)$ mm;三上三下压力棒曲线牵伸的前区握持距约为 $L+(8\sim10)$ mm,后区由于后罗拉加压充分,此握持距变动较小,控制在 $L+(10\sim12)$ mm 内,L 为化纤的公称长度。

(2)皮辊加压。皮辊加压一般应比纺纯棉时增加 20%～30%,这是由于化纤条子的牵伸力较大。如果加压不足,会产生突发性纱疵。

(3)牵伸分配。为了降低化纤条在牵伸中的较大牵伸力、提高半制品质量,可适当加大后区牵伸倍数。当总牵伸倍数为 6 倍时,后区牵伸倍数可在 1.5～1.6。

(4)前张力牵伸。前张力牵伸倍数必须适应纤维的回弹性。在纯涤纶预并机上,由于涤纶纤维回弹性大,纤维经过牵伸后被拉伸变形,走出牵伸区后有回缩现象,故前张力牵伸倍数宜小一些,以防产生意外牵伸,可用 1 倍或稍小于 1 倍。在混并机上,精梳条会因张力牵伸倍数过小而起皱,前张力牵伸倍数应大于 1,一般为 1.03 倍。

与此同时,还需考虑以下因素:

① 定量。混纺条的定量是影响牵伸力的一个主要因素。由于化学纤维混纺牵伸力较大,条子蓬松,所以混纺条的定量与纯棉相比宜偏重掌握,一般控制在 $12\sim21$ g/(5 m)。喂入条子的定量应根据混纺比确定,从头并开始将两种条子以一定的并合数搭配进行混合,故二者的定量不能相差太大,否则罗拉钳口对各根条子的握持力不一致,影响正常牵伸。

② 条子排列。如涤棉混纺,其干重混比为 65:35,头道混并的并合数为 6,其中四根涤条两根棉条。为了提高混合效果,喂入头道混并机上的 6 根条子中,两根棉条应排列在二、五位置上。即按"涤、棉、涤、涤、棉、涤"排列,使两种纤维径向分布不匀程度较小。

③ 出条速度。纺化学纤维时,并条机速度过高容易产生静电,引起缠胶辊和缠罗拉,机后部分也容易产生意外牵伸。因此,纺化学纤维时出条速度比纺纯棉或比化学纤维与棉混纺时稍低。

3 圈条斜管形式

由于化纤与金属间的摩擦系数大、条子蓬松,因此,在化纤纯纺或与棉混纺时,若并条机圈条器采用直线斜管,则条子通过时,摩擦阻力较大,在斜管进出口处容易堵塞。化纤纯纺比化纤混纺易堵、高速比低速易堵。

直线斜管进口容易堵塞,是由于条子从压辊输出后,高速冲向斜管管壁,冲击力 F 在管壁上的垂直分力 $F\sin\alpha$(图 5-32)增加了进口处的摩擦力,斜管倾角 α 越大所增加的摩擦阻力越大。空管生头时,棉条只靠自重下垂,下滑的作用力小,因而更容易堵塞。满筒时,条子与圈条盘底面接触,条子走出斜管时,要转折 90°,条子与斜管出口包围弧增大,使摩擦阻力增大,因而也易堵塞。经过研究分析,发现圈条过程中,条子自直线斜管入口至出口的运动轨迹,是近似螺旋线的空间曲线,条子随直线斜管回转时,总是紧贴斜管的一侧,摩擦阻力大。针对这一点,改进斜管的形状,采用圆锥螺旋线斜管(图 5-33),以期条子上动点自斜管入口至出口的轨迹比较近似于直线,减少了满管时条子对斜管壁的摩擦阻力,并将斜管入口倾角 α 减小为 25°,斜管出口与底盘处的折角为 20°,减少了满管时条子对斜管出口的摩擦阻力。

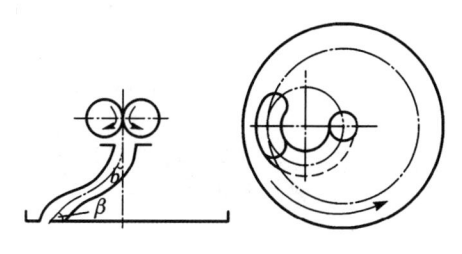

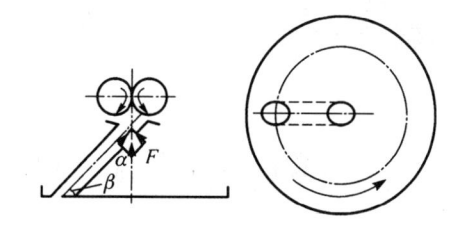

图 5-32　直线斜管　　　　　　图 5-33　螺旋线斜管

此外,减轻条子定量,采用压缩喇叭,使进入斜管的条子细而结构紧密,定期清洁斜管、保持通道光洁,对防止条子堵塞也有一定效果。

技能训练

1. 完成某化纤产品并条加工的工艺设计。

课后练习

1. 加工化纤时并条机牵伸工艺有什么特点？为什么？
2. 化纤与棉混纺时,并条工艺道数怎样选择？为什么？

项目 6

粗纱机工作原理及工艺设计

教学目标

1. 理论知识：

（1）粗纱的任务及工艺过程。

（2）粗纱机的组成、结构及各部分的作用。

（3）粗纱牵伸工艺及其配置原则。

（4）粗纱加捻的目的、方法和机构及粗纱捻系数设计要点。

（5）粗纱假捻的原理、作用及其应用。

（6）粗纱卷绕成形的条件。

（7）粗纱张力及其调整方法。

（8）粗纱传动机构及其工艺计算。

（9）粗纱加工化纤的特点。

2. 实践技能

能进行一般产品设计和工艺参数调整；熟悉质量要求和控制方法；掌握设备调试技能和运转操作技能；具备生产现场管理、生产调度和经营管理能力。

3. 方法能力

培养分析归纳能力；提升总结表达能力；建立知识更新能力。

4. 社会能力

通过课程思政，引导学生树立正确的世界观、人生观和价值观，培养学生的团队协作能力，以及爱岗敬业、吃苦耐劳、精益求精的工匠精神。

项目导入

目前，环锭纺细纱机的牵伸能力还达不到采用纤维条直接成纱的要求，所以在并条工序与细纱工序之间需要粗纱工序来承担纺纱过程中的一部分牵伸任务。因此，可以将粗纱工序理解为细纱纺制的准备工序。

任务6.1 粗纱机工艺流程

工作任务

1. 列表比较几种常用粗纱机的主要技术特征。
2. 绘制粗纱机工艺流程简图,在图上标注主要机件名称及运动状态。

粗纱机(视频)

知识要点

1. 粗纱工序任务、工艺过程。
2. 粗纱质量指标。
3. 纺织设备绘图技巧。

1 粗纱工序的任务

（1）牵伸。将棉条抽长拉细5～12倍,并使纤维进一步伸直平行,改善纤维的伸直平行度与分离度。

（2）加捻。由于粗纱机牵伸后的须条截面内纤维根数少、伸直平行度高,因此粗纱强力较低,需对其施加一定的捻度来提高粗纱强力,同时避免卷绕和退绕时产生意外伸长,并为细纱牵伸做准备。

（3）卷绕与成形。将加捻后的粗纱卷绕在筒管上,制成一定形状和大小的卷装,便于储存和搬运,适应细纱机的喂入。

2 粗纱机的工艺过程

如图6-1所示,熟条2从机后的条筒1内引出,由导条辊3积极输送。导条辊上的

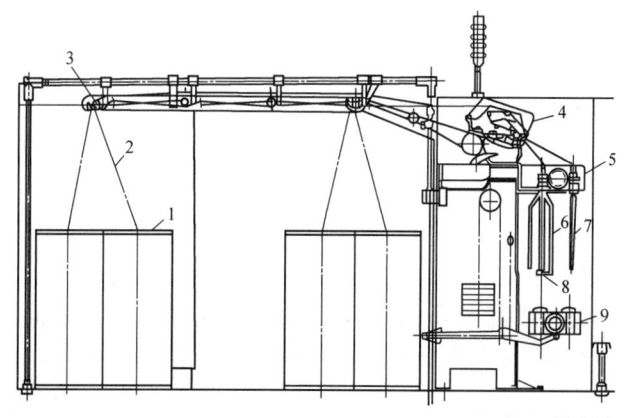

1—条桶　2—熟条　3—导条辊　4—牵伸装置　5—固定龙筋　6—锭翼　7—锭子　8—压掌　9—运动龙筋

图6-1　粗纱机工艺过程

分条器将每根棉条隔开,经导条喇叭,喂入牵伸装置 4。熟条经牵伸后,由前罗拉钳口输出,导入锭翼 6 的顶孔,再经空心臂、压掌 8 被卷绕在筒管上。锭翼 6 随锭子 7 一起回转,锭子一转,锭翼给纱条加上一个捻回,使须条获得捻度而形成粗纱。为了将粗纱有规律地卷绕在筒管上,筒管一方面以大于锭翼的转速回转,另一方面又随运动龙筋 9 做升降运动,最终将粗纱以螺旋线状绕在筒管表面上。随着筒管卷绕半径逐渐增大,每圈粗纱的卷绕长度增加,而前罗拉的输出速度是恒定的,因此,筒管的转速和龙筋的升降速度必须逐层递减。为了获得两端截头呈圆锥形、中间为圆柱形的卷装外形,龙筋的升降动程还必须逐层缩短。最终将粗纱卷绕成两头呈截头圆锥形、中间为圆柱形的粗纱卷装。

技能训练

1. 在实习车间认识粗纱机,并绘制粗纱机工艺流程图,在图上标注主要机件名称、运动状态。

课后练习

1. 粗纱工序的任务主要是什么?
2. 简述粗纱机的工艺过程。

任务 6.2　粗纱机喂入牵伸部分机构特点及工艺要点

工作任务

1. 绘制粗纱工序主要牵伸装置简图及摩擦力界分布图。
2. 讨论粗纱工序牵伸装置的主要工艺配置。

知识要点

1. 粗纱工序喂入机构及要求。
2. 粗纱工序牵伸机构类型及特点。
3. 粗纱工序牵伸机构主要工艺配置。

1　喂入机构

1.1　喂入机构的作用

喂入机构的作用是将熟条从条筒内引出,并有序地喂入牵伸机构。要求在熟条喂入过程中尽量减少意外伸长,避免不合理的喂入方式,便于挡车操作。

1.2　喂入机构的组成及其作用

如图 6-2 所示,喂入机构由分条器 1、导条辊(2、3、4)、导条喇叭 5 及其横动机构组成。

（1）分条器。隔离条子，防止条子以打圈、纠缠等不正常方式喂入，严禁交叉引条。

（2）导条辊。积极引条，减少棉条意外伸长，与后罗拉同线速度运转。

（3）横动装置。使熟条在牵伸装置中做横向缓慢的往复运动，避免须条在固定位置摩擦而产生胶辊与胶圈中凹现象，可延长胶辊、胶圈的使用寿命，但使用不当会导致粗纱发毛。

横动装置由蜗轮、蜗杆传动系统、偏心滑块机构、横动杆和导条喇叭口等组成。

（4）导条喇叭。导条喇叭迫使条子进入牵伸区前顺直，防止条子打圈、打折等不合理的喂入方式，同时实现条子的横向运动。导条喇叭口规格根据熟条定量选择，熟条定量重，则选用规格较大的导条喇叭口。

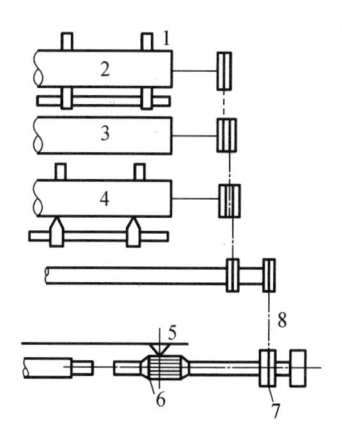

1—分条器　2—后导条辊　3—中导条辊
4—前导条辊　5—导条喇叭　6—后罗拉
7—链轮　8—链条

图 6-2　粗纱机的喂入机构

1.3　喂入部分质量控制

在喂入过程中，因棉条经过的路线长，应尽量减少其意外伸长，以保证粗纱质量。故应采取以下措施：

（1）在并条机上加大压辊压力，以增进棉条的紧密度。

（2）采用有弹簧底的棉条筒，以减少棉条引出的自重伸长。

（3）在保证操作方便的条件下，导条辊距离地面的高度不宜过大，导条辊间的距离不宜过大。

2　牵伸机构

2.1　牵伸机构的组成及作用

牵伸机构由牵伸装置、加压装置与清洁装置组成。它们相互配合，共同完成对条子的牵伸作用。

2.2　牵伸装置

（1）粗纱机牵伸装置的形式。粗纱机牵伸装置是决定粗纱机工艺性能优劣的核心部分之一。目前，国内新型粗纱机采用的牵伸形式主要有三罗拉双短胶圈牵伸装置、四罗拉双短胶圈牵伸和三罗拉长短胶圈牵伸。

胶圈牵伸的特点主要如下：

① 胶圈部分能在前牵伸区形成合理的摩擦力界分布。

② 具有良好的控制牵伸区纤维运动的能力，纤维变速点分布更加稳定、集中，并靠近前钳口，有利于提高牵伸质量。

③ 采用弹簧摇架加压或气动加压方式，加压、卸压方便，压力较为稳定，能有效保证足

够的握持力及其稳定。

④ 中钳口由上下罗拉、上下胶圈及上下销等组成,采用由弹簧摆动上销构成的弹性钳口,对纤维的控制力良好。

⑤ 主牵伸区的浮游区长度大大缩短。

(2) 三种牵伸形式的特点。

① 三罗拉双短胶圈牵伸装置(图 6-3)。

两个牵伸区均设有集合器。该装置的总牵伸倍数为 5～12,适纺纤维长度为 22～65 mm。在主牵伸区,由于采用了双短胶圈等控制元件,主牵伸区的摩擦力界分布更加合理。上下胶圈直接与须条接触,产生一定的摩擦力,一方面大大加强牵伸区中后部摩擦力界强度,另一方面使主牵伸区中后部摩擦力界向前延伸,增强了对纤维的控制,缩短了浮游区长度,同时也使浮游纤维的数量减少。在胶圈销处,采用了具有弹性的弹簧摆动上销,形成一个柔和而又有一定压力的弹性胶圈钳口,既能有效控制纤维的运动,又能使快速纤维顺利抽出。两个牵伸区均放置集合器,有利于收拢须条,防止边缘纤维扩散形成飞花,也起加强摩擦力界的作用。

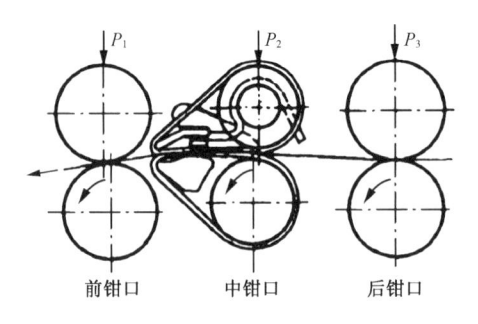

图 6-3 三罗拉双短胶圈牵伸

总之,双短胶圈牵伸的摩擦力界布置比较合理,中后部摩擦力界较强,这可使牵伸区中运动纤维的变速点分布更集中、更稳定,有利于纤维的伸直平行。但是,这种三上三下双短胶圈牵伸形式不宜纺定量过重的粗纱,一般在 2.5～6 g/(10 m)。定量过重时,胶圈间须条易产生分裂或分层现象,这是由胶圈钳口上下胶圈运动不同步导致的。

② 三罗拉长短胶圈牵伸装置(图 6-4)。其结构与三罗拉双短胶圈牵伸相似,不同的是下胶圈采用长胶圈,下部用张紧装置控制胶圈绷紧。

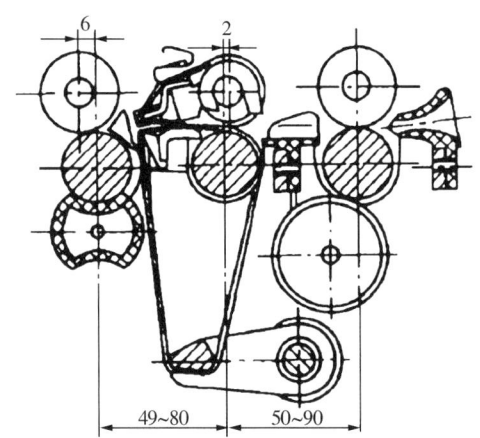

图 6-4 三罗拉长短胶圈牵伸

③ 四罗拉双短胶圈牵伸(图 6-5)。四罗拉双短胶圈牵伸是在三罗拉双短胶圈牵伸的基础上,在前方增加一对集束罗拉而形成的,使须条走出主牵伸区后再经过一个整理区。这种牵伸又被称为 D 型牵伸。该装置有三个牵伸区。后牵伸区配置 1.18～1.8 倍的牵伸,中区为主牵伸区,前区为 1.05 倍左右的整理区,总牵伸倍数为 4.2～18。主牵伸区不设置集合器,其他两个牵伸区均有集合器。

(3) 其他牵伸元件对纺纱质量的影响。对纺纱质量有显著影响的因素,除牵伸形式之外,还有牵伸机构中各元件的性能及配置等,如胶圈、胶辊、胶圈销子和加压压力、胶圈钳口、集合器等。

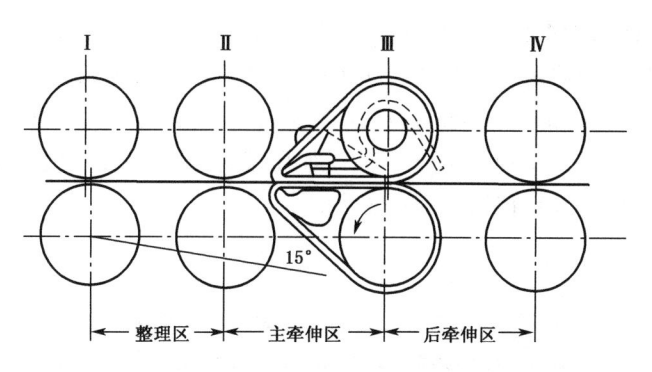

图 6-5 四罗拉双短胶圈牵伸

（整理区　主牵伸区　后牵伸区）

① 胶圈质量。胶圈质量指标包括胶圈厚度、弹性和摩擦系数等。胶圈厚度、弹性不匀，则胶圈回转不稳定，影响粗纱条干。胶圈表面摩擦系数与纤维控制和上下胶圈间的滑溜率有关。下胶圈是主动件，上胶圈线速度一般小于下胶圈。处于上下胶圈间的须条，其上下纤维层会产生相对滑移，破坏条干。因此，要求上下胶圈间的滑溜率以小为好。经试验研究，长胶圈不但滑溜率小，而且纺纱质量优于短胶圈。

② 胶辊。胶辊硬度、弹性等与运转稳定性、滑溜率、纤维控制等情况有直接关系，对粗纱质量的影响较大。胶辊软，则握持力不匀率小，握持稳定性好，且须条嵌入胶辊内凹面的弧长大，控制须条边缘纤维和单纤维的能力增强，弹性变形大，能弥补胶圈的轻微中凹和胶辊结构及表面的不均匀性，对粗纱质量有利。生产实践经验表明，低硬度胶辊纺出的粗纱条干优于高硬度胶辊，无套差胶辊纺出的粗纱条干略优于小套差胶辊。

③ 胶圈钳口隔距。在胶圈牵伸中，胶圈钳口距离前罗拉握持点较近，是快慢速纤维产生相对运动最剧烈的区域。该处的摩擦力界及分布的稳定性对纤维运动特别敏感。为了使纤维变速点稳定，要求胶圈钳口既能有效地控制浮游纤维，又能使快速纤维顺利通过，必须选择适当的胶圈钳口隔距。

胶圈钳口隔距为牵伸装置中无须条状态下胶圈钳口的间隙，其大小是由隔距块来控制。该参数的选择应根据粗纱定量、主牵伸倍数等确定，钳口隔距过小，须条在钳口的受力就大，出现牵伸不开的情况，钳口原始隔距过大，则须条在钳口中的受控作用减弱，起不到应有的作用。

④ 集合器。其作用是将牵伸中或牵伸后的须条收拢，防止纤维散失，有利于须条加捻，减少粗纱毛羽。在主牵伸区，须条较薄，纤维比较松散，因此，不宜给予过大的约束，若集合器使用不当，阻碍两侧纤维的运动，会导致集束不理想或产生更多的纤维弯钩和棉结，影响制品质量。因此，前区集合器口径选择对前纤维运动的影响较大。口径太小，纤维运动阻力太大，两侧纤维很难以主体速度向前运动，对条干不利；口径过大，对两侧纤维起不到集束作用，可能使纤维扩散分离。实践表明，前区集合器对粗纱条干的影响更显著。集合器口径的选择要依据具体工艺条件通过试验确定。

2.3　加压装置

加压装置是牵伸机构的重要组成部分，是牵伸机构形成符合工艺要求的摩擦力界的必要条件,它对牵伸区能否有效控制纤维运动,改善纱条均匀度以及保全、保养、维修工作都有直接影响。目前普遍采用弹簧摇架加压和气动摇架加压的方式。

图 6-6 所示为弹簧摇架加压装置,由摇臂体、手柄、加压杆、加压弹簧、钳爪、压力调节块及锁紧机构组成。图 6-7 所示为气动摇架加压装置,加压时,利用气囊充气膨胀,促使摇架内部的杠杆机构对各牵伸钳口施加压力。

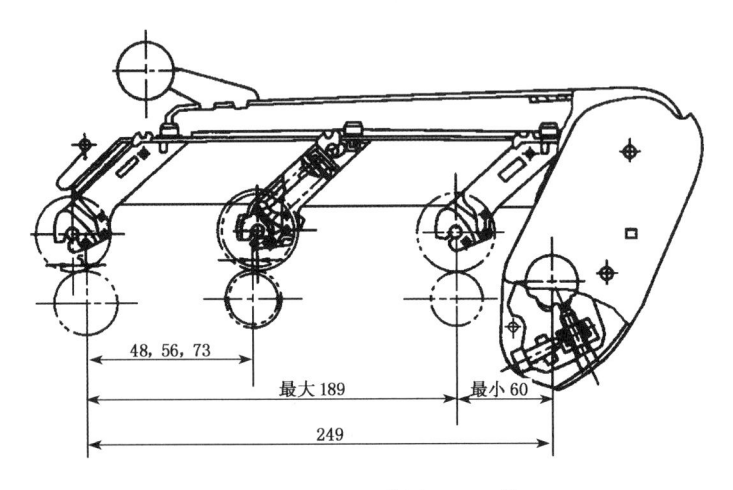

图 6-6 粗纱机弹簧摇架加压装置

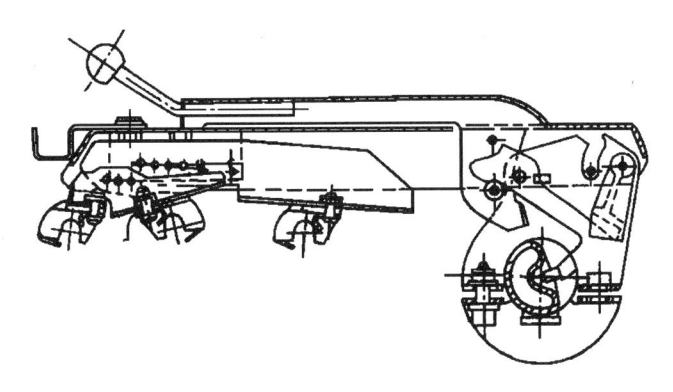

图 6-7 粗纱机气动摇架加压装置

2.4 清洁装置

清洁装置是清除罗拉、胶辊和胶圈表面的短绒和杂质,防止纤维缠绕机件,保证产品不出或少出疵点的重要装置。清洁装置还可清洁牵伸区内的短绒微尘,降低车间空气含尘量。在牵伸过程中,不可避免地会产生一些飞花和须条边纤维的散失,而机器的运转速度越高,这种现象越严重。这些飞花带入须条,会产生纱疵,一方面影响产品的质量,另一方面使工人的劳动强度加大,影响看台能力。

积极式回转绒带清洁装置如图 6-8 所示,适用于双短胶圈牵伸装置中罗拉、胶辊的清洁,也适用于长短胶圈牵伸中胶辊的清洁。一般采用偏心滑块机构来驱动积极式回转绒带清洁罗拉。下罗拉刮皮加吸风清洁装置适用于长短胶圈牵伸装置中前、后罗拉的清洁。

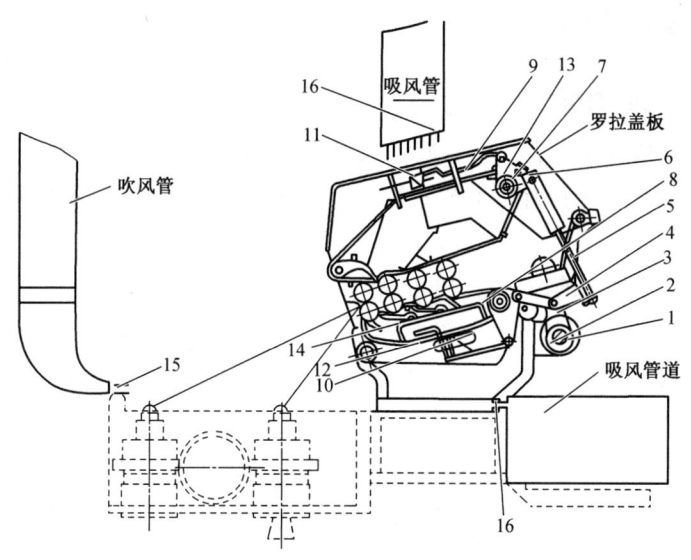

1—传动轴　2—偏心轮　3—摆动臂　4—下摆动架　5—撑杆　6—上摆动架　7,8—棘爪
9,10—牵手杆　11,12—剥棉梳刀　13,14—棘轮　15—吹风口　16—吸风口

图 6-8　清洁装置

巡回清洁机吹风管利用气流清除锭翼、龙筋盖、车面等部位的积棉和下清洁绒套剥下的废棉,并将其吹向车面吸风口而聚集起来。

3　工艺配置

3.1　粗纱定量

根据熟条定量、细纱机牵伸能力、纺纱品种、产品质量要求、设备性能、状态、温湿度等情况,决定粗纺定量。粗纱定量一般控制在 3～10 g/(10 m)。纺特细特纱时,粗纱定量要偏小控制。重定量是实现粗纱低速高产、降低粗纱伸长率差异的重要途径。粗纱定量较重时,必须控制好车间相对湿度,否则易出现牵伸须条分层现象。

D 型牵伸形式中,在主牵伸区,不考虑集束,须条纤维均匀分散,不易产生须条分层现象,故粗纱定量可适当加大。

3.2　锭速

锭速与粗纱品种、定量、捻系数、锭翼形式和粗纱机设备性能等因素有关。目前,粗纱锭速一般在 750～1200 r/min。若所纺细纱的线密度偏小,锭速应偏低选择;对于化纤纯纺或混纺,锭速应比同线密度的纯棉产品降低 5%～20%。

3.3　牵伸倍数

(1) 牵伸产生的附加条干不匀与牵伸倍数直接相关,同时,喂入熟条中前弯钩纤维居多,因而要适当减小粗纱总牵伸倍数,一般选择 5～8 倍。

(2) 牵伸分配。后区牵伸倍数应根据熟条中纤维排列、纤维长度、细度等选择,尽可能避开临界牵伸倍数。适当增加后区牵伸倍数,缩小主牵伸区牵伸倍数,有利于前弯钩纤维的伸直平行。一般控制在 1.08~1.35 倍。

3.4 罗拉握持距与胶圈钳口隔距

(1) 罗拉隔距指两罗拉表面间最近距离,其选择的合理性决定了粗纱条干均匀度以及产品的适纺性。同时,为了确保生产秩序稳定,纺制某类产品时,罗拉隔距通常不轻易改变。

罗拉握持距指牵伸区前后两钳口间的距离,是反映纤维运动控制性的重要指标,是在罗拉隔距的基础上,调整胶辊的几何配置而确定的参数。通过胶辊的前冲、后移,调整罗拉握持距以满足所纺纤维的要求,同时缩短加捻三角区的长度,降低粗纱断头率。一般配置见表 6-1。

表 6-1 粗纱罗拉握持距

牵伸形式	前罗拉—二罗拉 L_1/mm			二罗拉—三罗拉 L_2/mm			三罗拉—四罗拉 L_3/mm		
	纯棉	棉型化学纤维	中长纤维	纯棉	棉型化学纤维	中长纤维	纯棉	棉型化学纤维	中长纤维
A	$R+$ (14~20)	$R+$ (16~22)	$R+$ (18~22)	L_P+ (16~20)	L_P+ (18~22)	L_P+ (18~22)	—	—	—
B	35~40	37~42	41~57	$R+$ (22~26)	$R+$ (24~28)	$R+$ (24~28)	L_P+ (16~20)	L_P+ (18~22)	L_P+ (18~22)

注:A—三罗拉双胶圈牵伸;B—四罗拉双胶圈牵伸;R—胶圈架长度(mm);L_P—棉纤维品质长度(mm)。

适合棉、棉型化学纤维的胶圈架长度为 35.7 mm;51 mm 中长型胶圈架长度为 44.2 mm;60 mm 中长型胶圈架长度为 57.3 mm。

胶辊前移量如图 6-9 所示,三罗拉双胶圈牵伸为 3 mm,四罗拉双胶圈牵伸为 2 mm。前上胶辊前移的目的是减小纱条的弱捻区,降低粗纱断头率,但是会在前罗拉表面产生一段反包围弧,对牵伸不利,所以从工艺上讲,前移量在一般情况下尽可能为零。

(a) 三罗拉双胶圈牵伸   (b) 四罗拉双胶圈牵伸

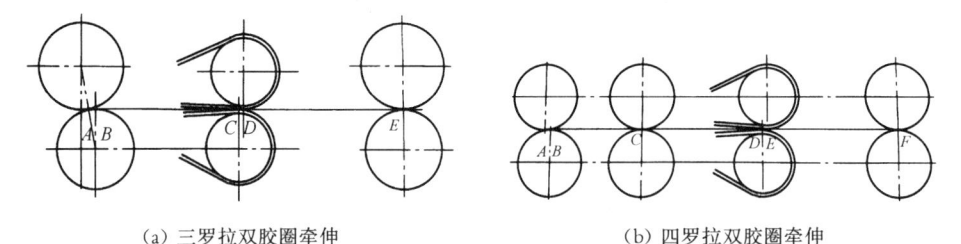

图 6-9 胶辊前移量

为了减小上下胶圈打滑,上胶圈小铁棍一般后移 2 mm 左右。

(2) 胶圈钳口隔距。上下销分别支撑胶圈,利用胶圈的弹性夹持纱条,并控制纤维运动。上下销之间的原始距离称为钳口隔距。钳口隔距应统一、准确,常用隔距块确定。钳口隔距一般根据纱条定量、纤维性质、罗拉中心距等因素进行调整。常用钳口隔距配置见表 6-2。

表 6-2　钳口隔距配置

粗纱干定量/[g·(10 m)⁻¹]	2.5~4.0	4.0~5.0	5.0~6.0	6.0~8.0	8.0~10.0
钳口隔距/mm	3.0~4.0	4.0~5.0	5.0~6.0	6.0~8.0	7.0~9.0

3.5　钳口加压

钳口加压量的设定应依据牵伸形式、罗拉隔距、喂入定量、粗纱定量、所纺纤维品种及性能等参数确定。在生产实践中,要注意前钳口、中钳口压力的一致性。罗拉加压的一般配置范围见表 6-3。

表 6-3　罗拉加压配置

牵伸形式	纺纱品种	罗拉加压/[×10⁻⁵ N·(双锭)⁻¹]			
		前罗拉	二罗拉	三罗拉	四罗拉
三罗拉双胶圈牵伸	纯棉	20~25	10~15	15~20	—
	化纤混纺、纯纺	25~30	15~20	20~25	—
	纤维素纤维	25~30	15~20	20~25	—
四罗拉双胶圈牵伸	纯棉	9~12	15~20	10~15	10~15
	化纤混纺、纯纺	12~15	20~25	15~20	15~20
	纤维素纤维	12~15	20~25	15~20	15~20

注：纺中长纤维时,罗拉加压可按表中配置增加 10%~20%。

技能训练

1. 在实习车间认识粗纱机上的牵伸机构,进行牵伸基本工艺参数上机调试训练。

课后练习

1. 喂入机构的组成及其作用是什么？
2. 粗纱机常用的牵伸形式有哪些？分别阐述它们各自的特点。
3. 粗纱工序中牵伸工艺配置的主要内容有哪些？
4. 怎样进行前后牵伸区的牵伸分配？什么情况下,后区可采用较大的牵伸倍数？为什么？

任务 6.3　粗纱加捻与假捻应用

工作任务

1. 讨论加捻的目的与机构。

2. 讨论加捻的实质和量度指标及粗纱捻系数选择的主要依据。
3. 分析捻陷对粗纱生产的影响。
4. 讨论假捻的原理及其在粗纱机上的应用效果。

知识要点

1. 加捻原理、加捻的实质和量度及捻系数的选择。
2. 粗纱加捻机构。
3. 假捻的原理及其在粗纱机上的应用。

1 加捻机构

1.1 加捻机构的目的

由于前罗拉钳口输出的须条结构松散，纤维间彼此联系较弱，因而须条强力极低，难以满足卷绕、运输、储存的需要和下一工序使用。因此，为提高粗纱工序半制品的可加工性，必须给须条施加适当的捻度。

1.2 加捻卷绕机构的组成和作用

粗纱机目前常用悬锭式加捻卷绕机构，如图6-10所示。

（1）锭子。锭子为锭翼中间的圆形长杆，起定位作用。

（2）锭翼。锭翼结构如图6-11所示，由锭套管、实心臂、空心臂、压掌等组成。锭套管顶部有顶孔，下端两侧开有侧孔。空心臂可引导粗纱，保护粗纱不受惯性作用而破坏。实心臂起平衡空心臂的作用，保证锭翼高速旋转时动态平衡。

压掌由压掌杆、压掌叶、上下圆环组成。上下圆环将压掌杆、压掌叶悬挂在空心臂的外侧。压掌杆在惯性作用下确保压掌叶始终压向筒管。压掌叶引导粗纱有序地卷绕在筒管上。

锭翼悬挂在固定龙筋上，由龙筋内的齿轮传动，做旋转运动。

（3）筒管。筒管安装在运动龙筋的筒管座上，随筒管座同步旋转，并随运动龙筋做上升、下降运动。

1.3 粗纱的加捻过程

前罗拉钳口握持须条，须条从锭翼顶孔穿入，从锭翼侧孔引出，经空心臂，压掌叶卷绕在筒管上，前罗拉钳口以一定线速度输出须条，锭子以一定转速旋转，不断对须条加捻，加

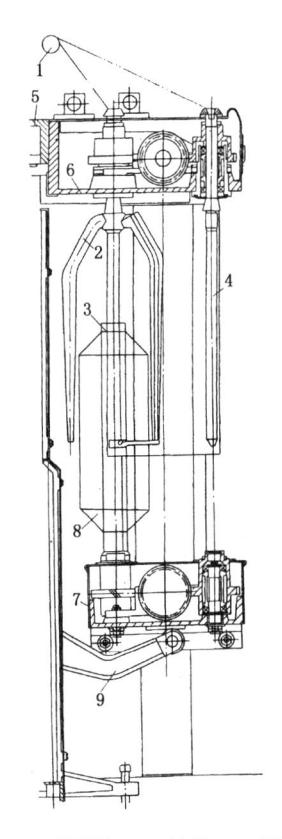

1—前罗拉　2—锭翼　3—筒管
4—锭子　5—机面　6—固定龙筋
7—运动龙筋　8—粗纱　9—摆臂

图6-10　悬锭式加捻卷绕机构

图6-11　锭翼结构

捻点为锭翼侧孔。随着卷装半径的增大,压掌叶、压掌的质心旋转半径差异减小,使二者高速旋转产生的惯性力差减小,从而导致压掌叶压向粗纱的压力随卷装半径增大而减小,因而粗纱卷装结构里紧外松。

2 加捻的实质和量度

2.1 加捻实质

(1)粗纱加捻的基本条件。前罗拉钳口为纱条握持点,锭翼侧孔为纱条另一握持点,该点同时也是纱条绕自身轴旋转的加捻点。锭翼旋转一周,给纱条加上一个捻回。

(2)加捻的实质和意义。须条绕自身旋转时,须条由扁平状变为圆柱状,纤维由原来的伸直平行状通过加捻时的内外转移,转变为适当的紊乱排列,使外侧纤维加捻后产生两个以上的固定点,以实现其对纱体的外包围作用,而外侧纤维产生的向心压力,挤压纱条内部纤维,从而使纱条紧密,纤维彼此间联系紧密,纱条的机械物理性能得到显著提高,使纱体获得可满足使用要求的强度。

2.2 加捻的量度和捻向

(1)捻向。捻向分S捻、Z捻两种,如图6-12所示。

(2)加捻的量度。

① 捻度。捻度属于绝对指标,指单位长度纱条上的捻回数,按单位长度的不同分为英制捻度 T_e(单位长度为1英寸)、公制捻度 T_m(单位长度为1 m)、特克斯制捻度 T_t(单位长度为10 cm)。三者关系如下:

$$T_t = 0.1 T_m = 3.937 T_e$$

图6-12 捻向

② 捻系数。捻系数属于相对指标,它考虑原料性能对加捻作用的影响,能在不同原料、不同纱线粗细的情况下,通过外包纤维与纱轴的夹角反映纱条内纤维的彼此联系,表征加捻的效果。

捻系数按纱线粗细表征指标不同,分为英制捻系数 α_e、公制捻系数 α_m 和特克斯制捻系数 α_t。三者关系如下:

$$\alpha_t = 3.14 \alpha_m = 95.07 \alpha_e$$

③ 捻度与捻系数的关系如下:

$$T_t = \frac{\alpha_t}{\sqrt{N_t}}$$

$$T_m = \alpha_m \sqrt{N_m}$$

$$T_e = \alpha_e \sqrt{N_e}$$

式中:N_t 为纱条线密度;N_m 为纱条公制支数;N_e 为纱条英制支数。

④ 捻度计算。设前罗拉钳口输出须条的线速度为 V_f(m/min)，锭翼的转速为 n_s(m/min)，则粗纱机上纱条捻度可按下式计算：

$$T_t[捻/(10\ cm)] = \frac{n_s}{V_f \times 10} \tag{6-1}$$

2.3 粗纱捻系数的选择

（1）粗纱捻系数选择原则。在满足粗纱卷绕、储存、运输及细纱退绕要求的前提下，选择适当小的粗纱捻系数。

（2）粗纱捻系数选择依据。依据所纺纤维原料的长度及其整齐度、粗纱线密度、细纱机后区牵伸工艺、加工纯棉或化纤、车间温湿度等因素，选择适当的粗纱捻系数。

所纺纤维原料：棉纤维的密度较化学纤维的大得多，因而相同线密度的纱线截面内的纤维根数，棉纤维的较化学纤维的少，加上棉型化学纤维长度长、整齐度高，因而棉纱条中纤维彼此间的联系较化学纤维的小，棉纱条的捻系数选择高于化学纤维的。

纤维长度大、整齐度高、线密度小，纱中纤维的摩擦力、抱合力大，纤维间联系强，所选捻系数可小些。

细纱机后区牵伸工艺中，握持距大、牵伸倍数小、须条牵伸力较小时，可选择较大的捻系数。

车间温度低或相对湿度大时，要适当加大粗纱捻系数。

此外，要考虑粗纱、细纱工序前后的供应平衡，因为粗纱捻系数大，粗纱质量好，但粗纱产量低，前后供应易出现问题。

3 粗纱机上的假捻及其应用

3.1 捻回传递

加捻点处产生的捻回，在纱条旋转产生的应力作用下，由加捻点向握持点传递的现象，被称为捻回的传递。可以看到，靠近加捻点的部位，捻回数较多，而远离加捻点的部位，捻回数较少。

3.2 捻陷及其危害

捻回传递过程中，若须条受到一个摩擦阻力，会阻止捻回正常传递，导致受阻点至加捻点区域的纱条获得的捻回数比未受阻区域的纱条多得多，而握持点至受阻点区域的纱条获得的捻回数比未受阻区域的纱条少得多。这种现象被称为捻陷。

如图 6-13 所示，粗纱加捻过程中存在捻陷现象。纱条从前罗拉钳口 A 输出，由锭翼侧孔加捻点 C 输出的过程中，与锭翼顶孔上边缘 B 点产生接触形成摩擦阻力，阻碍了捻回向上传递，产生捻陷现象，而 B 点即为捻陷点。

产生捻陷后，AB 段纱条获得的捻回少，纱体松散，纤维彼此间

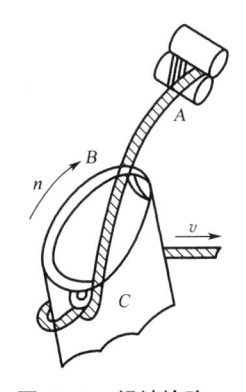

图 6-13 粗纱捻陷

的联系弱,纱条强力低,在机械振动等干扰下,易出现纱条的意外伸长,特别是不稳定的伸长,影响产品的条干,甚至断头增多。同时,由于前后排粗纱捻陷的程度不同,导致前后排粗纱产生伸长差异,造成细纱的质量偏差。

3.3 真捻、假捻

(1) 真捻、假捻的获得。纱条进入加捻区前具有的捻度为 T_0,经过加捻区后捻度为 T,则有 $\Delta T = T - T_0$,如图 6-14 所示。

① 当 $\Delta T \neq 0$ 时,则称须条获得真捻。当 $\Delta T > 0$ 时,则加捻区最终施加于纱条的捻度与纱条原有的捻度同向,其效果为纱条增捻;当 $\Delta T < 0$ 时,则加捻区前后纱条上的捻度方向相反,其效果为纱条退捻。

图 6-14 加捻原理

② 当 $\Delta T = 0$ 时,纱条经过加捻区后,未获得捻回,称加捻区对纱条施加了假捻,加捻器即称为假捻器。

(2) 应用。图 6-15(a)所示为无轴向运动的须条假捻过程。须条两端分别被 A 和 B 握持,若在中间 B 处施加外力,使须条按转速 n 绕自身轴线自转,则 B 的两端产生大小相等、方向相反的扭矩,B 的两侧获得捻向相反的捻回 M_1 与 M_2,且 $M_1 = M_2$。一旦外力消失,在一定张力下,两侧的捻回便相互抵消,该现象就是假捻。图 6-15(b)所示为有轴向运动的须条假捻过程。如果一段纱条进入加捻区前的捻回数为 T_1,因 B 点的假捻作用,同方向加上 M_1 个捻回,而 B 的右侧因与左侧假捻作用方向相反,减去 M_2 个捻回,纱条输出 C 点时的捻回数为 T_2。因为 $M_1 = M_2$,$T_2 = T_1 + M_1 - M_2 = T_1$。因此纱条经过假捻区后,其自身捻度不变。

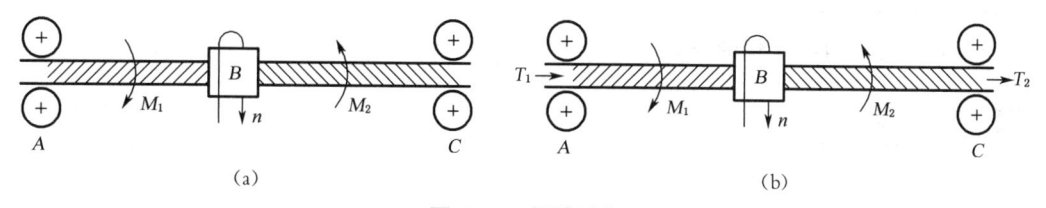

图 6-15 假捻过程

在粗纱加捻过程中,出现捻陷,纱条在锭翼顶孔上边缘滑动多,纱条呈扁形,摩擦力增大,纱体不易翻动,进一步阻碍了下部捻回向上传递。

① 解决思路。使纱条在锭翼顶孔上边缘由滑动转变为滚动,实现假捻作用,提高上部纱条的捻回数,也增强了该纱条的强力,降低了意外伸长率及其波动,减少了断头。此外,在细纱机后区牵伸工艺允许的前提下,适当增大粗纱捻系数,让须条获得较多捻回后充分收缩呈圆形,提高捻回传递效率,可降低捻陷。

② 解决措施。安装假捻器,如图 6-16 所示。假捻器有塑料质、橡胶质的,纤维与假捻器的摩擦系数特别大,有利于纱条发生滚动,而降低滑动,实现了假捻,降低了捻陷。

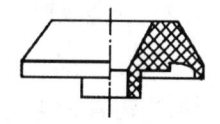

由于前后排粗纱进入锭翼顶孔的角度不同,前排粗纱较后排的捻

图 6-16 假捻器

陷现象更严重,如图 6-17 所示。为保证前后排粗纱的均匀性,假捻帽的安装高度应不同,前排低、后排高。此外,粗纱捻系数应适当增大。

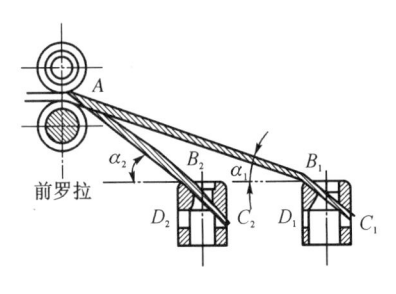

图 6-17 粗纱前后排捻陷

技能训练

1. 在实习车间认识粗纱机上的加捻机构,进行加捻机构主要元件的保养、调试训练。
2. 进行粗纱运转操作训练。

课后练习

1. 粗纱机加捻卷绕机构有几种形式?各有什么特点?
2. 加捻的目的是什么?如何衡量加捻的程度?
3. 简述粗纱捻系数选择的依据及主要影响因素。
4. 什么是捻回传递?什么是捻陷?捻陷有何危害?如何解决捻陷问题?
5. 什么是假捻原理和假捻效应?试述假捻在粗纱机上的应用。

任务 6.4　粗纱卷绕成形作用分析

工作任务

1. 分析实现粗纱卷绕的条件。

知识要点

1. 粗纱卷装结构。
2. 实现粗纱卷绕的条件。

1　实现粗纱卷绕的条件

1.1　粗纱卷装结构

粗纱卷装从里往外分层排列,每层粗纱平行紧密卷绕,为实现无边不塌头,采用两端截头圆锥形的卷绕形态,确保粗纱退绕稳定,如图 6-18 所示。

1.2　卷绕成形方式

粗纱的卷绕依靠筒管与锭翼之间的转速差异来实现,当锭翼转速大于筒管时,称为翼导;当筒管转速大于锭翼时,称为管导。管导卷绕中,在确保供需平衡的前提下,筒管转速随卷绕直径增大而减小,故大纱时,回转稳定性较好,现被广泛使用。

1.3 粗纱卷绕条件

(1) 径向卷绕速度方程。如图 6-19 所示,在管导卷绕中,设锭翼的转速为 n_s,筒管的转速为 n_b,粗纱的卷绕转速 n_w,则:

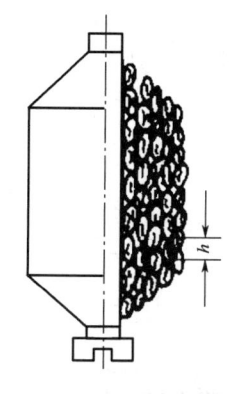

$$n_w = n_b - n_s$$

图 6-18 粗纱卷装结构

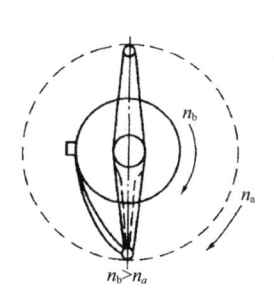

图 6-19 粗纱卷绕

为实现正常生产,单位时间内前罗拉钳口输出的须条长度必须等于筒管的卷绕长度,即:

$$v_f = \pi D_x n_w$$

式中:v_f 为前罗拉钳口须条输出速度;D_x 为筒管上粗纱卷绕直径。

由此得到径向卷绕速度方程:

$$n_b = n_s + \frac{v_f}{\pi D_x} \tag{6-2}$$

在实际生产中,v_f、n_s 为定值,D_x 随卷绕过程逐层增大,故 n_b 随卷绕直径 D_x 逐层增大而减小。在同一层粗纱卷绕层,D_x 不变,n_b 也不变。

(2) 轴向升降速度方程。为实现粗纱在筒管轴向紧密排列,则单位时间内上龙筋的升降高度应等于筒管的轴向卷绕高度。设粗纱轴向圈距 h(mm),筒管上升或下降的速度为 v_1(mm/min),则有轴向升降速度方程:

$$v_1 = \frac{v_f}{\pi D_x} \cdot h \tag{6-3}$$

在实际生产中,v_f、h 为定值,因此,v_1 随 D_x 逐层增大而减小,即每卷绕一层粗纱,筒管上升或下降速率降低一次。

(3) 升降动程逐层缩短。为形成两端截头圆锥形的卷绕形态,运动龙筋的升降动程应逐层缩短。

2 卷绕成形机构

传统粗纱机的卷绕成形机构主要由变速装置、差动装置、摆动装置、升降机构和成形装置构成。

新型粗纱机的卷绕成形机构一般采用变频电机或机载计算机控制系统,更简单、更精确。

技能训练

1. 在实习车间认识粗纱机上的卷绕机构,并进行保养、调试训练。

课后练习

1. 粗纱机加捻卷绕机构有几种形式?各有什么特点?
2. 为了实现粗纱的卷绕成形,必须满足哪些条件?

任务6.5　粗纱张力调整

工作任务

1. 讨论粗纱张力产生的原因及其对产品质量的影响。
2. 讨论粗纱张力的调整方法。
3. 讨论稳定粗纱张力的控制措施。
4. 讨论一落纱过程中纺纱张力的控制方法和原理。

知识要点

1. 粗纱张力产生的原因。
2. 粗纱张力的判断方法。
3. 粗纱张力变化时的控制措施。

1　粗纱张力的形成和分布

1.1　粗纱张力的形成及其作用

粗纱自前罗拉钳口输出至卷绕到筒管上这个过程中,必须克服锭翼顶端、空心臂和压掌等部位的摩擦力、空气阻力和重力,这使得粗纱条上产生张力。一定的粗纱张力是工艺上必需的,其作用如下:

(1) 能提高纱条中纤维的伸直度和须条的紧密度,便于退绕和减少毛羽。
(2) 能提高粗纱的卷绕密度,保持成形良好,增加卷装质量。
(3) 合适的张力有利于捻回的传递,确保纱条质量。

1.2 粗纱张力的分布和变化

粗纱从前罗拉钳口输出到卷绕至筒管上,其各段路径的粗纱张力不同,如图6-20所示。T_a为前罗拉钳口至锭翼套管间ab段纱条的张力,称为纺纱张力;T_b为锭翼空心臂内这段纱条的张力;T_c为克服bc和de段的摩擦力后纱段ef的张力,称为卷绕张力。

粗纱张力从前罗拉钳口输出至卷绕到筒管上是逐渐增大的。卷绕张力T_c随选用原料、锭端和压掌叶上的绕扣数、车间温湿度及卷绕工艺不同而变化。

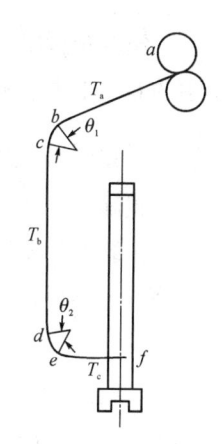

图6-20 粗纱张力分布

2 粗纱张力对产品质量的影响

粗纱半制品质量控制指标主要有以下几项:

(1) 质量不匀率。该指标反映粗纱段质量均匀情况,通常测定多于20段(每段为10 m)的粗纱质量后,按平均差系数公式计算,质量不匀率要求小于1.2%。

(2) 条干不匀率。该指标反映粗纱粗细情况,乌氏条干不匀率为4%左右。

(3) 粗纱伸长率。粗纱伸长率是间接反映粗纱张力大小的一个重要指标,要求<2.5%。

粗纱从前罗拉钳口输出通过锭翼卷绕在筒管上,纱条始终保持一定的紧张程度,承受一定的张力。因为粗纱为弱捻制品,强力较低,纺纱张力的细小变化都会敏感地影响到粗纱的质量不匀率和条干不匀率。因此,纺纱时要求粗纱张力保持适当的大小,既不破坏输出须条和粗纱的均匀度,又要保证足够的粗纱卷绕密度,这样的张力就称之为合理张力。经生产实践证明,合理的粗纱张力是保证粗纱生产过程正常进行和粗纱质量的必要条件。

粗纱张力控制包括两方面的内容,一方面是张力大小的控制,也就是使张力的大小限制在一定范围内。另一方面是张力差异的控制,即控制粗纱张力的波动范围。张力差异包括机台彼此间的差异,同一台粗纱机前后排之间的差异,同一排不同锭之间的差异,同一锭一落纱过程中大、中、小纱之间的张力差异。

3 粗纱张力的测试方法

3.1 目测法

通过观察粗纱纺纱段运动状态来判断纺纱段张力的状态。

第一种情况,纺纱段粗纱挺直,即粗纱纺纱张力过大,不利于粗纱伸长率的稳定,使粗纱伸长率波动较大,如图6-21中的A。

第二种情况,纺纱段粗纱严重松弛,张力小且极不稳定,加捻三角区长且不稳定,甚至出现麻花状。由于加捻三角区增大,其中的纤维松散,联系作用减弱,不利于粗纱捻回传递到加捻三角区,也导致粗纱伸长率过大且不稳,如图6-26中的B。

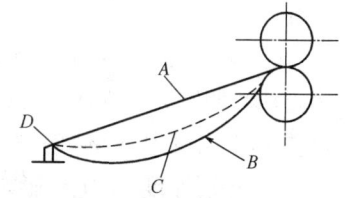

图6-21 纺纱段粗纱位置

第三种情况,纺纱段粗纱紧而不拉直、不出现振荡,能使加捻三角区稳定,如图 6-26 中的 C。这样能使粗纱纺纱段张力稳定,粗纱伸长率比较稳定,并且波动小。

3.2 粗纱伸长率测试法

粗纱在卷绕过程中会因为张力而产生一定的伸长,其大小可以用粗纱伸长率表示。

粗纱伸长率以同一时间内筒管上卷绕的实际长度与前罗拉钳口输出的计算长度之差对前罗拉钳口输出的计算长度之比的百分率表示,其计算式如下:

$$\varepsilon = \frac{L - L_c}{L_c} \times 100\% \tag{6-4}$$

式中:ε 为粗纱伸长率;L 为筒管卷绕的实际长度;L_c 为前罗拉钳口输出的计算长度。

粗纱伸长主要发生在加捻三角区。粗纱加捻时张力过小,加捻三角区大,则粗纱伸长率就大且不稳定。粗纱伸长率与粗纱张力并非一一对应关系。粗纱张力大,粗纱伸长率也大,但粗纱伸长率大,粗纱张力并非一定很大,即纺纱张力很小时,粗纱伸长率可能会很大。

在生产中,主要控制粗纱伸长率差异。一般要求粗纱伸长率在 1%～2.5%,台间、前后排间、大小纱间的粗纱伸长率差异不大于 1.5%,超出范围时应及时调整。

4 粗纱张力控制措施

影响粗纱张力大小和均匀的因素有很多,如原料、工艺、温湿度、设备机件状态、卷绕速度与前罗拉钳口输出速度的配合等,关键是卷绕速度与前罗拉钳口输出速度的配合是否适当。在粗纱机上,前罗拉钳口输出速度是固定的,而筒管卷绕速度随卷绕直径变化而变化,由于工艺设计的合理性,两者速度不能完全相配,因此生产中必须进行适当的调整。

4.1 粗纱张力调控措施

4.1.1 生产调整

以 JWF1436C 型粗纱机为例。该机设有四个变频、伺服电动机,由计算机通过参数调整来完成张力调节。

在开车前,先确定筒管直径和每层厚度的大小。筒管直径初定为 45 mm,每层厚度按照粗纱径向密度来初定与调整。

开车后,根据纱的张力大小,对筒管直径和每层厚度进行微调,参考参数 $p = 1.02$,$K = 0.45$,$\delta = 0.7$。机器设置完成,一般无须调整,特殊情况下如需调整,按照其变换规律掌握。

① 筒管直径 D,即卷绕起始直径,主要影响第一层纱及小纱的张力,与纱的张力成反比。动态调整:小纱时,当想要纱紧时,点击显示屏"紧"按钮,筒管直径减 0.01 mm;当想要纱松时,点击显示屏"松"按钮,筒管直径加 0.01 mm。

② 每层厚度 δ,主要影响大纱的张力,与纱的张力成反比。动态调整:大纱时,当想要纱紧时,点击显示屏"紧"按钮,每层厚度减 0.001;当想要纱松时,点击显示屏"松"按钮,

每层厚度加 0.001 mm。

③ 张力系数 p,影响大、中、小纱的张力,与纱的张力成正比。

④ 特征系数 K,主要影响中纱的张力,与纱的张力成正比。

⑤ σ 主要影响小纱张力,一般先设定为 0.7,再做调整。

4.1.2 消除或减小卷绕机构和机件对粗纱张力的影响

(1) 提高锭翼假捻器的假捻效果,减小前后排粗纱伸长率的差异。由于前排锭子距前罗拉钳口较远,纺纱段纱条抖动较大,又因为前排导纱角较小,纱条在锭翼顶孔的捻陷现象严重,而且在纺纱段捻度上,前排较后排少得多,前排伸长率较大,故抬高后排锭翼套管高度,使导纱角前后相同,以减少前后排的粗纱伸长率差异。

(2) 保持锭翼状态正常。正常的锭翼应通道光洁、回转稳定、压掌灵活、压掌弧度正确。做好锭翼的日常维护整修工作。

(3) 合理确定粗纱在压掌上的绕扣数。当压掌叶上粗纱绕扣数增大时,粗纱的卷绕张力增大,粗纱卷装表面的卷绕压力增大,每层粗纱厚度变小,同时每层粗纱的卷绕半径减小,故筒管卷绕速度相对前罗拉钳口输出速度变小,使纺纱段松弛,其纺纱张力变小,粗纱卷绕紧密。因此,采用压掌上多绕扣数这一措施时,必须适当考虑纺纱段粗纱的运动状态及卷绕工艺。

(4) 运动龙筋的正常机械状态。必须保持运动龙筋的润滑状态良好,筒管传动要正确,运动平稳。

(5) 保持筒管直径一致。筒管外径差异<1%,如有超过太大者,应按品种分档,使其一致。筒管直径磨损不宜太大,要防止筒管跳动。

4.2 一落纱过程中纺纱张力的控制

实际生产中影响纺纱张力的因素很多,且很复杂,当卷绕工艺不尽合理时,使得一落纱中张力会出现较大波动。为了确保粗纱纺纱张力在一落纱过程中稳定,必须进行在线调整。

CCD 粗纱张力自动调节控制系统工作原理如图 6-22 所示,该系统为自动检测反馈控制式纺纱张力控制形式,在线检测在线控制,通过粗纱纺纱张力检测传感器的感知及将其信息传达至单片机,PLC 控制系统就可实现预定的纺纱张力要求。

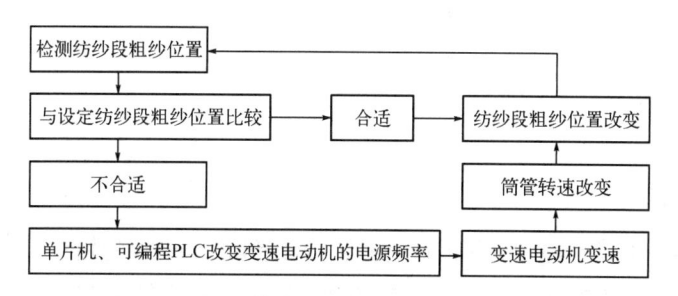

图 6-22 CCD 粗纱张力自动调节控制系统工作原理

采用光电全景图像摄像系统进行张力自动检测,如图 6-23 所示。在粗纱通道侧面方向判别粗纱条通过时所处位置线是上位、中位或下位,以此反映张力大小。在配置 CCD 功能时,可以设定预拟位置线(基准线),然后在运转中连续摄取计算实测值,并比较判定粗纱张力状态,然后由电控装置进行在线调节,数据可在屏幕上显示。更换品种时,一般可自动选择最佳张力状态,无需重新手动设定。

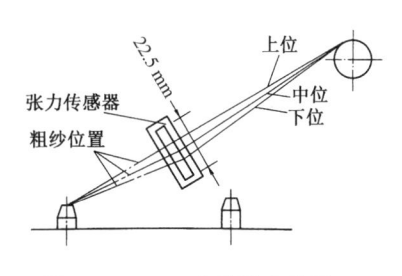

图 6-23 CCD 在线张力检测

技能训练

1. 在实习车间认识粗纱机上的张力控制系统,分析纺纱张力的大小并设计调整方案,上机调试粗纱张力。

课后练习

1. 粗纱张力的作用是什么?如何形成?
2. 在加捻卷绕过程中粗纱张力如何分布?一落纱过程中如何变化?
3. 粗纱张力控制的目标是什么?
4. 粗纱伸长率产生的机理是什么?该机理说明什么?

任务 6.6 粗纱质量检测与控制

工作任务

1. 讨论粗纱条干不匀的控制。
2. 讨论粗纱质量不匀的控制。

知识要点

1. 粗纱质量指标。
2. 粗纱条干不匀的成因及调控。
3. 粗纱质量不匀的成因及调控。
4. 粗纱质量检测方法。

1 粗纱质量指标

在传统环锭纺中,粗纱机的任务就是提供符合细纱加工要求的粗纱,细纱机要在粗纱质量的基础上才能纺制成纱,粗纱质量直接影响细纱质量,故粗纱工艺与成纱品质息息相关。要提高纱线质量,满足织造工序的要求,除细纱工艺外,还必须有良好的粗纱质量做基础。

粗纱品质指标包括质量不匀、条干不匀、粗纱伸长率、捻度等,另外在卷装成形上有松烂纱、脱肩、冒头冒脚、整台粗纱卷绕过松或过紧等疵点。粗纱品质参考指标见表6-8和表6-9。

表6-8 粗纱品质参考指标

纺纱类型	回潮率/%	条干变异系数/%	质量变异系数/%	粗纱伸长率/%	粗纱伸长差异率/%	捻度/[捻·(10 cm)$^{-1}$]
普梳纱	6.2~7.2	4.5~8.0	1.1~1.7	0.5~2.5	0.5~1.0	以设计捻度为准
精梳纱	6.2~7.2	3.5~6.0	0.8~1.2	0.5~2.5	0.5~0.8	
化纤混纺纱（涤65/棉35）	2.6±0.2	4.5~6.5	0.8~1.4	0~1.5	0.5~1.0	

表6-9 粗纱乌斯特条干变异系数

水平	5%	25%	50%	75%	95%
纯棉普梳粗纱	4.55%~5.43%	5.10%~6.03%	5.83%~6.62%	6.59%~7.32%	7.35%~8.07%
纯棉精梳粗纱	3.2%~3.75%	3.75%~4.16%	4.0%~4.61%	4.67%~5.21%	5.35%~5.85%

2 粗纱条干不匀的控制

粗纱条干不匀的控制措施主要包括以下几个：

2.1 合理的牵伸工艺设计

（1）前区牵伸工艺。为控制牵伸对粗纱条干的影响，牵伸后区采用稍大于弹性牵伸的牵伸倍数，前区实行集中牵伸。粗纱的集中牵伸对纺出粗纱的质量至关重要，其工艺要点如下：

① 罗拉隔距。一般认为，上下胶圈钳口与牵伸钳口的距离越小越好，因为可缩小浮游区长度，加强对浮游纤维的控制，但由于粗纱机胶圈钳口下的纤维量较大，握持钳口的摩擦力界较宽，过小的罗拉隔距会使部分纤维束被强行拽出产生硬头，故粗纱主牵伸区隔距并不是越小越好，应稍大于加工须条的品质长度，具体视纤维的性质、定量确定。

② 集合器。集合器的主要作用是对牵伸区中须条边缘纤维进行控制。粗纱集中牵伸的前区，因集合器接近牵伸钳口，加强并延伸了牵伸钳口对须条的摩擦力界，驱使纤维提前变速，变速点后移不利于条干均匀度。

③ 加压。罗拉加压需要视粗纱定量、纤维性质、纺纱速度而定一般为重定量、重加压、高速度。

④ 胶圈钳口隔距。此隔距根据粗纱定量及主牵伸倍数确定，定量较重、主牵伸倍数较低时，胶圈钳口内通过的纤维量大，应偏大掌握，反之则偏小掌握。

（2）后区牵伸工艺。粗纱机的后区牵伸以控制弹性牵伸或稍大于弹性牵伸的范围为好，喂入的末并条中可能有残余的前弯钩纤维，后区牵伸不能大，同时适当加大罗拉隔距较有利,一则使纤维在弹性牵伸区内有较大的伸直空间,二则使部分纤维的前弯钩获得较多的伸直空间,但过大的罗拉隔距会引起过多的浮游纤维失去控制,恶化条干,参考数据以纤维的品质长度加 16~18 mm 为宜。

2.2 合理的捻度设计及假捻器的使用

(1) 粗纱捻度设计。粗纱捻度设计不当,会造成细纱捻回重分布现象,引起纱条不匀。粗纱捻度的设计应考虑的因素如下:

① 满足细纱条干均匀度的需要,减少细节。

② 根据粗纱卷装直径的大小采用不同的捻系数,卷装直径大的采用较大的捻系数。

③ 根据粗纱定量而定,较重的粗纱在细纱机上退绕张力较大,应有较大的粗纱强力,也应采用较大的捻系数。但较大的捻系数,一则降低粗纱机的生产效率,二则增加细纱后区牵伸的负担,过大的牵伸力对细纱条干是极为不利的,一般纯棉中号纱较大的捻系数在 110 左右。

(2) 假捻器的使用。粗纱机上普遍使用假捻器,安装假捻器以后,增加了粗纱纺纱段的强力,减小了粗纱的伸长率,降低粗纱断头,还可以减小前后排粗纱伸长率的差异,对粗纱条干均匀度起着积极的作用。

选择假捻器的目的是提高粗纱纺纱段的强力,试验证明采用与须条有较大摩擦因数的软橡胶假捻器,能使纺纱段实时捻度远大于工艺设计捻度,故采用软橡胶制作的假捻器为好。其次是纺纱时须条与其表面接触的弧长,接触弧长较长,假捻效果好,较大的内孔径直径,能产生较大的摩擦转矩,有利于假捻的形成。

2.3 良好的机械状态

生产过程中应保证机台的机械状态良好,加强对牵伸部件的检修,防止由于罗拉加压失效、弯曲偏心、皮辊中凹、表面磨损、回转不灵等原因在纱条上造成机械波或牵伸波的增大、增多,从而影响粗纱条干。加强对卷绕部件的检修,防止由于锭子磨损、偏心、锭子振动、锭翼表面毛刺等问题增大粗纱的意外伸长,使条干不匀恶化。

3 粗纱质量不匀控制

粗纱质量不匀包括单锭不匀、锭间不匀,以及更值得注意的粗纱机内外排质量偏差等。

粗纱质量不匀率的主要控制方法如下:

(1) 由筒管直径差异以及筒管孔径或底部磨灭、压掌弧形或位置不当、压掌圈数不一、锭子高低不一或其他原因造成的锭子运转不平稳,都会造成同一排粗纱伸长率的锭间差异,影响粗纱的条干。

(2) 对于由卷绕齿轮选择不当造成的同一锭子大、中、小纱之间的伸长差异,应合理配置粗纱卷绕成形齿轮,保证一落纱过程中大、中、小纱的张力基本一致。此外,粗纱张力也随车间温湿度变化而变化,因此要及时更换张力齿轮。

(3) 假捻器的摩擦系数会影响成纱的毛羽量,要合理选择粗纱前后排的假捻器,减少前后排的粗纱张力差异,前排的假捻器摩擦系数应大于后排。

（4）棉条筒的摆放。供里排纱的棉条筒放在距离机器远的位置,供外排纱的棉条筒放在距离机器近的位置。摆放的时候,要尽量使棉条垂直于导棉辊平面,避免倾斜。

（5）导棉辊的旋转速度要控制好,减少棉条喂入时形成意外牵伸。

（6）梳棉、并条设备的日常检查维护和实验室的质量把关。偏差大也会导致细纱质量不匀大、强力不匀大等严重质量问题。

4 其他粗纱疵点的控制

粗纱其他疵点的成因及解决方法见表6-10。

表6-10 粗纱疵点成因及解决方法

疵点名称	主要成因	解决方法
脱肩、脱圈	1. 成形角参数调整偏小 2. 筒管齿轮跳动,筒管牙钉严重松动 3. 粗纱张力控制不当 4. 成形换向齿轮啮合不良或换向顿挫 5. 龙筋升降打顿,龙筋高低偏差大	1. 调整张力参数或齿轮使成形合理 2. 定期检查锭杆及筒管齿轮同心工作 3. 减少一落纱过程中的过大张力调节 4. 定期检查龙筋装置及高低校正工作
松烂纱	1. 粗纱捻系数太小 2. 成形卷绕密度不足 3. 压掌或锭端绕纱圈数不足,粗纱张力太小 4. 压掌弧度不正 5. 断头相隔时间较长后接头,或拉去的坏纱层数较多 6. 喂入棉条定量偏轻 7. 温湿度控制不当,相对湿度太低 8. 锥轮皮带张力过小	1. 根据品种需要设定合理的粗纱捻系数 2. 定期检查成形装置及龙筋高低校正工作 3. 按品种要求做好压掌卷绕圈数 4. 定期校正或更换 5. 及时光电自停并接头 6. 控制好喂入棉条质量 7. 及时合理调节温湿度 8. 及时调整张力
冒头冒脚	1. 龙筋换向动作不灵敏 2. 锭杆、锭翼或压掌高低不一 3. 龙筋横向不水平,高低差异大 4. 锭子或筒管齿轮跳动 5. 卷绕时张力内松外紧,挤压已卷绕的粗纱 6. 筒管龙筋高低不一	1. 定期检查换向装置 2. 定期做锭翼、压掌校正 3. 定期做龙筋高低校正

技能训练

1. 完成粗纱条干不匀率实验。

课后练习

1. 分析粗纱条干不匀的成因及解决方法。
2. 分析粗纱质量不匀的成因及解决方法。

任务6.7 粗纱工序加工化纤的特点

工作任务

1. 掌握粗纱工序加工化纤的特点。
2. 比较粗纱工序加工棉与化纤的工艺差异。

知识要点

1. 粗纱工序加工化纤的特点。

1 工艺特点

由于化学纤维具有长度大、长度整齐度高、摩擦系数大、回弹性好、易产生静电以及对温湿度敏感等特性,故粗纱工艺宜采用"大隔距、重加压、小张力、小捻系数"等原则。现以棉型涤棉混纺和中长型涤黏混纺为主讨论。

1.1 牵伸部分工艺特点

(1) 牵伸形式。用双胶圈牵伸形式进行棉型化学纤维纯纺和混纺时,牵伸区的牵伸力较纯棉纺时大,双胶圈牵伸装置的阶梯形下销宜改为平销。

一般来说,采用双胶圈牵伸,条干水平高,成纱品质好。但是,纺制重定量的中长纤维时,尤其在高温高湿环境中,粗纱的牵伸力太大,会出现打滑、绕胶圈甚至拉断胶圈等问题,粗纱质量不稳定。因此,如专纺中长纤维,在粗纱定量较重、粗纱牵伸倍数不大的情况下,可采用D型牵伸。

(2) 粗纱定量和牵伸倍数。由于纺制化学纤维时牵伸力大,粗纱定量和牵伸倍数比纺棉时适当减小。双胶圈牵伸的粗纱定量在 $2\sim5$ g/(10 m),牵伸倍数在10以下。

(3) 罗拉隔距和胶辊压力。化学纤维混纺时,粗纱机的罗拉隔距一般以主体成分的纤维长度为基础,并适当考虑混合纤维的加权平均长度。由于化学纤维的长度长,纺纱过程中牵伸力大,罗拉隔距和胶辊压力比纺棉时适当加大,胶辊压力一般比纺棉时增加 $20\%\sim25\%$。

1.2 卷绕部分工艺特点

(1) 粗纱捻系数。化学纤维由于长度长、纤维之间的联系力大,须条的强力比纯棉时大,故纺制化学纤维时粗纱捻系数较纺纯棉时小一些,纺棉型化学纤维时为纺纯棉时的 $50\%\sim60\%$,纺中长化学纤维时约为纺纯棉时的 $40\%\sim50\%$。具体数据视原料种类和定量而定。

(2) 粗纱伸长率。加工化学纤维时,当须条自前罗拉钳口输出后,由原来的受牵伸状态变为相对自由的状态,会依仗其化学纤维较大的回弹性,而急速回缩。如果卷绕线速较前罗拉线速度高出一定范围,导致纺纱段过于紧张而产生意外牵伸,条干恶化。原则上只要保证纺纱段纱条不下坠,尽量控制其有较小的粗纱伸长率。解决措施为适当增加粗纱在压掌上的卷绕圈数。一般情况下,涤棉混纺时,粗纱伸长率掌握在-1.5%~+1%。

(3) 粗纱成形角。加工化学纤维时,为确保粗纱卷装不塌边,有一定的容量,规定粗纱成形半锥角:纺化学纤维时为42°,纺中长化学纤维时为38°左右。

2 纱疵的形成原因和防止方法

2.1 粗纱工序造成纱疵的种类和原因

化学纤维的导电性差,因此对温湿度较敏感,如果管理不好,容易出现黏(条子或粗纱互相黏附)、缠(罗拉和胶辊表面缠花)、挂(锭翼等通道挂花)和带(纱条中带入飞花等)四种弊病,造成竹节纱、粗经粗纬和突发性条干不匀等纱疵。粗纱工序形成竹节纱的主要原因有粗纱接头不良,绒板花带入,机后条子黏并;粗纱工序形成粗经粗纬的主要原因有粗纱接头时搭头过长或包卷过紧,罗拉、胶辊、胶圈缠花,粗纱飘头,加压不足,胶辊有中凹或大小头;突发性条干不匀,常在气候突变、原料成分改变或牵伸部件损坏等情况下发生,机械因素主要有胶辊或胶圈芯子缺油,牵伸部分的齿轮磨灭,隔距走动,中罗拉抖动以及齿轮啮合不良等。

2.2 防止纱疵的方法

(1) 加强胶辊胶圈表面处理。由于化学纤维的摩擦系数大、导电性能差,又由于在加工化学纤维时必须重加压,故在纺纱过程中,胶辊、胶圈容易绕花、中凹和断皮圈,影响正常生产。因此,用于加工化学纤维的胶辊,要求表面光洁、颗粒细、硬度大、耐磨性好。对胶辊、胶圈进行涂料、酸处理等,可增加胶辊、胶圈的光滑性、抗静电性和适应温湿度变化的能力,减少绕花现象,但应注意不要降低胶辊的硬度。

(2) 加强温湿度控制。化学纤维的蓬松性、表面摩擦系数和导电性等与温湿度有密切关系。化学纤维回潮率都较低,水分仅吸附在纤维表面,故对周围环境的变化比棉纤维要敏感得多。温湿度高时,纤维表面发黏,对牵伸不利,且易黏、易缠;温湿度低时,静电现象严重,同样容易黏缠。因此,加强温湿度控制,是稳定生产、减少粗纱纱疵和提高成纱质量的重要一环。

生产经验表明,并粗工序的相对湿度应介于前纺与后纺两个工序之间,一般掌握在55%~65%。

(3) 加强保全保养制度。

① 保证胶辊调换周期。

② 保持导条辊、条筒边沿、喇叭口、集合器以及锭翼等纱条通道的光洁。

③ 提高清洁装置对胶辊、胶圈和罗拉表面的清洁效能。

④ 定期检查牵伸部分的齿轮啮合、轴颈磨损,检查是否缺油,加压是否适当,上、下胶圈销是否正常,以及隔距是否走动等。

以上讨论了以涤纶为主的粗纱纱疵种类、形成原因及其防止方法,在实际生产中,纱疵种类更多,原因也更复杂,因此,必须坚持调查研究,根据不同的纱疵,分析造成的原因,对症下药,才能有效地防止纱疵的产生。

技能训练

1. 比较粗纱工序加工化纤与棉的工艺差异。

课后练习

1. 粗纱化学纤维纺纱工艺特点是什么?
2. 化学纤维粗纱纱疵的形成原因和防止方法是什么?

项目 7

细纱机工作原理及工艺设计

教学目标

1. 理论知识

（1）细纱工序的任务、工艺过程。

（2）喂入机构组成及作用，细纱机牵伸装置元件及作用、牵伸形式。

（3）细纱牵伸前区、后区主要工艺设计及控制要点。

（4）细纱加捻的实质及原理，细纱成纱结构特点，细纱捻系数选择的依据。

（5）细纱加捻卷绕元件及作用，细纱卷绕成形要求及机构。

（6）细纱条干不匀、捻不匀的控制。

（7）细纱断头的分类、规律及断头的根本原因，降低细纱断头的措施。

（8）细纱工序加工化纤的特点。

（9）环锭纺纱新技术。

2. 实践技能

掌握细纱设备调试技能和运转操作技能；具备生产现场管理、生产调度和经营管理能力；能进行一般产品设计和工艺参数调整；熟悉质量要求和控制方法。

3. 方法能力

培养分析归纳能力；提升总结表达能力；建立知识更新能力。

4. 社会能力

通过课程思政，引导学生树立正确的世界观、人生观、价值观，培养学生的团队协作能力，以及爱岗敬业、吃苦耐劳、精益求精的工匠精神。

项目导入

细纱工序是成纱的最后一道工序，其质量、成纱结构及外观直接影响以细纱为原料的下一环节产品的质量、生产效率和风格特征。同时，棉纺厂生产规模是以细纱机总锭数表示的；细纱的产量是决定纺纱厂各道工序机台数量的依据；细纱的产量和质量水平、生产消耗（原料、机物料、用电量等）、劳动生产率、设备完好率等指标，全面反映出纺纱厂生产技术和设备管理的水平。因此，细纱工序在棉纺厂中占有非常重要的地位。

任务7.1 细纱机工艺流程

工作任务

1. 列表比较几种细纱机的主要技术特征。
2. 绘制细纱机工艺流程简图，在图上标注主要机件名称、运动状态。
3. 了解细纱在纺织企业中的地位、发展及现状，认识传统细纱存在的问题，了解目前常用的细纱生产方法。

细纱机（视频）

知识要点

1. 细纱工序的任务、工艺过程。
2. 细纱质量指标，细纱工序的重要性。
3. 细纱机结构及传统细纱存在的问题，常用的细纱生产方法。

1 细纱工序的任务

细纱工序的任务是将粗纱纺制成具有一定线密度、符合国家（或用户）质量标准的细纱，供下道工序（如捻线、机织、针织等）使用。作为纺纱生产的最后一道工序，细纱加工的主要任务如下：

（1）牵伸。将喂入的粗纱均匀地抽长拉细到所纺细纱规定的线密度。

（2）加捻。给牵伸后的须条加上适当的捻度，使细纱具有一定的强力、弹性、光泽和手感等物理力学性能。

（3）卷绕成形。把纺成的细纱按照一定的成形要求卷绕在筒管上，以便于运输、储存和后道工序的继续加工。

2 细纱机的工艺过程

细纱机为双面多锭结构，图7-1所示为FA506型细纱机的工艺过程。粗纱从细纱机上部吊锭1上的粗纱管2退绕出来，经过导纱杆3和慢速往复横动的横动导纱喇叭口4，喂入牵伸装置5，完成牵伸作用。牵伸后的须条从前罗拉6输出，经导纱钩7，穿过钢丝圈8，引向筒管10。生产中，筒管高速卷绕，使纱条产生张力，带动钢丝圈沿钢领高速回转，钢丝圈每转一圈，前钳口到钢丝圈之间的须条上便得到一个捻回。由于钢丝圈受到钢领的摩擦阻力作用,钢丝圈的回转速度小于筒管,两者的转速之差就是卷绕速度。这样,由前罗拉输出、经钢丝圈加捻后的细纱便卷绕到紧套在锭子9上的筒管上。依靠成形机构的控制,钢领板11按照一定的规律做升降运动,将细纱卷绕成符合一定要求形状的管纱。

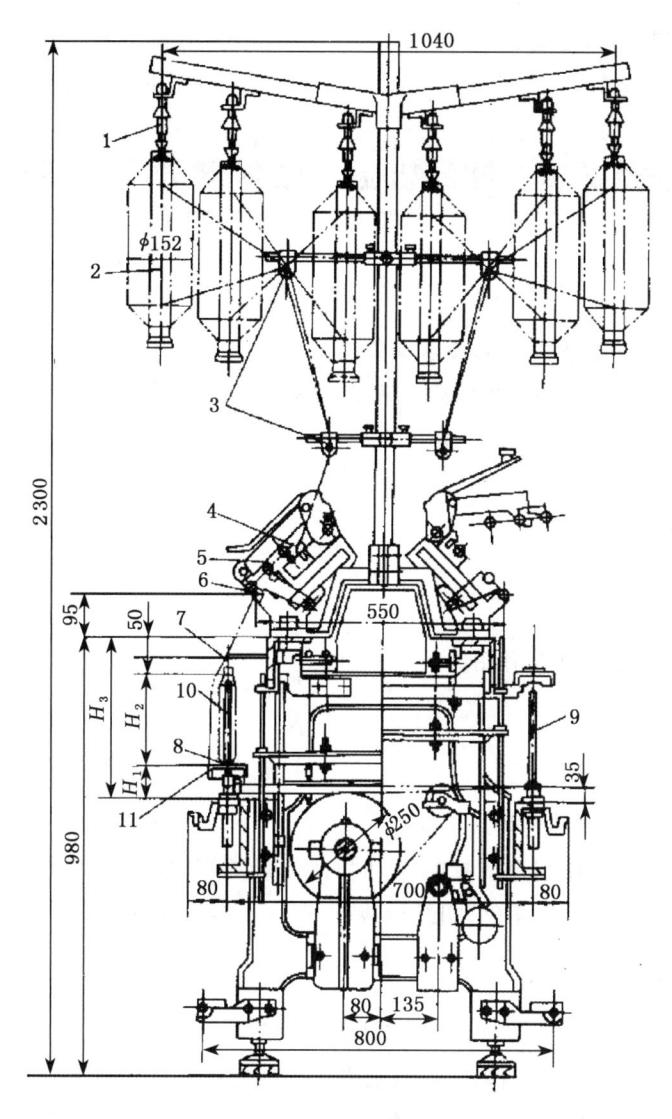

1—吊锭　2—粗纱管　3—导纱杆　4—横动导纱喇叭口　5—牵伸装置
6—前罗拉　7—导纱钩　8—钢丝圈　9—锭子　10—筒管　11—钢领板

图 7-1　FA506 型细纱机工艺过程

技能训练

1. 在实习车间认识细纱机,并绘制细纱机结构简图,在图上标注主要机件名称、运动状态。

> **课后练习**
>
> 1. 细纱工序的任务是什么？
> 2. 叙述细纱机的工艺过程。

任务 7.2 细纱机喂入牵伸部分机构特点

> **工作任务**
>
> 1. 讨论细纱机对喂入部分的要求及作用。
> 2. 讨论罗拉沟槽的作用，以及罗拉隔距、皮辊加压的调节方法。
> 3. 绘制弹性钳口结构简图，并分析弹性钳口工艺对成纱质量的影响。

> **知识要点**
>
> 1. 喂入机构及要求。
> 2. 细纱机牵伸形式。
> 3. 细纱牵伸主要元件及作用。

1 喂入机构

1.1 喂入机构的作用及其要求

细纱机喂入机构的作用是支撑粗纱，同时将粗纱顺利地喂入细纱机牵伸机构。工艺上要求各个机件的位置配合正确，粗纱退绕顺利，尽量减少意外牵伸。

1.2 喂入机构组成及其作用

细纱机喂入机构由粗纱架、粗纱支持器、导纱杆等组成。

（1）粗纱架。其作用是支撑粗纱，并放置一定数量的备用粗纱和空粗纱筒管。粗纱架要不易积聚飞花，便于清洁工作。目前常用的粗纱架是单层六列吊锭形式（图7-1）。

（2）粗纱支持器。粗纱支持器支撑粗纱，应保证粗纱回转灵活，防止退绕时产生意外牵伸。目前广泛应用的是吊锭支持器。

吊锭支持器的优点是回转灵活，粗纱退绕张力均匀，意外伸长少，粗纱装取时挡车工操作方便，适用于不同尺寸的粗纱管；缺点是零件多，维修麻烦，纺化学纤维时易脱圈。

（3）导纱杆。导纱杆为直径12 mm的圆钢，表面镀铬。它的作用是保证粗纱退绕顺利及粗纱退绕张力稳定、波动小。在实际生产中，导纱杆的安装位置通常设在距离粗纱卷装下端1/3处。

2 牵伸机构

2.1 细纱机的牵伸形式

细纱机采用胶圈牵伸,牵伸形式主要有三罗拉双短胶圈牵伸、三罗拉长短胶圈牵伸和三罗拉长短胶圈V形牵伸几种。图7-2中,(a)所示为三罗拉长短胶圈牵伸装置,(b)所示为三罗拉长短胶圈V形牵伸装置。

(a) 三罗拉长短胶圈牵伸装置　　(b) 三罗拉长短胶圈V形牵伸装置

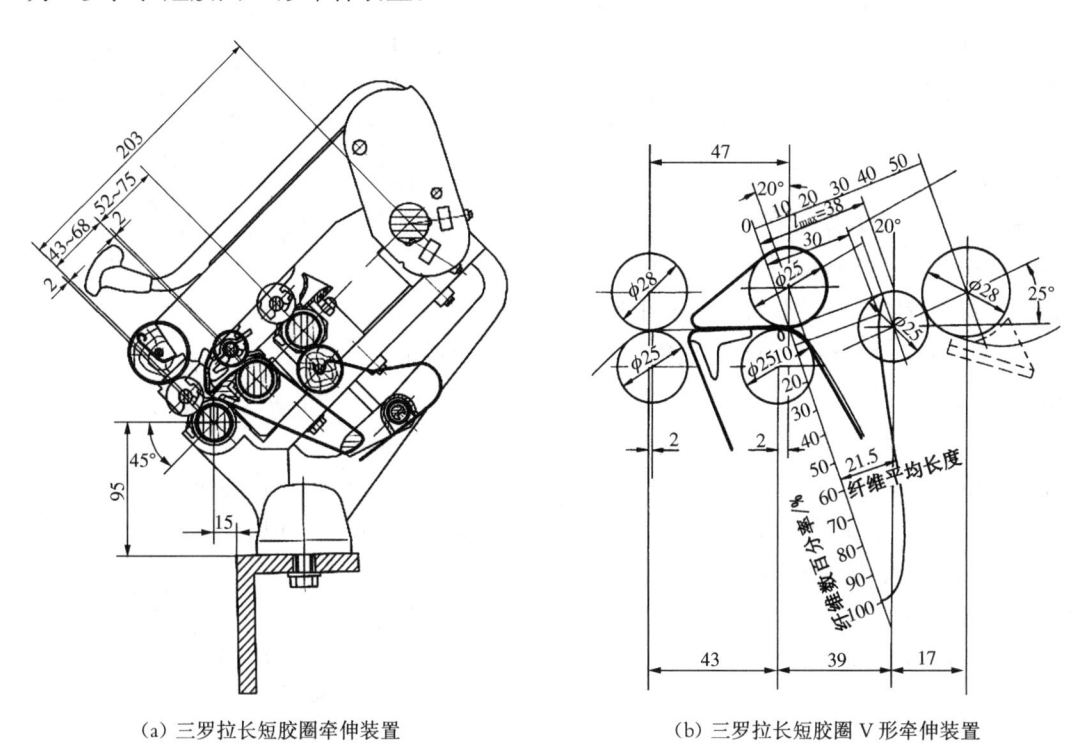

图 7-2　细纱机牵伸形式

2.2 牵伸装置的元件与作用

牵伸装置主要由罗拉、胶辊、胶圈、胶圈销、加压机构、集合器和断头吸棉装置等元件组成。

(1) 牵伸罗拉。牵伸罗拉与上胶辊共同组成罗拉钳口,握持须条进行牵伸。

罗拉通常设计成沟槽罗拉和滚花罗拉。同档罗拉分别采用左右旋向沟槽。

(2) 罗拉座。罗拉座的作用是放置罗拉。相邻两只罗拉座之间的距离称为节距,每节的锭子数为6~8。如图7-3所示,螺丝4和5可改变中、后罗拉座的位置,达到调节前、后区罗拉中心距的目的。

(3) 胶辊。细纱胶辊每两锭组成一套,由胶辊铁壳、包覆

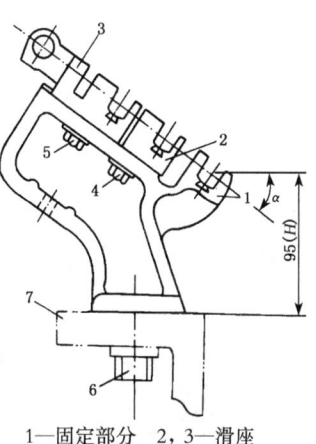

1—固定部分　2,3—滑座
4,5—螺丝　6—螺钉　7—车面

图 7-3　罗拉座

物(丁腈胶管)、胶辊芯子和胶辊轴承组成。胶辊表面要求硬度均匀,没有气泡、裂伤、缺胶等。表面经过酸处理或涂料处理后,对纤维具有足够的握持力。

(4)胶圈。胶圈的作用是在牵伸时利用上、下胶圈工作面的接触产生附加摩擦力界,加强对牵伸区内浮游纤维运动的控制,提高细纱机的牵伸倍数,并提高成纱的质量。

(5)胶圈销。胶圈销的作用是固定胶圈位置,把上、下胶圈引向前钳口,保证胶圈钳口有效地控制浮游纤维运动。胶圈销分为上销和下销。

① 曲面阶梯下销。下销的横截面为曲面阶梯形,如图7-4所示。下销的作用是支撑下胶圈并引导下胶圈稳定回转,同时支持上销,使之处于工艺要求的位置。下销最高点上托1.5 mm,使上、下胶圈的工作面形成缓和的曲面通道,从而使胶圈中部的摩擦力界得到适当加强。下销前端的平面部分宽8 mm,不与胶圈接触,使之形成拱形弹性层,与上销配合,较好地发挥胶圈本身的弹性作用。下销的前缘突出,尽可能伸向前方钳口,使浮游区长度缩短。下销是六锭一根的统销,固定在罗拉座上。

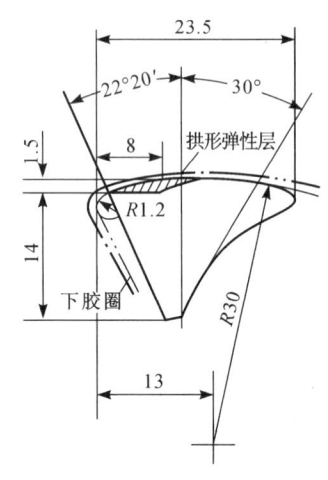

图7-4 曲面阶梯下销

② 弹簧摆动上销。上销的作用是支持上胶圈,处于一定的工作位置。图7-5所示为双联式叶片状弹簧摆动上销。上销在片簧的作用下与下销保持紧贴,并施加一定的起始压力于钳口处。上销后部借叶片簧的作用卡在中罗拉(即小铁辊芯轴)上,并可绕小铁辊芯轴在一定的范围内摆动。

当通过的纱条粗细不匀时,钳口隔距可自行调节,故又称为弹性钳口,如图7-6所示。

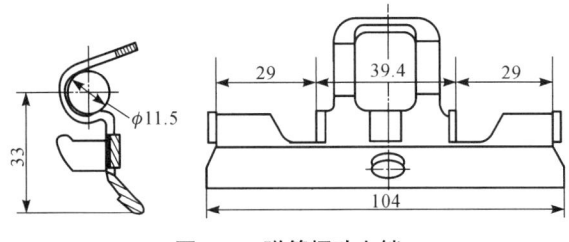

图7-5 弹簧摆动上销

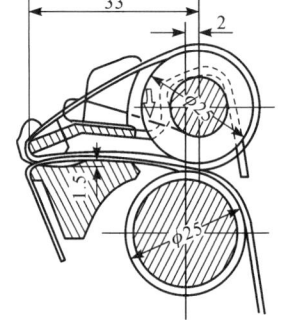

图7-6 弹性钳口

(6)隔距块。上销中央装有隔距块,作用是确定胶圈钳口的初始隔距。隔距块可根据不同的纺纱线密度进行调换,以适应不同的纺纱需要。纺纱线密度与隔距块厚度之间的关系见表7-1。不同厚度的隔距块通常采用不同的颜色进行区分。

表7-1 隔距块选择

线密度/tex	19以下	20~32	36~58	58以上
隔距块厚度/mm	2.5	3.0	3.5	4.0
颜色	黑	红	天蓝	橘黄

(7) 胶圈张力装置。在三上三下长短胶圈牵伸时使用。为了保证下胶圈(长胶圈)在运转时保持良好的工作状态,在罗拉座的下方装有张力装置图 7-2(a)所示。张力装置利用弹簧把下胶圈适当拉紧,从而使下胶圈紧贴下销回转。

(8) 加压机构。加压机构是牵伸装置的重要组成部分,其作用是满足实现牵伸的条件,在牵伸过程中有效地控制纤维运动,保证牵伸过程的顺利进行,防止须条滑溜并改善条干均匀度。现广泛采用弹簧摇架加压和气动摇架加压。

① 弹簧摇架加压。YJ200-145 型弹簧摇架如图 7-7 所示。弹簧摇架加压具有加压释压方便、压力调节简单、加压量较大等优点,主要缺点是使用日久弹簧塑性变形,压力有衰退现象,压力不够稳定,并存在锭间压力差异。因此,必须加强日常测定、检修和保养工作。

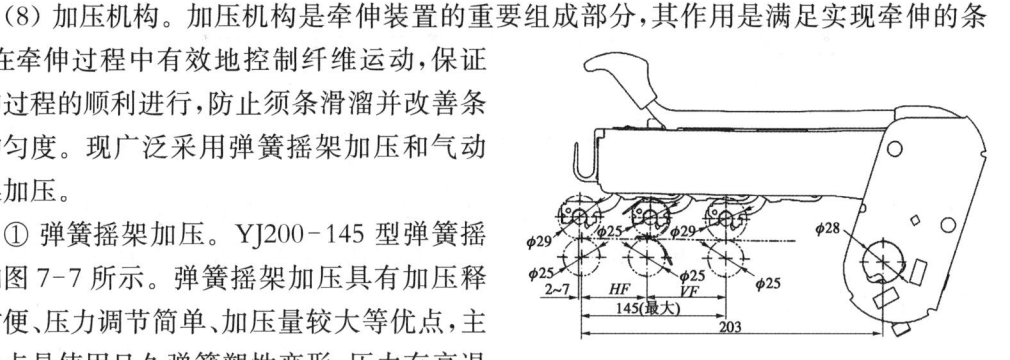

HF—前中下罗拉中心距　VF—中后下罗拉中心距

图 7-7　YJ200-145 型弹簧摇架结构

② 气动加压。气动加压以净化的压缩空气为压力源进行加压。QYJ300-145 型气动摇架如图 7-8 所示。气动加压的特点是既保持了弹簧摇架加压的优点,又克服了弹簧使用日久疲劳衰退的缺点;压力大小可无级调节,调压方便且可以微调;加压稳定、充分,适应"重加压"的工艺要求;吸振能力强,适应机器高速运转的要求;停车时可以保持半释压或全释压状态,既防止了胶辊上产生压痕,延长了胶辊的使用寿命,又可以阻止细纱捻回进入牵伸区;避免了开关车时钳口下纱条的位移,降低了再开车时产生断头,利于成纱质量的提高。

HF—前中下罗拉中心距　VF—中后下罗拉中心距

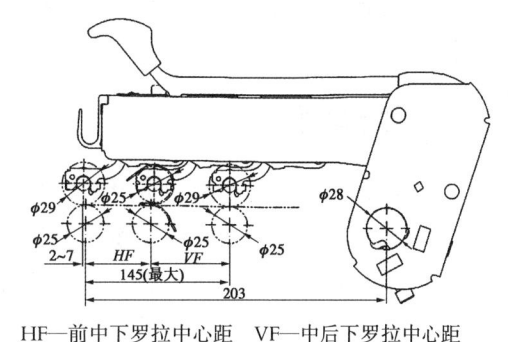

图 7-8　QYJ300-145 型气动摇架结构

(9) 集合器。集合器的作用是收缩牵伸过程中带状须条的宽度,减小加捻三角区,使须条在比较紧密的状态下加捻,使成纱结构紧密、光滑、减少毛羽和提高强力。此外,集合器还能阻止须条边缘纤维的散失,减少飞花,有利于减少绕胶辊、绕罗拉现象,从而降低细纱断头,并节约用棉。

集合器按其外形和截面不同分为梭子形、框形等,按其挂装方式分为吊挂式和搁置式;此外还有单锭用和双锭用之分。如图 7-9 所示,其中(a)为梭子形,单锭两边吊挂;(b)为框形,双锭联用。

生产中,应根据纱线线密度选用不同口径的集合器。如果使用不当,在生产过程中,集合器会出现"跳动"或"翻转"现象,造成纱疵增加、成纱条干质量下降、毛羽和断头增加等缺陷。

(10) 断头吸棉装置。采用断头吸棉装置的目的是在细纱生产中出现断头后,能够立即吸走前罗拉钳口吐出的须条,消除飘头而造成的连片断头;减少绕罗拉、绕胶辊现象,使

(a) 梭子形　　　　　　　　　　(b) 框形

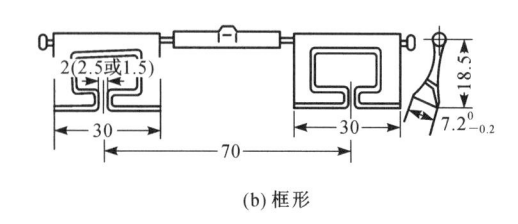

图 7-9　细纱机前区集合器

细纱断头大大降低；减少了毛羽纱和粗节纱，提高成纱质量；降低车间的空气含尘量，改善劳动条件。注意控制车尾储棉箱风箱花的积聚，确保前罗拉钳口前下方的笛管内呈一定的负压而能正常工作。

技能训练

1. 在实习车间认识细纱机，绘制其牵伸机构简图，并对细纱牵伸装置、元件进行拆装、调校。

课后练习

1. 细纱机喂入部分组成及其作用是什么？
2. 细纱机牵伸形式有哪些类型？分别画示意图，并标明主要机构名称。
3. 上销和下销的作用是什么？弹性钳口是如何形成的？

任务 7.3　细纱机牵伸工艺分析

工作任务

1. 讨论细纱前区牵伸应重点控制的方面。
2. 比较双短皮圈和长短皮圈牵伸优缺点。
3. 分析细纱出硬头的主要原因及调整方法。
4. 讨论粗纱捻回在细纱牵伸中的问题与作用。
5. 讨论粗纱"重定量、大捻度"时细纱后区工艺的调整方法。

知识要点

1. 细纱牵伸前区、后区工艺控制要点。
2. 细纱牵伸前区、后区主要牵伸工艺。

目前国产细纱机普遍采用的是三罗拉双胶圈牵伸机构，分为前区牵伸和后区牵伸。

细纱牵伸装置直接关系到成纱质量。由于结构与工艺配置不同,不同牵伸装置的牵伸能力和细纱质量水平都有较大的差异。

1 前区牵伸工艺

细纱牵伸装置的前区采用双胶圈牵伸。双胶圈牵伸在胶圈中部和胶圈钳口处具有合理的摩擦力界分布,如图7-10所示。利用双胶圈牵伸的上、下胶圈工作面与须条(纤维)直接接触,有效地增强了牵伸区中部摩擦力界的强度和幅度,加强了对浮游纤维运动的控制,促使浮游纤维运动的变速点更集中,提高成纱的条干质量。在胶圈钳口对纤维实施柔和控制,其开口大小能随须条粗细作适当调整,故既能控制短纤维运动,又能保证前罗拉钳口握持的纤维顺利抽出,牵伸波动小。

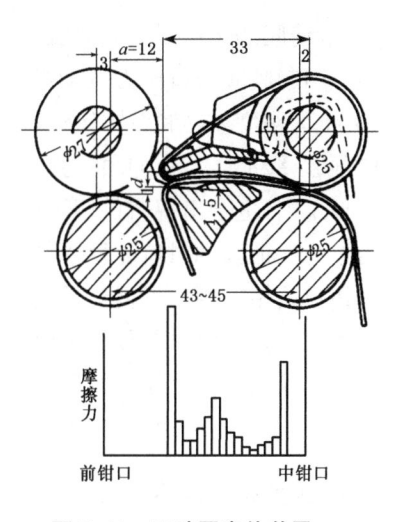

图7-10 双胶圈牵伸装置摩擦力界分布

1.1 自由区长度

自由区长度是指胶圈钳口至前罗拉钳口间的距离。缩短自由区长度,就意味着减少了自由区中未被控制的短纤维数量,使牵伸区中部摩擦力界分布的薄弱区域缩小,因而加强了对浮游纤维运动的控制。虽然牵伸中纱条在自由区中变扁变薄,纤维数量少而扩散,但由于绝大部分浮游纤维在变速前受控制于胶圈钳口,受到的控制力较强且稳定,阻止了其提前变速,从而使浮游纤维的变速点向前钳口靠近且集中,有利于纤维变速点分布稳定,如图7-11所示。

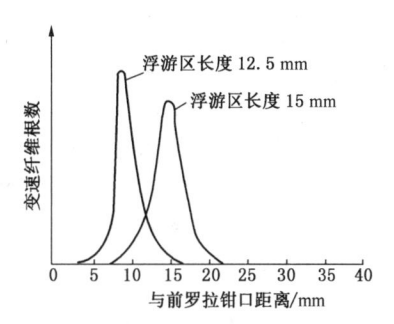

图7-11 浮游区长度与纤维变速点分布

生产中缩短自由区长度的主要措施:采用双短胶圈;减小销子前缘的曲率半径;选用较小的销子钳口隔距;使用薄、软的胶圈等。另外,减小集合器的外形尺寸、前胶辊前移、适当减小前胶辊直径等措施,也有利于缩短浮游区长度。

但自由区长度的缩短要依据牵伸纤维的长度及其整齐度、胶辊的硬度及可加压的量来定。否则须条在前钳口下打滑而产生"硬头"。例如,制精梳纯棉纱、混纺纱、化学纤维纯纺纱时,由于纤维长度较长,整齐度好,此时的自由区长度应该适当放大。如果自由区长度过小,会引起牵伸力剧增、握持力难以满足牵伸力的要求,反而造成不良后果。弹簧摆动销牵伸装置的自由区长度可缩小到12 mm左右。

1.2 胶圈钳口

胶圈钳口为弹性钳口(图7-6),上销能在一定范围内上、下摆动,这样既有胶圈的弹性作用,又有上销子自身的弹性自调作用,可以适应喂入纱条粗细和胶圈厚薄、弹性不匀的变化，使胶圈钳口压力波动减小，牵伸波动缓和，有利于改善条干。

引起胶圈钳口压力波动的主要因素是喂入纱条粗细的变化、胶圈厚薄不匀、弹性大小、抗弯刚度差异和胶圈运动的不稳定。当胶圈钳口通过较粗的须条时，弹性上销会被略微顶起，缓冲了对牵伸须条弹性压力的急剧增加，防止条干恶化、出"硬头"。若钳口参数选择不当，也会出现钳口摆幅过大，甚至产生"张口"现象，反而削弱了胶圈钳口的控制能力。为保证弹性钳口能发挥良好的工艺作用，生产中必须正确选择合理的弹簧起始压力和钳口原始隔距。根据实际生产实践，在纺制中、细特纱时，弹簧起始压力取 8～10 N/双锭为宜。弹性钳口的隔距块厚度应根据纺纱线密度、胶圈厚度和弹性、上销弹簧压力、纤维长度及其摩擦性能以及前罗拉加压条件等确定，一般粗特纱为 3.2～4 mm，中特纱为 2.5～3 mm，细特纱为 2.5 mm。

1.3 前罗拉钳口加压量

罗拉钳口加压是确保胶辊、罗拉钳口对须条有足够大的握持力，握持力要大于牵伸力。若握持力小于牵伸力，须条就会在钳口下打滑，轻则造成条干不匀，重则使须条不能被抽长拉细而出"硬头"，既恶化了成纱条干，又降低了牵伸效率。

胶辊加压后，钳口下的须条和胶辊包覆物同时产生变形，变形情况如图 7-12 所示。前钳口下的须条宽度 L 和厚度 δ 都小，使胶辊压力作用在胶辊与罗拉接触部分的比例最大。因此，在同样的压力下，前罗拉钳口的握持力远比中、后罗拉钳口小；并且当增大罗拉加压量时，前、中、后罗拉钳口的握持力虽然都增大，但因钳口下握持须条的粗细和几何形态不同，前罗拉钳口的握持力的增幅也小于中、后罗拉钳口，如图 7-13 所示。

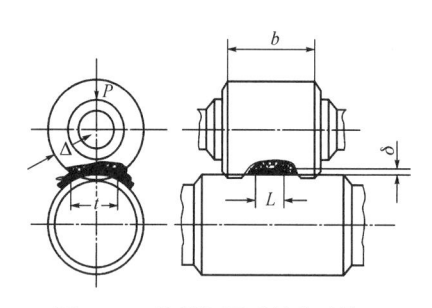

图 7-12 胶辊加压后的变形情况

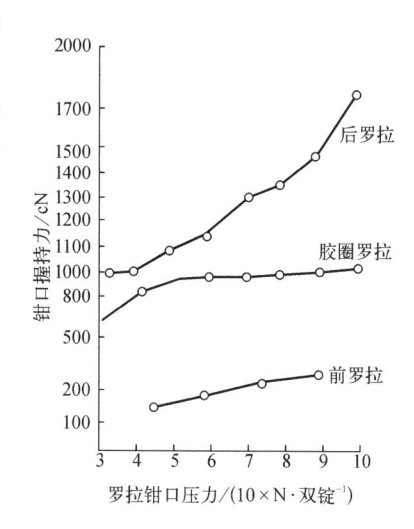

图 7-13 罗拉加压与钳口握持力的关系

增加罗拉握持力的措施有以下几点：

（1）增大胶辊压力。这是生产中增加握持力的简单而有效的方法。加压增大，胶辊对须条的实际压力增大，握持力也就随之增加。但胶辊上加压又不宜过重，以防止引起胶辊变形和罗拉的弯曲、扭振，进而造成成纱的规律性条干不匀，甚至引起牵伸部分传动齿轮爆裂及耗电量增加。

（2）改变胶辊包覆材料与几何尺寸。胶辊的丁腈橡胶有软、硬之分。在同样的加压下采用低硬度的软胶辊，其弹性变形量大，虽然使实际作用在须条上的压力变小，但对须条的握持长度加大、对边纤维的控制作用增强,反而增大了对须条的握持力,且缩短了前区的自由区长度,有利于降低条干不匀率;硬胶辊对须条的握持长度小、对边纤维的控制作用弱,不利于降低条干不匀率。

另外,在同样的加压下采用大直径胶辊,可得到钳口对须条较大的握持长度;适当减短胶辊宽度,可减小胶辊与罗拉接触部分的压力,也可起到增加握持力的效果。

(3) 改变钳口下须条的几何形态。为增加钳口下须条受到的实际压力,可采用集合器、适当增大粗纱捻度等措施,把被握持须条的宽度收窄、厚度加大,有利于增加钳口对须条的握持力。

2 后区牵伸工艺

细纱机的后区牵伸一般为简单罗拉牵伸。后区牵伸的任务是负担一部分总牵伸,以减轻前区牵伸的负担,并为前区牵伸作好准备,保证喂入前区的须条具有均匀的结构和必要的紧密度,形成稳定的前区摩擦力界分布,以充分发挥胶圈对纤维运动的控制作用,减少成纱的粗细节,提高条干均匀度。

2.1 后区牵伸力与罗拉握持力

细纱 10~200 mm 片段的不匀主要产生在细纱机的后区,它影响到细纱的质量不匀率。由于胶辊、胶圈是靠罗拉摩擦传动的,如果上、下罗拉的表面速度不一致,会出现须条在后钳口内打滑现象,使后区牵伸倍数减小,纺出纱条偏重。若中罗拉握持力不足,则会导致胶圈的速度不匀和打滑,将影响成纱条干均匀度。因此,要降低后区产生的不匀,罗拉钳口必须具有足够而稳定的握持力,以适应牵伸力的变化,保证须条在钳口下不产生打滑现象。后区牵伸力随后区牵伸倍数不同而变化,如图 7-14 所示。

牵伸力最大时的牵伸倍数即临界牵伸倍数。小于临界牵伸倍数时,须条牵伸以纤维的伸直为主;大于临界牵伸倍数时,须条牵伸以纤维的相对滑移为主。随着前钳口下方的快速纤维数量不断减少,牵伸力减小,最后趋于缓和。临界牵伸倍数是随喂入须条和后区工艺变化而变化的。喂入须条定量重、罗拉隔距紧、加压大、粗纱捻系数大等,都会使牵伸力增大。

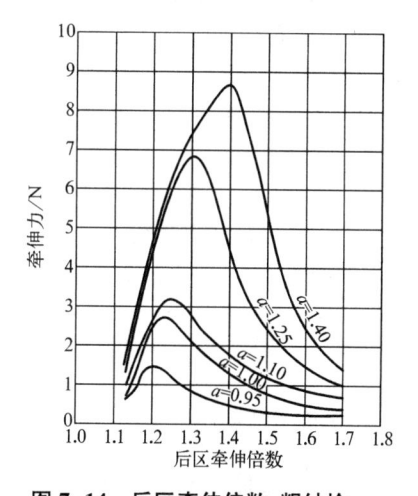

图 7-14 后区牵伸倍数、粗纱捻系数与牵伸力的关系

2.2 粗纱捻回的应用

(1) 有捻粗纱经牵伸后的捻回变化。因喂入的粗纱具有一定的捻度,在牵伸工艺合理的情况下,后牵伸区须条上的捻回分布从后罗拉钳口到中罗拉钳口逐渐变稀。但当后区牵伸工艺配置不当时,因须条粗段抗扭转矩较大,细段抗扭转矩较小,在牵伸力的作用下,使得须条粗段分布的捻回比正常时的少,而细段比正常时的较多,即捻回从粗片段向细片段转移,前钳口附近集中大量捻回的现象称为捻回重新分布现象。严重的捻回重新分布现象会造成后牵伸区中罗拉钳口附近须条上捻回增多须条紧密,牵伸力陡增,导致牵伸不开。

(2)粗纱捻回的应用。在简单罗拉牵伸区中利用粗纱捻回产生附加摩擦力界来控制纤维运动是有效的。配以合理的后区牵伸工艺,将捻回重分布现象限制在极小范围内,使得后区牵伸后的须条保留部分捻回。这样,当带有剩余捻回的须条进入前牵伸区时,牵伸须条联系紧密而不发生分裂,被上、下胶圈握持而不会发生翻动,后纤维对浮游纤维的控制力大于前纤维的引导力,使纤维变速推迟,纤维的变速点稳定、集中,有利于提高成纱条干。

2.3 后区牵伸倍数

当总牵伸倍数较小时,宜选择比临界牵伸倍数小的后区牵伸倍数;当总牵伸倍数较大时,宜选择比临界牵伸倍数大的。总之要避开临界牵伸倍数。一般选用的后区牵伸倍数在1.05~1.5,V形牵伸后区牵伸倍数为1.3~2.0。

在纺制不同用途的纱线时,需要根据纱线用途及质量要求设置细纱牵伸工艺参数。针织纱与机织纱相比,对纱线条干均匀度的要求更高,前牵伸区要充分利用粗纱的捻回形成合理的摩擦力界分布,更好地控制纤维运动,有利于提高成纱条干;同时要避免后牵伸区产生捻回重分布,所以必须将粗纱工艺与细纱后工艺协调考虑,形成"二大二小"的工艺原则。二大是指:适当增大粗纱捻系数;适当增大细纱后区罗拉隔距;二小是指:减小粗纱总牵伸倍数,以增大粗纱强力,减小粗纱意外伸长;减小细纱后区牵伸倍数以避免发生捻回重分布。细纱后区牵伸工艺参数参见表7-2。

表7-2 后区牵伸工艺参数

项目	纯棉	
	机织纱工艺	针织纱工艺
细纱后区牵伸倍数	1.12~1.40	1.04~1.3
细纱后区罗拉中心距/mm	44~56	48~60
粗纱捻系数(线密度制)	100~120	100~120

3 V形牵伸

V形牵伸装置是一种比较先进的牵伸装置,如图7-15所示,它是以上抬后罗拉,后置后胶辊,使须条在后罗拉表面形成曲线包围弧,增大了牵伸区候补摩擦力界强度,加强了后区牵伸过程中对纤维的控制。后区有捻须条从前端到后端呈V字形进入前区,因而被称为V形牵伸装置。这样后罗拉前移,中、后罗拉中心水平距离

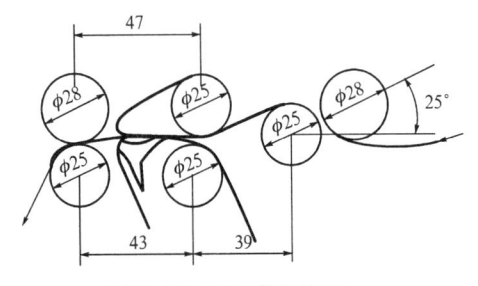

图7-15 V形牵伸装置

缩短为 40 mm 左右(适于纺棉型化学纤维);V 形牵伸摩擦力界分布更合理,对纤维运动的控制能力强,故 V 形牵伸的后区牵伸倍数可适当偏大选择,以 1.5 倍以下为宜。V 形牵伸细纱机的后牵伸区改善了进入前牵伸区须条的结构及均匀度,为提高成纱质量创造了条件。

4 粗纱重定量、大捻系数对细纱工序的工艺要求

在传统细纱工艺中,粗纱多选用"轻定量、适中捻度"。采用粗纱重定量,这对细纱的牵伸能力和成纱质量产生了根本性的影响。首先,粗纱定量加重后,在纺制同特细纱时,要求细纱机有更高的牵伸能力。同时,由于牵伸区内纤维数量增多,必须保证有更大的握持力与牵伸力相适应,因而要求加压装置有足够大的压力,并且压力更可靠、更稳定;其次,增加捻度就必然要求细纱后区工艺能避免粗纱捻回重分布。

V 形牵伸形式,能较好地利用喂入的粗纱条在后罗拉包围弧,控制须条不翻滚、捻度不传递,进而增强和扩展后钳口处的摩擦力界,特别是进入中罗拉钳口后纱条能在剩余捻回和引导力共同作用下以较紧密状态进入前区,使控制纤维能力加强,在相同成纱质量水平前提下可加大粗提纱定量和捻度,较其他牵伸形式有更强的牵伸能力和适应性。粗纱定量可从 4.2 g/(10 m) 提高至 6.0 g/(10 m),捻系数从 105 提高到 120,纺纱线密度由 14.5 tex 降至 5.8 tex。但纺细特纱时,后区牵伸仍不宜过大,最好小于 1.35 倍,否则会造成后区中粗纱解捻过多、进入前区的须条剩余捻回减少,不利于保持前区粗纱条良好的圆整度,削弱对浮游短纤维的控制。在实际生产中,多数厂家在选用粗纱"重定量、大捻度"工艺时,细纱工艺均配备较大的后区隔距和较小的后区牵伸倍数,防止粗纱捻回重分布。

技能训练

1. 完成指定品种的细纱机前、后区牵伸工艺设计。

课后练习

1. 细纱机前区牵伸工艺包含哪些方面?
2. 什么是自由区长度?自由区长度对牵伸质量有何影响?控制自由区长度的主要措施有哪些?
3. 什么是粗纱捻回重分布?如何解决?

任务 7.4　细纱机加捻卷绕部分机构特点及工艺要点

工作任务

1. 讨论锭子、钢领、钢丝圈等加捻卷绕元件的作用。
2. 从细纱加捻方式,分析环锭纱的成纱结构特点。

3. 讨论细纱捻系数选择的依据。
4. 讨论细纱卷装形式和要求。
5. 说明细纱实现卷绕的条件。

> **知识要点**
>
> 1. 细纱加捻的实质及成纱结构特点。
> 2. 细纱捻系数选择的依据。
> 3. 细纱加捻卷绕元件及作用。
> 4. 细纱卷绕成形要求及机构。

1 细纱的加捻

1.1 细纱的加捻过程与成纱结构

细纱机前罗拉钳口输出的须条只有经过加捻、改变须条结构后，才能成为具有一定强力、弹性、伸长、光泽与手感的细纱。细纱的加捻过程如图 7-16 所示，前罗拉 1 输出的纱条经导纱钩 2，穿过活套于钢领 5 上的钢丝圈 4，绕在紧套于锭子上的筒管 3 上。锭子或筒管的高速回转，借纱线张力的牵动，使钢丝圈沿钢领回转。此时纱条一端被前罗拉钳口握持；另一端随钢丝圈绕自身轴线回转。钢丝圈每转一圈，纱条便获得一个捻回。

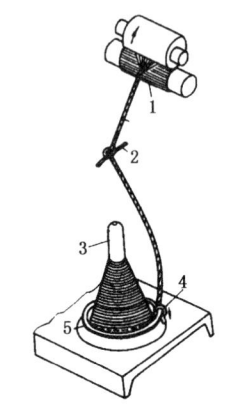

1—前罗拉　2—导纱钩　3—筒管　4—钢丝圈　5—钢领

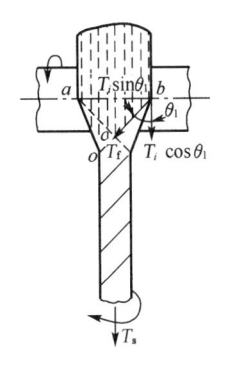

图 7-16　细纱加捻过程

图 7-17　纱条的加捻

加捻的实质就是使纱条内原来平行伸直的纤维发生一定规律的扭转，提高纤维彼此间的联系，确保成纱满足要求的强力。如图 7-17 所示，经前罗拉钳口输出的须条呈扁平状，纤维平行于纱轴。钢丝圈回转产生的捻回传向前钳口，使得钳口处须条围绕轴线回转，须条宽度被收缩，两侧逐渐折叠而卷入纱条中心，形成加捻三角区 abc。在加捻三角区内，产生纤维的内、外层转移。每一根纤维在加捻过程中都经过从外到内、从内到外的反复转移，使纤维之间的抱合力加大。纤维在纱条中呈空间螺旋线结构。若纱条中纤维一端被挤出须条边缘，便不能再回到须条内部，就会在纱条表面形成毛羽。

1.2 细纱捻系数与捻向的选择

细纱捻系数主要根据纱线的用途和最后成品的要求选择,可从以下几方面考虑:

(1) 细纱线密度。细特纱偏大选择,粗特纱偏小选择。

(2) 细纱类别。一般情况下,同线密度经纱的捻系数比纬纱大10%～15%;普梳纱的捻系数大于精梳纱;针织用纱捻系数一般接近机织纬纱捻系数;汗布纱的捻系数大于棉毛纱;起绒织物与股线用纱的捻系数可偏低。

(3) 纤维原料性能:纤维越长、线密度越细、强力越大,细纱捻系数偏小选择;棉纤维纱线的捻系数大于化纤纱。

生产中,在保证产品质量的前提下,细纱捻系数可偏低掌握,以提高细纱机的生产效率。

常用细纱品种的捻系数选择可参考表7-3。

表7-3 常用细纱品种的捻系数

棉纱品种	线密度/tex	经纱	纬纱
普梳机织用纱	8.4～11.7	340～400	310～360
	12.1～30.7	300～380	300～350
	32.4～194	320～360	290～340
精梳机织用纱	4.0～5.3	340～400	310～360
	5.3～16	330～390	300～350
	16.2～36.4	320～370	290～340
普梳针织、起绒用纱	10～9.7	不大于320	
	32.8～83.3	不大于310	
	98～197	不大于300	
精梳针织、起绒用纱	13.7～36	不大于310	
涤/棉纱	单纱织物用纱	330～370	
	股线织物用纱	310～360	
	针织内衣用纱	300～330	
	经编织物用纱	370～400	

细纱的捻向亦视成品的用途和风格需要而确定。为方便操作,生产中一般采用Z捻。当经纬纱的捻向不同时,织物的组织容易突出。在化学纤维混纺织物中,为了使织物获得隐条、隐格等特殊风格,常使用不同捻向的经纱。

2 细纱加捻卷绕元件

细纱加捻卷绕元件主要有锭子、筒管、钢领、钢丝圈、导纱钩和隔纱板等。加捻卷绕元件是否能够适应高速,是细纱机实现高速生产的关键。

2.1 锭子

锭子作为高速运转件,要求运转平稳、振幅小,使用寿命长,功率消耗少,噪声低,承载能力大,结构简单可靠,易于保全保养。

锭子由锭杆、锭盘、锭胆、锭脚和锭钩等部分组成。

(1) 锭杆。锭杆作为高速回转轴,上部与筒管相配合,起支承、定位作用;底部做成锥形锭尖,以实现高速运转。

(2) 锭盘。锭盘紧套在锭杆的中部,呈钟鼓形,接受锭带的传动。

(3) 锭胆。锭胆作为锭子的支承结构部件,目前广泛采用的是弹性支承高速锭子。图7-19 中,(a) 所示为分离式弹性支承高速锭子,(b) 所示为连接式弹性支承高速锭子。

(4) 锭脚。锭脚是整个锭子的支座,兼作储油装置,它由螺母紧固在龙筋上。

(5) 锭钩。锭钩由铁钩和铁板组成,起到防止高速回转时锭子跳动的作用,并可以防止拔管把锭杆拔出锭脚。

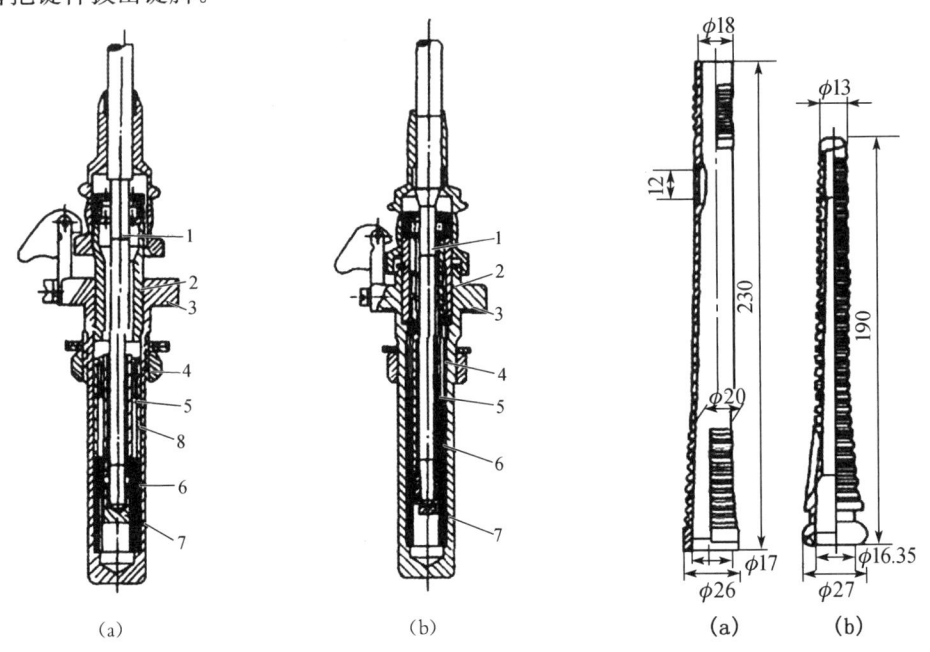

1—锭杆　2—支承　3—锭脚　4—弹性圈　5—中心套筒　6—圈簧　7—锭底

图 7-18　锭子

图 7-19　细纱筒管

2.2 筒管

细纱筒管有经纱筒管和纬纱筒管两种,如图 7-19 所示。一般使用塑料筒管,其优点是制造工艺简单,结构均匀,规格一致,耐磨性好。

2.3 钢领

钢领是钢丝圈回转的轨道,钢丝圈在高速回转时,其线速度可达 $30\sim45$ m/s。由于离心力的作用,钢丝圈的内脚紧贴钢领的内侧圆弧(俗称跑道)滑行,如图 7-20 所示。钢领与钢丝圈两者之间配合良好与否,便成为影响细纱机高速大卷装的主要因素。为

此,生产中对钢领的要求如下:

(1) 钢领表面有较高的硬度和耐磨性能,以延长钢领的使用寿命。

(2) 跑道表面要进行适当处理,使钢领与钢丝圈之间具有均匀而稳定的摩擦系数,以利于控制纱线张力和稳定气圈形态。

(3) 钢领截面(尤其是内跑道)的几何形状要适合钢丝圈的高速回转。

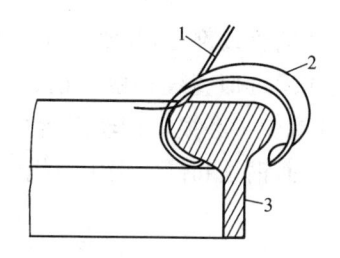

1—纱线 2—钢丝圈 3—钢领

图 7-20 纱线、钢领、钢丝圈接触状态

钢领有平面钢领和锥面钢领两种。

2.3.1 平面钢领

平面钢领可分为高速钢领和普通钢领两种。

(1) 高速钢领。PG1/2 型(边宽 2.6 mm),适纺细特纱;PG1 型(边宽 3.2 mm),适纺中特纱。

(2) 普通钢领。PG2 型(边宽 4 mm),适纺粗特纱。

各种型号平面钢领的截面几何形状如图 7-21 所示,(a)为 PG2 型钢领,(b)为 PG1/2 型钢领,(c)为 PG1 型钢领。

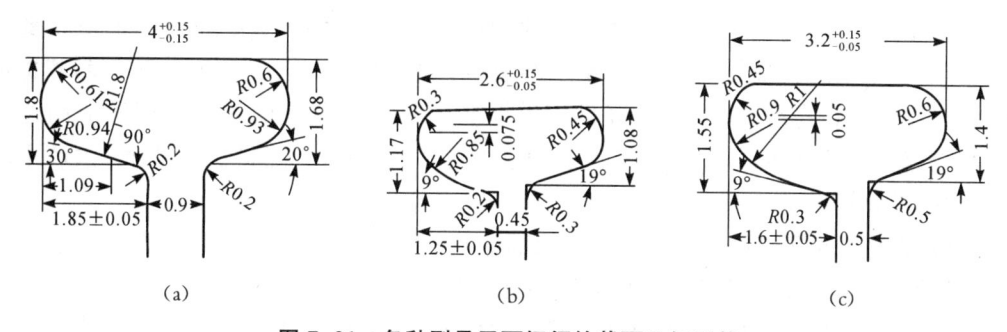

图 7-21 各种型号平面钢领的截面几何形状

从图 7-21 可看出,相比于普通钢领,高速钢领具有以下特点和区别:

(1) 高速钢领的内跑道由多段圆弧连接而成,运转中钢丝圈与之接触点位置高、接触弧长,有利于钢丝圈的散热且耐磨。

(2) 高速钢领的颈壁薄,内跑道深,减少了钢丝圈脚碰内壁的机会,使钢丝圈在回转时的倾斜活动范围适当,减少了钢丝圈被楔住的机会,因而稳定了纺纱张力。

(3) 高速钢领的边宽较小,可使钢丝圈线材的周长短。因此,其相对截面大、散热快、圈形小、重心低、运转灵活、接头轻。

2.3.2 锥面钢领

锥面钢领有 ZM6、ZM9 等型号,与钢丝圈为"下沉式"配合,如图 7-22 所示。钢领内跑道几何形状为近似

图 7-22 锥面钢领与钢丝圈的配合

双曲线的直线部分,与水平面呈55°倾角。钢丝圈的几何形状为非对称形,内脚长,与钢领内跑道近似直线接触。钢领与钢丝圈之间的接触面积大,压强小,有利于钢丝圈散热,并减少了磨损。钢丝圈运行平稳,适合高速,对纤维损伤小,有利于降低细纱断头。

平面钢领和锥面钢领与钢丝圈的配合如图7-23所示。

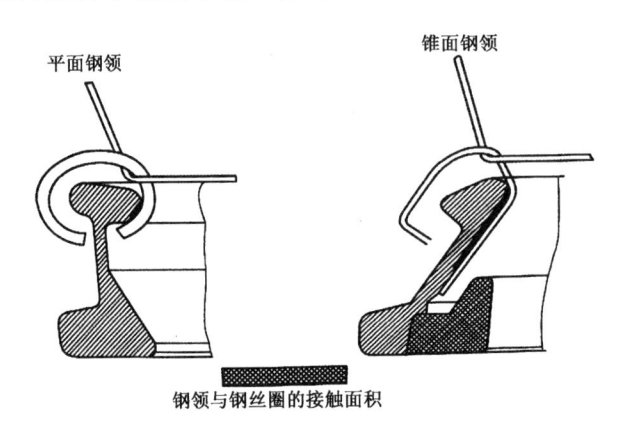

图7-23 平面钢领和锥面钢领与钢丝圈的配合

2.4 钢丝圈

钢丝圈虽小,但作用很大。它不仅是完成细纱加捻卷绕不可缺少的元件,更重要的是生产上通常采用调整与改变钢丝圈的型(几何形状)和号(质量)的方法来控制和稳定纺纱张力,以达到卷绕成形良好,降低细纱断头的目的。由于钢丝圈在钢领上高速回转,其线速度甚至可达到45 m/s,容易因磨损、烧毁、飞圈等产生断头。为此,生产中对钢丝圈的设计提出了如下要求:

(1) 钢丝圈的几何形状与钢领跑道截面的几何形状之间的配合要好,两者的接触面积应尽量大,以减少压强和磨损,提高散热性能。

(2) 钢丝圈的重心要低,以保证其回转的稳定性;钢丝圈的圈形尺寸、开口大小应与钢领的边宽、尺寸相配合,避免两脚碰钢领的颈壁;保证有较宽的纱线通道;钢丝圈的线材截面形状要利于散热和降低磨损。

(3) 钢丝圈线材的硬度要适中,应略低于钢领,富有弹性,不易变形,以稳定其与钢领的摩擦,并利用镀层的耐磨性延长钢丝圈的使用寿命和缩短走熟期。

钢丝圈的种类和型号分为平面钢领用钢丝圈和锥面钢领用钢丝圈两种,这里主要介绍平面钢领用钢丝圈。

平面钢丝圈的规格有型和号两个方面。

(1) 型(圈型)。型是指钢丝圈的几何形状。钢丝圈线速度在32 m/s及以下的是普通钢丝圈,有G、O、GO、OS等圈型;线速度在32 m/s以上的是高速钢丝圈,有OSS、FO、FU、BU、7201、6802、6903等圈型。几种钢丝圈的型如图7-24所示。

(2) 号。平面钢丝圈的号数用1000只同型号钢丝圈公称质量表示。根据质量的不同,从轻到重,依次用30/0、29/0、28/0……2/0、1/0、1、2……28、29、30表示。

除此之外,钢丝圈截面也有不同形状,如图7-25所示。

G型　　　　　O型　　　　　GS型

GO型　　　　FO型　　　　6903型

图 7-24　几种钢丝圈的型

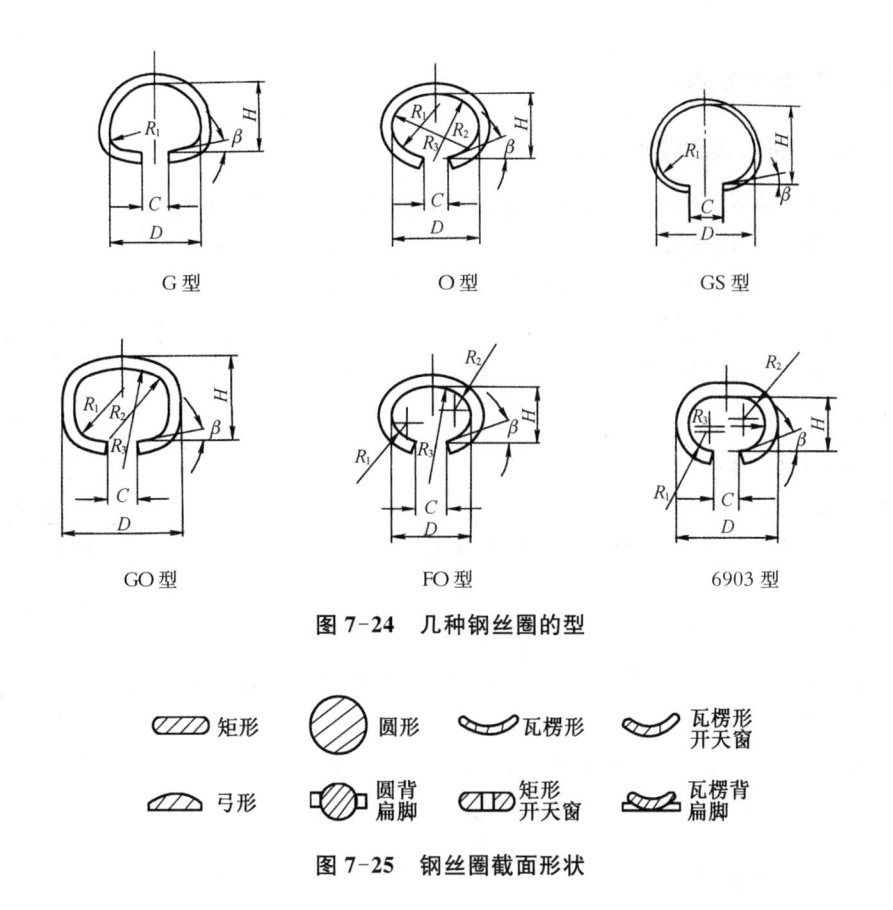

矩形　　圆形　　瓦楞形　　瓦楞形开天窗

弓形　　圆背扁脚　　矩形开天窗　　瓦楞背扁脚

图 7-25　钢丝圈截面形状

2.5　导纱钩

导纱钩的作用是将前罗拉输出的须条引向锭子的正上方,以便卷绕成纱。FA506型细纱机使用的导纱钩为虾米螺丝式,如图7-26所示。

导纱钩前侧有一浅刻槽,其作用是在细纱断头时抓住断头,不使其飘至相邻锭位而造成新的断头,又可将纱条内附有的杂质或粗节因气圈膨大而碰在浅槽处切断,以提高细纱质量。导纱钩后端有螺纹,可调节导纱钩前后、左右位置,实现锭子、钢领、导纱钩三心合一。

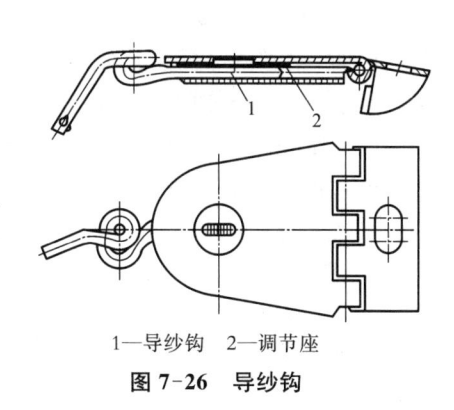

1—导纱钩　2—调节座

图 7-26　导纱钩

2.6　隔纱板

纺纱过程中,由于锭子高速回转,纱条在导纱钩和钢丝圈之间形成气圈。隔纱板的作用是防止相邻两气圈相互干扰和碰撞。隔纱板宜采用全封闭式,一般用薄铝或锦纶制成,表面力求光滑平整,以防止刮毛纱条或钩住纱条而造成断头。

3 细纱机的卷绕机构

3.1 细纱卷装的形式和要求

对细纱的卷绕成形的要求是卷绕紧密,层次分清,不互相纠缠,后工序高速轴向退绕时不脱圈,便于运输和储存。

细纱的卷绕成形由钢领、钢丝圈、锭子和成形机构共同完成,如图 7-27 所示。

要完成细纱管纱的圆锥形卷绕,钢领板的运动必须满足以下要求:

(1) 短动程升降,一般上升慢,下降快。

(2) 每次升降后应有级升。

(3) 管底成形,即绕纱高度和级升从小到大逐层增加。

在管底成形时,升降动程和级升动程从小到大逐层增加,直到完成管底成形,两参数达到正常值,这样可使管底成凸起形,以增加管纱容量。

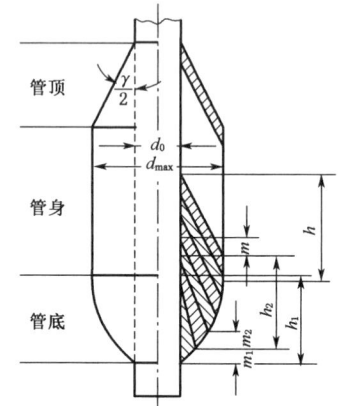

图 7-27 细纱圆锥形交叉卷绕

钢领板上升慢卷绕密,称为卷绕层;下降快卷绕稀,称为束缚层。利用稀密的不同,卷绕层与束缚层两层纱分层清晰,既防止退绕时脱圈,又增大了容纱量。

3.2 实现细纱卷绕的条件

由于钢丝圈在钢领上回转时受到摩擦阻力的作用,因此,钢丝圈的回转速度 n_t 落后于锭子的回转速度 n_s,两者之间的转速差 n_w 产生了卷绕,即单位时间内的卷绕圈数。与此同时,钢丝圈又随着钢领板做升降运动,使得细纱沿筒管的轴线方向进行圆锥形卷绕,形成一定的卷装形式。

(1) 卷绕速度方程。如果忽略捻缩的影响,要实现细纱的正常卷绕,必须使前罗拉输出线速度等于筒管卷绕线速度,即单位时间内前罗拉钳口输出的须条长度应等于筒管的卷绕长度,即:

$$v_f = \pi d_x n_w \tag{7-1}$$

卷绕速度又等于锭子速度与钢丝圈速度之差,即:

$$n_w = n_s - n_t \tag{7-2}$$

故

$$n_t = n_s - \frac{v_f}{\pi d_x}$$

式中:v_f 为前罗拉线速度,mm/min;d_x 为细纱卷绕直径,mm;n_w 为卷绕转速,r/min;n_s 为锭子转速,r/min;n_t 为钢丝圈转速,r/min。

由式(7-2)可知,对于圆锥形卷绕,由于每圈的卷绕直径 d_x 是变量,故钢丝圈在生产过程中的转速是随管纱卷绕直径变化而变化的。

(2) 钢领板的升降速度方程。由于细纱成形采用短动程圆锥形交叉卷绕,同层纱在各处的卷绕直径均不相同。若要保持圆锥度不变,应保证同一层纱的厚度一致,即卷绕节距不变。因此要求钢领板的升降速度随卷绕直径变化而相应变化,即钢领板升降速度应与卷绕圈数和节距相适应:

$$v_r = n \cdot \frac{v_f}{\pi d_x} \tag{7-3}$$

式中:h 为卷绕节距,mm/圈;v_r 为钢领板升降速度,mm/min;v_f 为前罗拉线速度,mm/min;d_x 为细纱卷绕直径,mm。

式(7-3)说明,在卷绕大直径时钢领板的升降速度应慢,卷绕小直径时钢领板的升降速度应快,即只有在钢领板升降速度与卷绕直径成反比时,才能保证同一层纱的卷绕节距相等。钢领板在一次短动程升降中的速度变化,是由成形凸轮外形曲线控制的。

3.3 细纱机的成形机构

根据细纱卷绕成形的要求,细纱机上设有成形机构。细纱机的成形机构有摆轴式和牵吊式两种。牵吊式成形机构如图 7-28 所示。

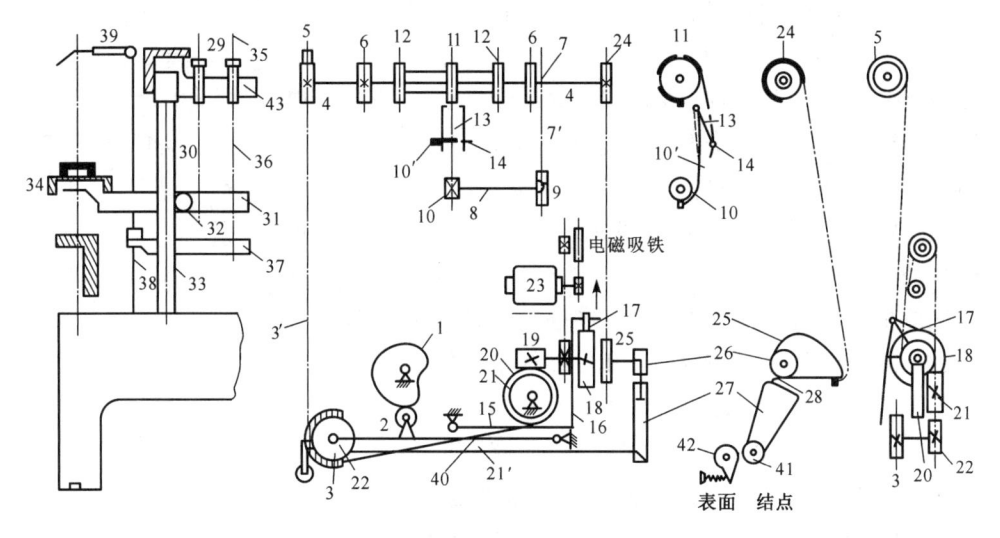

1—成形凸轮 2—成形摆臂 3—摆臂左端轮 3′,7′,10′,21′,28—链条 4—主分配轴
5,7,9,10,11,22,24—链轮 6—钢领板牵吊轮 8—下分配轴 12—导纱板牵吊轮 13—位叉
14—横销 15—小摆臂 16—推杆 17—撑爪 18—级升轮 19—蜗杆 20—蜗轮 21—卷绕链轮
23—小电动机 25—平衡凸轮 26—平衡小链轮 27—扇形链轮 29—钢领板牵吊滑轮
30—钢领板牵吊带 31—钢领板横臂 32—锦纶转子 33—主柱 34—钢领板 35—导纱板牵吊滑轮
36—导纱板牵吊带 37—导纱板横臂 38—导纱钩升降杆 39—导纱板 40—升降杆 41,42—扭杆

图 7-28 细纱机升降卷绕机构

(1) 钢领板的升降运动。卷绕机构的成形凸轮 1 在车头轮系传动下匀速回转,推动成形摆臂 2 上下摆动,通过摆臂左端轮 3 上的链条 3′拖动固装于上分配轴 4 上的链轮 5,使上分配轴做正反往复转动,因而固装在上分配轴上的左右钢领板牵吊轮 6,经牵吊

杆、钢领板牵吊滑轮 29 钢领板牵吊带 30,牵吊钢领板横臂 31。钢领板横臂上的锦纶转子 32,沿主柱 33 上下滚动,使机台两侧的钢领板 34 以主柱为升降导轨做短动程升降。

(2) 导纱板短动程升降运动。在成形凸轮 1 推动成形摆臂 2,使上分配轴 4 做正反往复转动时,上分配轴右侧钢领板牵吊轮 6 旁的链轮 7(两者固装为一整体),通过链条 7′拖动装在下分配轴 8 上的链轮 9,使下分配轴作正反向转动。固装在下分配轴上的链轮 10 通过链条 10′拖动活套在上分配轴上的链轮 11,链轮 11 和左、右两侧的导纱板牵吊轮 12 是一个整体,所以下分配轴的正反转动传到导纱板牵吊轮,再由导纱板牵吊轮,经牵吊杆、导纱板牵吊滑轮 35、导纱板牵吊带 36,带动导纱板横臂 37,分别牵吊机器两侧的导纱钩升降杆 38,使导纱板 39 做短动程升降。

(3) 钢领板、导纱板的逐层级升运动。钢领板、导纱板的级升运动由级升轮 18(也称为成形锯齿轮或撑头牙)控制。其级升运动是在成形摆臂 2 向上摆动时带动小摆臂 15 向上摆动实现的。小摆臂右端顶着推杆 16 上升,推杆上端有撑爪 17,撑动撑头牙做间歇转动,并通过蜗杆 19、蜗轮 20 传动卷绕链轮 21 间歇转过一个角度,然后通过链条 21′使链轮 22 间歇转动。链轮 22 与摆臂左端轮 3 为一整体。于是,摆臂左端轮不断地间歇卷取链条 3′的一小段,使钢领板和导纱板产生逐层级升运动。当成形摆臂向下摆动时,撑爪在撑头牙上滑过,不产生级升运动。

钢领板和导纱板升降轨迹如图 7-29 所示。

为了压缩小纱时的气圈高度、降低小纱气圈张力,导纱板采用的是变动程升降运动,即从管纱始纺开始,导纱板短动程升降和级升逐渐增大,管纱成形到 1/3 左右时,才恢复到正常值。为此,在链轮 10 和链轮 11 之间设置了位叉机构。位叉 13 在链条 10′的一个横销 14 上,在小纱始纺时,迫使链条 10′屈成折线,此时链轮 10 的正反向往复转动造成位叉 13 的来回摆动,而链轮 11 和导纱板牵吊轮 12 只作少量的往复转动,此时导纱板的升降动程较小。随着级升运动的继续,曲折的链条 10′被逐步拉直,到管纱成形约 1/3 处时,链条 10′上的横销 14 脱离位叉 13,此后位叉 13 便不再起作用。之后链轮 10 带动链轮 11、导纱板牵吊轮 12 带动导纱板作正常的升降运动和级升运动。

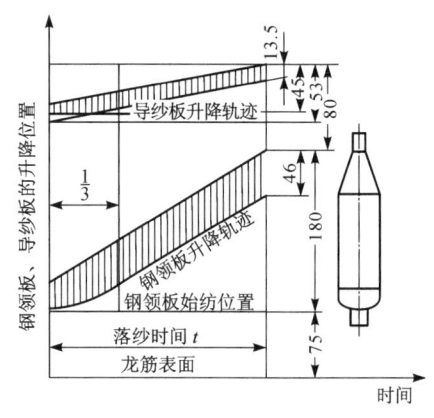

图 7-29 钢领板和导纱钩升降轨迹

(4) 管底成形。凸钉式管底成形机构如图 7-29 所示。在链轮 5 上装有管底成形凸钉,在凸钉处,链轮 5 的直径较大。当卷绕管底时,与凸钉接触的链条 3′随成形摆臂上、下运动同样的距离。由于此时链轮 5 的转动半径增大,从而使链轮 5 的回转角度(弧度)较小,因此上分配轴 4、钢领板牵吊轮 6 作较小的往复转动,结果使钢领板升降动程较卷绕管身时为小。当链条 3′逐层缩短,待链轮 5 的间歇转动使凸钉与链条 3′脱离接触后,钢领板的每次升降动程和级升恢复正常,此时便完成管底成形。

新型细纱机上,取消了成形机构,采用了电子凸轮,即用伺服电动机直接驱动成形机构,实现细纱卷绕成形。

技能训练

1. 在实习车间对照设备认识加捻卷绕元件及机构,完成加捻卷绕机构的维护与保养训练。
2. 针对某产品,进行细纱捻系数的选择。

课后练习

1. 细纱的加捻卷绕机构组成及其作用是什么?
2. 细纱加捻原理是什么?如何计算细纱捻度?细纱捻系数如何设计?
3. 隔纱板的作用是什么?如何调整隔纱板的位置?
4. 细纱卷装的形式和要求是什么?钢领板的运动应满足什么要求?

任务 7.5 细纱张力与断头

工作任务

1. 分析细纱断头的实质,掌握降低断头的主攻方向。
2. 分析气圈张力与形态的关系。
3. 分析影响纺纱张力的主要因素。

知识要点

1. 细纱断头的分类及规律。
2. 细纱断头的根本原因。
3. 细纱张力形成原因及影响因素。
4. 钢丝圈的选用方法。

1 细纱断头分析

1.1 细纱断头率

细纱断头率以千锭小时的断头根数表示,通过实际测量,再按下式计算得到:

$$细纱断头率[根/(千锭 \cdot h)] = \frac{实际断头根数 \times 1000 \times 60}{测定锭数 \times 测定时间(min)} \tag{7-4}$$

细纱断头标准:纯棉纱,50 根/(千锭·h)以下;8 tex 以下纯棉纱,70 根/(千锭·h)以下;涤/棉(65/35)纱,30 根/(千锭·h)以下。

1.2 细纱断头的实质

纱线轴线方向承受的力称为纱线张力。前罗拉到导纱钩之间的纱段称为纺纱段。纺纱段纱线具有的强力称为纺纱强力,纺纱段纱条承受的张力称为纺纱张力。在纺纱过程中,如纱线在某截面处的强力小于该处的张力时,就会发生断头,因此断头的根本原因是强力与张力的矛盾。

1.3 细纱断头的分类与断头规律

细纱的断头可分为成纱前断头和成纱后断头两类。成纱前断头指纱条从前钳口输出前的断头,即发生在喂入部分和牵伸部分,产生的原因主要有:粗纱断头、空粗纱、须条跑出集合器、集合器阻塞、胶圈内集花、纤维缠绕罗拉和胶辊等。成纱后断头是指纱条从前罗拉输出后至筒管间的这部分纱段在加捻卷绕过程中的断头,产生的原因包括:加捻卷绕机件不正常(如锭子振动)、跳筒管、钢丝圈楔住、钢丝圈飞圈、气圈形态不正常(过大、过小或歪气圈)、操作不良、吸棉笛管堵塞或真空度低、温湿度掌握不好等。另外,当由于原料性质波动大、工艺设计不合理、半制品结构不良等因素造成成纱强力下降、强力不匀率增加时,也会引起断头增多。

在正常条件下,成纱前的断头较少,生产中主要是成纱后断头。成纱后断头的规律如下:

(1) 一落纱中的断头分布,一般是小纱最多、大纱次之、中纱最少。断头较多的部位是空管始纺处和管底成形即将完成卷绕大直径位置以及大纱小直径卷绕处。

(2) 成纱后断头较多的部位在纺纱段(称为上部断头),在钢丝圈至筒管间断头(称下部断头)出现较少。但当钢领与钢丝圈配合不当时,会引起钢丝圈的振动、楔住、磨损、烧毁、飞圈等情况出现,也使下部断头有所增加。断头发生在气圈部分的机会很少,只有在钢领衰退、钢丝圈偏轻的情况下,才会因气圈凸形过大撞击隔纱板,而使纱条发毛或弹断。

(3) 在正常生产情况下,绝大多数锭子在一落纱中没有断头,只在个别锭子上出现重复断头,这是由于机械状态不良而造成纺纱张力突变而引起的。

(4) 当锭速增加或卷装增大时,纺纱张力也会随着增大,断头一般也随之增加。

除了以上规律外,气候和温湿度的变化,也会造成车间发生大面积的断头。另外,当配棉调整、纤维的性质(长度、线密度、品级等)变化较大时,如果工艺参数调整不及时,也会增加断头。

2 气圈的形成与张力的产生

2.1 气圈的形成

导纱钩至钢丝圈之间的纱线,以钢丝圈的速度围绕锭轴高速回转,使纱线围绕锭轴向外张开,形成一个空间封闭的纺锤形曲线,称之为气圈。气圈起到卷绕每层纱小直径时储存纱条、卷绕大直径时释放纱条,稳定纺纱张力的作用。

2.2 细纱张力的产生

2.2.1 纱线张力分析

细纱在加捻卷绕过程中,纱线要拖动钢丝圈回转,必须克服钢丝圈和钢领间的摩擦力以及导纱钩、钢丝圈给予纱线的摩擦力,还要克服气圈段纱线回转时所受的空气阻力等,因此,就使纱线要承受相当大的张力。适宜的纺纱张力是正常加捻卷绕所必需的,且可以改善成纱结构、减少毛羽、提高管纱的卷绕密度、增加管纱的容纱量。但如果张力过大,就会使细纱断头增加、产质量下降、动力消耗增多;而张力过小,则使管纱成形松烂、成纱强力低。如果气圈凸形太大,还会使断头增多。因而讨论纺纱张力具有重要的意义。

不同纱段的张力是不同的,在加捻卷绕过程中,纱线的张力可分为三段。前罗拉至导纱钩这段纱线的张力称为纺纱张力 T_S;导纱钩至钢丝圈这段纱线的张力称为气圈张力,其中气圈在导纱钩处的张力称为气圈顶部张力 T_0,气圈在钢丝圈处的张力称为气圈底部张力 T_R;钢丝圈到筒管间卷绕纱段上的张力称为卷绕张力 T_W。

在加捻卷绕过程中,卷绕张力最大,气圈顶端张力次之,气圈底部张力再次之,纺纱张力最小。这几个张力之间存在关联性,研究纺纱张力,可以从气圈底部张力 T_R 入手,气圈底部受力如图 7-31 所示。

2.2.2 纱线张力的影响因素

(1) 钢丝圈质量。钢丝圈质量与纱线张力成正比,这是由于钢丝圈的离心力与钢丝圈质量成正比。钢丝圈质量大,纺纱张力就大;钢丝圈质量小,纺纱张力就小,钢丝圈质量太小时,气圈形态就显得不稳定。在日常生产中,通常利用调节钢丝圈的质量(号数)来调节纱线张力。

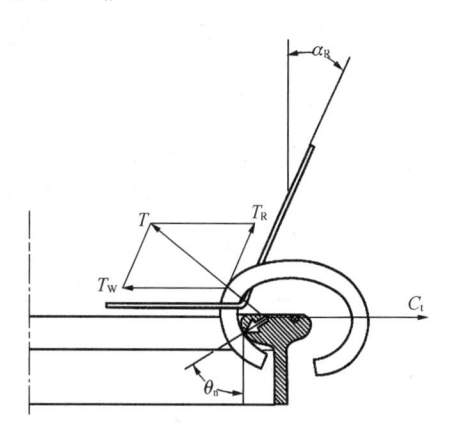

图 7-31 气圈底部受力

(2) 钢领与钢丝圈之间的摩擦系数。钢领、钢丝圈之间的摩擦系数 f 与纱线张力成正比,f 的大小主要取决于钢领的摩擦性能。钢领使用日久,摩擦性能衰退,摩擦系数降低,张力减小,使气圈膨大而造成气圈断头。

(3) 钢领半径。钢领半径与气圈张力成正比,因此,当增大卷装、加大钢领直径时,会使纱线张力增加。

(4) 纱线卷绕直径。当钢领直径一定时,卷绕直径随钢领板升降而变化,钢领板从下部位置运动到上部位置,卷绕直径由大变小。卷绕直径的变化主要影响卷绕角的变化,卷绕直径小时,卷绕角小,故气圈底部张力大,卷绕直径大时则相反。

所以在钢领板的每一次短动程升降中,钢领板在下部位置(卷绕直径大)时,卷绕张力小;钢领板上升到上部位置(卷绕直径小)时,卷绕张力大。

(5) 锭子速度。锭速增加,即钢丝圈的回转速度增加,钢丝圈回转所产生的离心力增加,同时气圈回转速度增加又使空气阻力相应增加,因此,纱线张力显著增加。锭速增加后,气圈回转所产生的离心力增加,会引起气圈的凸形增大,但锭速增加时,纱线张力以钢丝圈回转速度的平方的比例增加。因此,高速时气圈形态没有多大变化而纱线张力有显著变化。

2.2.3 一落纱过程中张力变化规律

图 7-32 所示为固定导纱钩时一落纱过程中纺纱张力 T_s 的变化规律。总的来说,小纱时气圈长、离心力大、凸形大,纺纱张力 T_s 大;中纱时气圈高度适中、凸形正常,T_s 小;而大纱时气圈短而平直,T_s 略有增大。

管底成形过程中,由于气圈长,气圈回转的空气阻力大,而且卷绕直径都偏小,因此张力大。随着钢领板的上升,张力 T_s 有减小的趋势。在管底成形完成后,卷绕直径变化起主导作用,因此在钢领板每一升降动程中,张力有较大变化。在大纱满管前,钢领板上升到小直径卷绕部位,由于气圈过于平直,失去弹性调节作用,也会造成张力剧增。

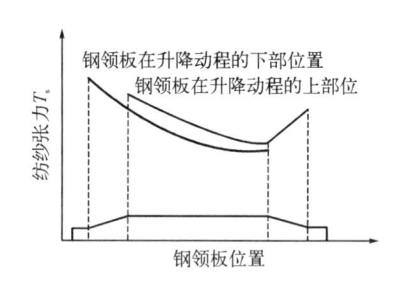

图 7-32 固定导纱钩时一落纱过程中纺纱张力 T_s 的变化规律

2.3 气圈形态与纱线张力

纱线张力与气圈形态之间有着密切的关系。纺纱张力大时,气圈形态变滞重,弹性小,圈形稳定。纺纱张力较小时,气圈形态膨大,弹性较好,当气圈最大直径大于隔纱板间距时,由于气圈与隔纱板的剧烈碰撞,气圈形态破坏,纺纱张力不稳定。因此,生产中常利用观察、控制气圈形态来调整纱线张力。

3 降低细纱断头

3.1 稳定纺纱张力

3.1.1 从设备设计的角度控制气圈形态

(1)导纱钩随钢领板做变动程升降运动。这样既可以压缩小纱最大气圈高度,又能增加大纱阶段气圈最小高度。

气圈形态与断头有密切的关系。小纱阶段,钢领板位置低,气圈高度较大,此时气圈凸形过大时,气圈最大直径超过相邻隔纱板之间的间距,就会引起气圈猛烈撞击隔纱板。这不仅会刮毛纱条、弹断纱线,而且会引起气圈形态剧烈变化和张力突变,使钢丝圈运动不稳定,容易发生楔住或飞圈断头;同时气圈凸形过大会使气圈顶角过大,如果纱线上有较大的粗节或结杂通过导纱钩时,气圈顶部更会出现异常凸形,纱线易于被导纱钩上的擒纱器缠住而造成气圈断头。大纱时,尤其大纱小直径卷绕时,气圈高度较小,容易引起纱气圈更趋平直,从而使气圈失去对张力波动的弹性调节能力。这时若出现突变张力,就很容易引起纱线通道与钢丝圈磨损缺口交叉,将纱线割断,或张力迅速传递到纺纱段弱捻区引起上部断头。

(2)使用气圈环控制气圈。

3.1.2 合理选用钢领、钢丝圈,稳定气圈形态

(1) 钢丝圈质量(号数)的选用。钢丝圈的选用应考虑如下因素:

① 钢领的新旧程度。新钢领使用时,表面摩擦系数高,所以钢丝圈宜偏轻掌握;使用半年左右时间的钢领,与钢领之间的摩擦系数降低,此时应增加钢丝圈的质量。

② 纺纱线密度。纺粗特纱时气圈回转的离心力大,气圈容易膨大,此时钢丝圈的选用宜偏重掌握,以利于稳定和控制气圈形态;而细特纱因强力较低,钢丝圈宜偏轻掌握,以利于缓和张力与强力的矛盾。

③ 钢领直径。钢领直径大时,气圈底端张力大,钢丝圈宜偏轻掌握,以降低纱条张力,维持正常气圈形态。

④ 锭子速度。纺同样线密度的纱,若锭速高,则纱条张力大,此时的钢丝圈宜偏轻掌握。

⑤ 温湿度变化。夏季黄梅季节时的温湿度较高,钢丝圈宜适当加重;冬季气候干燥,相对湿度低,钢丝圈宜偏轻掌握。

(2) 钢丝圈圈型的选用。细纱高速和大卷装的主要矛盾是钢丝圈与钢领的配合,即如何选用钢丝圈圈型的问题。在选取钢丝圈的圈型时,为了防止因钢丝圈选型不当造成大面积断头的出现,可先在少量锭子上进行试纺,通过对比选择合适的圈型,然后再逐步推广使用,有时必须反复多次实践才能确定最佳选择。

(3) 合理掌握钢丝圈使用寿命。细纱高速生产中,钢丝圈的寿命普遍缩短。使用几个班或几天后,因钢丝圈磨损,飞圈增多,细纱的断头率显著增加,应及时更换钢丝圈。纺线密度较小的细纱,因钢丝圈使用期长而采用自然换圈外(飞一个换一个),其他品种一般都定期换圈(到一定时间,全部更换)。目前,随着卷装增大、锭速提高,生产中大多采用自然换圈与定期换圈相结合的措施。新钢丝圈上车后运转不稳定,容易引起断头,这段时期称为走熟期。钢丝圈更换最好在中纱时进行,这样到大纱或落纱后的小纱时,断头较少,特别是小纱飞圈断头情况可以得到大大改善。

(4) 钢领的衰退与修复。新钢领上车经过一段时期的运转后,与钢丝圈的摩擦系数降低,出现气圈膨大、管纱发毛、断头显著增加、不能继续高速运转的现象,这称为钢领高速性能的衰退,简称钢领衰退。衰退出现的早晚与钢领热处理的淬火质量、锭速、钢领边宽、钢丝圈号数和卷装大小等因素密切相关。在高速生产中,PG1/2、PG1 的衰退期约为半年。随着锭速的进一步提高、卷装的进一步加大,钢领的衰退期有所缩短。因钢领衰退引起的气圈膨大而产生的断头,生产上称为气圈炸断头。同台设备上各只钢领的衰退程度(摩擦系数)不一样,而且有时的差异很大,给工艺设计、气圈控制带来很大的困难。

这种衰退是可以修复的,主要是去除跑道表面因金属发热熔结形成的光亮斑点,使其恢复稳定的摩擦系数。修复后的钢领重新获得磨砂面,从而保证钢丝圈与钢领之间有足够的摩擦系数。实践证明,衰退钢领经过几次修复,仍能维持较好的高速性能,但衰退期会逐次缩短。

3.1.3 保持加捻卷绕部分的机械状态正常

加捻、卷绕部件的不正常会导致气圈形态的波动,产生突变张力,增加断头,特别是造

成个别锭子的重复断头。因此,在机械安装方面力求做到导纱钩、锭子、钢领三中心在一直线上,消灭摇头锭子、跳筒管、钢领起浮、导纱钩起毛等不正常状态,严格保证平装质量,并加强对机械的日常维修工作。

3.2　提高纺纱强力

细纱加捻卷绕过程中,大部分断头发生在导纱钩至前罗拉的纺纱段上。因为前罗拉钳口加捻三角区附近为强力最薄弱环节,所以遇到过大的突变张力时,其强力会低于波动的纺纱张力,必然导致纺纱段断头。采用紧密纺技术,可以有效地聚拢须条,减少纤维的滑脱,充分发挥每根纤维自身的强力,以达到提高成纱强力、减少断头的目的。

3.3　加强日常管理工作

在细纱机高速生产中,除了从张力与强力两个方面降低断头外,还必须加强日常性的机械状态、操作管理、工艺设计、原棉选配以及温湿度控制等方面的技术管理工作。机器速度愈高,对这些根本性的基础工作要求也愈严格。

3.3.1　加强保全保养工作,整顿机械状态

机械状态正常与否对细纱断头的影响较大,有时甚至是断头多的主要原因。例如,吊胶圈、胶圈跑偏、胶辊中凹、歪锭(锭子与钢领不同心)、导纱钩不光洁、钢领跑道毛糙、钢领板和导纱钩升降不平稳或顿挫、隔纱板歪斜以及清洁器位置不当和锭带松弛等,都会引起重复断头。因此,必须十分重视机器的保全保养工作。严格执行大小修理、校锭子、挡车和预防性检修的周期,不断提高机器的平修质量,以减少坏车和减少重复断头,降低细纱断头率。

3.3.2　掌握运转规律,提高操作水平

按照高速生产的规律,加强运转挡车的预见性和计划性,小纱断头多要多巡回,多做接头工作;而中纱断头少,要多做清洁工作,以减少飞花断头。为了适应高速生产,必须提高快速接头技术,做到接头快、正确而无疵点。同时,在断头多时,也要合理区分轻、重、缓、急来处理各种断头,掌握先易后难,先解决飘头、跳筒管,然后再接一般的断头。当采用自动或半自动落纱机落纱时,要将筒管轻轻下按,以免开车后跳筒管多而引起断头;不要下按太重而增加拔管困难。及时发现并判断机器可能出现的故障,减少断头时间,提高机器运转效率。

3.3.3　加强配棉和工艺管理

配棉成分中批与批之间交替或工艺变动时引起的断头率波动,属于原棉和工艺管理方面的问题。要根据原棉的物理力学性能与成纱质量之间的关系,做到预见性的配棉,合理地使用原棉,减少配棉差异,保证配棉成分稳定。但在有些地区,长期稳定配棉成分有困难,批与批之间原棉性质差异较大,特别是关系到成纱强力的棉纤维线密度、成熟度和短纤维率等变动较大时,应加强试纺工作,及时采取措施,以避免产生过多的断头。有些地区黄梅季节湿度高、断头多,此时应选用一些品质较好的原棉,以稳定生产。工艺上的变动,如变更混棉方法、调换钢丝圈型号等,对断头影响也较大,应当先少量试纺,然后再

进行推广。

3.3.4 加强温湿度管理工作

温湿度调节不当,会引起粗纱与细纱回潮率不稳定。如果温度高、湿度大,则水分容易凝结在纤维的表面,使棉蜡容易融化,从而破坏了牵伸均匀,使须条容易绕胶辊与罗拉而增加断头;温度低、湿度小,则纤维刚性强,不利于牵伸,而且牵伸中纤维易扩散、易产生静电,使成纱毛羽增加、条干强力下降,同时也会产生绕胶辊、绕罗拉现象而增加断头。一般粗纱回潮率掌握在7%左右较为合适。细纱车间温度以26~30 ℃为宜,相对湿度一般掌握在50%~60%,使纺纱加工时纤维处于放湿状态。在管理上应该尽可能使车间各个区域的温湿度分布均匀,减少区域差异与昼夜差异,要求做到结合室内外温湿度的变化规律和天气预报,对车间温湿度做出预见性的调节。此外,提高吸棉真空度以提高断头吸入率,是减少细纱飘带断头的有效措施,吸棉真空度一般应掌握在294 Pa左右,纺涤/棉纱时要适当提高。

技能训练

1. 在实习车间进行试纺,观察并分析纺纱张力,提出断头问题的解决方案。

课后练习

1. 什么是细纱断头率?该指标的意义是什么?
2. 细纱的断头规律如何?如何控制细纱断头?
3. 什么是气圈?其作用是什么?如何控制气圈形态?

任务7.6 细纱质量控制

工作任务

1. 讨论纱线产品质量的表征及评价指标及检测方法。
2. 讨论细纱条干不匀的危害,以及影响纱线条干均匀度的因素和改善条干不匀的措施。
3. 根据给出的条件判断细纱的条干不匀,分析造成条干不匀的原因。
4. 分析毛羽的危害、产生原因及控制毛羽的措施。

知识要点

1. 降低细纱断头的措施,生产中处理断头的措施和经验。
2. 细纱质量的评判、检测及控制的方法。

细纱是纺纱生产的最后产品,其质量的好坏直接影响后续加工,影响织物的质量。细纱质量不仅与细纱工序的工艺、机械状态、操作等技术管理工作有关,还受到前纺清、梳、精、并、粗各个工序半制品质量的影响。因此,要提高细纱的质量,除了加强对细纱车间的工艺条件、机械状态、温湿度状态、生产操作的控制以外,还必须对各工序的半制品质量加以重视。

1 降低细纱不匀

1.1 细纱不匀的种类

细纱不匀主要包括以下几种:

(1) 质量不匀。细纱的质量不匀是以 100 m 细纱之间的质量变异系数表示,又称长片段不匀。生产中为保证半制品和细纱的纺出质量(线密度)符合规定的要求,在控制细纱百米质量变异系数的同时,还要通过控制细纱质量偏差来控制半制品和细纱的线密度。

(2) 条干不匀。细纱的条干不匀表示细纱短片段(25~51 mm)的质量不匀。过去采用的方法是把细纱按照规定绕在黑板上,然后与标准样照对比观测 10 块黑板,所得结果即代表细纱短片段条干质量(包括粗节、阴影、疵点等)。目前,主要采用乌斯特条干均匀度试验仪检测细纱 8 mm 片段粗细不匀,用 CV(变异系数)表示。介于长、短片段间的不匀称为中长片段不匀。

(3) 结构不匀。细纱在结构上的差异称为结构不匀,主要包括细纱横截面或纵向一定范围内纤维的混合不匀、批与批之间原纱色调不一以及由于条干不匀而引起的捻度不匀、强力不匀等。

细纱的不匀之间是密切相关、相互影响的,如结构不匀会影响细纱的粗细不匀,粗细不匀又影响捻度不匀和强力不匀,所以降低粗细不匀是控制细纱质量的主要方面。

1.2 细纱不匀的形成

生产实践证明,细纱的中长片段不匀产生在细纱机牵伸装置的后区和粗纱机牵伸装置的前区;长片段不匀主要产生在粗纱及前道工序,部分产生在细纱机牵伸装置的后区;短片段不匀主要产生在细纱机牵伸装置的前区。

细纱工序降低细纱不匀主要是降低细纱工序附加不匀,而细纱工序产生的附加不匀有两种:一种是由于牵伸装置对浮游纤维的运动控制不良而引起的牵伸波,纱条呈现无规律的粗节、细节,测试出的波动形态的波长和波幅无规律性;另一种是由于牵伸装置机件不正常(如罗拉偏心、弯曲,齿轮磨损严重,胶圈规律性打滑等)而引起的机械波,纱条呈现有规律的粗节、细节,测试出的波动形态的波长和波幅有规律性。规律性的粗节、细节,可以从不匀的波长找出其产生的部位及解决办法。

(1) 牵伸波。由于纤维性质和伸直排列状态的不同,使得短纤维和弯曲纤维在牵伸过程中浮游距离较大,且受到的作用力始终处于不断的变化之中,因而造成纤维的移距偏差并形成纱条的不匀,这种不匀称为牵伸不匀或牵伸波。牵伸波均表现为短片段不匀,取决于牵伸的工艺参数包括牵伸倍数及牵伸分配、罗拉隔距、罗拉加压、喂入粗纱捻系数等合理性。通常情况下,若细纱的线密度不变;在牵伸形式确定后,牵伸倍数越大,细纱的短片段不匀也越大,条干水平越差。罗拉隔距过大时,纤维的浮游距离加大,不利于对浮游纤维运动的控制;过小则会造成牵伸力增大,握持力难以适应,使得须条在钳口打滑,也会增大成纱的不匀率。加压的大小会影响牵伸效率和牵伸中纤维的正常运动,加压不足时,牵伸效率低,成纱定量偏重,严重时会使粗纱牵伸不开,造成细纱的粗节、细节。喂入粗纱捻系数的大小也影响到牵伸效率,粗纱捻度过大,纱条牵伸不开,也会产生细纱的粗节、细节,破坏了成纱的条干均匀度和质量不匀率。

(2) 机械波。由于牵伸装置机件不正常或机械因素影响而形成的周期性不匀,称为机械不匀或机械波。生产中,罗拉钳口移动、钳口对须条中的纤维运动控制不稳定、胶辊回转不灵活或加压不足、齿轮磨损、胶圈滑溜、胶圈工作不良等,都是影响成纱条干均匀度的因素。

(3) 其他原因。纱条的通道不光洁、意外牵伸过大、操作接头不良、集合器位置不正、罗拉的牵伸速度过大及机身振动,都会增加细纱的条干不匀率。

1.3 改善细纱条干不匀的措施

(1) 保持纺纱原料稳定。配棉成分不良或波动较大,纤维的长度、线密度差异过大,原棉中短绒含量偏高,混用的回花率不适当,混合不良都会引起细纱大面积出现条干不匀。因此要按规范要求进行配棉、装棉。

(2) 选择合理工艺参数。生产中,应根据产品的特点、纺纱原料的性质、粗纱的结构以及所使用的牵伸装置形式,通过对比纺纱试验,确定合理的工艺参数。细纱总牵伸过大,后区牵伸过大,胶圈钳口或罗拉隔距不适当,罗拉加压不足等都会引起细纱大面积出现条干不匀。应通过正交实验选择合适的牵伸分配、工艺参数。当成纱质量要求较高但又缺少必要的有效措施时,总牵伸和部分牵伸分配不宜接近机型允许的上限,应偏小掌握,以利于提高成纱条干。罗拉隔距应与牵伸倍数相适应。罗拉加压应稳定、均匀,以确保稳定的牵伸效率。根据喂入粗纱定量合理选择隔距块厚度,保持胶圈钳口对须条有良好的控制作用。

(3) 正确使用集合器。采用集合器可以收缩牵伸过程中须条的宽度,阻止须条边纤维的散失,减少飞花,使须条在比较紧密的状态下完成加捻,使成纱结构紧密、光滑、减少毛羽和提高强力。但如果使用、管理不当,集合器会出现"跳动"或"翻转"现象,造成纱疵增加、成纱条干质量下降、毛羽和断头增加。集合器相当于前区的附加摩擦力界,其稳定性直接影响成纱的条干质量。因此,生产中必须加强对集合器的使用和管理工作。

目前,也有厂家对细纱机上牵伸装置进行改造,采用类似粗纱机的 D 形牵伸装置,也就是在胶圈牵伸区前增加一个整理区(牵伸倍数 1.05 左右),将集合器放置在整理区内,使各区做到功能独立,实现"牵伸区不集合,集合区不牵伸",这有利于成纱质量的全面改善。

(4) 严格控制喂入粗纱质量。粗纱作为细纱工序的喂入品,其质量对细纱有着至关重要的影响。粗纱条干不匀或波动较大、捻系数选择不当、回潮率偏低等都会引起细纱大面积出现条干不匀。应加强半制品的质量控制,确保粗纱条干均匀。根据纤维类别、品种与质量要求、细纱机性能、细纱工艺选择合适的粗纱捻系数。

（5）加强机械维修保养工作。当胶辊选用不当、运转不良、变形、磨损中凹、绕花等;罗拉偏心、弯曲、表面毛糙;胶圈运转失常、弹性不匀、表面黏油老化等;加压不当或失效等现象出现,会引起细纱或大面积或局部区域或个别机台、个别锭子出现条干不匀,应强化设备状态维护,强化运转操作规范,结合动态质量检查,及时发现并调整设备异常状况,确保机台处于良好的运行状态。

2　减少捻度不匀

在实际生产中,当加捻部件的运转不正常、操作管理制度不完善时,就会造成细纱的捻度不匀,这主要反映在细纱的强捻纱和弱捻纱两个方面。

（1）强捻纱产生的原因及消除方法。强捻纱即纱线的实际捻度大于规定的设计捻度。形成的原因主要有:锭带滑到锭盘的上边;接头时引纱过长,结头提得过高,造成接头动作慢;捻度变换齿轮用错等。在生产过程中加强检查,严格执行操作规程,一旦发现,立即纠正。

（2）弱捻纱产生的原因及消除方法。弱捻纱即纱线的实际捻度小于规定的设计捻度。形成的原因有:锭带滑出锭带盘,挂在锭带盘支架上;锭带滑到锭盘边缘;锭带过长或过松,张力不足;锭胆缺油或损坏;锭盘上或锭胆内飞花污物阻塞;锭带盘重锤压力不足或不一致;细纱筒管没有插好,浮在锭子上转动,或跳筒管造成与钢领摩擦;捻度变换齿轮用错等。针对上述原因,应在生产过程中加强专业检修工作,新锭带上车时应给予张力伸长,使全机锭带张力一致。锭胆定期加油,筒管加强检修,对于不合格的筒管及时予以剔除更换。凡发现车上造成加捻不匀的因素,应立即予以纠正,以确保细纱的成纱的捻度均匀。

3　成形不良的种类及消除方法

细纱卷绕成形应符合卷绕紧密、层次清晰不互相纠缠、便于退绕等要求,应尽量增大管纱的卷装容量,以减少细纱工序落纱和后加工工序的换管次数,提高设备生产率和劳动生产率。但实际生产过程中,往往由于机械状态不良及操作管理不严而产生一些成形不良的管纱,主要有以下几种情形。

（1）冒头、冒脚纱的产生及消除方法。

主要原因:落纱时间掌握得不好;钢领板高低不平;钢领板位置打得过低;筒管天眼大小不一致,造成筒管高低不一;小纱时跳筒管（落纱时筒管未插紧、坏筒管、锭杆上绕有回丝、锭子摇头等）;钢领起浮;筒管插得过紧,落纱时将纱拔冒等。

消除方法:根据冒头、冒脚情况,通过严格掌握落纱时间;校正钢领板的起始位置及水平;清除锭杆上的回丝;加强对筒管的维修及管理等,可以大大减少冒头、冒脚纱。

（2）葫芦纱、笔杆纱的产生及消除方法。

主要原因:倒摇钢领板;成形齿轮撑爪失灵;成形凸轮磨灭过多;钢领板升降柱套筒飞

花阻塞;钢领板升降顿挫,或由于空锭(如空粗纱、断锭带、断胶圈、坏胶辊、试验室拔纱取样及其他零件损坏未及时修理等)一段时间后再去接头等因素而造成。笔杆纱主要是由于某一锭子的重复断头特别多而形成的。

消除方法:可根据所造成的原因,加强机械保养维修,挡车工严格执行操作规程,注意加强对机台的清洁工作等。

(3) 磨钢领纱的产生及消除方法。磨钢领纱又称胖纱或大肚子纱。由于管纱与钢领摩擦,纱线被磨损或断裂,给后加工带来很大的困难。

主要原因:管纱成形过大或成形齿轮选用不当;歪锭子或跳筒管;成形齿轮撑爪动作失灵;钢领板升降柱轧煞;弱捻纱;倒摇钢领板;个别纱锭钢丝圈选用太轻等。

消除方法:严格控制管纱成形,使之与钢领大小相适应,一般管纱直径应小于钢领直径 3 mm;严格执行操作法,以消除弱捻纱、跳筒管的影响;加强巡回检修;保证机台平修的质量水平。

技能训练

1. 在实习车间进行试纺,对样品进行检测并分析质量问题,提出解决方案。

课后练习

1. 如何控制细纱的条干不匀?
2. 如何控制细纱的捻度不匀?
3. 如何控制细纱的成形不良?

任务 7.7 细纱工序加工化纤的工艺设置

工作任务

1. 了解细纱工序加工化纤的特点。
2. 比较细纱工序加工棉与化纤的工艺差异。

知识要点

1. 细纱工序加工化纤的特点。

1 工艺特点

在现有的棉纺细纱机上进行化学纤维纯纺或混纺,只需对牵伸部分的加压和隔距作适当调整即可满足加工的要求;但纺制 60 mm 以上的中长纤维时,牵伸装置罗拉部分和加压等方面均应作出较大的改造,工艺上也必须进行相应调整。

1.1 牵伸部分

化学纤维具有长度长、长度整齐度好、纤维间摩擦系数大、加工中易带静电等特性,牵伸部分应采取较大的罗拉隔距、较重的胶辊加压以及适当减小附加摩擦力界等牵伸工艺,以适应加工化学纤维的要求。

(1) 罗拉隔距。罗拉隔距应根据所纺化学纤维长度确定。由于化学纤维的整齐度好,纤维的实际长度偏长,所以隔距应偏大掌握。在纺 38 mm 的涤纶短纤维时,由于前区胶圈牵伸形式与纺棉时大致相同,前、中罗拉中心距一般为 41～43 mm,中、后罗拉中心距为 51～53 mm。当纺中长纤维时,新机的前、中罗拉中心距调节范围为 68～82 mm,中、后罗拉中心距为 65～88 mm。

(2) 胶辊加压。化学纤维纯纺和混纺时,牵伸力较大。因此,胶辊加压应比纺纯棉时增加 20%～30%。

(3) 后区工艺参数。根据化学纤维特点,后区工艺以采取握持力强、附加摩擦力界小为宜。除增大中后罗拉隔距、提高后罗拉加压外,喂入粗纱的捻系数应适当减小。纺涤/棉纱时的粗纱捻系数为纺棉时的 60% 左右,纺中长纤维时,粗纱捻系数应更小。粗纱捻系数的选择,除考虑粗纱强力外,应根据不同纤维的抱合力差异及细纱牵伸形式和加压情况的不同而掌握。

(4) 吸棉装置。提高吸棉真空度,可以减少绕罗拉、缠胶辊的现象。涤棉短纤维混纺时,吸棉真空度宜为 590～680 Pa,机头、机尾的真空度差异不宜大于 200 Pa。

1.2 加捻卷绕部分

(1) 细纱捻系数的选择。细纱捻系数的选择主要取决于产品的用途,其大小与产品的手感和弹性有着密切的关系。涤棉混纺织物应具有滑、挺、爽的特点,且要求耐磨性好,因而细纱捻系数较棉纱高,一般掌握在 360～390。当要求织物的手感较柔软时,可适当降低捻系数。此外,涤棉混纺时,由于加捻效率较低,细纱实际捻度与计算捻度差异较大,则纺纱时实加捻度要大。

(2) 钢领与钢丝圈型号的选配。化学纤维纯纺或混纺,在钢丝圈的选用上,应考虑以下几个方面:

① 化学纤维的弹性较好、易伸长,在同样质量的钢丝圈条件下,化学纤维纱线与钢丝圈的摩擦系数较大,因此,气圈张力小、气圈凸形大。为了在纺纱过程中维持正常气圈,钢丝圈质量应偏重选用,纺中长纤维时,应更重些。

② 用于化学纤维混纺的钢丝圈,在圈形、截面设计及材料选用方面,必须保证其在高速运行时仍具有良好的散热性。钢丝圈运行温度不能太高。多数化学纤维属于低熔点纤维,在高温下会熔融,熔结物凝附在钢领上,破坏磨砂面,阻碍钢丝圈的正常运行,易造成钢丝圈运行中楔住而产生突变张力,增加细纱断头。可以选用重心低、接触弧段的曲率半径较大、宽薄瓦楞形截面的钢丝圈,其上机走熟期短,具有良好的抗楔性能。

2 胶辊、胶圈的处理和涂料

化学纤维由于摩擦系数大,纺纱过程中牵伸部分加压重,因而胶辊、胶圈容易磨损,为此对胶辊的硬度要求应比纺纯棉时高。由于化学纤维的导电性能差,易产生静电,同时纤维中有油剂,因而生产过程中容易引起缠绕胶辊、胶圈的现象。为此,需要对胶辊、胶圈进行适当处理,以解决上述问题。

3　温湿度控制

对温度的要求,纺化学纤维比纺棉时更严。细纱车间的温湿度控制范围,化学纤维混纺时与棉纺车间基本一致,温度以22~32 ℃为宜,相对湿度以55%~65%为宜。夏天,车间温度不宜过高,若高于32 ℃,油剂发黏且易挥发,静电现象严重;冬季,车间温度不宜过低,若低于18 ℃,纤维发硬、不易抱合,容易产生静电现象而出现缠胶辊问题,胶辊也会发硬打滑,使断头增多。

4　纱疵的形成原因和防止办法

由于化学纤维原料在制造过程中带来的一些纤维疵点(如粗硬丝、超长、倍长纤维等),加上化学纤维本身一些特性(如回弹性强、易带静电、对金属摩擦因数大等)以及纤维加工时含有油剂等因素的影响,在纺纱过程中容易产生纱疵。涤棉混纺时,在细纱工序中经常遇到橡皮纱、小辫子纱、煤灰纱等疵点,对后继工序加工不利,甚至造成疵布。

4.1　橡皮纱

当化学纤维原料中含有超长纤维时,在牵伸过程中,当这种超长纤维的前端已到达前罗拉钳口时,其尾部尚处于较强的中部摩擦力界控制下。如果此时该纤维所受控制力超过前罗拉给予的引导力,纤维则以中罗拉速度通过前罗拉钳口形成纱条的瞬时轴心,而以前罗拉速度输出的其他纤维则围绕此轴心而加捻成纱,超长纤维输出前罗拉后由于它的弹性而回缩,即形成橡皮纱;如果纺纱张力足以破坏此瞬时轴心,则将不致形成橡皮纱。关车打慢车时,由于纺纱张力减小也易产生橡皮纱。为了防止橡皮纱的产生,除改进化学纤维原料本身质量(如消除漏切、超长或刀口黏边等情况)外,采取适当增大前胶辊的加压量,调整前、中胶辊压力比;消除胶辊中凹,采用直径较大的前胶辊;加重钢丝圈;改进开关车等方法,都是消除橡皮纱产生的有效措施。

4.2　小辫子纱

由于涤纶纤维回弹性强,在细纱捻度较多的情况下,当停车时由于机器转动惯性,罗拉、锭子不能立即停止回转而慢速转动一段时间,此时气圈张力逐渐减小,气圈形态也逐渐缩小,纱线由于捻缩扭结而形成小辫子纱。为消除小辫子纱,应改进细纱机开关车方法。开车时要一次开出,不打慢车;关车时掌握在钢领板下降时关车。关车后逐锭检查并将纱条拉直盘紧;主轴采用刹车装置,以便及时刹停,这些均是消除小辫子纱的有效措施。

4.3　煤灰纱

由于空气过滤不良,化学纤维表面有油剂易被灰尘沾污而形成煤灰纱,尤其是在气压低多雾天气时更易沾污,从而影响印染加工。因此,对洗涤室空气过滤要给予足够重视,对空气净化应有更高的要求。

技能训练

1. 比较细纱工序加工棉与化纤的工艺差异。

课后练习

1. 什么是滑溜牵伸？适用范围如何？
2. 试述涤棉混纺时产生橡皮纱、小辫子纱的原因。

任务 7.8　环锭纺纱新技术

工作任务

1. 讨论紧密纺纱技术的特点与分类。
2. 分析紧密纺纱技术减少毛羽的原理。
3. 讨论不同紧密纺纱装置的特点及应用。

知识要点

1. 紧密纺的特点及成纱结构。
2. 紧密纺纱技术减少毛羽的原理。
3. 不同紧密纺装置的特点。
4. 赛络纺的生产方法。
5. 包芯纱的生产方法。
6. 竹节纱的生产方法。

1　紧密纺纱技术

1.1　紧密纺纱技术的特点及分类

紧密纺纱又称集聚纺纱，出现于 20 世纪 90 年代，属于环锭纺纱的创新技术，被称为"21 世纪的环锭纺纱新技术"，经不断研发与实践现今已较为成熟且得到普遍推广应用。

紧密纺技术的共同特点是对牵伸后的须条先进行聚集、收拢，使输出罗拉钳口处的加捻三角区变小、须条变得更紧密后再进行加捻。一方面加捻三角区的边缘纤维较少，利于克服毛羽、减少飞花；另一方面加捻三角区的边缘纤维和中间纤维的张力差异大幅度减少，成纱内的纤维受力进一步均匀，提高了纤维强力的利用率，使成纱强力、条干和伸长率得到提高，成纱毛羽大幅度减少，并降低了断头率。

由于紧密纺加捻效率的提高,紧密纺纱线的捻系数选取比纺制相同线密度的传统环锭纱可减小 20%左右,这使得细纱机的生产率提高的同时,还改善了织物的手感和风格。另外,紧密纺纱线可以省去织造时的上浆和烧毛工艺,有利于印染加工,因而具有良好的经济效益。紧密纺的不足之处是设备投资大、自动络筒机空气捻接器的捻接效果差、机件磨损大、生产成本高等。

紧密纺输出区与传统环锭纺加捻三角区的对比如图 7-33 所示。

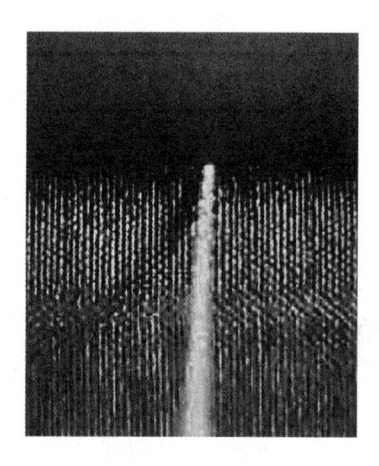

图 7-33 环锭纺与紧密纺加捻三角区对比

紧密纺技术按集束的原理可分为气流集聚型紧密纺纱与机械集聚型紧密纺纱两大类。

(1) 气流集聚紧密纺纱系统。气流集聚系统是利用负压气流,将牵伸后的纤维须条横向收缩、聚拢和紧密,使须条边缘纤维有效地向纱干中心集聚,最大限度地减小加捻三角区,从而大幅度地减少纱线毛羽,提高纤维利用系数和成纱强力。世界上大多数的紧密纺设备采用气流集聚型紧密纺系统,包括瑞士立达的 COM4 紧密纺系统、德国绪森的 ELITE 紧密纺系统、德国青泽的 COMPACT 紧密纺系统、日本丰田的 RX240-NEW-EST 紧密纺系统、意大利马佐里的 OLFIL 紧密纺系统等。

(2) 机械集聚紧密纺纱系统。机械集聚系统是利用集聚元件的几何形状、材料的性质和结构特征,将牵伸后的纤维收缩、集合和紧密,使须条边缘纤维有效地向纱干中心集中,最大限度地减小加捻三角区、减少毛羽和改善成纱质量。瑞士罗托卡夫特公司的 ROCOS 型聚紧密纺系统就属于机械集紧密纺系统。

1.2 瑞士立达公司的 COMFORSPIN 纺纱技术

瑞士立达公司紧密纺装置的结构如图 7-34 所示。

该机构以传统的三罗拉长短胶圈牵伸装置为基础,保留中罗拉的胶圈和后牵伸区结构,前罗拉改成表面有小吸孔的中空集聚罗拉 1,内部有位置固定的吸风内胆构件 6。在输出胶辊 2 和前胶辊 3 所控制的圆弧区域构成集聚区。须条到达集聚区时,空气由导向装置 4 导引,透过小吸孔和纤维束,从紧贴的吸风内胆构件的槽形吸口 5 排向中央吸风系统。

该气流引导须条边缘发散的纤维沿槽形吸口 5 的形状向须条中心线运动,由于槽形吸口的宽度自后向前收缩,纤维受到自上而下、由边缘到中心的集聚约束,须条宽度逐渐变窄收紧。同时槽形吸口与主牵伸方向偏斜,空气吸力还产生使受控须条环绕自身轴线的切向力矩,起到使外层毛羽扭转包覆的效应,使须条保持紧密顺直、比较光润的状态,通过输出罗拉钳口输出、加捻成为紧密纱。在输出罗扣钳口处几乎没有加捻三角区,纤维被集聚到纱的主体中,所以成纱毛羽大幅度减少,纱条紧密、坚固而光滑。

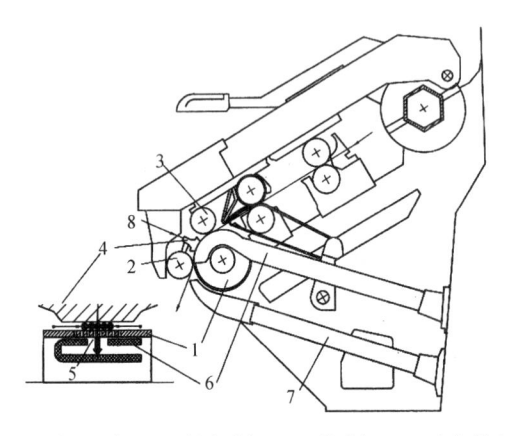

1—中空集聚罗拉 2—导向胶辊 3—前胶辊 4—空气导向器
5—槽型吸口 6—吸风内胆构件 7—断头吸棉 8—进气口

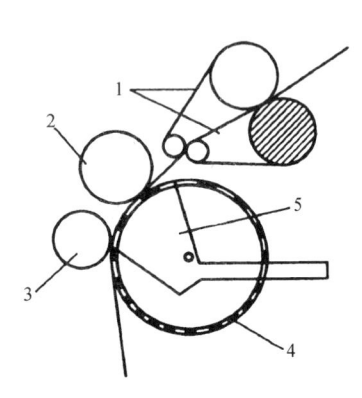

1—胶圈 2—前胶辊 3—导向胶辊
4—中空集聚罗拉 5—吸风内胆构件

(a) 结构　　　　　　　　　　　　(b) 工作原理

图 7-34　立达 K44 型紧密纺装置

1.3　德国绪森公司 ELITE 紧密纺技术

绪森公司的 ELITE 紧密纺是在传统环锭纺纱机上加装 ELITE 紧密纺装置改制而成,紧密纺装置如图 7-35 所示,集聚区与牵伸部分分离,由异形吸风管,网格圈和输出胶辊等组成。

该机构以传统的三罗拉长短胶牵伸装置为基础,在前罗拉前方设置集聚机构,集聚机构由异形吸风管 3、密孔网格圈 4、输出胶辊 1 与原来的前胶辊构成双胶辊架 2 组合而成。输出胶辊和前胶辊的铁壳内侧附有相同齿数的齿轮,通过双胶辊架两侧的过桥齿轮或同步齿形带传动输出胶辊。依靠输出胶辊摩擦带动网格圈在异形吸风管上回转。异形吸风管表面对应每个锭位,在双胶辊控制钳口线之间开有斜槽吸口,当须条到达斜槽位置

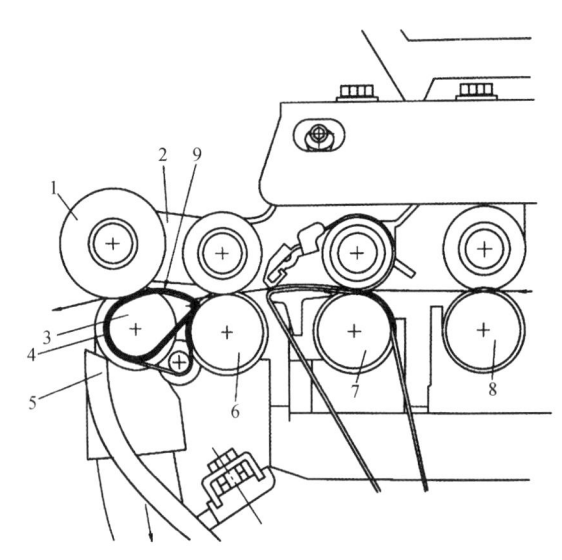

1—输出胶辊 2—双胶辊架 3—异形吸风管
4—网格圈 5—断头吸棉 6—前罗拉
7—中罗拉 8—后罗拉 9—进风口

图 7-35　德国绪森 ELITE 紧密纺装置

后,空气透过网格圈的网格孔和纤维束(网格孔密≥3 000 孔/cm²),从紧贴其下的斜槽吸口经异形吸风管排向中央吸风系统。随后须条按照斜槽横向吸引速度和网格套圈向前输送速度的合成速度,顺着斜槽输送到输出胶辊钳口线,输出加捻成为紧密纱。

ELITE 紧密纺系统最大特点是保持原牵伸装置的部件和工艺尺寸不变,在其前罗拉出口处加装一套 ELITE 紧密纺装置,双胶辊架、异形吸风管装卸方便,吸管可有不同的槽宽和斜度满足不同原料和不同纱特的纺纱要求,对可加工的纤维没有任何的限制,这有利于老机改造,适应性广。

由于采用了负压吸风管的特殊结构,使得须条集聚更加靠拢,加捻三角区更加缩小,有效提高成纱的强力,减少纱的毛羽和飞花以及改善工作性能。

1.4 瑞士罗托卡夫特公司的 ROCOS 型紧密纺技术

ROCOS 型机械集聚紧密纺系统设计了独特的磁铁集合器,安装在集聚区内,采用几何—机械方法集聚纤维,如图 7-36 所示。ROCOS 紧密纺系统是在传统三罗拉牵伸装置的前罗拉上设置集聚区,前罗拉 1 上包围有前胶辊 2、输出胶辊 3 和磁性集聚器 4,两钳口线 A 与 B 之间是集聚区。双胶辊架控制着两个胶辊,并套挂在前胶辊芯轴上,依靠板簧的压力使输出胶辊与前罗拉之间有足够的控制力。

ROCOS 紧密纺系统的工作原理主要是利用磁性集聚器的几何形状和固态物体的约束力,将牵伸后的纤维横向收缩、集聚和紧密,使边缘纤维快速有效地向须条中心集聚,以达到最大限度地减小加捻三角区的目的。磁性集聚器选用高性能磁性材料,造型与下开口集合器相似,呈渐缩形状,其精确的外部弧形加上磁力吸引使集聚器与罗拉之间没有间隙并向前靠拢,与前罗拉形成一个完全封闭的区域,纤维从钳口线 A 进入到钳口线 B 输出,受内腔曲面的约束产生集聚效应,保持紧密状态加捻成纱,使纱的毛羽减少。

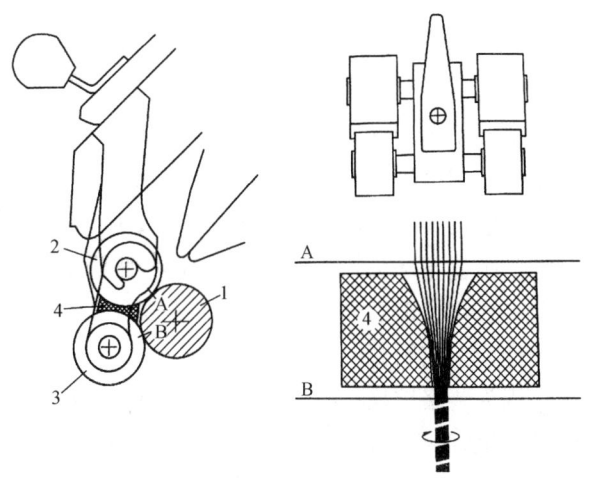

1—前罗拉 2—前胶辊 3—输出胶辊 4—磁性集聚器
图 7-36 ROCOS 型紧密纺装置结构与工作原理

集聚器的须条通道专门设计呈渐缩形状,利用几何形状的变化使通过的纤维须条沿横向集聚紧密。所纺纱的紧密程度由集聚器凹槽出口的尺寸决定,根据纱线品种和线密度分三档,更换凹槽尺寸不同的集聚器。磁性集聚器每两锭一套,结构简单,不需要吸风和复杂机构,并有多种结构设计,受到业内人士的关注。

2 赛络纺纱与赛络菲尔纺技术

2.1 赛络纺

赛络纺纱工艺是一种短流程的股线生产工艺，如图 7-37 所示。赛络纺工艺起源于毛纺系统，但也适用于棉纺系统。

赛络纺是在环锭纺纱机上把两根粗纱以一定间距喂入细纱牵伸区，两根粗纱处于平行状态下被牵伸后由前罗拉输出，前罗拉输出的两束纱条分别受到初步加捻后，形成一个三角区并汇聚到一点，合并、加捻后形成纱（线），卷绕在纱管上。在某种程度上，赛络纺纱可以看作是一种在细纱机上直接纺制股线的新技术，它把细纱、络筒、并纱和捻线合为一道工序，缩短了工艺流程。

赛络纺中，两根粗纱的原料、色彩等可以相同，也可以不同，用这种方法可以纺出具有多种风格特征的纱（线）。

赛络纺中，两根粗纱的间距是非常重要的工艺参数，直接影响到最终成纱的毛羽、强力和均匀度等质量指标，其值一般在 4~10 mm。纤维长度长，则粗纱间距可大。粗纱间距适当增大，则成纱的毛羽少，强力高，但条干和细节易恶化。前后牵伸区内应加装双槽集合器，以控制被牵伸须条的间距。

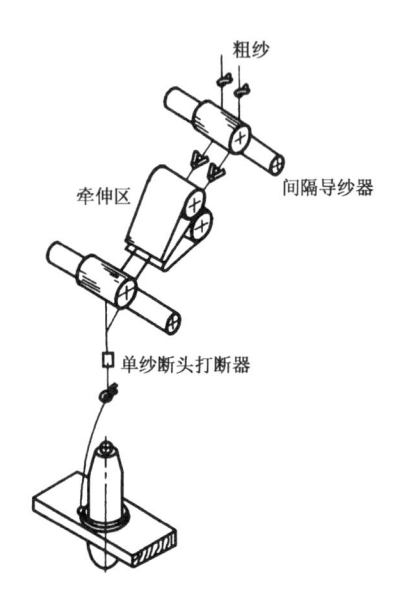

图 7-37 赛络纺纱工艺过程

因为赛络纺是在细纱机喂入两根粗纱，所以其粗纱定量要偏轻掌握，以便减轻细纱的牵伸负担，减小细纱机的总牵伸倍数，有助于减少纤维在牵伸运动中的移距偏差，从而改善纱条均匀度和提高成纱质量。

纺纱张力主要受钢丝圈质量的影响，当钢丝圈加重时，汇聚点上侧的单纱张大随纺纱张力的增加而增加，赛络纱毛羽减少，但汇聚点上的单纱强力低于相同线密度的单纱，因此配用的钢丝圈应略轻于同样线密度的普通纱所用的钢丝圈。

捻系数较低时，粗纱间距增大将导致华艺纤维增多，纱线强力不匀率大。捻系数较大则汇聚点上侧的单纱条上的捻度足以防止纤维在纱条中的滑移。赛络纺纱若用于针织物，其较小的捻度能使细纱结构蓬松，有利于提高纱线的染色牢度，从而使织物具有独特的染色效果。

赛络纺中，一般采用"重加压、大隔距、低速度、中钳口隔距"的工艺原则，以解决因双股粗纱喂入牵伸力过大，易出现牵伸不开、出硬头的问题。

赛络纺中，由于纱条在输出前罗拉后有一个并合（汇聚）环节，从而可以有效地减少毛羽，若并合前的两根纱条太细，也容易受意外牵伸而产生细节。

赛络纺产品以纱代线，具有特殊的纱线结构，具有以下特性：

（1）外观似纱，截面形状呈圆形，但结构上呈股线。

(2) 纱体比较紧密,毛羽少,外观较光洁,抗磨性好,起球少,手感柔软光滑。

(3) 条干 CV 与强力均较相同线密度的股线稍低,但比相同线密度的单纱好,断头率低。

(4) 赛络纱制成的织物手感柔软,有光泽,纹路清晰,透气性、悬垂性及染色性能均较好,热传导率高,可用以制作衬衣和春夏等高档服装面料。

赛络纺的不足之处是纱线细节较多,易出现长细节,经络筒工序时,因细节疵点较多,络筒效率比环锭纱降低 3%～5%。单纱与股线的捻向相同,造成股线打结多,回丝也较多。

2.2 赛络菲尔纺

赛络菲尔纺与赛络纺类似,它是将赛络纺中的一根粗纱换成长丝。它在传统环锭细纱机上加装一个长丝喂入装置,使长丝在前罗拉处喂入时与经正常牵伸的须条保持一定间距,并在前罗拉钳口下游汇合加捻成纱。赛络菲尔纺装置如图 7-38 所示。赛络菲尔纺技术形式新颖、工艺简单、成本低廉,已在国内外广泛使用。

2.2.1 装置结构

赛络菲尔纺纱装置由以下三个部分组成:

(1) 长丝(或纱)喂入装置。长丝喂入装置包括长丝筒子架与导丝器两个部分,筒子垂直向上放置,长丝引出的第一导丝眼位于筒子轴线上方,以保证长丝退绕张力均匀一致,且须控制长丝走向与毛纱始终分离,以免相互缠绕。

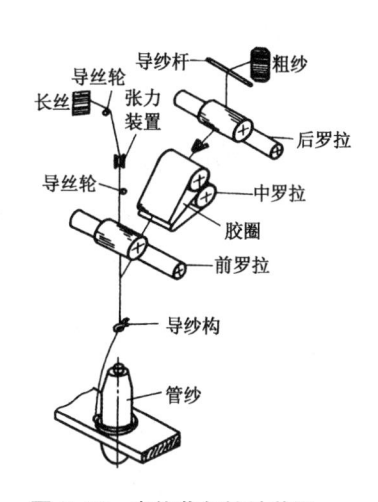

图 7-38 赛络菲尔纺纱装置

(2) 张力装置。张力装置由芯轴与若干个金属张力片组成,安装在牵伸摇架的壳体座上。长丝在张力片间通过时,利用张力片质量加压产生的摩擦阻力,控制长丝张力。由于该摩擦阻力与张力片质量成正比,而各张力片的规格一致、质量基本相等,因此可利用张力片数量的增减,很方便地调节长丝张力,且可控制长丝张力一致。

(3) 断头检测与自动切断装置。这是保证赛络菲尔纱质量与效率的关键。由于赛络菲尔纱强力较低,断头绝大部分发生在纱,故断头时应及时打断长丝。打断器的形式很多,其主要由检测装置和自动切断装置组成。

2.2.2 主要工艺参数作用及选择

(1) 捻系数。由于赛络菲尔纱中引入了长丝,纤维间抱合力增加,且松散纤维得到包缠,从而使成纱强力大幅度提高,即在较低的捻系数下也能获得较高的成纱强力,但较低的捻系数对成纱的断裂伸长、断裂功有一定影响。适当增加捻系数,可使纱中纤维排列紧密,减少前罗拉钳口吐出纤维被吸风口吸入的机会,有利于改善成纱条干,减少细节的产生。同时,增大捻系数有利于降低捻度不匀,而捻度不匀降低又使得纱线的耐磨性能得到提高。

(2) 长丝张力片质量、长丝与粗纱间距。增大长丝张力片质量和间距都有利于成纱强力的提高,这是因为长丝张力和间距增大以后,有利于增大纤维间的摩擦力与抱合力以及减少松散纤维,从而使成纱强力提高,并使断裂伸长增加,最终使断裂功增加。

Uster 的条干 CV、粗节和细节等指标,都呈现先降后增的趋势,这是因为当长丝张力、长丝与粗纱间距过大时,单纱条上的捻回数不再增加,同时纤维到达汇聚点的距离增加,使得某些纤维尚未到达汇聚点就已离开前罗拉钳口。此外,长丝张力的增加也使一部分纤维被挤出纱体的机会增多,从而最终导致条干恶化和粗、细节增加。

长丝张力片质量、长丝与粗纱间距的增加可使捻回的传递更为均匀,有利于降低捻度不匀和提高成纱的耐磨性能。

综上所述,不同的工艺参数对性能指标的影响各不相同,且相互影响,只有最佳的配合,才能使成纱综合性能达到最优。常用的公制捻系数为 150 左右,长丝张力片质量为 15 g 左右,粗纱与长丝间距为 8~14 mm。

3 包芯纱的生产方法

包芯纱又称复合纱或包覆纱,它是由两种或两种以上的纤维组合而成的一种新型纱线。包芯纱有多种类型:短纤维与短纤维包芯纱、化学纤维长丝与短纤维包芯纱、化学纤维长丝与化学纤维长丝包芯纱三大类。使用较多的包芯纱一般以化学纤维长丝为芯纱,外包各种短纤维。芯纱常用涤纶长丝、锦纶长丝、氨纶长丝等。外包短纤维常用棉、涤/棉、涤纶、锦纶、腈纶及毛纤维等。

棉空芯纱也是一种包芯纱,只不过芯纱为低熔点维纶,其产品制成织物后,放在高温水中处理,溶解去掉维纶,这样织物中的纱便成空芯纱了。

包芯纱纺制方法有两种。

一种是在普通细纱机的粗纱架上排放氨纶长丝(或其他长丝),下排放棉粗纱(或其他短纤粗纱),棉粗纱经横动装置喇叭口喂入,再经牵伸装置。涤纶长丝引出后不经牵伸装置,直接导入前罗拉胶辊后侧的集合器,与牵伸后的纯棉须条一起并合,再经过加捻纺成包芯纱。

如图 7-39 所示,纺制包芯纱的设备可由普通细纱机改装而成,一般可在细纱机的粗纱架上装上 A、B 两根送纱罗拉,其中 A 罗拉由前罗拉直接传动,B 罗拉由 A 罗拉再由链轮以一比一传动,两根罗拉同向回转,把氨纶丝放在上面以使氨纶丝积极送出,其与前罗拉的速比控制在 3.5~4 倍。然后使拉伸过的氨纶丝由前罗拉摇架上安装的一只导纱轮通过,进入前罗拉和中罗拉之间,与牵伸过的须条重合,共同进入前罗拉。氨纶丝和须条重合后出前罗拉时,由于加捻,所以把氨纶丝包在中间。

第二种纺制方法是把两根长丝在前胶辊后喂入,使两根长丝与牵伸后的纯棉须条并合加捻后而纺成包芯纱。这种纺制方法称为改良型包芯纱或假包芯

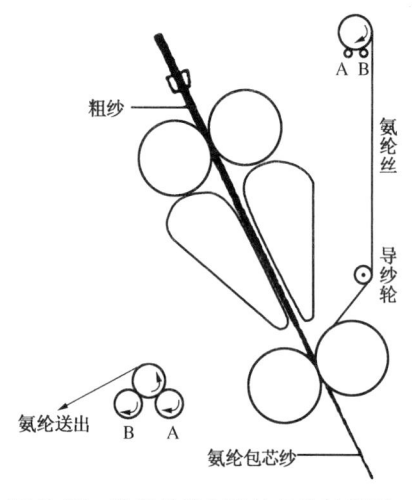

图 7-39 改装的纺制氨纶包芯纱装置

纱。第二种纺制方法的特点是：两根长丝位于棉须条外围两侧，增加了短纤维与长丝的抱合力，减少了由于第一种方法将棉纤维包覆在纱的表面，而涤纶长丝则在纱的中间，棉纤维有长丝间抱合较差，织造时产生"剥皮"现象。但是，在大批量生产时，一般仍采用第一种方法，因为容易纺成的包芯纱含棉量较多，织成的织物穿着舒适，而且一根长丝易纺成较细的包芯纱，而假包芯纱法生产的包芯纱正好相反。

3.1　芯丝的选择

芯丝的细度和其中单丝根数，要根据织物用途和纺纱线密度进行选择。同一细度的芯丝，其单丝越细，根数就越多，织物就越柔软滑爽；反之根数越少，织物刚性好，挺括。对于包覆型产品无需考虑芯丝的光泽，可采用有光芯丝，以降低生产成本；若生产暴露型产品，则应考虑芯丝的光泽，尽量不用有光丝，使产品造成极光，影响使用效果。如生产 11.8 tex 涤棉包芯纱，做裙料和衬衣面料，宜选用普通型低强高伸 5.56 tex 半光涤纶长丝做芯丝。包芯纱做缝纫线时，一般选用 7.78 tex 以上的单丝根数较多的高强低伸有光涤纶长丝。用作烂花衣料时，可用 7.56 tex 以下的有光涤纶长丝。但用于烂花织物的包芯纱，芯丝的细度应偏大掌握，一般用 7.22～8.33 tex 无光或半光的涤纶长丝，以防烂花部分过稀，过薄和造成极光。弹力织物所用包芯纱，其芯丝的细度可根据织物用途选择。一般选用聚酯型 7.78 tex 氨纶丝，其牵伸选用 3.8 倍左右。供经向强力灯芯绒和弹力劳动布使用的中特（中低支）氨纶包芯纱，氨纶丝牵伸要偏大些，在 3.8～4.0 倍，以保证弹力裤服用时臀部、膝盖部位有较大的回弹力。

3.2　外包纤维的选择

外包纤维若用棉纤维，从理论上讲，应尽量选用长度长、线密度小、成熟度好的原棉。但应视产品的用途而定，如果不是做高速缝纫线，而是做衬衣面料或裙料或其他烂花装饰布用，则无需选用过好的原棉，因为它们不需经受像高速缝纫线那种强摩擦和高温熔融的考验，不会产生"剥皮"现象，因此，采用 30 mm 长的原棉就可以满足要求。但用作烂花织物的包芯纱的外包棉，棉结杂质要少。如选用黏胶纤维作外包纤维则更好，强力低，染色性能好，棉结杂质少。

3.3　包芯纱的线密度确定

包芯纱线密度：

$$N_{纱}=\frac{N_{t芯丝}}{E}+N_{t外包} \tag{7-14}$$

式中：$N_{t芯丝}$ 为芯丝喂入时的线密度；E 为芯丝的牵伸倍数；$N_{t外包}$ 为外包纤维的线密度。

3.4　注意事项

为了确保氨纶丝包覆在纱中心，实际操作中应注意以下几点：

（1）粗纱横动装置应脱开，使粗纱固定在一个位置进入前罗拉。氨纶丝进入前罗拉时必须对准须条的中心略偏一点，Z 捻纱偏左，S 捻纱偏右。这样当两者共同出前罗拉时，由于捻度作用使须条翻转时容易把氨纶丝包在中间。

由于氨纶丝是随前罗拉速度(差一个氨纶丝牵伸倍数)运行的,比粗纱快,如果它们之间发生摩擦,氨纶丝就会有挂粗纱的可能,当氨纶丝挂上粗纱后,就有可能发生小竹节甚至轧断的可能。因此,导继喇叭口上方安装粗纱导纱钩,确保氨纶丝与粗纱互相避让。

(2) 送丝导轮必须回转灵活,要经常做好清洁工作,防止飞花轧住或带入而影响质量。

(3) 在胶辊上方装一送丝导轮(导丝钩),不让丝左右横动,固定位置,以保证氨纶丝对准牵伸后喂入须条。同时为了便于挡车工检查氨纶丝的断头及送入情况,应在导轮上用红漆或黑漆点上一个明显标点,当标点不转时,挡车工很容易发现。

(4) 集合器使用。在纺制过程中,为获得良好的包覆效果,细纱机的横动装置已不再使用,此时除在胶辊上方装有固定的导丝钩外,还要选用合适口径的集合器,集合器的形式和坚牢度有特定要求。因为集合器的几何形状,对提高纤维的包覆性能关系很大。通过实践,纺氨纶包芯纱使用 79-2V 型集合器,包覆性能好。在集合器开口的中间,设计一个 V 形导丝槽(长×高×宽: 2.5 mm×0.5 mm×0.3 mm)。使包芯纱的芯丝进入集合器后能导向定位于包须条束的中间,以保证前罗拉吐出的氨纶丝轴向为外包纤维加捻三角区的角顶处,有利于外包纤维包覆均匀和降低成纱强力不匀率。

(5) 钢丝圈的使用。钢丝圈的纱线通道要大些,截面以薄弓形为好。

钢丝圈的质量影响纺纱张力的大小。钢丝圈太重,纺纱张力大,使钢丝圈与纱线的摩擦增加,纱线断头增加;钢丝圈太轻,纺纱张力小,气圈过大,造成纱线碰隔纱板,使相邻两锭间相互干扰,导致断头增加。在选钢丝圈的质量时,要考虑以下因素。

① 纱线愈粗,单纱强力增大,钢丝圈的质量应愈重;在纺化学纤维时,由于化学纤维的弹性较好,易伸长,在同样质量的钢丝圈条件下,化学纤维纱线与钢丝圈的摩擦因数大,气圈张力小,故气圈成形大,易断头;所以纺化学纤维时钢丝圈质量应比棉重 2—3 号,纺中长纤维时,重 6—8 号。调换周期比同特纯棉缩短 1/3,对改善成纱毛羽效果显著。

② 锭速高时,纱线的离心力和纱线张力均增加,故应适当减轻钢丝圈的质量才能减少断头率。

③ 同等条件下,钢丝圈的号数随钢领运转时间的不同而不尽相同。新钢领或修复后的钢领上车,钢丝圈与钢领的摩擦系数大,钢丝圈必须偏轻掌握;随着钢领使用时间的增加,钢丝圈与钢领的摩擦系数减小,钢丝圈应适当加重;钢领衰退到后期时,跑道磨损变形,出现拎头重,飞圈多,断头会剧增,这时应适当减轻钢丝圈质量。

④ 钢领的使用周期与纱线的品种结构、锭速的高低有关。纱线号数越小,钢领的使用周期越长;随锭速的加快,钢领的使用周期要缩短。这样才能减少断头,保证成纱质量。

(6) 钢领的使用。为了降低包芯纱细纱断头,选用边偏宽的钢领有利,宽边钢领所对应的钢丝圈的纱线通道要大些,铬钢领寿命长,对改善成纱毛羽有益。如纺 18.45～16.4 tex 氨纶包芯纱和纺 13.12～11.8 tex 涤纶包芯纱,采用 3.2 mm 边宽钢领,效果较好,毛羽少。

(7) 包芯纱接头。纺制包芯纱时,细纱接头比较困难,氨纶包芯纱的接头更困难。接头"空芯"和"裸芯尾巴"等问题,是弹力包芯纱接头质量的关键。

(8)湿度车间温湿度。氨纶丝在温度 26～32 ℃、相对湿度 62% 的条件下,柔软性、弹性、强力、适纺性最好。操作上严格管理,合理制定胶辊、胶圈及钢丝圈的使用周期,保证设备运转正常。

4　竹节纱的生产方法

竹节纱是通过改变细纱的引纱速度或者喂入速度,使纺出的纱沿轴向呈竹节似的节粗、节细现象。竹节纱结构参数如图 7-40 所示,主要包括基纱线密度、竹节粗度、竹节长度以及竹节间距。

竹节纱按照竹节的情况分成为有规律和无规律的两种,有规律的又分为两种,有规律等节距竹节和有规律不等距竹节。无规律的竹节呈现随机分布,没有固定的节长、节距。

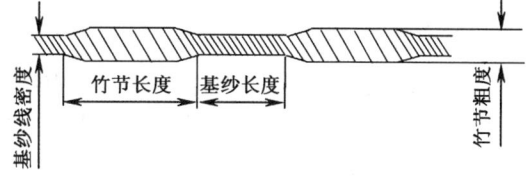

图 7-40　竹节纱结构参数

竹节纱的线密度目前没有国家标准,实际生产中以客户认可广为标准。竹节纱的线密度有两种表示方法:一是以基纱线密度为准,考虑竹节部分的线密度,以基纱线密度加竹节纱线密度的方法表示,如 C18.5 tex + 36 tex 竹节纱;二是以平均线密度表示,实测纱线百米质量,以纱线百米标准质量的 10 倍来表示竹节纱的线密度,如 C18.5 tex 竹节纱。

4.1　竹节纱的纺纱原理

在细纱机上纺制竹节纱,可以选用或加装专用的附属装置,通过电气控制使细纱机兼有纺常规纱和纺竹节纱的功能。竹节纱装置应用变化牵伸原理,对正常牵伸纺制的基纱,通过有控制地使前罗拉瞬时降速乃至停顿或使中后罗拉同时增速超喂,产生变异的粗节形成竹节纱。

竹节纱装置实现变化牵伸的方法一般有两种:一种是前罗拉降速法,即局部改变传动机构,利用细纱机的动力,通过电磁离合器和超越离合器配合,在产生竹节的时间段,使前罗拉降速或停顿,使前区牵伸改变而产生竹节效应;另一种是中后罗拉加速法,即将前罗拉或中后罗拉传动机构与主传动机构脱开,另外增加动力来源,用步进电动机或伺服电动机单独传动,在产生竹节的时间段,使中后罗拉加速、超喂而产生竹节效应。

这两种方法各有优点,前罗拉降速法生产竹节纱时灵敏度高,可以生产 3 cm 以下的竹节,适用于较密的竹节,无论是竹节的长短粗细均有较好的控制能力。但由于前罗拉速度在不断地变化,当粗节过密时会影响产量,而且前罗拉速度在时快时慢地变化,而锭速是恒定的,所以对捻度也有一定的影响,同时生产效率低下目前市场上很少。采用中后罗拉加速法生产竹节纱时,由于前罗拉速度不变,所以对捻度及产量没有影响,但对生产短而密的竹节没有前罗拉变速灵敏度高。它的特点是生产效率高,能满足大部分竹节纱的质量要求,但制造费用也比较大。

4.2 竹节纱装置及纺纱工艺参数

竹节纱的竹节线密度、竹节长度、竹节间距的设定和控制都通过控制系统实现。有关工艺参数的配置方法都随所采用白勺竹节纱装置类型而不同,以下介绍召两种应用实例。

4.2.1 YTC83型竹节纱装置

该装置适用于纺制10~60 tex棉、化纤及其混纺的竹节纱,用步进电动机单独传动细纱机前罗拉,应用数控机床的控制原理,以PLC程控器和文本显示器作核心控制单元;根据输入参数规定的频率控制转速、脉冲数控转角。因此,前罗拉按竹节纱要求变速运行,中、后罗拉由细纱机按基纱后区牵伸(定值)要求的转速传动。

竹节长度、竹节间距可直接以mm为单位的数值输入,按基纱要求设置的前罗拉基本转速和纺竹节的转速也以r/min为单位的数值输入,D_x值按竹节倍数输入。

为增加变化规律、放大竹节的排列周期,采用以5个竹节为一个循环,输入1~5种长度变化规律,即在一个循环内以基本转速运行阶段的纺纱长度和以竹节低速运行阶段的纺纱长度为单元,扩展为2、3、4、5倍个长度单元提供用户选择排列,可获得25种不同规律性周期。

该装置前罗拉的基本转速范围:细特纱<200 r/mi;粗特纱<170 r/min;竹节长度25~3000 mm,竹节间距25~3000 mm。

4.2.2 ZJ系列全数字式智能竹节纱装置

该装置用高精度伺服电动机单独传动细纱机的中、后罗拉,而前罗拉保持原有细纱机的齿轮传动,通过改变后区牵伸倍数纺制竹节。应用本装置纺制竹节纱,对应输入设定的各段竹节倍数,根据需要选择顺序循环或模糊循环。该装置的特点如下:

(1) 应用了精密机床位置控制方式,使从输入到控制全过程实现数字控制。

(2) 依靠自行开发的测速反馈同步跟踪系统,解决了开关车时与细纱机的同步问题。

(3) 伺服电动机系统加减速优化,其快速响应特性可实现设置竹节过渡时的形态设置,解决了高档产品对于橄榄形状的需求。

(4) 竹节循环特性的设定具有自定义循环和模糊循环两种选择,有利于品种开发创新。这一特点既能保证竹节长度在指定范围内,而独特的模糊循环又能确保布面没有规律性条纹。

4.3 生产竹节纱注意事项

(1) 由于生产竹节纱时,竹节处离心力较大,使气圈时大时小,所以选用钢丝圈时应偏重掌握。同时,由于竹节处粗度增加,其通过钢丝圈有一定困难,所以应选用大圈型钢丝圈。

(2) 如采用前罗拉停动或变速生产竹节纱时,捻度应偏低掌握。

(3) 如生产密集型竹节,由于前罗拉速度在不断变化,所以应适当减慢速度,否则会增加整机断头率。

(4) 在手动落纱停车时,最好在基纱部分停车以避开粗节,否则由于粗节处捻度少而使开车时断头增加。

（5）隔距块应以粗节为基数，钢丝圈应以细节为基数，适当调整后区牵伸。

（6）不同方式生产的竹节纱不能混批使用，否则织物表面达不到要求。

4.4 氨纶包芯竹节纱

氨纶包芯竹节纱的结构在长度方向上有节粗、节细的形状，在纱的中间有氨纶存在，而氨纶丝在长度方向有较大的回弹性。这些特点使得加捻时粗节处不易施加捻度，加上氨纶丝的回弹性大，粗节处的纤维强力利用系数低，特别是此类竹节纱通常采用喷气织机织造，如果不处理好成纱强力，就很难保证织造过程中的断纬率和氨纶丝剥皮，影响布面质量。

为了保证成纱强力，可以从两个方面着手：其一是提高纱的捻度，比普通纱高40%～60%；其二是配棉比同特普通纱高两个档次以上。如果采用中罗拉生产氨纶包芯竹节纱，则必须注意中后罗拉的瞬间加速必然对粗纱退绕形成张力突变，有可能导致粗纱断头，因此必须增大粗纱捻系数。另一方面，粗纱捻系数偏大后，细纱上以不能出现"硬头"为原则，如有"硬头"时，只能采用软弹性胶辊，或者适当放大后区隔距，必要时可以适当放大前区罗拉隔距，但是不要采用加大胶辊压力的办法，否则影响电磁离合器的使用寿命。另外，粗纱吊锭的状态一定要认真检修，保证灵活。对于导纱杆应该保持表面光滑，其位置应该调整恰当，以减少退绕张力。细纱钢丝圈选择应该比普通纱重，并要求有宽敞的通道。因为存在节粗、节细，当节粗到达气圈时，气圈张力突变，如果钢丝圈轻，可能形成气圈破裂而断头，如果不破裂，则与通道产生激烈碰撞，特别是在粗处捻度少、毛羽多而长，从而产生断头。

中后罗拉牵伸部分轴上的"键"要定期检查、更换，不能有间隙，否则会引起回转打顿，从而影响成纱质量。由于中后罗拉瞬间加速，键受到的剪切力很大，一般使用两个月左右就应更换。加强对锭子传动部分的检查，不能有弱捻产生，因为一旦有弱捻纱产生，轻则产生布面不平整，有色差档，重则形成氨纶丝"剥皮"。

虽然是竹节纱，但是在纺纱过程中会产生一些纱疵性竹节，应当在络筒时用电子清纱器把粗于竹节的纱疵清除，电子清纱器的设定值应该个别局具体品种确定，然后再看工艺上车的效果。

技能训练

1. 讨论不同紧密纺纱装置的特点及应用。
2. 在实训工厂或企业收集包芯纱、竹节纱产品，分析其生产工艺。

课后练习

1. 紧密纺纱技术减少成纱毛羽的原理是什么？
2. 包芯纱有哪些生产方法？生产中有哪些注意事项？
3. 竹节纱有哪些生产方法？

项目 8

后加工流程设计及设备使用

教学目标

1. 理论知识

(1) 后加工各工序的任务及工艺流程。
(2) 后加工各机构的工作原理及工艺过程。
(3) 后加工各机工艺参数的设计原则与方法。

2. 实践技能

能完成后加工工艺设计、质量控制、操作及设备调试。

3. 方法能力

培养分析归纳能力;提升总结表达能力;训练动手操作能力;建立知识更新能力。

4. 社会能力

通过课程思政,引导学生树立正确的世界观、人生观、价值观,培养学生的团队协作能力,以及爱岗敬业、吃苦耐劳、精益求精的工匠精神。

项目导入

纺织纤维纺成细纱(管纱)后,并不意味着纺纱工程的结束,纺纱生产的品种、规格和卷装形式一般都不能满足后续加工的需要。因此,必须将管纱进一步加工成筒子纱、绞纱、股线、花式纱等,以供应各纺织厂使用。这些细纱工序以后的加工统称为后加工。

任务 8.1 络筒

工作任务

1. 绘制自动络筒机的工作过程图,并标注主要机件名称。

2. 掌握络筒工序的主要工作原理及质量控制指标。
3. 分析络筒疵点原因。

知识要点

1. 络筒工序的任务。
2. 络筒机的工作原理。
3. 络筒主要质量控制指标。

1 络筒工序的任务与要求

1.1 任务

（1）增加卷装容量。把细纱管上的纱头和纱尾连接起来，重新卷绕，制成容量较大的筒子。

（2）减少疵点提高品质。细纱上还存在疵点、粗节、弱环，它们在织造时会引起断头，影响织物外观。络筒机上设有专门的清纱装置，除去单纱上的绒毛、尘屑、粗细节等疵点。

（3）制成适当的卷装。制成具有一定卷绕密度、成形良好的筒子，以满足高速退绕的要求。

1.2 要求

为保证后续工序的顺利进行，对络筒工序提出以下要求：

（1）络筒时，纱线张力大小应适度并保持均匀，以保证筒子成形良好。在高速络筒时，要采取必要措施，尽量缩小张力波动的范围，减少脱圈断头现象，以提高生产效率。

（2）应尽量清除毛纱上的疵点及杂质，但不要损伤纱线的物理力学性能（主要指强力和伸长率）。

（3）结头要尽量小而结实，以保证在后工序中不会因脱结或结尾太长而发生停台或邻纱纠缠现象。

（4）为了保证筒子密度内外均匀、成形良好及不产生磨白和菊花芯筒子，络筒机上最好配备张力渐减和压力渐减装置。

自动络筒机外观及结构示例

2 自动络筒机的工艺过程

在自动络纱机上，纱线从纱管到筒子所经的路线，称之为纱路。纱路上安排了很多器件与装置，以实现各种功能。在不同型号的自动络筒机上，纱路的安排及装置的形式不同。图8-1所示为奥托康纳338（Autoconner 338）型自动络筒机的工艺过程。纱线从管纱上退绕下来，先经过下部单元的防脱圈装置和气圈控制器；然后进入中间单元，包括下探纱传感器1、纱线剪刀、夹纱器、具有拍纱片的夹纱臂、电磁式纱线张力器3和预清纱器、捻接器4、电子清纱器5、Autotense FX（纱线张力积极匀整装置）6、具有蜡饼监测的上蜡装置7、捕纱器8、具有上纱头传感器的大吸嘴9；最后到达卷绕单元，卷绕在筒管上。

络筒生产工艺过程（视频）

细络联合机（视频）

3 络筒工艺要求

（1）筒子成形良好且坚固。筒子在储存和运输过程中要求卷装不变形，纱圈不移位。纱圈排列整齐、均匀、稳固，筒子具有良好的外观。筒子的形状和结构应便于下一道工序使用，比如在整经、卷纬、无梭织机供纬的时候，纱线应能按一定的速度轻快退绕，无脱圈、纠缠及断头现象。对于要进行后处理（如染色）的筒子，结构必须均匀而松软，以便于染液均匀而顺利地浸入整个卷装。筒子表面应平整，无攀丝、重叠、凸环、蛛网等现象。

（2）卷绕张力大小要适当而均匀。卷绕张力大小既要满足成形良好的要求，又要尽量保持纱线原有的物理力学性能。一般认为，在满足筒子卷绕密度、成形良好及断头自停装置正确工作的前提下，应采用较小的张力，以利于使纱线的强度和弹性最大限度地保留下来。

（3）卷装容量应尽可能增加。大容量可提高后道工序的生产效率，用于间断式整经的筒子，其长度还应符合规定的要求。

（4）断头。连接处纱线直径和强力要符合工艺要求。

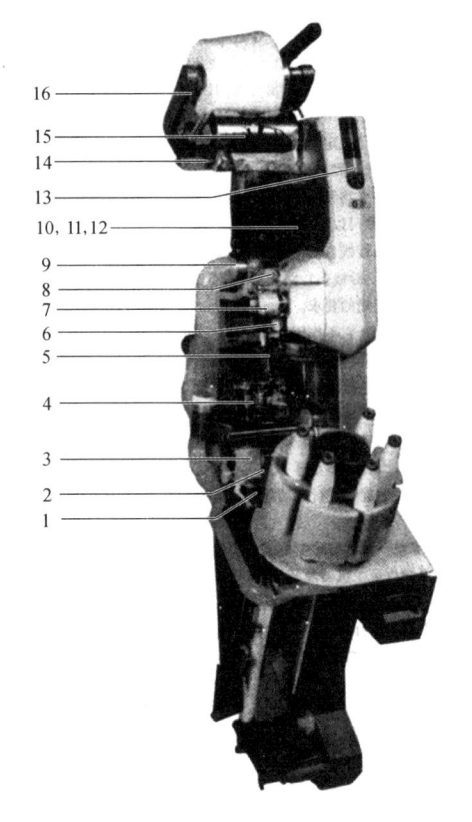

1—下探纱传感器　2—具有盖板的小吸嘴
3—电磁式纱线张力器　4—捻接器
5—电子清纱器
6—Autotense FX（纱线张力积极匀整装置）
7—具有蜡饼监测的上蜡装置　8—捕纱器
9—具有上纱头传感器的大吸嘴
10—络纱锭位控制系统
11—Propack FX（电子防叠系统）
12—Variopack FX（纱线卷绕张力均匀系统）
13—操作与显示部件　14—防绕槽筒装置
15—直接驱动的导纱槽筒
16—具有质量补偿的筒子架

图 8-1　奥托康纳 338 型自动络筒机工艺过程

4 自动络筒机的主要元件及其作用

奥托康纳 338 型自动络筒机采用模块化设计，每个络纱锭包括三个单元：下部单元、中间单元和卷绕单元。其主要元件及其作用如下：

（1）防脱圈装置。在捻接过程中，防脱圈装置使纱线，尤其是高捻纱或具有脱圈趋势的纱线，在管纱顶部保持适当的张力，避免管纱在开始退绕时脱圈。

（2）气圈破裂器。气圈破裂器也称气圈控制器，安装位置靠近纱管顶部。当管纱退绕至管底部分时，运行的纱线与气圈控制器发生碰撞，形成双节气圈，减小了管纱表面摩擦纱段的长度，避免了管底退绕张力的陡增，从而使整个络纱过程中不出现导致张力变化幅度最大的单节气圈，均匀并降低了管纱从满管至管底整个退绕过程中的纱线张力。

（3）预清纱器。预清纱器是一种机械式清纱器，它位于张力盘下方。纱线从由两薄板构成的缝隙中通过，而这个供纱线通过的缝隙宽度远大于纱线直径，故实际上预清纱器并不承担清除任务。

（4）张力器。络纱时给纱线一定的络纱张力，以达到一定的卷绕密度，并保证筒子成形良好。

（5）张力传感器。张力传感器是控制纱线张力的主要元件。每个络纱头清纱器上端均装有张力传感器，它被安装在纱路中清纱器的后面，随时检测络纱过程中动态张力变化值并及时经锭位计算机，通过闭环控制电路传递至张力器来调节压力的增减。

（6）自动捻接器。每个络纱锭都装有一个自动捻接器，在断头、清纱切割或换管时，捻接器自动将两个充分开松的纱头捻接在一起，捻接头外观与纱线本身几乎相同。

（7）电子清纱器。电子清纱器是卷绕部件中用以监测和保证纱线质量的元件。由于管纱还带有粗节、尘屑、杂质等疵点，在络纱过程中纱线的退绕还可能发生脱圈等，所以，在络纱机上采用清纱装置，如果纱疵超过了规定的极限值，则清纱器指令切刀切断纱线，清除纱线上粗节、尘屑、杂质等疵点，并向卷绕单元发出信号以中断卷绕过程。电子清纱器还向定长装置提供正常络纱信号，使定长装置在正常络纱时进行计长。

（8）上蜡装置。纱线上蜡可以提高纱线的光洁度，在一定程度上改善纱线的耐摩擦性能，尤其是针织用纱经过上蜡后，纱线表面的毛羽被蜡覆盖而显得光滑，可大大减少断针和编织疵点，提高机械效率和产品质量。纱线在纱路上与上蜡装置中的蜡盘接触，电动机带动蜡辊逆纱线运动方向转动，以达到均匀上蜡的要求。

（9）捕纱器。正常络纱时，它不作用于纱线。在纱线因细节而断头时，捕纱器夹持下纱头，捕纱器快门盖住捕纱器口，以防钩住运行中的纱线或形成纱圈。在自动接头装置工作后，找头的大吸嘴将捕纱器的纱头吸持并交给捻接器。

（10）槽筒。槽筒对筒子表面进行摩擦传动，以实现对纱线的卷取，并利用其上的沟槽曲线完成导纱运动。横动动程有 7.62~15.24 cm，槽筒沟槽有对称、不对称以及不同圈数。

（11）自动落筒装置。它能够进行自动落筒、空管放置、空管自动喂入和将卷装放在锭位后边的托盘或输送带上。

（12）清洁与除尘系统。清洁与除尘系统由三部分组成：管纱除尘、巡回清洁装置、多喷嘴吹风装置。除尘系统保证了机器及其工作环境的清洁。管纱除尘装置连续工作，吸去锭位产生的飞花、灰尘，以及由巡回清洁装置从锭位上方吹落的灰尘。巡回清洁装置用一根吹风管清洁机器的顶部，另一吸风管用于进行地面清洁。多喷嘴吹风装置用压缩空气对锭位特定的灰尘敏感点如（张力器、清纱器测量头）以及上蜡装置进行清洁。

5 新型自动络筒机的主要特征

（1）单锭化电脑控制多电动机分部传动。机械结构简化，适应机器高速，噪声降低，操作和维修方便。

（2）实现换纱、接头、落筒、清洁、装纱、理管全自动化。

（3）使用多功能智能型电子清纱器，实现精密卷绕、精密定长和电子防叠，均匀纱线张力的在线控制及微处理机监控。

(4) 高效除尘系统应用,细络联技术进入实用阶段。

6 筒子的卷绕与防叠

筒子的卷绕方式分平行卷绕和交叉卷绕两类。平行卷绕时,为防止筒子两端纱圈脱落,必须做成有边筒子。目前,筒子卷绕主要采取交叉卷绕方式。交叉卷绕的筒子分为圆柱形筒子和圆锥形筒子(俗称宝塔筒子),如图 8-2 所示。圆锥形筒子退绕方便,能适应高速退绕。高速整经机必须使用圆锥形筒子,因为圆锥形筒子的卷绕密度比较一致。如用高温高压筒子染色,则用圆柱形筒子。

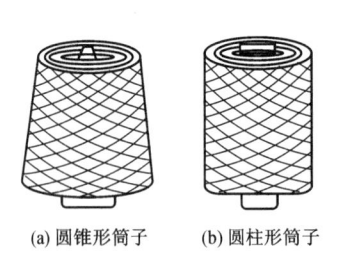

(a) 圆锥形筒子　(b) 圆柱形筒子

图 8-2　筒子卷绕形式

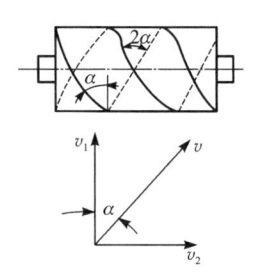

图 8-3　筒子的卷绕速度

6.1　筒子的卷绕原理

现代络纱机上,纱线以螺旋线的形状卷绕在筒子表面,螺旋线的上升角 α 称为卷绕角或导纱角。当纱线来回卷绕在筒子表面时,相邻两层纱线呈交叉状,交叉角为 2α,如图 8-3 所示。

筒子的卷绕运动由筒子的回转运动和导纱往复运动合成,如以 v_1 表示筒子的圆周速度,v_2 表示筒子的往复速度(即导纱速度),v 表示筒子卷绕速度,则:

$$v = \sqrt{v_1^2 + v_2^2} \tag{8-1}$$

卷绕角 α 与上述运动速度有关,即:

$$\tan\alpha = v_2/v_1 \tag{8-2}$$

6.2　筒子的卷绕方法及结构

由式(8-2)可知,筒子纱线卷绕角 α 取决于导纱速度 v_2 与圆周速度 v_1 的比值,而卷绕角 α 的大小又决定筒子的卷绕方法和筒子结构。当导纱速度 v_2 很小时,α 很小,则各层的纱圈近乎平行卷绕;当导纱速度 v_2 很大时,α 较大(α > 10°时),即形成交叉卷绕。在交叉卷绕的筒子上,每层纱线互相束缚,不会移动,两端纱圈不易脱落,因此,有条件绕成无边筒子。这种筒子在后工序纱线可以从筒子轴向抽出,能适应高速退绕。常见圆柱形筒子和圆锥形筒子的结构特点如下:

(1) 圆柱形筒子。圆柱形筒子上,各处的卷绕直径相同,因而沿筒子母线各点的圆周速度没有差异,每层纱圈的卷绕角 α 也相等。当筒子靠滚筒摩擦传动时,随着卷绕直径增加,由于卷绕螺距增加,筒子上每层的绕纱圈数减少,卷绕密度则下降。若每层的卷绕圈数不变,则卷绕角 α 必然变化。

(2) 圆锥形筒子。当圆锥形筒子的母线与槽筒的母线重合传动时,由于筒子母线上各处转速相等,而筒子上各处卷绕直径不同,因此,筒子大小端的卷绕速度不同,即大端速度较快而小端速度较慢,从而出现筒子大端的线速度大于槽筒的表面线速度,而筒子的小端的线速度小于槽筒的线速度的情况。圆锥形筒子上同一层的卷绕角不同,大端的卷绕角 $α_B$ 小于小端的卷绕角 $α_A$。

6.3 卷绕密度

筒子的卷绕密度反映筒子上纱线卷绕的松紧程度,通常用筒子上单位体积的绕纱质量 $γ$(g/cm^3)表示。生产中一般采用称重法计算卷绕密度。

筒子紧密度适当,可使后工序退绕轻快,在运输和储存中能保持原状,不易变形损坏。在保证后工序轻快退绕,尽量减少损伤纱线物理力学性能的条件下,可适当增加卷绕密度,以增加筒子容量。

影响筒子卷绕密度的主要因素有络纱张力、筒子卷绕方式、筒子受到的压力、纱线直径和线密度。不同纤维、不同线密度和不同用途的筒子纱,有不同的卷绕密度。整经用棉纱筒子的卷绕密度要求在 $0.38 \sim 0.45$ g/cm^3,而染色筒子纱的卷绕密度一般为 $0.32 \sim 0.37$ g/cm^3。以这样的卷绕密度制成的筒子结构松软,染料可以顺利浸透纱层,达到均匀的染色效果。

6.4 卷绕的重叠与防叠

6.4.1 重叠的产生与消失

筒子卷绕时,一个纱圈与前一个纱圈之间应有一定位移量,这样,纱圈会均匀地分布在筒子表面。但如果纱圈的位移量恰好等于零,即纱圈的位移角(Φ)等于零时(图 8-4),后一次导纱周期绕上筒子表面的纱圈仍在前一次导纱周期绕上筒子表面的纱圈位置上,最终形成凸起的条带,这种现象被称为纱圈重叠(图 8-5)。当重叠纱条的厚度较明显地增大筒子的卷绕半径时,筒子上的绕纱圈数减少,并出现不足一圈的情况,重叠消失。

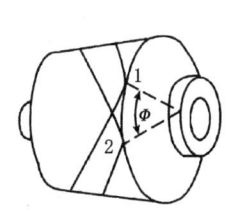

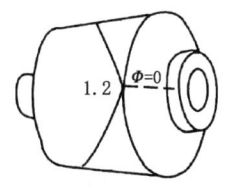

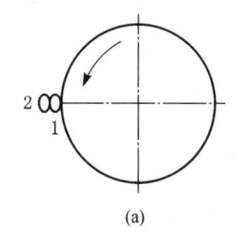

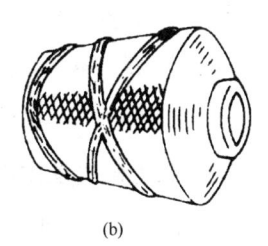

图 8-4 纱圈位移角

图 8-5 纱圈重叠的形成

6.4.2 重叠筒子引起的问题

(1) 筒子上凹凸不平的重叠条带使筒子与滚筒接触不良,凸起部分的纱线受到过度摩擦而产生损伤,造成后续工序中纱线断头,纱身起毛。重叠的纱条还会引起筒子卷绕密度不匀,筒子卷绕容量减小。

(2) 重叠筒子退绕时,由于纱线相互嵌入或紧密堆叠,退绕阻力增加,还会产生脱圈和乱纱。

(3) 用于染色的筒子,若重叠过于严重,会妨碍染液渗透,导致染色不匀。

6.4.3 防叠措施

最常用的防叠措施是使滚筒(或槽筒)的转速忽快忽慢,筒子因惯性,与滚筒有较大的滑移,使新旧纱圈错位而防止了重叠。具体方法是通过间歇性地通断槽筒电动机,使槽筒按"等速—减速—加速—等速"的周期变化。此外,还可以使用变频电机控制槽筒周期性差微转速变化;筒子握管周期性的微量摆动;防叠槽筒;防叠精密卷绕;步进精密卷绕等措施。

7 络筒张力和张力装置

络筒时,纱线以一定的速度从管纱或绞纱上退绕下来,受到拉伸及各导纱件的摩擦作用而产生张力。适当的张力能使筒子成形正确,结构稳定而坚固,卷绕密度符合需要。另外,适当的张力有利于除去纱线上的疵点,拉断薄弱环节,提高纱线的均匀度。

若络筒张力过大,不仅筒子成形不良、卷绕密度不合要求,而且纱线因伸长过大而受到损伤,甚至把正常的纱线拉断。若张力过小,则筒子成形也不良,而且结构的稳定性和坚固性都较差,对除疵也不利,还会造成断头自停装置工作不正常(纱线未断而自停)。

7.1 络筒张力的构成

络筒张力由以下三部分构成:

(1) 退绕张力。以管纱喂入时,纱线从固定的管纱上退绕,一边前进一边旋转,并形成空间曲面——气圈。因管纱上的卷绕层次较为分明,所以退绕一般较顺利,纱速较高,退绕张力也不大。但管纱一般采用短程卷绕,退绕位置愈来愈低,愈接近管底,则气圈又长又大,纱线与纱管表面摩擦的长度也愈长。这不仅使退绕张力在管底急剧增加,而且容易造成多圈纱线一起退绕的"脱圈"现象。这种现象在高速下更加严重,造成大量断头和回丝。

(2) 纱线在纱路上经过各机件时受到摩擦而产生的张力,其值不大,但应稳定。

(3) 张力装置产生的纱线附加张力,目的是产生一个纱线张力增量,提高络筒张力均匀度,确保得到成形良好、卷绕密度适宜的筒子纱。

7.2 张力装置及作用原理

张力装置的种类很多,其原理都是使纱线通过摩擦而得到张力增量,可分为两类:一类是使纱线通过有正压力的两平面之间而受到摩擦阻力,这类张力装置有垫圈加压、弹簧加压、压缩空气加压;另一类是使纱线绕过曲面而受到摩擦阻力,这类张力装置有曲弧板式、梳齿式等。常见张力装置如图8-6所示。

在奥托康纳338型自动络纱机上,为防止纱线对固定张力盘的定点磨损,采用了电磁式张力装置。张力盘由单独电动机驱动积极回转。纱线从张力装置的两个张力盘之间通过,张力盘的转动方向与纱线运行方向相反,从而防止了灰尘微粒的集聚和张力盘的磨损。压板受电磁力作用压向圆盘,纱线张力可在电脑上集中调控,保持张力均匀。No.21C Process Coner 自动络纱机采用栅栏式张力装置,纱线从由交错配置、静态的陶瓷器件组成的纱路中运动,利用纱线对陶瓷器件的包围角及摩擦作用来稳定络纱张力。

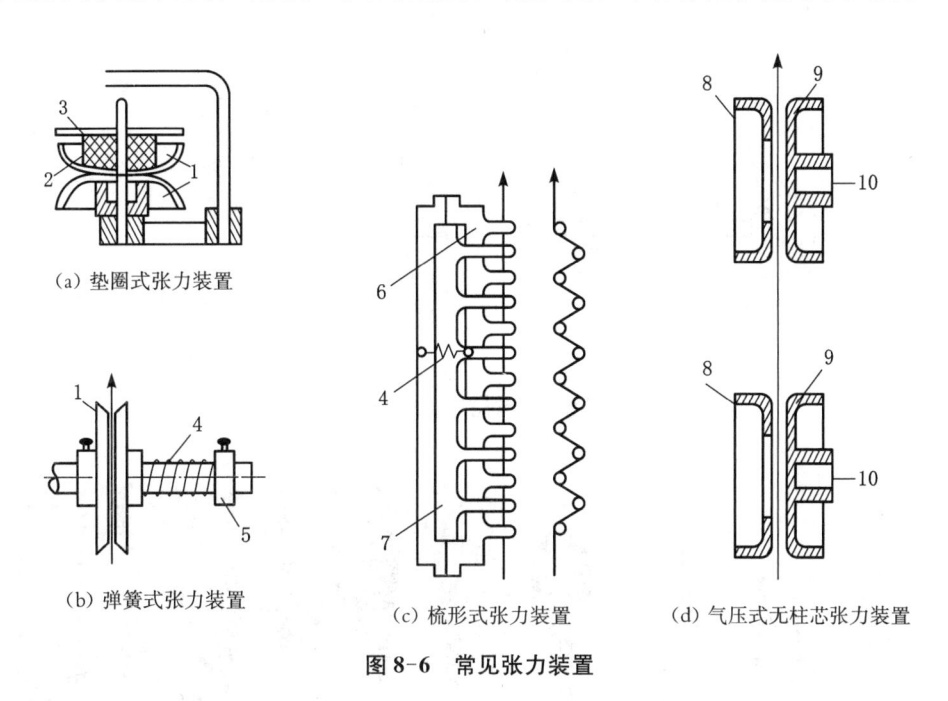

(a) 垫圈式张力装置

(b) 弹簧式张力装置

(c) 梳形式张力装置

(d) 气压式无柱芯张力装置

图 8-6 常见张力装置

7.3 均匀络筒张力的措施

为了改进络筒工艺,提高络筒质量,可采取适当措施,均匀络筒时的退绕张力,这在高速络筒时尤为必要。

(1) 正确选择导纱距离。导纱距离即纱管顶部到导纱部件的距离。导纱距离对退绕张力的影响较大,短距离与长距离导纱都能获得比较均匀的退绕张力。生产中,可选择 70 mm 以下的短距离导纱或 500 mm 以上的长距离导纱,但不宜选用介于两者之间的中距离导纱。

(2) 使用气圈破裂器。气圈破裂器安装在退绕的纱道中,可以改变气圈的形状,从而减小纱线张力的波动。气圈破裂器的作用原理:当运动中纱线气圈与气圈破裂器摩擦碰撞时,可将原来的单节气团破裂成双节(或多节)气圈,从而避免退绕张力突增的现象,如图 8-7 所示。

有些新型自动络筒机上安装了可以随管纱退绕点一起下降的新型气圈控制器,如村田 No.21C 型自动络筒机的跟踪式气圈控制器,如图 8-8 所示。它能根据管纱的退绕程序自动调整气圈破裂器的位置,使退绕张力在退绕全过程中保持均匀稳定,有利于在高速络筒下退绕张力的均匀控制。

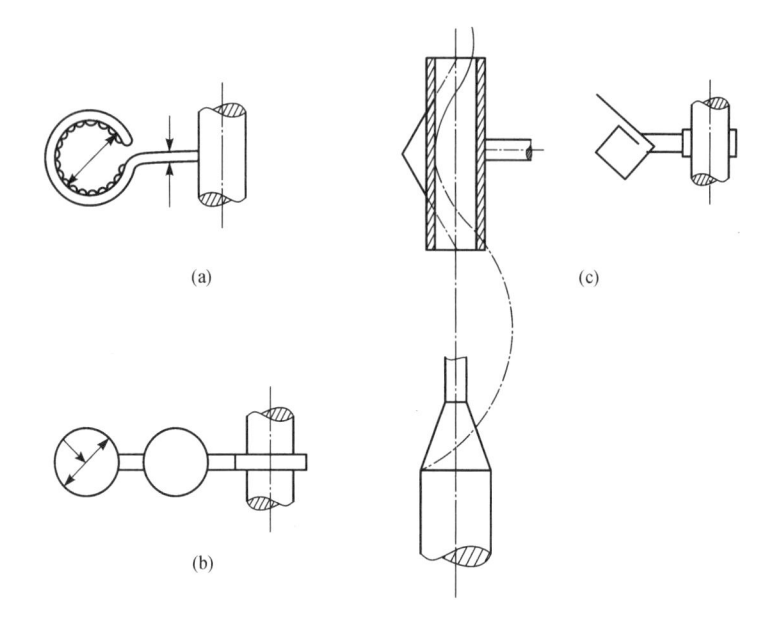

图 8-7　常见气圈破裂器

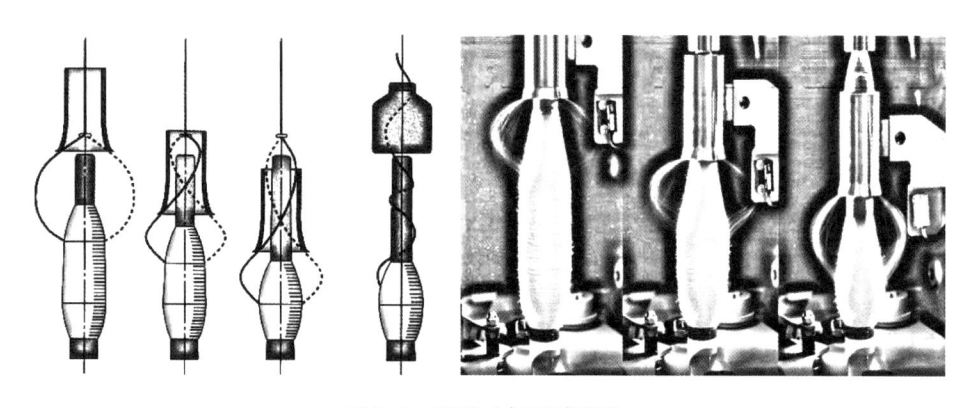

图 8-8　跟踪式气圈破裂器

8　清纱装置及作用原理

清纱装置的作用是清除纱线上的粗节、细节、杂质等疵点。清纱装置有机械式和电子式两大类。

（1）机械式清纱装置。机械式清纱装置有板式和梳针式两种，如图 8-9 所示。板式清纱器的结构简单，纱线从其上的一个狭缝中通过，缝隙大小一般为纱线直径的 1.5～2.5 倍。梳针式清纱器用梳针板代替上清纱板，其清除效率高于板式清纱器，但易刮毛纱线。机械式清纱器适用于普通络筒机，生产质量要求低的品种。板式清纱器还用于自动络筒机上的预清纱装置，可防止纱圈和飞花等带入，其间距较大，一般为纱线直径的 4～5 倍。

（2）电子清纱器。电子清纱器按工作原理分为光电式电子清纱器和电容式电子清纱器。

(a) 板式清纱器　　　　　(b) 梳针式清纱器

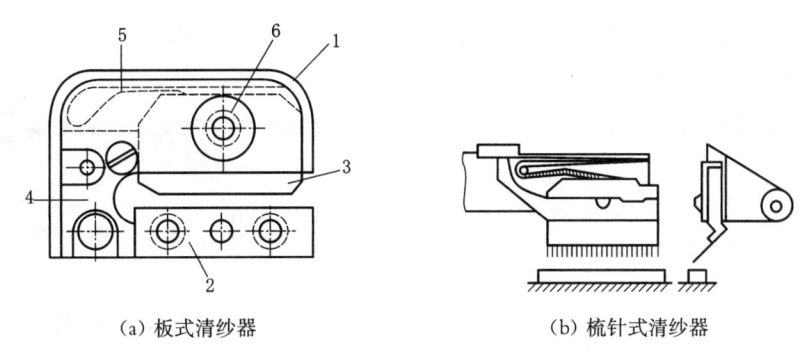

图 8-9　机械式清纱装置

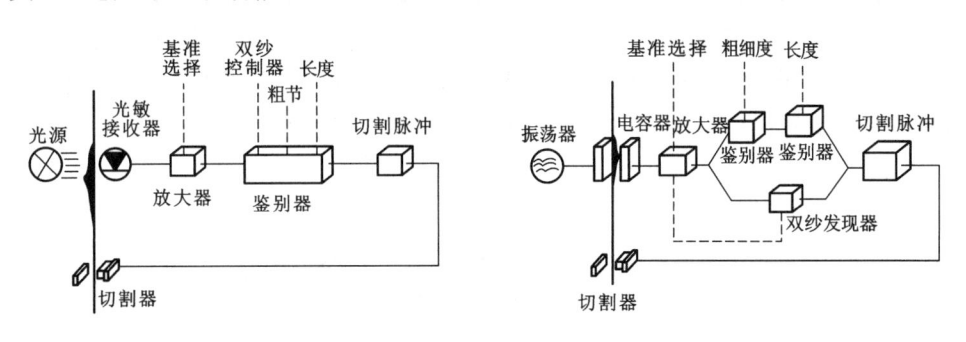

① 光电式电子清纱器。光电式电子清纱器是对纱疵形状的几何量（直径和长度），通过光电系统转换成相应的电脉冲传导来进行检测，与人的视觉检测比较相似。整个装置由光源、光敏接收器、信号处理电路、执行机构组成。光电式电子清纱器的工作原理如图 8-10 所示，光电检测系统检测到的纱线线密度变化信号由运算放大器和数字电路组成的可控增益放大器进行处理，主放大器输出的信号同时送到短粗节、长粗节、长细节三路鉴别电路中进行鉴别，当超过设定位时，将触发切刀电路切断纱线，清除纱疵，且通过数字电路组成的控制电路储存纱线平均线密度信号。光电式电子清纱器的优点是检测信号不受纤维种类及温湿度的影响，不足之处是对于扁平纱疵容易出现漏切现象。

② 电容式电子清纱器。如图 8-11 所示，电容式电子清纱器检测头由两块金属极板组成的电容器构成。纱线在极板间通过时会改变电容器的电容量，使得与电容器两极相连的线路中产生变化的电流。纱线越粗，电容量变化越大；纱线越细，电容量变化越小，以此来间接反映纱线条干均匀度的变化。除了检测头是电容式传感器，其他部分与光电式电子清纱器类似，纱疵通过检测头时，若信号电压超过鉴别器的设定值，则切刀切断纱线以清除纱疵。

图 8-10　光电式电子清纱器　　　图 8-11　电容式电子清纱器

电容式电子清纱器的优点是检测信号不受纱线截面形状的影响，不足之处是受纤维种类及温湿度的影响较大。

9　捻接

络筒生产普遍采用捻接的方法，形成无结头的纱线，其连接方法是将两个纱头分别退捻成毛笔状，再放在一起加捻。目前可以做到连接处的细度和强度与正常纱线非常接近，因而其连接质量高,彻底消除了因结头大小而影响纱线质量的问题。

比较成熟的捻接方法主要有空气捻接与机械捻接,其中空气捻接比较常用。空气捻接原理与效果如图 8-12 所示。

机械式捻接器依靠两个转动方向相反的搓捻盘将两根纱线搓捻在一起,搓捻过程中纱条受搓捻盘的夹持,使纱条在受控条件下完成捻接动作。机械捻接的纱具有结头条干好、光滑、没有纱尾等特点,捻接处直径仅为原纱直径的 1.1～1.2 倍,结头强度约为原纱强度的 90%,结头外观和质量都优于空气捻接器,克服了空气捻接纱的结头处纤维蓬松的缺点。但目前机械式捻接器仅适应加工纤维长度在 45 mm 以下的纱线。

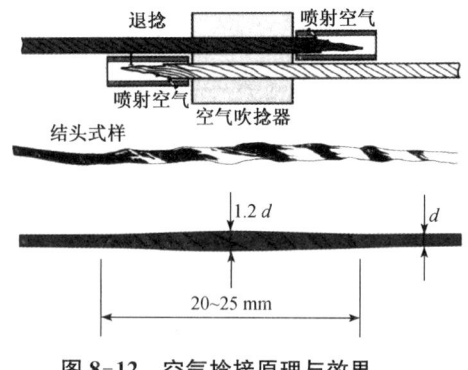

图 8-12 空气捻接原理与效果

10　络筒工序质量指标

络筒工序主要质量指标:百管断头次数、筒子卷绕密度、毛羽增加率、好筒率、电子清纱器正切率与清除效率、无结头纱捻接质量。

(1) 百管断头次数。百管断头次数即络筒时卷绕每百只管纱的断头次数,断头数的多少直接反映前工序原纱的外观和内在质量,同时从断头原因的分析中,也可以发现因络筒工艺、操作、机械等因素造成的断头,便于采取措施降低断头,提高络筒的生产效率。

(2) 络筒卷绕密度。络筒卷绕密度可衡量络筒卷绕松紧程度,进而了解经纱所受的张力是否合理。从卷绕密度也可以计算出络筒最大卷绕容量,筒子卷绕密度适当,便可保证筒子成形良好,纱线张力均匀一致,为改善布面条影创造有利条件。卷绕密度过大,筒子卷绕紧,经纱受到张力大,筒子硬,纱身易变形,造成布面细节多,条影多;卷绕密度小,筒子卷绕松,筒子软,成形不良,在整经卷绕时易造成脱圈而引起整经断头。

(3) 毛羽增加率。络筒后,单位长度筒纱毛羽数与管纱毛羽数之差占管纱毛羽数的百分数,称之为毛羽增加率:

$$毛羽增加率 = \frac{筒纱毛羽数 - 管纱毛羽数}{管纱毛羽数} \times 100\%$$

(4) 好筒率。好筒率主要检查筒子外观质量,其计算公式如下:

$$好筒率 = \frac{检查筒子总只数 - 查出疵筒数}{检查筒子总只数} \times 100\%$$

(5) 电子清纱器正切率与清除效率。通过这两个指标测试,既可以检查电子清纱器质量,又可以了解电子清纱器的清纱效率及检测系统的灵敏度和准确性。

(6) 无结头纱捻接质量。无结头捻接纱外观与内在质量对织造效率及织物外观质量的影响非常大,如捻接细节、捻接毛头、捻接区长度、捻接强力、成结率等。捻接纱质量试验可以检测捻接纱外观与内在质量是否符合工艺要求,同时可检查捻接器质量与工艺设计是否合理。

技能训练

1. 绘制自动络筒机的工作过程图,并标注主要机件名称。
2. 总结影响络筒生产质量的因素及相关解决措施。

课后练习

1. 筒子的卷绕形式有哪些种类?
2. 什么叫筒子重叠?有什么危害?可采取哪些防叠措施?
3. 络筒张力如何构成?均匀络筒张力可采取哪些措施?
4. 比较光电式和电容式电子清纱器的工作原理及使用特性。

任务 8.2 并　纱

工作任务

1. 绘制并纱工艺流程图,并标明主要机件名称。
2. 讨论并纱张力配置原则。

知识要点

1. 并纱机的任务。
2. 并纱机的工艺流程。

1 并纱的任务

并纱的主要任务是将两根或两根以上的单纱并合成各根张力均匀的多股纱的筒子,供捻线机使用,以提高捻线机效率。

并纱生产工艺过程(视频)

2 并纱工艺过程及主要机构

2.1 并纱机的工艺过程

图 8-13 所示为 FA702 型并纱机的工艺过程,单纱筒子 2 插在纱筒插杆 1 上。纱线自单纱筒子 2 上退绕出来,经过导纱钩 3、张力垫圈装置 4、断纱自停装置 5、导纱罗拉 6、导纱辊 7,由槽筒 8 的沟槽引导,卷绕到筒子 9 上。

2.2 并纱机的主要机构及作用

(1) 张力装置。纱线通过装置时,因受到摩擦而获得张力,使卷装成形良好、卷绕密度适当。

(2) 断头自停装置。为保证卷绕到并纱筒子上的纱线符合规定的并合根数,不会出现漏头而产生并合根数不足的筒子,并纱机上的断头自停装置必须在任何一根纱断头后,使筒子离开槽筒而停止转动,要求作用灵敏、制动迅速,以减少回丝和接头操作时间。并纱机上使用的落针式断头自停装置,其主要机件是落针与自停转子(或星形轮)。当一个单纱筒子用完或断头时,落针失去纱的张力作用,因本身的质量而下落;下落后受到一高速回转的自停转子的猛烈打击,经杠杆与弹簧(或杠杆与重锤)的作用,导致纱筒与槽筒脱离接触,并使筒子停转。

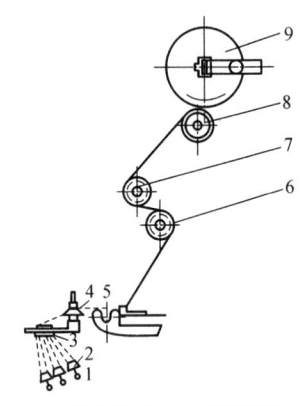

1—纱筒插杆 2—单纱筒子
3—导纱钩 4—张力垫圈装置
5—断纱自停装置 6—导纱罗拉
7—导纱辊 8—槽筒 9—筒子

图 8-13 并纱机工艺过程

在新型并纱机上采用压电式断纱自停装置。当纱线断头后,PLC 控制电磁离合器、电磁刹车系统,使转动机件停止运转。

3 并纱机的工艺配置

3.1 工艺配置

(1) 卷绕速度。并线机卷绕速度与并纱的线密度、强力、纺纱原料、单纱筒子的卷绕质量、并纱股数、车间温湿度等因素有关。

(2) 张力。并纱时应保证各股单纱之间张力均匀一致,并纱筒子成形良好,达到一定的紧密度,并使生产过程顺利。并纱张力与卷绕速度、纱线强力、纱线品种等因素有关,一般掌握在单纱强力的 10% 左右,通过张力装置调节。张力装置与络筒机使用的相似,常用圆盘式张力装置,它通过张力片的质量来调节纱线张力,见表 8-1、表 8-2。

表 8-1 不同线密度纱线选用张力圈质量

线密度/tex	36~60	24~32	18~22	14~16	12 以下
张力圈质量/g	25~40	20~30	15~25	12~18	7~10

表 8-2 有关参数与张力圈质量关系

参数	卷绕速度		纱线强力		纱线原料		导纱距离	
	高	低	高	低	化纤	纯棉	长	短
张力圈轻重	较轻	轻重	较重	较轻	较轻	轻重	较轻	较重

技能训练

1. 讨论并纱机张力配置原则,特别是不同种类的单纱并合时的张力配置。

课后练习

1. 并纱工序的主要任务是什么?
2. 并纱机的工艺流程是什么?
3. 并纱机车速的选择原则有哪些?

任务 8.3　捻　　线

工作任务

1. 掌握捻线合股数的原则。
2. 讨论普通捻线机和倍捻机的加捻方法。

知识要点

1. 捻线机的任务。
2. 普通捻线机、倍捻机的工艺流程。

倍捻生产工艺过程(视频)

1　捻线的任务

　　捻线的任务是将两根或两根以上单纱并合在一起,加上一定捻度,加工成股线。普通的单纱不能充分满足某些工业用品和高级织物的要求,因为单纱加捻时内外层纤维的应力不平衡,不能充分发挥所有纤维的作用。单纱经过并合、捻线后得到的股线,比同样粗细的单纱强力高、条干均匀、耐磨,表面光滑美观,弹性及手感好。此外,可将两根及两根以上不同颜色或不同原料的单纱捻合在一起,做成花式线或多股线,以进一步满足人民生活和某些工业产品的要求。

　　捻线机的种类,按加捻方法可分为单捻捻线机与倍捻捻线机两种;按股线的形状和结构可分为普通捻线机与花式捻线机两种;根据捻线时股线是否经过水槽着水,还可分为干捻捻线机与湿捻捻线机两种。

2　倍捻技术

　　倍捻机是倍捻捻线机的简称。倍捻机的锭子转一转可在纱线上施加两个捻回,故称为"倍捻"。由于倍捻机不用普通捻线机的钢领和钢丝圈,锭速可以提高,加之具有倍捻作用,因而产量较普通捻线机高。如倍捻机的锭速为 15 000 r/min 时,相当于普通捻线机的 30 000 r/min。倍捻机制成的股线筒子容纱量较普通线管要大得多,故合成的股线结头少。倍捻机还可给纱线施加强捻,最高捻度可达 3000 捻/m。加捻后的纱线可直接络成股线筒子,与环锭捻线机(普通捻线机)相比,可省去一道股线络纱工序,所以它是一种高速、大卷装的捻线机。

倍捻捻线发展很快,20世纪60年代末,倍捻捻线在棉纱、合成纤维混纺纱方面都有应用,可以加工棉、毛、丝、麻、化学纤维多种产品。缝纫线要求结头少,倍捻捻线也能满足此要求。随着化学纤维工业的迅速发展,也发展了加工化学纤维牵伸加捻机的炮弹筒子倍捻机,同时还发展了加工粗特地毯纱和帘子线的重型倍捻机。倍捻机的缺点是:锭子结构复杂、造价高、耗电量大、断头后接头比较麻烦(需用引纱钩)。因此,倍捻机必须在并纱后才能显示其优点。图8-14所示为倍捻机剖面。

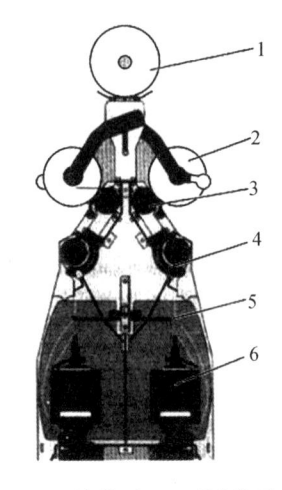

1—预备筒子 2—卷绕筒子
3—槽筒 4—偏导调节装置
5—导纱钩 6—锭子

图8-14 倍捻机剖面

2.1 倍捻原理

倍捻的原理可以从捻向矢量的概念引出。如果将纱条两端握持,加捻器在中间加捻,输出纱条不会获得捻回,属于假捻,如图8-15(a)所示。如果将B移至加捻点的另一侧,如图8-15(b)所示,而将C点扩大成为包括两段纱段(AC、BC)的空间而进行回转,这时再从定点A与B看加捻点C,加捻器转一转,AC和BC段各自获得一个相同捻向的捻回。在纱线输出过程中,AC段上的捻回在运动到CB段时,就获得两个捻回。

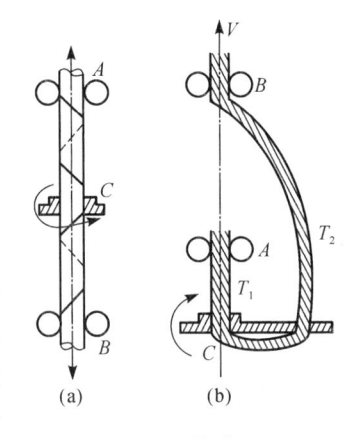

图8-15 倍捻原理

2.2 倍捻机的工艺过程

倍捻机按锭子安装方式不同分为竖锭式、卧锭式、斜锭式三种,按锭子的排列方式不同分为双面双层和双面单层两种。每台倍捻机的锭子数随形式不同而不同,最多达224锭。图8-16所示为VTS倍捻机工艺过程。无捻纱线1借助退绕器3(又叫锭翼导纱钩),从喂入筒子2上退绕出来,从锭子上端向下穿入空心轴。在空心轴中,纱线由张力器(纱闸)4施加张力,再进入旋转的锭子转子5的上半部,然后从储纱盘6的小孔中出来。这时,无捻纱在空心轴内的纱闸和锭子转子内的小孔之间进行第一次加捻,即施加第一个捻回。已经加上一个捻回的纱线绕着储纱盘形成气圈8,再受到气圈罩7的支撑和限制,气圈在顶点处受到导纱钩9的限制。纱线在锭子转子和导纱钩之间的外气圈进行第二次加捻,即施加了第二个捻回。经过加捻的股线通过断纱探测杆10、超喂罗拉12、横动导纱器14,交叉卷绕到卷取筒子16上。卷取筒子16夹在无锭纱架17上两个中心对准的圆盘18之间。

2.3 倍捻机的主要机构及其作用

2.3.1 倍捻锭子系统

倍捻锭子系统是倍捻机的核心部分,它包括倍捻锭子和锭子制动器,而倍捻锭子由锭子转子、储纱盘、退绕器、锭子防护罐、隔离板、气圈导纱器、气圈罩和张力装置等一系列零部件组成。倍捻锭子系统如图 8-17 所示。

倍捻锭子系统中主要零部件的作用如下：

（1）锭子转子。锭子转子是实现倍捻的关键部件，它包括锭轴、储纱盘、绕纱板、空心轴（防护罐支撑）。锭子与切向皮带接触，因而锭子被驱动。储纱盘 3 储存的纱线用于补偿退绕不稳定所引起的纱线余缺，其储纱量由张力牵伸装置 4 调整。由于锭子转子 2 携带纱线旋转，纱线在空心轴内的纱闸和储纱盘小孔之间进行第一次加捻，获得一个捻回的纱线从储纱盘的小孔中输出。绕纱板在锭子防护罐 6 周围形成外气圈，并在锭子转子和猪尾形导纱钩之间的外气圈进行第二次加捻。

（2）退绕器。退绕器又叫锭翼导纱钩，由运动着的纱线带动作旋转运动，使无捻纱从供应筒子上顺利退绕输出。从锭翼导纱钩至锭子顶端退绕的无捻纱形成一个气圈。由于它位于锭子防护罐内，所以又叫内气圈。内气圈的张力由锭子顶端的张力牵伸装置调整。

（3）锭子防护罐。锭子防护罐由电磁联轴器连接在锭子空心轴上，从而不接受动力，其作用是支撑、保护喂入筒子，使之与外气圈隔离开来。

（4）气圈罩。它位于锭子防护罐之外，作用是限定外气圈的大小，有减小气圈张力、降低能耗之作用。是否配用气圈罩，由锭子的型号决定。

（5）隔离板。隔离板可把每个单独锭子系统分开，防止废纱进入相邻锭子而产生飘头、多股等疵品。

（6）气圈导纱器。其形状如猪尾，位于锭子顶端正上方。它的作用是调节外气圈高度和纱线张力，并在此完成第二次加捻。外气圈张力的大小影响着断头和能耗。

（7）锭子制动器。锭子制动器由一个两段式制动活塞组成，并通过一个踏板系统进行操作。脚踏开关有两个功能：一是制动锭子，使锭子停转；二是气流穿纱，便于接头。锭子制动和气流穿纱的压缩空气，由车头空气压缩机通过管道输送到每个锭子。

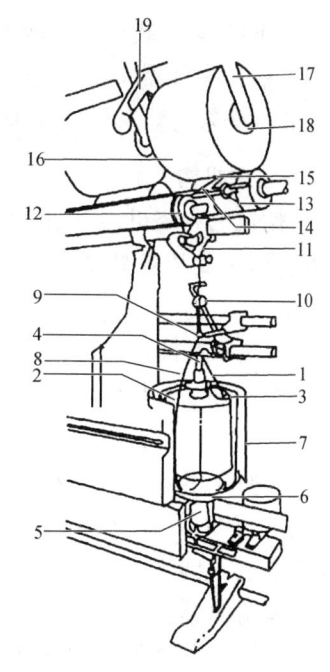

1—无捻纱线　2—喂入筒子　3—锭翼导纱钩
4—张力器　5—锭子转子　6—储纱盘
7—气圈罩　8—气圈　9—导纱钩
10—断纱探测杆　11—可调罗拉　12—超喂罗拉
13—预留纱尾装置　14—横动导纱器
15—摩擦辊　16—卷取筒子　17—无锭纱架
18—圆盘　19—摇臂

图 8-16　VTS 倍捻机工艺过程

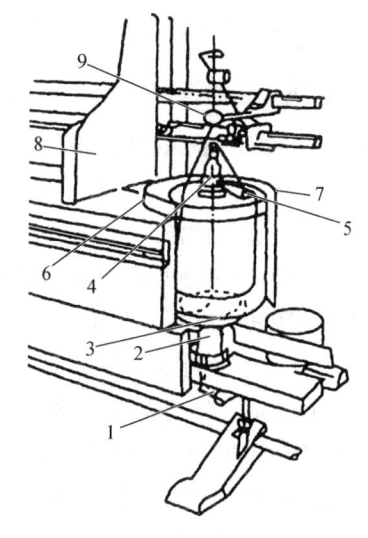

1—锭子制动器　2—锭子转子　3—储纱盘
4—张力牵伸装置　5—退绕器　6—锭子防护罐
7—气圈罩　8—隔离板　9—气圈导纱器

图 8-17　倍捻锭子系统

(8) 断头自停装置。正常生产时,探纱针和运动着的纱线接触;断头时,断头自停探针落下,纱线被夹纱器夹住,防止后续纱线继续从喂线筒子上退绕,可避免在纱锭上产生绕线,阻止纱头被打烂和随之而来的飞花。

2.3.2 卷绕机构

倍捻机的卷绕机构由超喂罗拉、横动导纱器、摩擦罗拉、卷绕筒子及其支架、换筒尾纱装置等组成,如图8-18所示。

(1) 超喂罗拉。超喂罗拉的作用是支撑纱线并减轻气圈张力。超喂罗拉的表面速度比摩擦罗拉的表面速度高60%。

(2) 换筒尾纱装置。卷绕筒子的连续络纱,需要卷绕筒留有尾纱,以方便后部加工。纱线在导向板内通过,卷绕空筒转几圈之后,工人用手把股线托出来,它便自动进入横动导纱器。

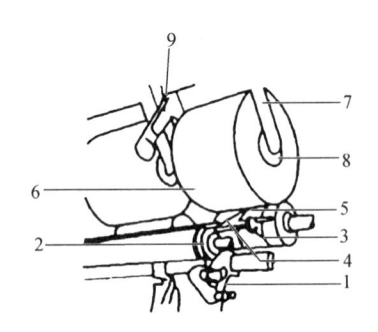

1—可调罗拉 2—超喂罗拉
3—预留纱尾装置 4—横动导纱器
5—摩擦辊 6—卷取筒子 7—筒子架
8—圆盘夹头 9—摇臂

图 8-18 VTS 倍捻机卷绕机构

(3) 横动导纱器。位于齿轮箱中部的提升偏心装置,传动导纱器做横向运动。横动导纱器使纱线不断进入卷绕筒子,同时实现横向导纱。

(4) 卷绕罗拉。卷绕罗拉又称摩擦罗拉。卷绕筒子靠摩擦力由卷绕罗拉带动。为了加大摩擦力,卷绕罗拉中部一段常使用胶质环。摩擦罗拉的速度决定了卷绕速度,而卷绕速度和锭子速度共同决定捻度。

(5) 卷绕筒子支架。卷绕筒子支架是一个四铰点支架机构,它支撑着柱形或锥形筒子。四铰点支架机构适用于卷绕不同直径的筒子。

2.4 捻线工艺的设置

2.4.1 股线的合股数和捻向的确定

(1) 合股数。一般衣着用线,两股并合已能达到要求。为了加强艺术结构,花式线可用三股或多股。对强力及圆整度要求高的股线,须用较多的股数,如缝纫线一般用三股。若超过五股,容易使某根单纱形成芯线,使纱受力不均匀,降低并捻效果。为此,常用复捻方式制成缆线,如帘子线、渔网线等。但要求比较厚而紧密的织物,如帆布、水龙带等,若采用单捻方式,也能符合使用要求。

(2) 捻向。合股线的加捻方向对股线的质量影响很大。在股线一次加捻时,如采用反向加捻(单纱与股线捻向相反),可使股线中各根纤维所受的应力比较均匀,能增加股线强力,并可得到手感柔软、光泽较好的股线,且捻回稳定、捻缩较小,所以,绝大多数股线都采用反向加捻。同向加捻时(单纱与股线的捻向相同),采用较小的股线捻系数,即可达到所需的强力,捻线机的产量也可以提高。同向加捻股线比较坚实,光泽及捻回稳定性差,股线伸长大,但具有回弹性高、渗透性差的特点,适用于编制花边、渔网及一些装饰性织物。在生产中,为了适应棉纺细纱挡车工操作,一般单纱都为 Z 捻,股线采用反向加捻时用 ZS 表示,采用同向加捻时用 ZZ 表示。而捻线机挡车工接头与捻向无关。复捻时,为了使捻度比较稳定,常采用 ZZS 或 ZSZ 这两种加捻方式。前者股线断裂伸长较好,机器生产率较低;后者股线强力不匀率低。在实际生产中,要根据缆线用途要求确定捻向。

2.4.2 捻系数

捻系数对股线性质的影响较大。应根据股线的不同用途要求,选择合适的捻系数,同时应与单纱捻系数综合考虑。强捻单纱,股线与单纱的捻度比(简称捻比)可小些;弱捻单纱,股线与单纱的捻比可大些。

衣着织物的经线要求股线结构内外松紧一致、强力高,其捻比一般在 1.2~1.4(双股线)。如要求股线的光泽与手感好,则股线与单纱的捻系数配合应使表面纤维轴向性好,这样,不仅光泽好,而且轴向移动时的耐磨性也较好,股线结构呈外松里紧,因此,手感较柔软,染整液剂渗透性好。当捻比为 0.7~0.9 时,外层纤维的轴向性最好。若考虑提高股线强度,则捻比不能过低。但不同用途的股线,还应考虑它的工艺要求和加工方法。

2.4.3 纱线定量

直接送本厂织部用的经纬股线,纱线定量一般按照标准设计。因为经纱由织部考虑布的伸缩率和上浆率,直接纤纱伸长率一般不大。如果是市售筒,则需要考虑络纱伸长率,一般在 0.3% 左右;如果是绞纱成包,则需考虑筒摇伸长率,一般在 ±0.2%。股线定量按下式设计:

$$股线设计干燥定量[g/(10\ m)] = \frac{股线线密度}{10.85} \times \frac{1}{1 \pm 络筒或筒摇伸长回缩率} \quad (8-3)$$

式中:伸长率用"−"号,回缩率用"+"号。

后加工过程中,纱线定量较为复杂,很难计算准确。生产中一般按长期积累经验选择。

3 并捻联合技术

3.1 环锭并捻联合技术

国内广泛采用的普通并捻联合单捻捻线机为 FA72l-75 型,其结构与环锭细纱机基本相似,不同之处是没有牵伸机构。

3.1.1 FA72l-75 型捻线机工艺过程

如图 8-19 所示,左边纱架为纯捻捻线专用,喂入并线筒子;右边纱架为并捻联合时使用,喂入圆锥形单纱筒子。现以右边纱架说明其工艺过程。从圆锥形筒子轴向引出的纱,通过导纱杆 1,绕过导纱器 2,进入下罗拉 5 的下方;再经过上罗拉 3 与下罗拉钳口,绕过上罗拉后引出,并通过断头自停装置 4 穿入导纱钩 6;再绕过在钢领 7 上高速回转的

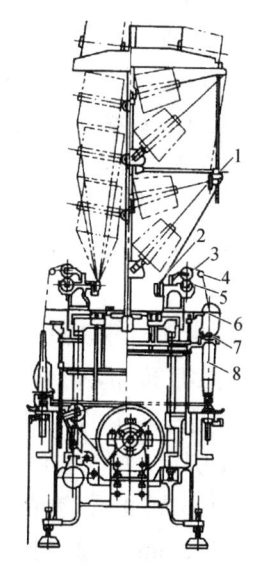

1—导纱杆 2—导纱器 3—上罗拉
4—断头自停装置 5—下罗拉
6—导纱钩 7—钢领 8—筒管

图 8-19 FA72l-75 型捻线机工艺过程

钢丝圈,加捻成股线后卷绕在筒管 8 上。

3.1.2 捻线机的主要机构及其作用

(1) 喂纱机构,包括纱架(筒子架)、横动装置、罗拉等。

① 纱架。纱架的形式有纯捻纱架与并捻联合纱架两种。纯捻型的筒子横插于纱架上,并好的纱由筒子径向引出时,筒子在张力的拖动下慢速回转退解,喂入的纱可保持相当的张力而穿绕于罗拉上。纱的退绕张力排除了气圈干扰的因素,所以变化不显著。在筒子退绕到最后时,因筒子质量减轻、转速加快,筒子产生跳动,甚至引起断头。因此,筒管的直径不可过小。再考虑到合股纱强力不大,络纱筒子的最大直径不宜过大。综合这两个因素,并线筒子的容量就受到限制。并捻联合机的筒子横插于纱架上,从筒子轴向牵引或退绕引出单纱,经导纱杆和张力球装置,并合后喂入罗拉。由于纱从筒子轴向引出时,随着气圈的高度与锥形筒子直径的变化,纱的张力不断变化,因而需要适当调节纱架的位置、单纱在导纱杆上的穿绕方法、张力球质量,使单纱张力趋于均匀。

② 水槽。在湿捻捻线机上,水槽装置为必要部分。如图 8-20 所示,在加捻前,单纱要通过水槽,使纱浸湿着水,从而使强力比干捻大,断头减少,捻成的股线外观圆润光洁、毛羽少。

湿捻法主要应用于细特纱针织汗衫用线、缝纫用线、编网用线及帘子线产品。但因纱吸收了水分,质量增加,回转时纱的张力较大,动力消耗比干捻时多,锭子速度也比干捻时低。纱条的吸水量通过调节玻璃棒在水槽中的高度来实现;一般玻璃棒浸水 1/2～2/3 较适当;生产中还采用提高水温或适当加入渗透剂等方法来增加吸水量。

图 8-20 湿捻水槽

③ 罗拉。捻线机一般用一对罗拉或两列下罗拉与一个上罗拉,只有在捻花式线时,才用两对罗拉或三对罗拉。罗拉表面镀铬,圆整光滑。为了防止停车时纱线从上罗拉表面滑到罗拉颈上,在上罗拉表面近两侧处车一切口,开车时纱线自动脱离切口,进入正常位置。

(2) 加捻卷绕和升降机构,包括导纱板和导纱钩、钢领和钢丝圈、锭子和筒管、锭子掣动器(膝掣子或煞脚)、锭带和滚筒(或滚盘)等部件。加捻卷绕和升降过程与环锭细纱机基本相同。

(3) 断头自停装置。新型环锭捻线机 FA721-75 型装有断头自停装置,以减少缠罗拉,飘头多股疵品,避免产生大量回丝,同时,挡车工用于巡回监视断头,处理断头的时间和精力可大为减少。断头自停装置如图 8-21 所示。断头自停器可看作一个特型杠杆,其支点 B 是一直径为 12 mm 的孔,套在压辊($\varphi=10$ mm)的小轴上。一个力点是直径 1.2 mm 的金属杆 A,另一个力点是和基体连在一起的涂为红色的塑料片 C,在金属杆下方是插片 D,与断头器配套使用的还有一个控制纱线走向的导纱杆 E。正常运转时,金属杆 A 轻轻压在纱线上,纱线张力使断头自停器处于"抬起"状态。此时,插片 D 悬空,红色塑料片 C 隐藏在最低位置;纱线断头后,纱

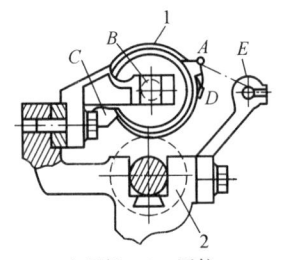

1—上压辊 2—罗拉
图 8-21 断头自停装置

线张力消失,断头自停器的金属杆 A 跌落向下,做顺时针方向旋转,插片 D 插入上压辊和罗拉之间,将上压辊抬起少许,而脱离下罗拉,遂使纱线停止输送。此时,红色塑料片已旋至上压辊上方,树起一红色标记,使值车工在远处便可看到断头锭子的位置。该装置的应用对减少纱疵、降低断头、减轻工人劳动强度有明显效果。

3.2 并捻联合倍捻机

与环锭捻线机一样,倍捻机的喂入筒子可以是一个并纱筒子,也可以是两个单纱筒子,在倍捻机上一次完成并纱与捻线。这种机器称为并捻联合倍捻机。

并捻联合倍捻机与喂入并纱筒子的倍捻机各部机构作用基本相同,不同之处只是有两个单纱筒子同时叠藏在锭子空心轴上,如图 8-22 所示的右半部,从两个单纱筒子抽出的两根单纱,经空心锭子顶端孔内导入,再从底部喷纱孔引出,在锭子防护罐外形成外气圈,进行倍捻。并捻联合倍捻机喂入的两个单纱筒子的中间放置一个隔离盘。

对于普通织物和针织用股线,可采用并捻联合倍捻机,不但可提高生产效率,还可以省去并纱工序。但是对于质量要求高的股线,如缝纫线,不宜采用并捻联合倍捻机。另外,并捻联合倍捻机只用于双股线的加工,三股及以上股线加工必须增加并纱工序,以保证股线结构均匀、张力一致。

图 8-22 并捻联合倍捻原理

4 倍捻机的工艺配置(EJP834 倍捻机)

4.1 锭子转速

锭子转速和加捻纱品种有关,纯棉纱线密度与锭速的关系见表 8-3。

表 8-3 纯棉纱线密度与锭速的关系

纯棉纱线密度/tex	7.5×2	9.7×2	12×2	14.52	19.5×2	29.5×2
锭子转速/(r·min^{-1})	10 000~11 000	10 000~11 000	8000~10 000	8000~10 000	7000~9000	7000~9000

4.2 捻向、捻系数

(1)捻向。棉纱一般采用 Z 捻,股线采用 S 捻。其他特殊品种捻向见表 8-4。

表 8-4 特殊品种捻向

捻向	纱线品种				
	缝纫线	绣花线	巴厘纱织物用线	隐条、隐格呢的隐条经线	帘子线
细纱	S	S	S	S	Z
股线	Z	Z	S	Z	ZS 或 SZ

(2) 纱线捻比值。纱线捻比值为股线捻系数与单纱捻系数的比值,它会影响股线的光泽、手感、强度及捻缩(伸)。不同用途的股线与单纱的捻比值见表8-5。如有特殊要求,则另行协商确定。

股线要获得最大强力,其捻比理论值为:

双股线: $$\alpha_1 = 1.414\alpha_0 \quad (8-4)$$

三股线: $$\alpha_1 = 1.732\alpha_0 \quad (8-5)$$

式中:α_1 为股线捻系数;α_0 为单纱捻系数。

生产中,考虑到织物服用性能和捻线机产量,一般采用小于理论值的捻比值。当单纱捻系数较高时,捻比值低于理论值;只有在采用较低捻度单纱时,股线捻系数接近或略大于理论值。

表8-5 不同用途的股线与单纱的捻比值

产品用途	质量要求	捻比值
织造用经线	紧密、毛羽少、强力高	1.2~1.4
织造用纬线	光泽好、柔软	1.0~1.2
巴厘纱织物用线	硬挺、爽滑、同向加捻、经热定形	1.3~1.5
编织用线	紧密、爽滑、圆度好、捻向ZSZ	初捻:1.7~2.4 复捻:0.7~0.9
针织汗衫用线	光泽好、柔软、结头少	1.3~1.4
针织棉毛衫、袜子用线	—	0.8~1.0
缝纫用线	紧密、光洁、强力高、圆度好、捻向SZ,结头及纱疵少	双股:1.2~1.4 三股:1.5~1.7
刺绣线	光泽好、柔软、结头小而少	0.8~1.0
帘子线	紧密、弹性好、强力高、捻向ZZS	初捻:2.4~2.8 复捻:0.85左右
绉捻线	紧密、爽滑、伸长大、强捻	2.0~3.0
腈/棉混纺	单纱采用弱捻	1.6~1.7
黏纤纯纺、黏纤混纺	紧密、光洁	1.3左右

(3) 捻缩(伸)率。捻缩(伸)率=[(输出股线计算长度－输出股线实际长度)/输出股线计算长度]×110%。计算结果中,"＋"表示捻缩率,"－"表示捻伸率。

① 双股线反向加捻时,捻比值小时,股线伸长;捻比值大,股线缩短。捻缩(伸)率一般为－1.5%~＋2.5%。

② 双股线同向加捻时,捻缩率与股线捻系数成正比,一般为4%左右。

③ 三股线反向加捻时,均为捻缩,捻缩率与股线捻系数成正比,一般为1%~4%。

5　花式线及其加工方法

5.1　花式纱线的分类

花式纱线是指在纺纱过程中采用特种纤维原料、特种设备和特种工艺,对纤维或纱线进行特种加工而得到的纱线。花式纱线种类繁多,应用较广。几种花式纱线的结构如图 8-23 所示。

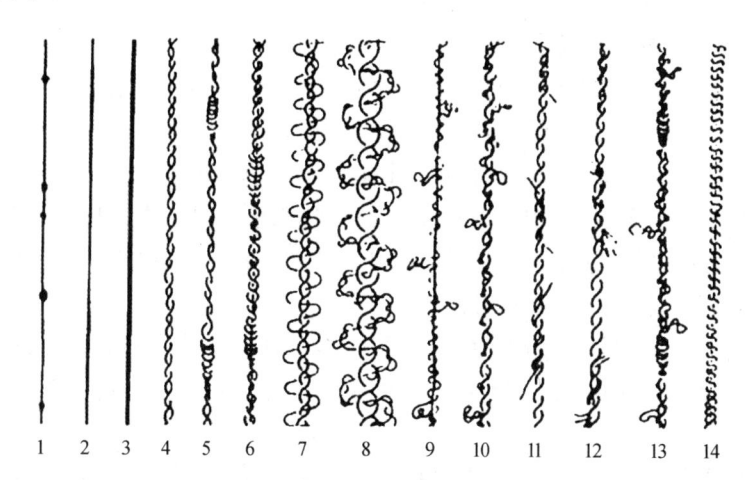

1—结子线　2—竹节线　3—印节线　4—并色线　5—单色结子线　6—双色结子线　7—单色环圈线
8—双色环圈线　9—毛巾线　10—毛巾线(有加圈线)　11—断纱线　12—断丝线　13—毛巾结子线　14—双色花式线

图 8-23　几种花式线的结构

花式纱线的分类,尚无统一的命名和分类标准,一般包括两大类:第一大类是花式纱线,主要特征是具有不规则的外形与纱线结构;第二类是花色纱线,主要特征是纱线外观在长度方向呈现不同的色泽变化或特殊效应的色泽。

(1) 花式纱线。常用的有以下几种:

① 波纹纱。因为饰纱在花式线表面生成弯曲的波纹,所以被称为波纹纱。它在花式线中用途最广,产量也最大。

② 大肚纱。这种纱与竹节纱的主要区别是粗节处更粗,而且较长,细节反而较短。一般竹节纱的竹节较少,1 m 中只有两个左右的竹节,而且很短,所以竹节纱以基纱为主,竹节起点缀作用。而大肚纱以粗节为主,撑出大肚,且粗细节的长度相差不多。

③ 圈圈线。圈圈线最突出的特征是在线的表面生成圈圈。这类圈圈由于纤维没有经过加捻,手感特别柔软。这类花式线在环锭花式捻线机和空心锭花式捻线机上均能生产。

④ 粗节线。这种粗节线的粗节是一段粗纱经拉断后附着在芯纱与固纱之间而形成。

⑤ 结子线。在线的表面生成一个个较大的结子,这种结子是在生产过程中由一根纱缠绕在另一根纱上而形成的。一般在双罗拉花式捻线机上生产。

⑥ 金银丝。金银丝是涤纶薄膜经真空镀铝染色后切割而成,由于涤纶薄膜延伸性大,在实际使用中往往要包上一根纱或线。

⑦ 辫子线。这类花式线采用一根强捻纱作饰纱,在生产过程中,饰纱为超喂,使其在松弛状态下因回弹力发生扭转而生成不规则的小辫子,附着在芯纱和固纱中间成为辫子线。

⑧ 毛巾线。这类花式线的生产工艺和波纹线基本相同,往往喂入两根或两根以上的饰纱。由于两根饰纱不是向两边弯曲,而是无规律地在芯纱和固纱表面形成较密的屈曲,似毛巾的外观,所以称为毛巾线。

⑨ 断丝线。断丝线是在花式线上间隔不等距地分布着一段段另一种颜色的纤维,也有的在生产过程中把黏胶丝拉断,使其一段段地附着在花式线上。

⑩ 雪尼尔线。雪尼尔线又称绳绒线。它由芯纱和绒毛线组成,芯纱一般用两根强力较高的棉纱合股线组成,也有用涤纶或腈纶线的。雪尼尔线的外表像一根绳子,其上布满绒毛。芯纱和绒纱用同一种颜色,纱质和原料也相同的,称为单色雪尼尔线。用对比较强的两根不同颜色的纱作绒纱,使线的绒毛中出现两种色彩的,称双色雪尼尔线。此外还有珠珠雪尼尔线(乒乓线)。用蚕丝生产的绳绒线又称丝绒线。雪尼尔线一般用雪尼尔机生产。

(2) 花色纱线。常用的有以下几种:

① 色纺纱。色纺纱是利用不同色彩的纤维原料,使纺成的纱不必经过染色处理,即可用作针织物或机织物,如用黑白两种纤维纺成的混灰纱或用多种有色纤维纺成的多彩纱等。

② 多纤维混纺纱。利用不同染色性能的纤维混合纺纱,再经过不同染料的多次染色,使其达到和色纺纱相似的效果。利用这种纱可先制成各种织物,然后经过染色处理就显示出它独特的效果。用这种方法纺成的纱,染色灵活性比色纺纱大,因为色纺纱不能改变已有的色彩,而这种纱可按照需要随时染上不同的颜色。

③ 双组分纱。利用两种不同颜色或不同染色性能的纤维单独制成粗纱,在细纱机上用两根不同颜色的粗纱同时喂入,经牵伸加捻后纺成的纱,外观效应与以上两种又有不同。例如,用黑白两根粗纱纺成的纱和黑白两根单纱并成的线,外观相似,再把这种纱和黄蓝两色的双组分纱合股,就能形成黑、白、黄、蓝四种色彩的线。用这种方法纺成的纱线的色彩对比度明显,在纱表面出现明显的色点效应,与色纺纱有明显的差别。

④ 彩点纱。在纱的表面附着各色彩点的纱称为彩点纱。有在深色底纱上附着浅色彩点,也有在浅色底纱上附着深色彩点。一般先用各种短纤维制成粒子,经染色后在纺纱时加入,不论棉纺设备还是粗梳毛纺设备,均可搓制彩色毛粒子。

⑤ 印节纱。在绞纱上印上多种色彩而形成。先将绞纱染成较浅的一种颜色为底色,再印上较深的彩节。

⑥ 段染纱。在同绞纱上染上多种色彩称为段染纱,一般绞纱可上染 4~6 种不同的颜色。

⑦ 扎染纱。将一绞纱分为两到三段,用棉纱绳扎紧,然后进行染色,由于扎紧的部位染液渗透不进去,而产生一段白节。

5.2 花式线原料的选择

质量优良的花式线必须选择良好的原料,再配以合理的工艺,才能生产出来。花式线一般由芯纱、饰纱和固纱组成。如何使三者以一定的比例组合,并达到强力适中、外形美观、花型均匀稳定的效果,与原料选择有重要的关系。

(1) 芯纱原料。芯纱,也称基纱,是构成花式线的主干,被包在花式线的中间,是饰纱的依附件,它与固纱一起提供花式线的强力。在捻制和织造过程中,芯纱承受较大的张力,因此,应选择强力较好的材料。芯纱可以用一根,也可用两根。如使用单根芯纱,一般采用较粗的 29 tex、28 tex 涤/棉单纱或中长纱,也可用 18 tex、21 tex 涤/棉单纱或中长纱。用单纱作芯纱时,头道捻向必须与芯纱的捻向相同,否则在并制花式线时,由于芯纱退捻而造成芯纱断头,影响生产。但与芯纱同向加捻时,由于芯纱捻度增高,使成品手感粗硬,因此,也可用两根单纱作芯纱,如 14 tex×2 或 13 tex×2 双根做芯纱时,头道捻向可与单纱捻向相反。

在细特的棉、毛和黏胶短纤维的芯纱上,由于芯纱粗、毛羽多,使饰纱在芯纱上的保形性好。如果采用表面光滑的 12 tex 锦纶或 17 tex 涤纶长丝做芯纱,由于长丝表面光滑,饰纱在芯纱上的保形性差,因此可采用加弹丝或双根并合,能得到较好的效果。

(2) 饰纱原料。饰纱,也称效应纱或花纱,它以各种花式形态包缠在芯纱外面,构成起装饰作用的各种花型,是构成花式线外形的主要成分,一般占花式线质量的 50% 以上。各类花式线均以饰纱在芯纱上表面的装饰形态而命名,例如,圈圈花式线即饰纱以圈圈的形态包缠在芯纱的表面。花式线的色彩、花型、手感、弹性、舒适感等性能特征,也主要由饰纱决定。包缠饰纱的方法一般有两种,一种是利用加工好的纱、线或长丝,在花式捻线机上与芯纱并捻,生产花式效应,形成纱线型花式线;另一种是用条子或粗纱,在带有牵伸机构的花式捻线机上或经过改造的细纱机上,再与芯纱并捻产生花式效应,形成纤维型的花式线。也有些花式线,在捻制过程中,芯纱和饰纱是相互交替的,即在这一区间内为芯纱,在另一区间内却又成为饰纱,例如双色结子线、交替类花式线等。纱线型花式线要求饰纱条干均匀、捻度小,手感柔软而富有弹性。

(3) 固纱原料。固纱,也称缠绕纱或包纱、压线等,它包缠在饰纱外面,主要用来固定饰纱的花型,以防止花型的变形或移位。虽然固纱包在饰纱外面,但由于它紧固在花式线的轴芯上,所以一般情况下,外界与花式线制品摩擦时,仅与花式线的饰纱相接触,与芯纱和固纱基本不接触。而受到张力时,主要是芯纱和固纱构成花式线的强力。因此,固纱要求选择细而强力高的锦纶或涤纶长丝为原料,也可按照产品的要求选用毛纱或绢丝。固纱一般较细,但也有特殊情况。如为了增加花式线的彩色效应,可用段染纱作为固纱。在这种情况下,固纱也可选用线密度较低的原料。

5.3 花式线的生产方法

花式线的种类繁多,其生产设备及生产方法也各不相同。

(1) 间断圈圈线的生产方法。这类花式线在环锭花式捻线机和空心锭花式捻线机上均可生产。它的生产方法和生产长结子相似,不同之处是把生产长结子的慢速罗拉改为超速喂入罗拉。因为锭速是恒定不变的,当一根罗拉为慢速时,这一段捻度就高,另一根罗拉送出的纱就一圈一圈地包缠成长结子;反过来,把慢速改为超喂,这一段纱相对芯纱的捻度就少,成松弛状态盘绕在芯纱周围而形成圈圈,经过固纱的固定就成为一段圈圈线,圈圈的大小与超喂的多少有关,圈圈的密度和捻度成正比,圈圈和平线的间隔由两根罗拉等速送纱和超喂送纱的时间决定。

(2) 间断波纹线的生产方法。间断波纹线的生产方法与间断毛圈线相同,但是超喂比较小,而且捻度较高。如用空心锭生产,下面必须配环锭退捻。否则要经过两道工序才能生产,即把空心锭生产的半制品在环锭捻线机上退捻。

(3) 双色结子线的生产方法。生产双色结子有两种方法。一种是通过起结板运动。生产时用两根不同颜色的饰纱,从起结板上下两个槽中同时送入,与芯线汇合,一次生成两个不同颜色的结子。由于起结板的长度有限,所以生成的两个结子距离较近,而且是一对一对有规律的。另一种是用电磁离合器分别控制两根罗拉交替行动,如果前罗拉送出一根白纱,后罗拉送出一根黑纱,当前罗拉停动时,后罗拉送出的黑纱就缠绕在前罗拉送出的白纱上,形成一个黑色的结子;其后黑白两根纱等速送出,生产一段平线;然后,后罗拉停动,前罗拉送出的白纱就缠绕在后罗拉停止的黑纱上,产生一个白结子。用这种方法生产的双色结子的间距可任意变化,结子大小也可任意改变,因为离合器开合时间长短即决定结子大小,而两次开合之间的时间间隔则决定两结子的间距。

技能训练

1. 完成一个花式纱线产品设计。

课后练习

1. 捻线的任务是什么?捻线的方式有哪些?各有何特点?
2. 什么是倍捻技术?如何实现倍捻效果?
3. 什么是股线的合股数?如何设计股线的捻比值、捻度及捻向?
4. 花式纱线有哪些种类?

项目 9

精梳机工作原理及工艺设计

教学目标

1. 理论知识

（1）了解精梳工序的任务。

（2）了解精梳准备工序常用设备、工艺流程的设置原则，以及国内采用的三种工艺流程及各自的特点。

（3）知道给棉方式、给棉长度对精梳机质量及产量的影响。

（4）知道梳理隔距与梳理质量的关系及不同精梳机上梳理隔距的变化规律。

（5）了解不同形式的精梳锡林与质量的关系及新型精梳锡林的特点。

（6）知道精梳落棉的控制方法。

2. 实践技能

能完成精梳机工艺设计、质量控制、操作及设备调试。

3. 方法能力

培养分析归纳能力；提升总结表达能力；训练动手操作能力；建立知识更新能力。

4. 社会能力

通过课程思政，引导学生树立正确的世界观、人生观、价值观，培养学生的团队协作能力，以及爱岗敬业、吃苦耐劳、精益求精的工匠精神。

项目导入

在普梳纺纱系统中，从梳棉机输出的生条还存在很多缺陷，如含有较多的短纤维、杂质、棉结和疵点，以及纤维的伸直平行度较差。这些缺陷不但影响纺纱质量，也使得生条很难纺成较细的纱线。因此，对质量要求较高的纺织品和特种纱线，如特细特纱、轮胎帘子线等，均采用精梳纺纱系统。

1 精梳工序的任务

（1）排除短纤维。精梳工序可排除生条中40%～50%的短绒，从而提高纤维的平均长度及长度整齐度，改善成纱条干，减少纱线毛羽，提高成纱质量。

（2）排除条子中的杂质和棉结。精梳工序可排除生条中50%～60%的杂质、10%～20%的棉结。

（3）使条子中纤维伸直、平行和分离。梳棉生条中的纤维伸直度为50%左右，精梳工序可把纤维伸直度提高到85%～95%，有利于提高纱线的条干、强力和光泽。

（4）并合均匀、混合与成条。梳棉生条的质量不匀率为2%～4%（生条5 m的质量不匀率），而精梳工序制成的棉条质量不匀率为0.5%～2%。

精梳的效果：经过精梳加工的精梳纱，与同线密度梳棉纱相比，强力提高10%～15%，棉结杂质减少50%～60%，条干均匀度有显著的改善。因此，精梳纱具有光泽好、条干匀、结杂少、强力高等优良的物理力学性能和外观特性。

2 精梳纱的应用

对于质量要求较高的纺织品，如高档汗衫、细特府绸、特种工业用的轮胎帘子线、高速缝纫机线，它们的纱或线都是经过精梳工序纺成的。

精梳工序由精梳准备机械和精梳机组成。

任务9.1 精梳准备流程设计

工作任务

1. 比较三种精梳准备流程。
2. 讨论小卷黏层的危害、成因及防治。
3. 讨论小卷横向不匀的成因及防治。

知识要点

1. 精梳准备工艺流程的选择。
2. 偶数法则。

1 精梳准备的任务

梳棉生条中，纤维排列混乱且伸直度差，大部分纤维呈弯钩状态。如直接采用生条在精梳机上加工，梳理过程中会形成大量落棉，并产生大量的纤维损伤。同时，锡林梳针的梳理阻力大，易损伤梳针，还会产生新的棉结。为了适应精梳机工作的要求，提高精梳机的产质量和节约用棉,梳棉生条在喂入精梳机前应经过精梳准备工序加工,制成能适应精梳机加工、质量优良的小卷。因此,精梳准备工序的任务如下:

(1) 制成小卷,便于精梳机加工。

(2) 提高小卷中纤维的伸直度、平行度与分离度,以减少精梳加工时纤维损伤和梳针折断情况,同时降低落棉中长纤维的含量,有利于节约用棉。

对小卷的质量要求:①小卷的纵向结构要均匀,保证小卷的定量准确和梳理负荷均匀;②小卷的横向结构均匀,即小卷横向没有破洞、棉条重叠、明显条痕等现象,保证钳板对棉层的横向握持均匀可靠,防止长纤维被锡林抓走;③小卷的成形良好,容量大,不黏卷。

2 精械准备机械

精梳准备的工艺流程不同,选用的精梳准备机械也不同。概括起来,准备机械包括预并条机、条卷机、并卷机和条并卷联合机四种,除预并条机为并条工序通用机械外,其他三种皆为精梳准备专用机械。

2.1 条卷机

目前国内使用较多的条卷机有 A191B 型、FA331 型和 FA334 型,其工艺过程基本相同,如图 9-1 所示。

棉条 2 从机后导条台两侧导条架下的 20~24 个棉条筒 1 上引出,经导条辊 5 和压辊 3 引导,绕过导条钉转动 90°,之后在 V 形导条板 4 上平行排列,由导条罗拉 6 引入牵伸装置。经牵伸形成的棉层由紧压辊 8 压紧后,由棉卷罗拉 10 卷绕在筒管上,制成条卷 9。筒管由棉卷罗拉的表面摩擦传动,两侧由夹盘夹紧并对精梳小卷加压,以增大卷绕密度。满卷后,由落卷机构将小卷落下,换上空筒后继续生产。

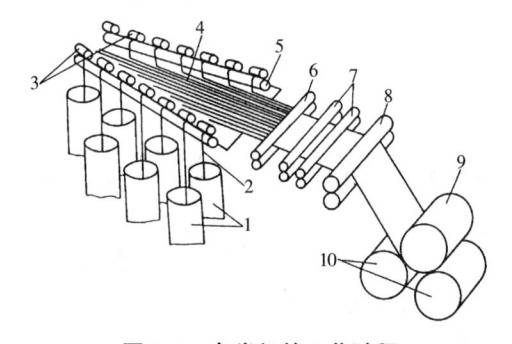

图 9-1 条卷机的工艺过程

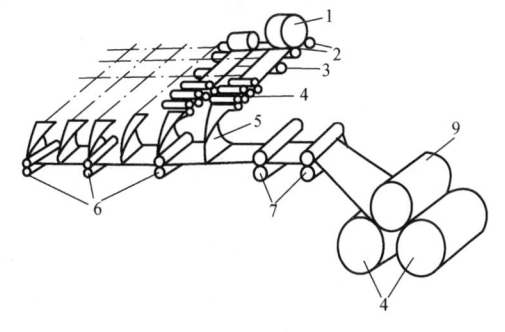

图 9-2 并卷机的工艺过程

2.2 并卷机

并卷机的工艺过程如图 9-2 所示。六只精梳小卷 1 放在并卷机后面的棉卷罗拉 2 上。棉条从小卷上退绕出来后,分别经导卷罗拉 3,进入牵伸装置 4。牵伸后的棉网通过光滑的曲面导板 5,转动 90°。六层棉网在输棉平台上并合后,经输出罗拉 6,进入紧压罗拉 7,再由成卷罗拉 8 卷成精梳小卷 9。

2.3 条并卷联合机

条并卷联合机的喂入机构由三部分组成,如图 9-3 所示。每个部分有 16～20 根棉条经导条罗拉 2 喂入,棉层经牵伸装置 3 牵伸成为棉网,棉网通过光滑的曲面导板 4 转动 90°,二至三层棉网在输棉平台上并合后,经输出罗拉 8 进入紧压罗拉 5,再由成卷罗拉 7 卷成精梳小卷 6。

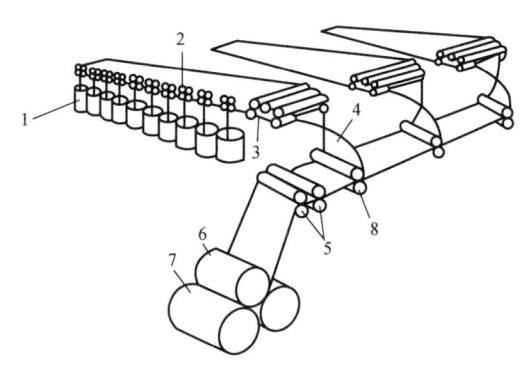

图 9-3 条并卷联合机的工艺过程

3 精梳准备的工艺流程

正确选择精梳准备的工艺流程和机台,对提高精梳机的产量、质量和节约用棉关系很大,选用的机台和工艺流程不仅机械和工艺性能要好,而且总牵伸倍数和并合数的配置也要恰当。

3.1 精梳准备工艺流程的偶数准则

精梳准备工艺道数应遵循偶数配置原则。喂入精梳机的棉层内,纤维若呈前弯钩状态,则易于被锡林梳直;纤维若呈后弯钩状态,则无法被锡林梳直,在受到顶梳梳理时会因前端不能到达分离钳口而被顶梳阻滞,进入落棉。梳棉生条中后弯钩纤维所占比例最大,在 50% 以上,而前弯钩纤维仅占 5% 左右。由于每经过一道工序,纤维弯钩方向就改变一次,如图 9-4 所示,因此在梳棉与精梳之间的准备工序按偶数配置,可使喂入精梳机的多数纤维呈前弯钩状。

图 9-4 工序道数与纤维弯钩方向的关系

3.2 几种精梳准备工艺流程

根据精梳准备工艺道数配置的偶数准则可知,从梳棉到精梳之间的工序以二道为好。常用的精梳准备工艺有以下三种:

(1) 条卷工艺:预并条机→条卷机。该工艺的特点是机器少,占地面积小,结构简单,便于管理和维修;但由于牵伸倍数较小,小卷中纤维的伸直平行度不够,且由于采用棉条并合方式成卷,小卷有条痕,横向均匀度差,精梳落棉多。

(2) 并卷工艺:条卷→并卷。其特点是小卷成形良好,层次清晰,横向均匀度好,有利于梳理时钳板握持,落棉均匀,适合纺特细特纱。

(3) 条并卷工艺:预并条→条并联合机。该工艺的特点是小卷并合次数多,成卷质量好,小卷的质量不匀率低,有利于提高精梳机的产量和节约用棉。但采用该工艺纺制长绒棉时,因牵伸倍数过大,易发生黏卷。另外,该工艺占地面积大。

三种精梳准备工艺的比较见表 9-1。

表 9-1　三种精梳准备工艺比较

项目		准备工艺类型		
		预并条→条卷	条卷→并卷	预并条→条并卷
工艺道数		2	2	2
并合根数	预并条机	6 或 8		6
	条卷机	20~24	20~24	
	并卷机		6	
	条并卷机			24~32
总并合根数		120~192	120~144	144~192
小卷定量/(g·m^{-1})		45~70	45~70	45~70
小卷结构	退解黏层情况	少	稍差	差
	棉层横向均匀	横向不匀,有明显条痕	横向均匀,无条痕	横向较匀,见条痕
	纤维伸直平行	较差	不足	较好
精梳机产量/落棉量		低/偏高	高/减少	高/减少
使用情况		适合较短纤维的精梳加工	适合较长纤维的精梳加工	适用范围广

技能训练

1. 讨论精梳准备工艺对成纱质量的影响。

课后练习

1. 精梳工序的任务是什么？精梳纱与普梳纱的质量有什么区别？
2. 精梳准备工序的任务是什么？精梳准备工序有哪些机械？其作用是什么？
3. 精梳准备工艺路线有几种方式？各有什么特点？
4. 为什么精梳准备工序道数要遵守偶数准则？

任务 9.2　精梳机工艺流程

工作任务

1. 绘制精梳机工艺流程简图。
2. 讨论精梳机工作特点及四个工作阶段。
3. 分析各阶段运动机件的配合。

精梳机(视频)

> 知识要点
>
> 1. 精梳机工艺流程。
> 2. 精梳机工作的运动配合。

1 精梳机的工艺流程

精梳机有多种机型,其工作原理基本相同,即都是周期性地梳理棉丛的两端,梳理后的棉丛与由分离罗拉倒入机内的棉网接合,再将棉网输出机外。

精梳机的工艺过程如图9-5所示。小卷放在一对承卷罗拉7上,随着承卷罗拉回转而退解棉层,其经导卷板8喂入置于钳板上的给棉罗拉9与给棉板6组成的钳口。给棉罗拉周期性地间歇回转,每次将一定长度(给棉长度)的棉层送入上下钳板5组成的钳口。钳板做周期性的前后摆动,在后摆中途,钳口闭合,有力地钳持棉层,使钳口外棉层呈悬垂状态。此时,锡林4上的梳针面恰好转至钳口下方,针齿逐渐刺入棉层进行

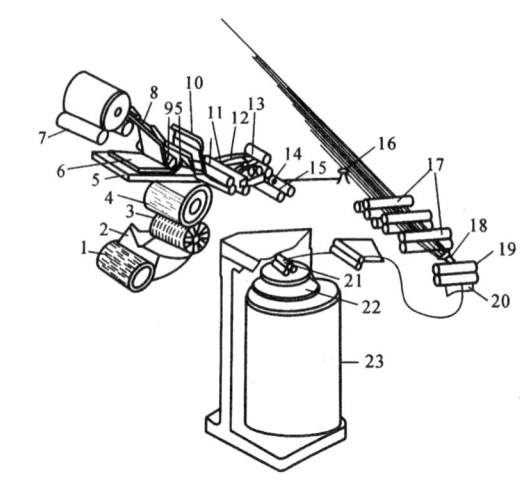

1—尘笼 2—风斗 3—毛刷 4—锡林 5—上下钳板
6—给棉板 7—承卷罗拉 8—导卷板 9—给棉罗拉
10—顶梳 11—分离罗拉 12—导棉板
13,19—输出罗拉 14—喇叭口 15—导向压辊
16—导条钉 17—牵伸装置 18—集束器 20—输送带
21—检测压辊 22—圈条器 23—条筒

图 9-5 精梳机工艺过程

梳理,清除棉层中的部分短绒、结杂和疵点。随着锡林针面转向下方位置,嵌在针齿间的短绒、结杂、疵点等被高速回转的毛刷3清除,经风斗2吸附在尘笼1的表面,或直接由风机吸入尘室。锡林梳理结束后,随着钳板的前摆,须丛逐步靠近分离罗拉11的钳口。与此同时,上钳板逐渐开启,梳理好的须丛因本身弹性而向前挺直,分离罗拉倒转,将前一周期的棉网倒入机内。当钳板钳口外的须丛头端到达分离钳口后,与倒入机内的棉网相叠合而后由分离罗拉输出。在张力牵伸的作用下,棉层挺直,顶梳10插入棉层,被分离钳口抽出的纤维尾端从顶梳片针隙间拽过,纤维尾端黏附的部分短纤、结杂和疵点被阻留于顶梳针后边,待下一周期锡林梳理时除去。当钳板到达最前位置时,分离钳口不再有新纤维进入,分离结合工作基本结束。之后,钳板开始后退,钳口逐渐闭合,准备进行下一个工作循环。由分离罗拉输出的棉网,经过一个有导棉板12的松弛区后,通过一对输出罗拉13,穿过设置在每眼一侧并垂直向下的喇叭口14聚拢成条,由一对导向压辊15输出。各眼输出的棉条分别绕过导条钉16转动90°,进入三上五下曲线牵伸装置17。牵伸后,精梳条由一根输送带20托持,通过圈条集束器及一对检测压辊21被圈放在条筒23中。

精梳机的工作特点:能对纤维的两端进行梳理,且棉网能周期性地分离接合。

2 精梳机工作的运动配合

2.1 几个基本概念

由于精梳机的给棉、梳理和分离接合过程是间歇式的，因此，为了连续进行生产，精梳机上各运动机件之间必须密切配合。这种配合关系由装在精梳机动力分配轴（锡林轴）上的分度指示盘指示和调整，如图 9-6 所示。

（1）分度盘与分度。锡林轴上固装有一个圆盘，称为分度盘；将分度盘 40 等分，每一等分称为 1 分度（等于 9 度）。精梳锡林回转一转，即分度盘回转一转。

（2）钳次。精梳机完成一个工作循环，称为一个钳次。在一个钳次中，锡林回转一转，钳板摆动一个来回。

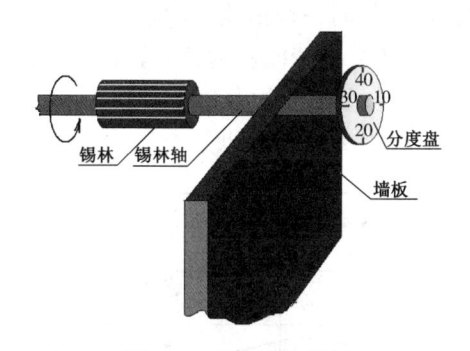

图 9-6 分度盘与锡林

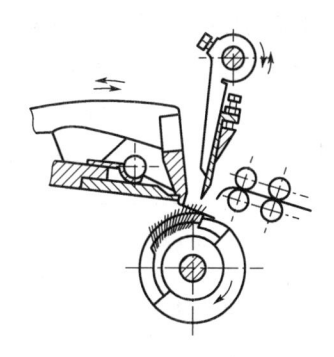

图 9-7 锡林梳理阶段

2.2 精梳机的一个运动周期可分为四个阶段

（1）锡林梳理阶段：从锡林第一排梳针开始梳理到末排梳针脱离棉丛为止（图 9-7）。在这一阶段，各主要机件的工作和运动状况：上、下钳板闭合，牢固地握持须丛，钳板运动先向后再向前；锡林梳理须丛前端，排除短绒和杂质；给棉罗拉停止给棉；分离罗拉处于基本静止状态；顶梳先向后再向前摆，但不与须丛接触。

（2）分离前的准备阶段：从锡林梳理结束开始到开始分离为止（图 9-8）。在这一阶段，各主要机件的工作和运动状况：上、下钳板由闭合到逐渐开启，钳板继续向前运动；锡林梳理结束；给棉罗拉开始给棉；分离罗拉由静止到开始倒转，将棉网倒入机内，准备与钳板送来的纤维丛接合；顶梳继续向前摆动，但仍未插入须丛梳理。

（3）分离接合阶段：从纤维开始分离到分离结束为止（图 9-9）。在这一阶段，各主要机件的工作和运动状况：上、下钳板开口增大，并继续向前运动将须丛送入分离钳口；顶梳向后摆动，插入须丛梳理，将棉结、杂质及短纤维阻留在顶梳后面的须丛中，在下一个工作循环中被锡林带走；分离罗拉继续顺转，将钳板送来的纤维牵引出来，叠合在原来的棉网尾端上，实现分离接合；给棉罗拉继续给棉。

（4）锡林梳理前的准备阶段：从纤维分离结束到锡林梳理开始为止（图 9-10）。在这一阶段，各主要机件的工作和运动状况：上、下钳板向后摆动，逐渐闭合；锡林第一排梳针逐渐接近钳板下方，准备梳理；给棉罗拉停止给棉；分离罗拉继续顺转输出棉网，并逐渐趋向静止；顶梳向后摆动，逐渐脱离须丛。

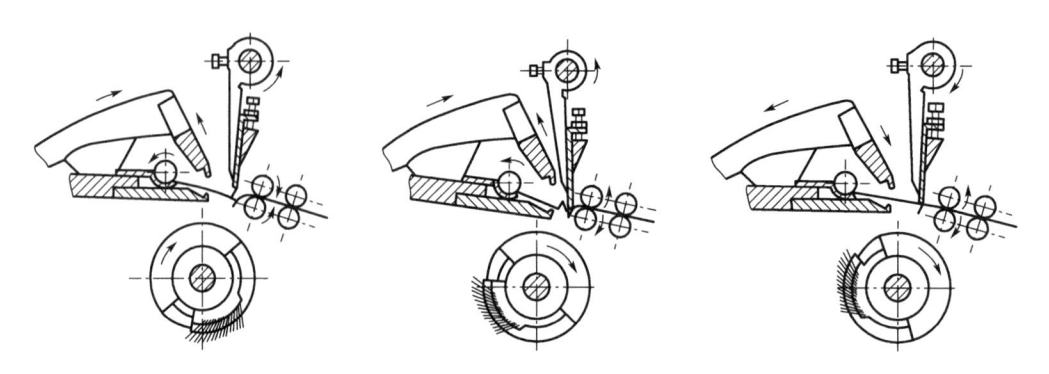

图 9-8　分离前的准备阶段　　图 9-9　分离接合阶段　　图 9-10　锡林梳理前的准备阶段

精梳机的种类不同，各个工作阶段的分度数不同；同一种精梳机的各个工作阶段的分度数，由于采用的工艺不同，也有差别。以 SXF1269A 型精梳机为例，其各主要机件的运动配合如图 9-11 所示：锡林梳理阶段为 34～4 分度；分离前的准备阶段为 4～18 分度；分离接合阶段为 18～24 分度；锡林梳理前的准备阶段为 24～34 分度。

运动分类	刻度盘分度								
	0	5	10	15	20	25	30	35	40
钳板摆动		前进			24		后退		39
钳板启闭	闭合	11.6	逐渐开启			24 逐渐闭合	31.6		闭合
锡林梳理	3.7							34.3	
分离罗拉运动			6	倒转	16.5	顺转			
分离工作区段					18	24			
顶梳工作区段					18		30		
四个阶段划分	梳理	分离前准备			分离接合	锡林梳理准备		锡林	
	3.7				18	24		34.3	

图 9-11　SXF1269A 型精梳机运动

技能训练

1. 绘制精梳机的结构简图，并标出各机件名称与作用。

课后练习

1. 精梳机一个工作循环分为哪几个阶段？试说明精梳机各主要机件在各阶段中的运动状态。
2. 什么是分度盘、分度？什么是一个工作循环、钳次？

任务9.3 精梳机构组成与作用分析

工作任务

1. 比较前进给棉与后退给棉的特点。
2. 说明精梳机钳板部分的机构组成及作用。
3. 分析锡林与顶梳的梳理作用是怎样完成的。
4. 讨论精梳机分离结合部分的作用原理。

知识要点

1. 给棉长度与给棉方式对精梳梳理质量和精梳落棉率的影响。
2. 钳板工艺对分离结合质量的影响。
3. 锡林定位早晚的影响。
4. 分离结合工艺。

1 给棉与钳持部分

1.1 给棉部分

精梳机的给棉部分包括承卷罗拉、给棉罗拉及其传动机构。其作用是在一个工作循环中喂入一定长度的棉层,供锡林梳理。

（1）给棉长度。给棉长度指每次喂入工作区的须丛理论平均长度,可根据加工原料和产品的质量要求选定,通过更换变换轮的齿数调节。不同精梳机的给棉长度不同：对于FA261精梳机,前进给棉时为 5.2 mm、5.9 mm、6.7 mm,后退给棉时为 4.3 mm、4.7 mm、5.9 mm；对于 SXF1269 型,一般为 5.9 mm、5.2 mm、4.7 mm。

给棉长度短,梳理作用强,精梳棉条质量好,精梳机的产量低。给棉长度等于分离罗拉分离出来的纤维长度。

（2）给棉方式。给棉方式主要有以下两种：
① 前进给棉：给棉罗拉在钳板前进过程中给棉。
② 后退给棉：给棉罗拉在钳板后摆过程中给棉。

精梳机的给棉方式与精梳机的梳理质量和精梳落棉率密切相关。FA 系列精梳机都配备了前进给棉和后退给棉两种方式。一般情况下,前进给棉配备较长的给棉长度,而后退给棉配备较短的给棉长度。当产品质量要求较高时采用后退给棉。一般后退给棉时,落棉率高,机器产量低。

1.2 钳持部分

精梳机的钳持部分包括上下钳板、钳板启闭及加压机构、钳板摆轴传动机构、钳板传

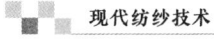

动机构等。它们的作用是钳持棉丛供锡林梳理,并将梳理后的须丛送至分离钳口,以实现新棉丛与旧棉网的接合。

钳板运动的工艺要求如下:

① 在锡林梳理阶段,钳板后退速度快;在分离接合阶段,钳板前进速度慢。其中,钳板向前运动后期速度逐渐减慢,使钳板钳持梳理后的须丛向分离罗拉靠近,准备分离接合。

② 梳理隔距变化要小。

③ 钳板开口充分,须丛抬头要好。

(1) 钳板结构。上、下钳板结构应满足以下要求:

① 钳唇结构应满足对棉丛良好握持的要求,如图9-12所示。目前,精梳机钳板钳唇对棉层采用两点握持,更加牢固可靠。当棉卷出现横向不匀时,如一个握持点的作用不足,另一个握持点可发挥作用。因此,两点握持优于一点握持。

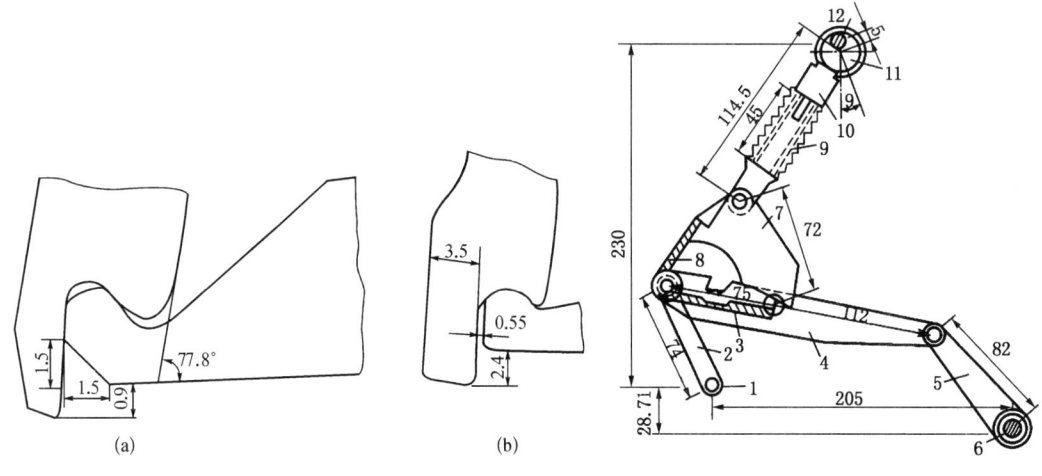

图 9-12 精梳机钳唇结构

图 9-13 精梳机的钳板摆动机构

② 上、下钳唇的几何形状应满足锡林对棉丛充分梳理的要求。为使锡林梳针顺利刺入棉丛进行梳理,在开始梳理时,应防止棉丛上翘,否则后排梳针很难发挥梳理作用。因此在钳板闭合时,上、下钳唇的几何形状应使棉丛的弯曲方向正对锡林针齿,如图9-12所示。下钳板钳唇的下部切去一个腰长为1.5 mm的等腰三角形,当钳板闭合时,由于上钳板的下压作用,棉丛的弯曲方向正对锡林针齿,能满足锡林对棉丛充分梳理的要求。

③ 钳唇的结构应使钳板握持棉丛的死隙长度(即钳板钳口至锡林针齿间的棉丛长度)尽可能短。上、下钳板的钳唇结构决定了受到梳理的棉丛的死隙长度,从而影响锡林针齿对棉丛的梳理长度和梳理效果。

(2) 钳板开闭口及加压机构。精梳机的钳板开闭口及加压机构如图9-13所示。上钳板架7铰接于下钳板座4上,其上固装有上钳板8。张力轴12上装有偏心轮11,导杆10上装有钳板钳口加压弹簧9。导杆下端与上钳板架7铰接,上端则装于偏心轮的轴套上。当钳板摆轴6逆时针回转时,钳板前摆,同时由钳板摆轴传动的张力轴也做逆时针方向转动,再加上导杆的牵吊,上钳板逐渐开口;而当钳板摆轴6做顺时针方向转动时,钳板后退,张力轴也做顺时针回转,在导杆和下钳板座的共同作用下,上钳板逐渐闭合。钳板闭合后，下钳板继续后退，导杆中的弹簧受压使导杆缩短而对钳板钳口施加压力，以便钳板有效地钳持须丛接受锡林梳理。

（3）钳板摆轴的传动机构。精梳机的钳板摆轴运动来源于锡林轴，其传动机构如图9-14所示。锡林轴1上固装有法兰盘2,离锡林轴中心70 mm处装有滑套3。钳板摆轴5上固装有L形滑杆4,滑杆的中心偏离钳板摆轴中心38 mm,且滑杆套在滑套内。当锡林轴带动法兰盘转过一周时，通过滑套带动滑杆和钳板摆轴来回运动一次。

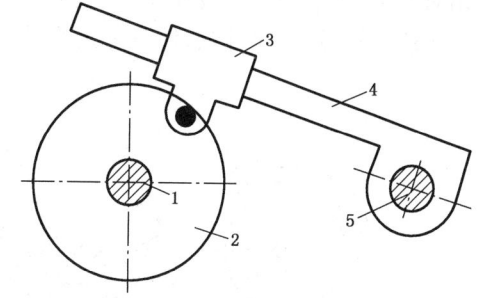

图 9-14　精梳机的钳板摆轴传动机构

（4）钳板摆动机构。精梳机的钳板摆动机构如图9-13所示。下钳板3固装于下钳板座4上，钳板后摆臂5固装于钳板摆轴6上，钳板前摆臂2以锡林轴1为支点，它们组成以钳板摆轴和锡林轴为固定支点的四连杆机构。当钳板摆轴做正、反向摆动时，通过摆臂和下钳板座使钳板做前后摆动。

根据钳板摆轴支点位置的不同，钳板摆动机构可分为上支点式摆动机构、中支点式摆动机构、下支点式摆动机构。图9-13所示为中支点式摆动机构。采用中支点式钳板摆动机构的精梳机，其梳理隔距变化最小。

2　锡林与顶梳梳理

2.1　锡林梳理

2.1.1　锡林对须丛的梳理过程

锡林梳针对须丛的梳理作用是在梳针到达钳板下方时发生的。当钳板闭合时，上钳板钳唇把须丛压向下方，且锡林与钳板间梳理隔距很小，梳针向前倾斜，促使梳针刺入须丛进行梳理。但钳口外的须丛前端呈悬垂状态，梳针接触须丛时，须丛会翘起。因此，在高速梳理时，锡林前几排梳针起着拉住须丛前端部分纤维而使整根须条张紧的作用，为后面梳针刺入须丛进行梳理创造条件。在锡林梳理过程中，锡林针尖与上钳板钳唇下缘的距离，称为梳理隔距。此隔距是影响梳理效果的主要因素之一。

2.1.2　锡林结构

锯齿式锡林结构如图9-15(a)所示，由锡林轴1、锡林体（或称为弓形板）2和锯齿梳针3组成，锯齿形状如图9-15(b)所示。锡林体与锡林轴由紧固螺钉联接成一体，二者的相对位置可调整。在锡林体的四分之一表面黏接有金属锯齿，可分为一分割、二分割、三分割、四分割及五分割五种，可根据纺纱质量要求选定，从而形成前稀后密、不同规格参数锯齿排列的锡林针面。

2.1.3　锡林定位

锡林定位也称弓形板定位，其目的是改变锡林与钳板、锡林与分离罗拉运动的配合关系，以满足不同纤维长度及不同品种的纺纱要求。

(1) 锡林定位的方法。如图9-16所示，a.松开锡林体的夹紧螺钉,使其与锡林轴做相对转动；b.利用锡林专用定规5的一侧紧靠后分离罗拉表面,定规的另一侧与锡林的锯齿3联接；c.转动锡林轴,使分度盘指针对准设定的分度数。

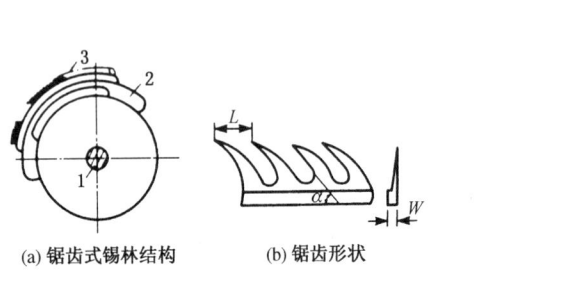

(a) 锯齿式锡林结构　　(b) 锯齿形状

图9-15　锡林结构

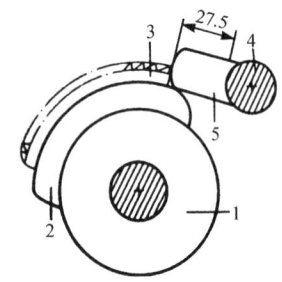

图9-16　锡林定位

(2) 锡林定位与锡林梳理的关系。锡林定位影响锡林第一排及末排梳针与钳板钳口相遇的分度数,即影响开始梳理及梳理结束时的分度数。锡林定位早,锡林开始梳理定时和梳理结束定时均提早,要求钳板闭合定时早,以防止棉丛被锡林梳针抓走。

(3) 锡林定位与分离罗拉运动配合关系。锡林定位影响锡林末排梳针通过锡林与分离罗拉最紧隔距点时的分度数。锡林定位晚,锡林末排梳针通过最紧隔距点时的分度数亦晚,有可能将分离罗拉倒入机内的棉网抓走形成落棉。纤维越长,锡林末排梳针通过最紧隔距点时分离罗拉倒入机内的棉网长度越长,越易被锡林末排梳针抓走。因此当所纺纤维越长时,锡林定位提早为好。

影响锡林梳理的因素：锡林直径、针齿面角度、锯齿规格、梳理隔距、锡林梳理速度。

2.1.4　毛刷速度与锡林速度的配合

毛刷的作用是及时清除嵌在锡林针齿间的棉结、杂质及短绒,使其成为精梳落棉。毛刷对锡林针面的清洁效果的好坏,直接影响锡林针齿对棉丛的梳理效果。毛刷对锡林针面的清洁效果,与毛刷质量与毛刷插入锡林针齿的深度及锡林与毛刷的速比有关。毛刷插入锡林针齿的深度一般为2~2.5 mm,锡林与毛刷的转速比为1∶6。有些精梳机还采用了毛刷提前启动与延时停转,即开车时,毛刷电机提前3~5 s启动；关车时,毛刷电机延时3~5 s停转。这有利于提高开关车时毛刷对锡林的清扫效果。

2.2　顶梳梳理

2.2.1　顶梳的作用过程及顶梳结构

须丛头端经锡林梳理后,由钳板送向分离钳口。当须丛头端到达分离钳口时,由分离罗拉及分离皮辊握持输出；同时,顶梳插入须丛,随分离钳口运动的纤维尾部从顶梳梳针间拽过,完成对纤维的梳理。由此可知,顶梳的作用是梳理分离须丛的后端,即梳理钳板钳唇死隙部分及钳板握持点后边的部分。

顶梳虽只有一排针,但它的作用很大。它不仅可以梳理纤维的尾端,还能发挥纤维在分离过程中相互摩擦过滤作用。因为在分离过程中,从顶梳中抽出的纤维只是薄薄的一层,这一薄层纤维被分离钳口握持以快速运动,而嵌在顶梳梳针间的大量纤维仍以慢速运动。由于这两部分纤维速度相差很大，因此当快速纤维从慢速纤维中抽出时，慢速纤维对快速纤维的尾端起到摩擦过滤作用，把短绒、棉结及杂质等阻留下来。

顶梳的结构如图9-17所示。顶梳用特制的弹簧卡固装于上钳板上，并随之一起运动。图9-17中，(a)为顶梳梳针结构；(b)为针板结构，顶梳梳针植于其上，顶梳梳针与针板的夹角为18°，使梳针更有效地梳理纤维；(c)为顶梳托脚，用铝合金制成，针板置于其上。

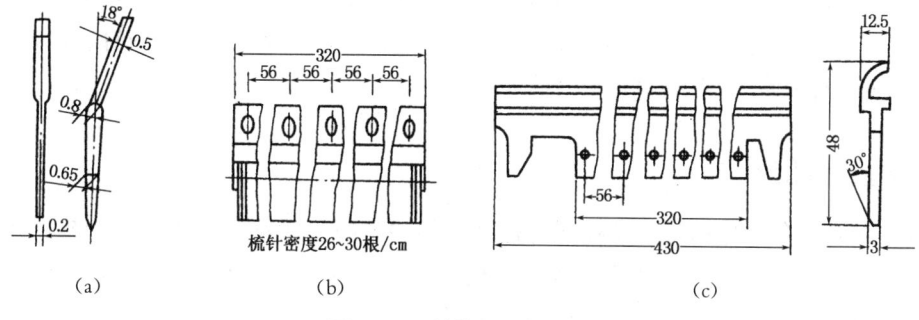

图 9-17 精梳机顶梳结构

2.2.2 影响顶梳梳理的因素

（1）顶梳的高低隔距。顶梳的高低隔距指顶梳在最前位置时，顶梳针尖到后分离罗拉上表面的垂直距离。如图9-18所示，d 为顶梳的高低隔距。高低隔距越大，顶梳插入棉丛越深，梳理作用越好，精梳落棉率就越高。但高低隔距过大会影响分离接合开始时棉丛的抬头。

顶梳的高低位置可以用偏心轴调整。如图9-19所示，松开图中的螺丝3，转动偏心旋钮1至所需数值，再扭紧螺丝3即可。顶梳高低隔距共分五档，分别用-1、-0.5、0、+0.5、+1表示，标值越大，顶梳插入棉丛就越深，不同标值时的 A 值见表9-2。顶梳的高低隔距一般选用+0.5档。顶梳高低隔距每增加一档，精梳落棉率增加1%左右。

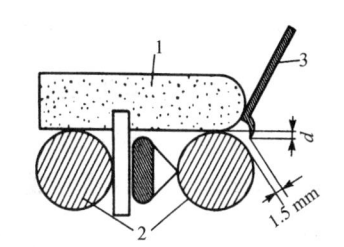

图 9-18 顶梳的高低隔距与进出位置

（2）顶梳的进出隔距。顶梳的进出隔距指顶梳在最前位置时，顶梳针尖与后分离罗拉表面之间的距离，如图9-18所示。进出隔距越小，顶梳梳针将棉丛送向分离罗拉越近，越有利于分离接合工作的进行。但进出隔距过小，易造成梳针与分离罗拉表面碰撞。顶梳的进出隔距一般为1.5 mm。

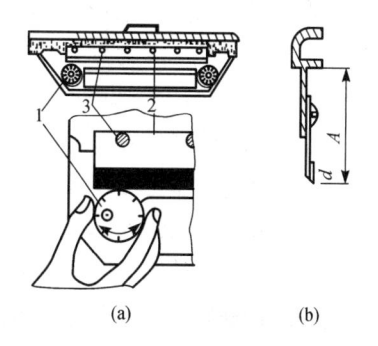

图 9-19 顶梳高低位置的调整

表 9-2 不同标值时的 A 值

标值	-1	-0.5	0	+0.5	+1
A /mm	51.5	52	52.5	53	53.5

(3) 顶梳的植针密度。顶梳的植针密度对梳理作用有重要影响。植针密度应控制在使喂入纤维层中最小的棉结、杂质和短纤维被阻留在顶梳的后面；植针密度越大，阻留棉结杂质的效果越好。如果植针密度过大，纤维与梳针之间的压力增大而使摩擦阻力过大，会导致纤维受力过大而被拉断或将梳针拆断。精梳机的顶梳植针密度一般为 26 根/cm，纺纱质量要求高时，也可采用 28 根/cm 或 30 根/cm。

(4) 顶梳的针面状态。顶梳的针面状态必须保持清洁，才能发挥其梳理效能。如果梳针长时间不清洁，梳理质量会明显下降，输出棉网质量会明显恶化。为了保持梳针清洁和减轻工人的劳动强度，有些精梳机采用了自清洁顶梳。另外，如有缺针、断针、并针等情况发生，必须及时维修，否则梳理效果会明显下降。

3 分离接合部分

分离接合部分的作用是将精梳锡林梳理后的棉丛与分离罗拉倒入机内的棉网进行搭接，然后分离罗拉快速运动，将纤维从下钳板与给棉罗拉握持的棉丛中快速抽出，实现纤维丛的分离；同时，纤维的尾端受到顶梳的梳理。

为了实现纤维丛的周期性接合、分离及棉网的输出，分离罗拉的运动方式为倒转→顺转→基本静止。这种运动方式通常可以采用平面连杆机构和外差动行星轮系组成的传动系统实现。为保证连续不断地输出棉网，分离罗拉的顺转量要大于倒转量。

3.1 分离罗拉运动曲线

(1) 定义。在一个工作循环中，将每分度分离罗拉相对运动时的位移量画成曲线，称为分离罗拉运动曲线（图 9-20）。

(2) 曲线分析。

① 曲线的特征点。a 为分离罗拉开始倒转点；b 为分离罗倒转结束点（或开始顺转点）；c 为开始分离接合点；d 为分离结束点；e 为分离罗拉顺转结束点；f 为一个工作循环分离罗拉运动结束点。

② 分离罗拉的运动阶段。a—b 为分离罗拉倒转阶段；b—f 为分离罗拉顺转阶段；c—d 为分离工作阶段；d—e 为继续顺转阶段；e—f 为基本静止阶段。

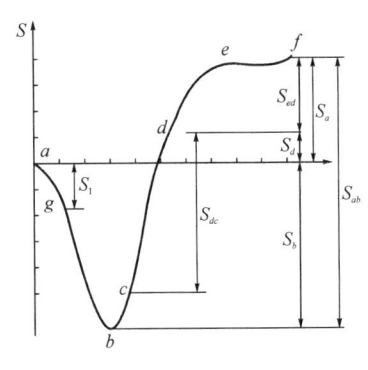

图 9-20 精梳机分离罗拉运动曲线

(3) 有效输出长度。有效输出长度指一个工作循环中分离罗拉输出的须丛长度，即分离罗拉总顺转量与总倒转量的绝对值之差。有效输出长度是固定值，由机型决定。不同型号的精梳机，有效输出长度不同。

3.2 分离接合工艺分析

(1) 分离接合工作概况。在分离工作开始前，分离罗拉已将上一工作循环分离出来的纤维丛倒入机内，准备与新分离的纤维丛接合。

经锡林梳理后的纤维丛，其头端并不在一条直线上。当钳板（或喂给机构）、顶梳将纤维丛逐渐移向分离钳口时,头端前面的纤维先到达分离钳口,被分离钳口握持,以分离罗拉的速度快速前进。之后,各根纤维头端陆续到达分离钳口,使前后纤维产生移距变化,分离钳口逐步从喂入纤维丛中抽出部分纤维,形成一个分离纤维丛,叠合在上一工作循环的纤维网尾部上,实现分离接合。

(2)分离工作长度与分离丛长度。分离丛长度可根据分离罗拉运动曲线计算,如图9-21所示。

在分离罗拉运动曲线上,c 为开始分离接合点,第一根纤维头端进入分离钳口 A 点;d 为分离接合结束点,最末一根纤维头端进入分离钳口。分离工作结束,第一根纤维头端到达 A_1 点,如图9-22所示。此时,分离纤维丛中第一根和最末一根纤维的头端距离,称之为分离工作长度 K。此长度必然是分离罗拉运动曲线上开始分离和结束分离时的位移差。

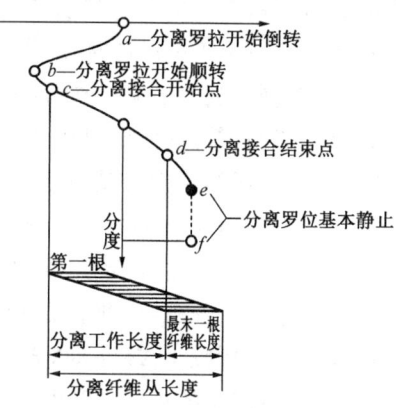

图 9-21 分离纤维丛长度

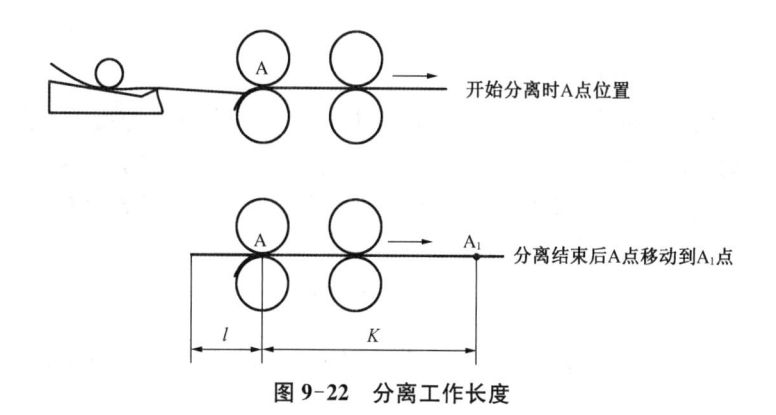

图 9-22 分离工作长度

分离工作长度与纤维长度之和,称之为分离纤维丛长度 L,其表达式如下:

$$L = K + l \tag{9-1}$$

式中:L 为分离纤维丛长度,mm;K 为分离工作长度,mm;l 为纤维长度,mm。

由此可见,分离纤维丛长度与分离罗拉运动曲线形态、开始分离时间、结束分离时间及纤维长度等因素有关。

(3)分离纤维丛的接合长度与接合率。分离纤维丛的接合形态如图9-23所示。

由上图中的几何关系可知:

$$L = G + S \tag{9-2}$$

图 9-23 接合形态

式中:L 为分离纤维丛长度,mm;S 为有效输出长度,mm;G 为分离纤维丛接合长度,mm。

分离纤维丛接合长度反映了前后两个分离纤维丛的接合程度,直接影响纤维网的接合牢度。分离纤维丛长度 L 愈大,有效输出长度 S 愈小时,分离纤维丛接合长度 G 愈大,纤维网的接合牢度愈高。

精梳机高速后,输出的纤维网受分离罗拉的往复牵引,抖动更加剧烈,如果纤维网的接合牢度低,会产生意外伸长或破裂而影响精梳条的质量。因此,在进行新型精梳机设计、老机改造及工艺设计时,应尽可能加大分离纤维丛接合长度。

纤维网中还存在前、中、后三层分离纤维丛的重叠情况,如图9-24所示。在一个分离纤维丛中,三层叠合长度为 $3a = 72.61$ mm,占94%;二层叠合长度为 $2b = 4.5$ mm,占4.5%。纤维网中纤维重叠程度愈高,纤维网的厚度增加,接合处阴影减小,接合质量较好。

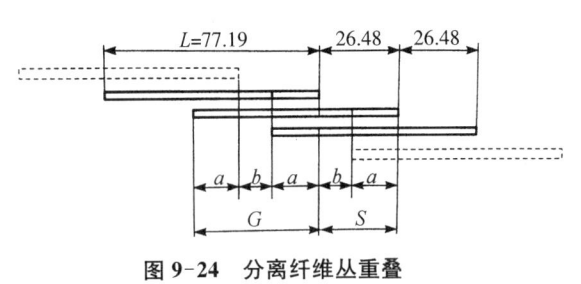

图9-24 分离纤维丛重叠

分离纤维丛的重叠程度可用接合率(η)表示,它是分离纤维丛接合长度 G 与有效输出长度 S 的比值,用百分率表示。接合率越大,分离纤维丛的均匀性越好。

$$\eta = \frac{G}{S} \times 100\% \tag{9-3}$$

(4)分离过程中的变牵伸值。在分离过程中,分离罗拉的输出速度大于钳板及顶梳的前进速度,所以分离过程也是牵伸过程。由于分离罗拉、钳板及顶梳的速度都在变化,因此分离牵伸是一种变牵伸,其牵伸倍数是变化的。这种变牵伸可用下式表示:

$$E = \frac{V_T}{V_A} \tag{9-4}$$

式中:E 为分离过程中的牵伸倍数;V_T 为分离罗拉的运动速度,mm/s;V_A 为顶梳的摆动速度,mm/s。

顶梳的摆动速度在分离过程中是逐渐变小的,因此牵伸倍数 E 逐渐变大。

整个分离纤维丛的平均牵伸倍数 $\overline{E}$ 应等于分离工作长度 K 和给棉长度 A 的比值,即:

$$\overline{E} = \frac{K}{A} \tag{9-5}$$

钳板握持的纤维须丛呈笔尖状,其前面薄、后面厚。经过分离过程的变牵伸,纤维须丛被拉长、变薄。随着牵伸倍数逐渐变大,经过分离的纤维须丛的笔尖状得到改善,各处厚薄相对均匀。

(5)继续顺转量、前段倒转量和相对倒转量。

① 继续顺转量。分离结束后,分离罗拉继续顺转向前输出的须丛长度,被称为分离罗拉的继续顺转量。

继续顺转量不能过大。如图9-25所示,假定分离结束时长度为 l 的纤维头端进入分离钳口,如果分离罗拉的继续顺转量大

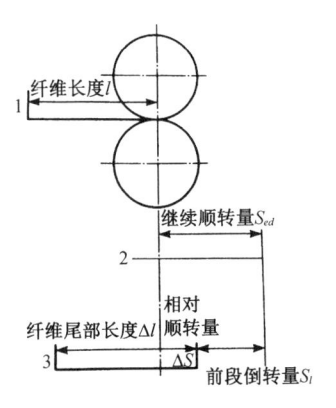

图9-25 纤维长度与继续顺转量的关系

于纤维长度,当分离罗拉倒转时,纤维难以进入机内,易引起须丛在两根分离罗拉之间拱起,影响下一工作循环中分离接合的正常进行。因此,继续顺转量应小于所纺纤维的平均长度。

② 前段倒转量。锡林末排梳针通过锡林与分离罗拉最紧隔距点时分离罗拉的倒转量,称为前段倒转量。

分离罗拉的前段倒转量不能太大,以免分离罗拉倒入机内的须丛尾端纤维被锡林梳针抓走,造成长纤维进入落棉,甚至出现纤维网破洞,不能正常生产。进一步分析可知,须丛尾端纤维是否会被锡林末排梳针抓走,不仅和前段倒转量有关,还和继续顺转量及纤维长度有关。

(6) 分离罗拉顺转定时。分离罗拉顺转定时指分离罗拉由倒转结束开始顺转时,分离盘指针指示的分度数。分离罗拉顺转定时的早晚影响分离罗拉与钳板、分离罗拉与锡林的运动配合关系。根据分离接合的要求,分离罗拉顺转定时要早于分离接合开始定时,否则分离接合工作无法进行。分离罗拉顺转定时应满足以下要求:

① 分离罗拉顺转定时的确定,应保证开始分离时分离罗拉的顺转速度大于钳板的前摆速度。如果分离罗拉顺转定时过晚,则有可能使开始分离时分离罗拉的顺转速度小于钳板的前进速度,被锡林梳理过的棉丛头端会与分离罗拉表面发生碰撞而形成弯钩,在整个棉网上出现横条弯钩;或者,由于分离罗拉的顺转速度略大于(或者等于)钳板的前进速度,虽然不形成弯钩,但分离牵伸倍数太小,棉丛头端没有被牵伸开,使棉网较厚,而前一循环的棉网尾端较薄,接合时两者厚度差异过大,导致新旧棉网的接合力过小,在棉网张力的影响下,新棉网的前端易翘起,在棉网上形成"鱼鳞斑"。

② 分离罗拉顺转定时确定,应保证分离罗拉倒入机内的棉网不被锡林末排梳针抓走。如果分离罗拉顺转定时过早,则分离罗拉倒转定时也早,易造成倒入机内的棉网被锡林末排梳针抓走的情况。

分离罗拉顺转定时应根据所纺纤维长度、给棉长度及给棉方式等因素确定。例如采用长给棉时,由于开始分离的时间提早,分离罗拉顺转定时也应适当提早。确定分离罗拉顺转定时,应同时考虑锡林定位,以防锡林末排梳针抓走纤维。

分离罗拉顺转定时的调整方法是改变曲柄销与分离罗拉定时调节盘的相对位置。分离罗拉定时调节盘上有刻度,刻度从"-2"到"+1",其间以"0.5"为基本单位。分离刻度与分离罗拉顺转定时的关系见表 9-3。

表 9-3 分离刻度与分离罗拉顺转定时的关系

分离刻度	+1	+0.5	0	-1	-1.5	-2
分离罗拉顺转定时/分度	14.5	15.2	15.8	16.8	17.5	18

4 其他部分

4.1 落棉排除机构

落棉排除机构由毛刷、风斗及气流吸落棉等部分组成,主要作用是清除锡林梳下的短绒、杂质和疵点,有单独吸落棉机构和集体排落棉机构两种方式。

(1) 毛刷。毛刷是清洁锡林针面的重要工具,而锡林针面的清洁与否对锡林梳理效果及棉网质量影响很大,如果毛刷不能有效地刷清锡林针面上的短纤维、杂质和疵点,它们就会嵌入锡林针隙。毛刷鬃丝深入锡林针尖 2~3 mm,以 6~7 倍的锡林表面速度,将嵌入锡林针隙的短纤维、杂质和疵点刷下。车头风机通过尘笼内胆和风斗将毛刷刷下的落棉吸附在尘笼表面,由机外风管吸走。

为了提高毛刷工作质量,应使毛刷的偏心度、平直度、鬃毛弹性、插入梳针深度等各项指标都符合要求,并定期将毛刷调头使用,使毛刷鬃毛在逆梳针方向弹性较好,以充分发挥其作用。此外,工艺上要配置适当的毛刷转速,可根据锡林转速、加工纤维长度等因素确定,一般为 930~1200 r/mm。当毛刷经过修剪使鬃毛过短时,应及时提高毛刷的转速。

(2) 吸落棉装置。吸落棉装置分单独吸落棉机构和集体排落棉机构。单独吸落棉机构依靠机上风机将落棉吸附在尘笼表面,然后利用摩擦的方法将尘笼表面吸附的落棉剥落下来或卷绕在卷杂辊上;在落棉达到一定量时,由人工加以清除。集体排落棉机构则是在单独吸落棉的基础上,将尘笼剥下的精梳落棉由风机通过吸风管道进入滤尘室,在尘室中由滤尘设备将落棉与气流分离,收集落棉,并将过滤后的空气送入空调室。集体吸落棉的机台数量可根据滤尘设备的过滤风量确定。

吸落棉装置如图 9-26 所示。毛刷刷下的落棉经风斗被吸附在尘笼 3 的表面,形成精梳落棉层。随着棉层厚度增加,尘笼内部的真空度提高,造成内外压差增大。压差由压差控制器 4 监测,当压差达到一定数值时,启动汽缸,使尘笼旋转一定角度,通过橡胶辊 8、钢辊 7 剥落一段落棉层。橡胶辊与尘笼间隔距为 1 mm,钢辊与橡胶辊间隔距为 0.2 mm。

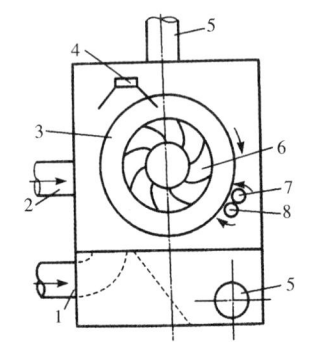

图 9-26 精梳吸落棉装置

4.2 车面输出部分

从分离罗拉经车面到后牵伸罗拉的部分,称为车面输出部分。精梳机的车面输出部分如图 9-27 所示。由分离罗拉 6 输出的棉网经过一段松弛区(导棉板 5)后,由输出罗拉 4 喂入喇叭口 3,聚拢成棉条。棉条经压辊 2 压紧后,绕过导条钉 1 弯转 90°,棉条并排进入牵伸机构。牵伸机构位于与水平面呈 60°夹角的斜面上。

由于分离纤维丛周期性接合的特点,输出棉网呈现周期性不匀波,因此,将喇叭口向输出棉网的一侧偏置,使分离罗拉钳口线各处到喇叭口的距离不等,从而使分离罗拉同时输出的棉网到达喇叭口的时间不同,由此产生棉网纵

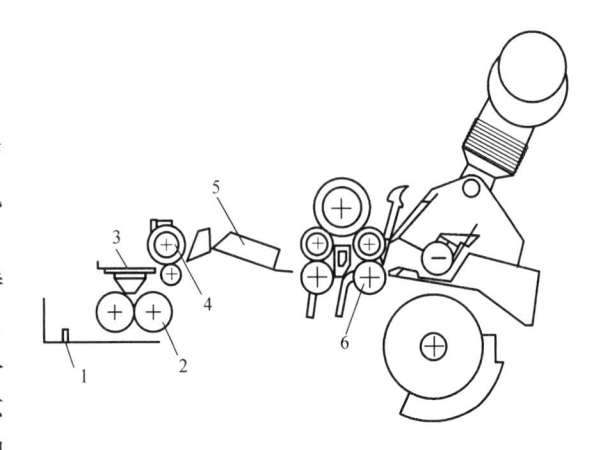

图 9-27 车面输出部分

向的混合与均匀作用。当八根棉条并合后,精梳条的不匀会得到进一步改善。

喇叭口直径有 4 mm、4.5 mm、5 mm、5.5 mm、6 mm、6.5 mm 几种规格,可根据棉条定量选用。

4.3 牵伸部分

不同型号的精梳机采用的牵伸形式有所不同。SXF1269A 型精梳机的牵伸机构采用三上五下曲线牵伸形式,如图 9-28 所示。罗拉直径(mm)从前至后分别为 35×27×27×27×27,三个皮辊的直径均为 45 mm。中皮辊和后皮辊分别架在第二、三罗拉和第四、五罗拉之间,组成中、后钳口,从而将牵伸装置分为前、后两个牵伸区。后牵伸区牵伸倍数有三档,分别为 1.14、1.36、1.5。前牵伸区为主牵伸区,其罗拉隔距可根据纤维长度进行调整,调整范围为 41~60 mm,第二、三皮辊中心距范围为 56~71 mm。牵伸区配有四种变换齿轮,以适应不同纤维长度、不同品种的加工需要。总牵伸倍数可在 9~19.3 范围内调整。

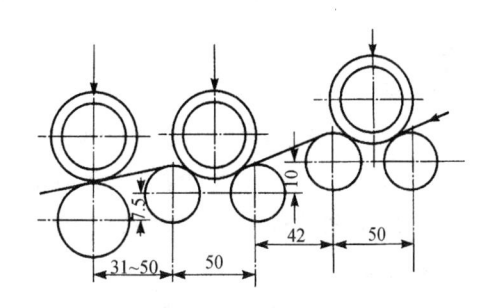

图 9-28 三上五下牵伸装置

前、后两个牵伸区均为曲线牵伸,使喂入每个牵伸区的须条在第二、四罗拉表面形成包围弧,从而增强钳口的握持力和牵伸区中后部的摩擦力界,加强对牵伸区内纤维运动的控制,使纤维变速点向前钳口集中,有利于减小牵伸造成的条干不匀。为了避免反包围弧对纤维运动的不良影响,第四、五罗拉中心较第三罗拉中心抬高 10 mm,第二、三罗拉中心较前罗拉中心抬高 7.5 mm。

4.4 圈条机构

为防止出牵伸区的棉条产生意外牵伸,采用输送带将棉条送入圈条器。SXF1269 型精梳机采用单筒单圈条,随着精梳机产量的提高,卷装较大,条筒的直径为 600 mm、高度为 1200 mm,且配有自动增容装置和自动换筒装置。其增容装置的方法:使圈条底盘往复横动,将气孔硬心区棉条圈的重叠部分错开而达到增容效果,容量可增加 15%~20%。

技能训练

1. 在精梳机上进行锡林定位的操作训练。

课后练习

1. 什么是前进给棉?什么是后退给棉?什么是给棉长度?
2. 精梳落棉量与哪些因素有关?
3. 什么是梳理隔距、梳理开始定时、钳板开闭口定时?
4. 锡林定位的实质是什么?锡林定位过早、过晚会产生什么后果?为什么?

5. 什么是顶梳的高低隔距和进出隔距？如何调整？

6. 对分离罗拉运动有哪些要求？

7. 什么是分离罗拉的倒转量、顺转量及有效输出长度？

任务9.4　精梳工艺调整与质量控制

工作任务

1. 描述精梳条干不匀类型及高支纱条干不匀控制途径。

2. 描述落棉控制的意义及落棉隔距调整措施和落棉控制重点。

3. 比较前进、后退给棉及长给棉、短给棉的不同，说明选择给棉方式和给棉长度应考虑的因素。

4. 分析梳理质量的影响因素及原理。就下面两种情况分析主要原因并提出解决方案：

(1) 精梳条中杂质数量较多。

(2) 精梳条短绒率高达9.5%。

知识要点

1. 精梳工艺调整的内容。

2. 精梳质量要求及控制措施。

1　精梳工艺调整

1.1　给棉工艺

(1) 给棉方式。给棉方式依据落棉率的大小选择。

后退给棉特点：给棉长度短，梳理效果好，落棉较多，落棉率一般控制在17%～25%，适用于产品质量要求较高的品种，但产量低。

生产中，当精梳落棉率大于17%时，一般采用后退给棉。

(2) 给棉长度。给棉罗拉每一钳次的给棉长度：

$$A = (1 \times \pi \times D \times \eta)/Z \tag{9-6}$$

式中：A 为给棉长度；D 为给棉罗拉直径；η 为沟槽系数(1.10～1.15)；Z 为给棉棘轮齿数。

当给棉长度大时，精梳机的产量高，输出的棉网厚，但精梳锡林的梳理负荷大，梳理效果差。给棉长度应根据纺纱线密度、精梳机机型、小卷定量等确定。

不同型号的精梳机，给棉长度不一样。

1.2 梳理与落棉工艺

（1）锡林梳理隔距。由于钳板做往复运动，因此，梳理位置、梳理隔距是经常变化的。梳理隔距的变化幅度越小，梳理负荷越均匀，锡林对纤维丛的梳理效果越好。

（2）落棉隔距。落棉隔距指钳板摆动到最前位置时，下钳板钳唇前缘与后分离罗拉表面之间的隔距。落棉隔距是调节落棉率的重要因素，对落棉及棉网质量有很大影响。增大落棉隔距，精梳落棉率增加，棉网质量提高，成本也高。落棉隔距每增减 1 mm，落棉率随之增减 2%～2.5%。

（3）钳板的握持作用。钳板对棉层有足够大且均匀的握持力，能保证良好的梳理效果，同时可以减少落棉。

（4）钳板闭合定时。钳板闭合定时指钳板闭合时对应的分度盘的分度数。钳板闭合定时早，开启时间迟，开口量小，不利于须丛抬头；钳板闭合定时迟，开启时间早，开口量大。

1.3 锡林、顶梳梳理部分工艺

（1）锡林定位。锡林定位实际上是校正锡林针齿通过分离罗拉与锡林最紧隔距点的定时，由分度盘的读数指示。加工长给棉、分离罗拉顺转定时早的机台，锡林定位要早些；加工短给棉、分离罗拉顺转定时迟的机台，锡林定时可迟些。

锡林梳理开始时间与锡林定位及落棉隔距有关。落棉隔距不同，意味着钳板从最前位置开始后退的起点不同，钳板后退途中与锡林头排梳针相遇的时间（分度）和位置也不同。锡林定位迟、落棉隔距小，钳板开始后退的起点靠前，钳板与锡林头排梳针相遇的时间迟，锡林梳理开始得晚；锡林定位早、落棉隔距大，钳板开始后退的起点靠后，钳板与锡林头排梳针相遇的时间早，锡林梳理开始得早。

（2）顶梳隔距。

① 顶梳的进出隔距，即顶梳在最前位置时，顶梳针尖与后分离罗拉表面之间的距离。进出隔距小，有利于分离接合。

② 顶梳的高低隔距，即顶梳在最前位置时，顶梳针尖与后分离罗拉表面水平面之间的距离。高低隔距大，有利于提高分梳效果。

1.4 分离罗拉顺转定时

（1）分离罗拉顺转定时的概念。分离罗拉顺转定时指分离罗拉开始顺转时的分度值，也称搭头刻度。

（2）分离罗拉顺转定时的确定原则。应保证在开始分离时，分离罗拉的顺转速度大于钳板的喂给速度（钳板前进速度），否则在棉网整个幅度上会出现横条弯钩或鱼鳞斑。

为了防止产生弯钩和鱼鳞斑，分离罗拉顺转定时的选择，应考虑纤维长度、给棉长度、给棉方式。采用纤维长、或长给棉、或前进给棉时，分离罗拉顺转定时应适当提早。

若分离罗拉顺转定时提早，倒转时间也应提早。为了避免锡林末排梳针通过分离罗拉与锡林最紧隔距点时抓走倒入分离丛的尾端纤维，锡林定位也应提早。

1.5 其他工艺

（1）分离罗拉集棉器。分离罗拉集棉器可以调节棉网宽度，可根据不同原料与品种的需要调整，实现 291 mm、293 mm、295 mm、297 mm、299 mm、301 mm、302 mm、305 mm 等不同宽度，以改善棉网破边问题。

（2）牵伸。三上五下牵伸装置的主牵伸和后区均为曲线牵伸，摩擦力界分布合理，后牵伸区牵伸倍数可以适当放大，有利于精梳条的条干均匀度和弯钩纤维的伸直。后牵伸区牵伸倍数有 1.14、1.36、1.5 三档。

（3）精梳条定量。精梳条定量以偏重为好，纺中特纱时一般掌握在 22～27 g/(5 m)。因为精梳条定量重，精梳机的牵伸倍数可以降低，牵伸造成的附加不匀会减小，精梳条的条干 CV 值降低。

2 精梳质量控制

精梳质量控制包括对精梳小卷的质量要求、精梳落棉指标及精梳条质量指标。

2.1 对精梳小卷的质量要求

（1）尽可能使小卷中的纤维伸直平行，以减少精梳加工过程中的纤维损失及梳针的损伤。因精梳落棉率与纤维长度有关，纤维长度长时精梳落棉率低。

（2）尽可能使小卷的结构均匀（包括纵向及横向），使钳板的横向握持均匀，有利于改善梳理质量、精梳条的条干 CV 值及质量不匀率，减少精梳落棉。

（3）尽可能使精梳小卷成形良好、层次清晰、不黏卷。

2.2 精梳落棉指标

（1）精梳落棉率（%）。它影响纺纱质量和纺纱成本，其大小应根据成纱质量要求、小卷质量（棉结、杂质及短绒含量）而定。在满足其成纱质量要求时，精梳落棉率越小越好。

（2）精梳落中的短绒含量。这是反映精梳落棉质量的指标，精梳落棉中短纤维含量越高，精梳条中的短纤维含量越低。

2.3 精梳条的质量指标

（1）精梳条棉结杂质粒数（粒/g）。它影响成纱质量，应根据成纱质量要求和棉卷质量（棉结、杂质含量）而定。

（2）精梳条的质量不匀率（%）。它影响以后各工序制品的质量不匀率及质量偏差。

（3）精梳条的条干 CV 值。它影响成纱的条干。

（4）精梳条含短绒率（%）。它影响成纱的条干、成纱强力及强力不匀率。

2.4 精梳条质量指标的控制范围

精梳条的条干 CV 值在 3.8% 以下；精梳条含短绒率在 8% 以下；精梳条质量不匀率在 0.6% 以下，机台间的精梳条不匀率在 0.9% 以下；精梳后棉结的清除率不低于 17%；精梳落棉含短绒率在 70% 以上；精梳后杂质的清除率在 50% 以上。

技能训练

1. 根据已检测精梳条质量指标及质量要求进行工艺调整。

课后练习

1. 降低精梳条棉结、杂质的措施有哪些?
2. 什么是落棉隔距?落棉隔距对落棉率及梳理效果有何影响?如何调整?

项目 10

非环锭纺纱流程设计及设备使用

教学目标

1. 理论知识
（1）转杯纺纱的任务、工艺流程、工艺原理。
（2）喷气纺纱的任务、工艺流程、工艺原理。
（3）喷气涡流纺纱机的成纱原理、纺纱工艺。
（4）摩擦纺纱的任务、工艺流程、工艺原理。

2. 实践技能
能完成转杯纺纱机工艺设计、质量控制、操作及设备调试。

3. 方法能力
培养分析归纳能力；提升总结表达能力；训练动手操作能力；建立知识更新能力。

4. 社会能力
通过课程思政，引导学生树立正确的世界观、人生观、价值观，培养学生的团队协作能力，以及爱岗敬业、吃苦耐劳、精益求精的工匠精神。

项目导入

非环锭纺纱与环锭纺纱最大的区别在于，将加捻与卷绕分开进行，并采用新的科学技术——微电子、微机处理技术，从而使产品的质量保证体系由人的行为进化到电子监测控制。与传统环锭纺相比，非环锭纺纱具有以下特点：

1. 产量高。非环锭纺纱采用了新的加捻方式，加捻器转速不再像钢丝圈那样受线速度的限制，输出速度的提高可使产量成倍增加。

2. 卷装大。由于加捻、卷绕分开进行，卷装不受气圈形态的限制，可以直接卷绕成筒子，从而减少络筒次数多导致的停车时间，使时间利用率得到很大提高。

3. 流程短。非环锭纺纱普遍采用条子喂入、筒子输出，可省去粗纱、络筒两道工序，使工艺流程缩短，劳动生产率提高。

4. 生产环境改善。由于微电子技术的应用，非环锭纺纱机的机械化程度远比环锭细纱机高，且飞花少、噪声低，有利于降低工人劳动强度，改善工作环境。

> 按纺纱原理,非环锭纺纱可分为自由端纺纱和非自由端纺纱两大类。
>
> 1. 自由端纺纱。需经过分梳牵伸、凝聚成条、加捻、卷绕四个工艺过程,即首先将纤维条分解成单纤维,再使其凝聚于纱条的尾端,使纱条在喂入端与加捻器之间断开,形成自由端,自由端随加捻器回转,使纱条获得捻回。转杯纺纱、涡流纺纱、摩擦纺纱均属于自由端纺纱。
>
> 2. 非自由端纺纱。一般经过罗拉牵伸、加捻、卷绕三个工艺过程,即纤维条自喂入端到输出端呈连续状态,加捻器置于喂入端和输出端之间,对须条施以假捻,依靠假捻的退捻力矩,使纱条通过并合或纤维头端包缠而获得真捻,或利用假捻改变纱条截面形态,通过黏合剂黏合成纱。自捻纺纱、喷气纺纱、黏合纺纱均属于非自由端纺纱。

任务 10.1　转杯纺前纺要求与设备选用

工作任务

1. 讨论转杯纺纱机的工艺流程特点。
2. 分析转杯纺前纺工艺流程与设备选用。

知识要点

1. 转杯纺纱的前纺工艺要求。

1　转杯纺的特点

(1) 自由端纺纱。
(2) 加捻、卷绕分开。
(3) 产量高(3~4 倍于环锭细纱机)。
(4) 卷装大(每只筒纱质量为 3~5 kg)。
(5) 工序短(省去粗纱和络筒工序)。
(6) 对原料的要求低。
(7) 适纺中低支纱。

2　转杯纺常用原料

(1) 天然纤维:棉、亚麻等。
(2) 再生纤维素纤维:黏胶纤维、莫代尔纤维、天丝等。
(3) 合成纤维(短纤维):涤纶、腈纶。
(4) 棉纺厂再用棉:精梳落棉、清花落棉、梳棉落棉。

3 前纺工艺流程

开清棉→梳棉→并条(二道)→转杯纺纱机

4 转杯纺纱的前纺工艺要求

(1)纤维中的尘杂应尽量在前纺工艺中去除 尽管转杯纺纱机采用了排杂装置,但由于微尘与纤维的比重差异小,不易清除干净,而前纺工程中却可以很容易地、尽早地去除这些微尘,不仅利于提高成纱质量,而且有利于降低转杯纺纱机周围的灰尘,改善工作环境。转杯纺用生条含杂率指标见表10-1。

表10-1 转杯纺用生条含杂率指标

纱类	优质纱	正牌纱	专纺纱	个别场合
生条含杂率/%	0.07~0.08	<0.15	<0.20	>0.5

(2)提高喂入棉条中纤维的分离度和伸直平行度 加强清梳开松、分梳作用,提高纤维分离度,利用并条机的牵伸作用,使纤维伸直平行,以减少分梳辊分梳时的纤维损伤,提高纺纱强力。转杯纺用熟条质量指标见表10-2。

表10-2 转杯纺用熟条质量指标

质量指标	国外	国内
1 g熟条中硬杂质量	不超过 4 mg	不超过 3 mg
1 g熟条中软疵点数量	不超过 150 粒	不超过 120 粒
硬杂质最大颗粒质量	不超过 0.15 mg	不超过 0.11 mg
熟条乌氏变异系数	不超过 4.5%	小于 4.5%
熟条质量不匀率	不超过 1.5%	不超过 1.1%

5 转杯纺纱的前纺工艺与设备

5.1 清梳工序

为适应转杯纺纱的要求,尽量去除纤维中的微尘,清梳工序应从以下方面考虑:

(1)利用吸风装置加强对微尘的清除效果。

(2)在开清棉工序中,利用刺辊加强对纤维的开松作用,使纤维在进入梳棉机前即分解为单根纤维状态,使杂质能充分落下,尽早排除。

(3)采用新型高产梳棉机,充分利用附加分梳元件及多点除尘吸风口,加强对纤维的分梳除杂作用。也可采用双联式梳棉机,其采用两组梳理机构相串联,梳理面积、除杂区域大为增加。但双联式梳棉机机构复杂,维修不便,所以在生产中应用较少。

转杯纺纱清梳联组合流程实例如下:

JWF1013型往复式抓棉机→FT247B型输棉风机→FT225B型强力磁铁→FA124A型重杂分离器→AMPEEO1型鹰眼(火星金属探除器)→FT217-70型纤维分离器+JWF0007-70型重物分离器→JWF1111型轴流开棉机→JWF1031型多仓混棉机(附FT222F型输棉风机+FT218型重杂分离装置)→JWF1125型精清棉机(包含FT型连续喂棉控制器)→JWF1053型除微尘机→119AⅡ型火星探除器→FT202T型分配器→[(JWF1177A型喂棉箱+JWF1213型梳棉机+FT209B型圈条器+FTO29B型自调匀整器)×6]×2

5.2 并条工序

根据转杯纺纱工艺流程短,成纱强力低的特点,提高纤维伸直平行度和降低熟条质量不匀率就成为确定并条道数的重要依据,从成纱的强力考虑,二道并条优于一道并条。并条道数过多,会由于重复牵伸次数多而影响棉条的条干均匀度,特别是在原料较差的转杯纺生产中,并条对条子质量的改善作用很小,在梳棉机上装加自调匀整装置则能达到较好的效果。所以在质量要求较低的粗特纱及废纺时,可采用一道并条或直接生条喂入。纤维的弯钩方向对转杯纺纱无显著影响。

技能训练

1. 根据所纺转杯纱案例,合理配置转杯纺纱的前纺工艺与设备。

课后练习

1. 转杯纺纱对前纺工艺有什么要求?

任务10.2 转杯纺纱机工艺流程

工作任务

1. 绘制转杯纺纱机工艺流程简图。

知识要点

1. 转杯纺纱机的工艺流程。

1 转杯纺纱的技术特点

转杯纺纱通过高速回转的转杯及杯内负压完成纤维输送、凝聚、并合、加捻成纱。现代转杯纺纱机都利用分梳辊将喂入条子分梳成连续不断的纤维,并将纤维随气流均匀地输入转杯,由引纱卷机构将纱线引出并卷绕成筒子纱。转杯纺纱中,加捻与卷绕分开,解决了高速和大卷装间的矛盾。

转杯纺纱的原料以棉为主,还包括化纤、毛、麻、丝等。废棉和再生纤维也可使用。

转杯纺纱与传统的环锭纺纱相比,具有高速高产、大卷装、工序缩短、劳动条件改善、使用原料广泛、成纱均匀、结杂少、耐磨和染色性能好等特点。

2 转杯纺纱工艺过程

如图 10-1 所示,棉条经喇叭口 8,由喂给罗拉 6 和喂给板 7 缓慢喂入,被表面包有金属锯条的分梳辊 1 分解为单根纤维状态后,经输送管道被杯内呈负压状态(风机抽吸或排气孔排气)的纺纱杯 2 吸入,由于纺杯高速回转的离心力作用,纤维沿杯壁滑入纺杯凝聚槽凝聚成纤维须条;生头时,先将一根纱线送入引纱管口,由于气流的作用,这根纱线立即被吸入杯内,纱头在离心力的作用下被抛向凝聚槽,与凝聚须条搭接起来,引纱由引纱罗拉 5 握持输出,贴附于凝聚须条的一端和凝聚须条一起随纺纱杯的回转,因而获得捻回。由于捻回沿轴向向凝聚槽内的须条传递,使二者连为一体,便于剥离。纱条在加捻的过程中与阻捻头摩擦产生假捻作用,使剥离点至阻捻头一段纱条上的捻回增多,有利于减少断头,引纱罗拉将纱条自纺纱杯中引出后,经卷绕罗拉 4 卷绕成筒子 3。

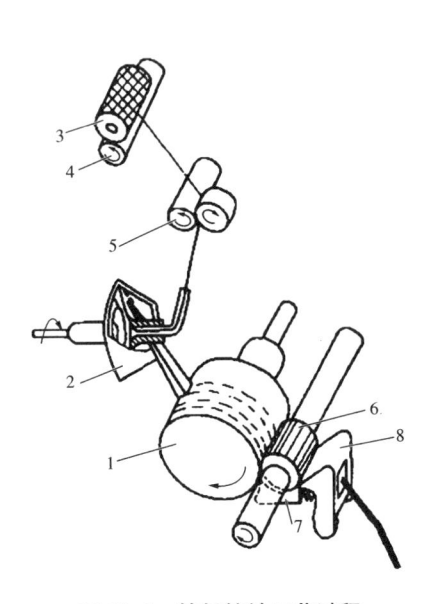

图 10-1 转杯纺纱工艺过程　　　　图 10-2 转杯纺纱机布置

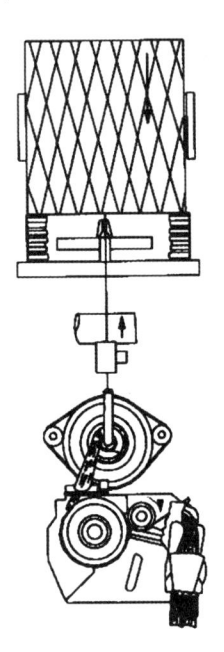

技能训练

1. 在实习车间或企业认识转杯纺纱的工艺过程。

课后练习

1. 转杯纺和环锭纺相比,有何特点?
2. 说明转杯纺适用的原料及工艺流程。

任务 10.3　转杯纺纱机各机件作用分析

📋 工作任务

1. 讨论喂入分梳机构的组成与作用,分梳辊作用形成及影响因素。
2. 分析喂给分梳部分的排杂作用的实现过程。
3. 分析气流输送的特点。
4. 分析须条凝聚、剥取和加捻过程的实现途径。

📋 知识要点

1. 影响分梳效果的因素。
2. 阻捻头的假捻与阻捻作用。
3. 须条的凝聚与剥取。

1　转杯纺纱机的喂给分梳部分

喂给分梳机构的作用是将喂入条子分解为单纤维状态,同时将条子中的细小杂质排除,以达到提高质量、降低断头的目的。

1.1　喂给分梳机构及其作用

喂给分梳机构的形式因机型不同而异,一般均由喂给喇叭口、喂给板、喂给罗拉和分梳辊组成(图 10-3),其作用是将条子均匀地握持喂入,并分解成单根纤维状态和清除所含的杂质、尘屑。

(1) 喂给喇叭。喂给喇叭由塑料或胶木压制而成,其通道截面自入口至出口逐渐收缩成扁平状。条子通过喂给喇叭,其截面随之相应变化,以提高纤维间的抱合力,并可使条子横截面厚薄均匀、密度一致,以保证喂给罗拉与喂给板对条子的握持力分布均匀,有利于分梳辊的分梳。

(2) 喂给罗拉与喂给板。喂给罗拉为一沟槽罗拉,与喂给板共同握持,并借喂给罗拉的积极回转,将条子输送给分梳辊

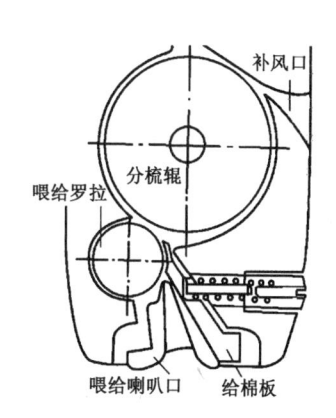

图 10-3　喂给分梳机构

分梳。为避免条子受分梳时向分梳辊两端扩散。给棉板的前端被设计成凹状,以限制条子的宽度。喂给钳口压力来自喂给板下的弹簧,通过调节弹簧下的调节螺钉,可调节弹簧的压缩量,改变钳口的压力。

(3) 分梳辊。分梳辊是将条子梳理分解成单纤维并排除杂质、将纤维流转移到输纤通道的基本元件,其分梳性能直接影响转杯纺纱的质量。目前,分梳辊的类别有锯齿包卷

型、锯齿环套型、植针型、齿片组合型等。国内外现有转杯纺纱机上的分梳辊基本上是锯齿包卷型、锯齿环套型,统称锯齿型分梳辊。

1.2 影响分梳效果的因素

转杯纺纱的喂给分梳部分实质上是缩小的梳棉机给棉刺辊部分,所以其作用原理及影响因素基本雷同。

(1) 分梳工作面。给棉板与壳体腔壁共同组成了分梳工作面,由于分梳工作面呈弧状,可使分梳辊齿尖与分梳工作面间的距离变化缓和,须丛内外纤维的梳理差异小,有利于分梳。为兼顾分梳效果和不损伤纤维,分梳工作面长度应稍短于纤维的主体长度,当纤维长度为29~31 mm时,分梳工作面长度为27~28 mm,当纤维主体长度为27 mm时,分梳工作面长度为23~25 mm。分梳点隔距的大小,决定了未被针齿分梳的纤维的厚薄,此隔距愈大,被针齿抓走的束纤维的数量愈多,所以分梳点隔距以小为好,一般为0.15 mm。

(2) 锯齿规格。锯齿规格是指锯齿的工作角、齿尖角、齿背角、齿高、齿深、齿密等,其中以锯齿工作角、齿密对分梳质量的影响最大。锯齿工作角的大小与加工纤维的性质有关,纺棉时,因摩擦系数较小而易于转移,所以工作角较小以增强分梳效果,化纤因摩擦系数较大而转移困难,为防止缠绕而工作角宜大些。齿密分纵向密度和横向密度,横向密度由锯条包卷螺距而定,一般不变,纵向密度随齿距而定,齿密越大,分梳作用愈强。纺化纤时,应兼顾分梳与转移的要求,齿密可较纺棉时稀些。

锯齿型号根据纺纱原料不同来选择,锯齿规格参数选择主要考虑分梳辊的开松、梳理、除杂及转移作用,同时应兼顾对纤维的损伤大小。

(3) 分梳辊转速。在其他工艺条件不变时,分梳辊转速高,分梳作用强,杂质易排除,纤维转移顺利,成纱条干好,(粗细节、结杂少、不匀率小),但强力下降,其原因在于高速后纤维的损伤增加,纤维长度愈长,损失愈严重,一般在不损伤纤维的前提下适当提高速度,有利于分梳质量和纱条转移,并有利于排杂。

分梳辊转速可根据不同原料及分梳要求确定,涉及原料含杂情况、纱的均匀度和强力,锯齿的新旧程度等因素。根据工艺要求,纺棉时分梳辊转速在6000~9000 r/min。不同化纤对分梳辊转速的要求不同,一般在5000~8000 r/min。

分梳辊转速要与分梳辊的锯齿型号相匹配,如锯齿型号OB20(OK40),分梳辊的速度范围7000~8500 r/min;如锯齿型号OS21(OK37),分梳辊的速度范围8000~9000 r/min。

分梳辊转速与喂入条子的定量和喂入速度有关,喂入条子定量或喂入速度增大,绕分梳辊的纤维数量随之增多,分梳辊转速提高,可使绕分梳辊的纤维数量减少。因此,当喂入条子定量重或单位时间内喂给量增加时,应相应提高分梳辊转速,以防止分梳辊绕花。增大分梳辊直径,可提高对纤维的分梳效果,而小直径、高速度则有利于排杂。

分梳辊转速的选择还应与输棉管道入口、出口速度及纺杯速度相匹配,以保证纤维在喂入、分梳、输送、凝聚过程中始终处于加速状态,以利于纤维在成纱中的伸直形态,所以分梳辊转速应满足下列不等式:

分梳辊圆周速度<输棉管道入口速度<输棉通道出口速度<纺杯圆周速度

1.3 喂给分梳部分的排杂作用

在分梳辊高速开松梳理条子后,利用纤维和杂质的动能及运动轨迹的差异,实现纤维与杂质的分离,达到排杂的目的。转杯纺纱机的排杂系统,根据纺纱器结构形式不同,可分为抽气式排系统和自排风式排杂系统;根据其排杂结构,有固定排杂机构和可调排杂机构之分;根据其杂质回收方法,有吸风管杂质回收系统和杂质输送带回收系统之分。

(1) 固定式排杂装置(图 10-4)。在纺纱过程中,被分梳辊 1 抓取的纤维和杂质随分梳辊一起运动,由于离心力的作用,纤维中较重的杂质被分离出来,与一部分纤维脱离锯齿。当经过排杂口 4 时,表面积小、质量较大的杂质颗粒,因具有较大的动能,沿排杂通道 5 被车尾风机吸入吸杂管,进入车尾集尘箱;而表面积大、质量较小的纤维被补入气流带回分梳辊锯齿,重新参加纺纱过程。从补风通道 3 进入的气流,一部分沿分梳辊表面进入输棉通道,满足工艺吸风要求;一部分经吸杂管 6 进入排杂通道,有助于输送尘杂。在一些设备上,杂质由排杂腔落下后,由输送带带出机外。固定式排杂装置因其结构简单、除杂效果好而被广泛应用。

(2) 调节式排杂装置(图 10-5)。杂质受离心力的作用自排杂口 4 排出,经排杂通道 5 由吸杂管 6 吸走,固定补风口补入的气流起托持纤维的作用,防止纤维随杂质排出。可调补风阀 8 可根据原棉含杂情况及成纱质量的不同要求调节补入气流量,当补风口通道 3 减小时,此处补入气流量减少,由于纺杯真空度的影响,固定补风口的补入气流量增多,回收作用增强,落棉量减少,落棉中排除的主要是大杂;当补风口通道开大,补入气流量较多时,固定补风口气流量则相应减少,落棉增多。

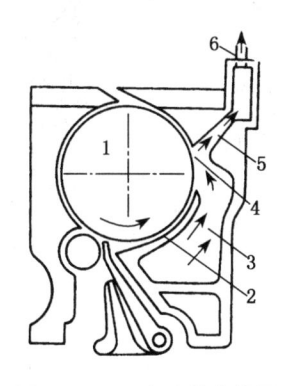

图 10-4 固定式排杂装置 图 10-5 调节式排杂装置

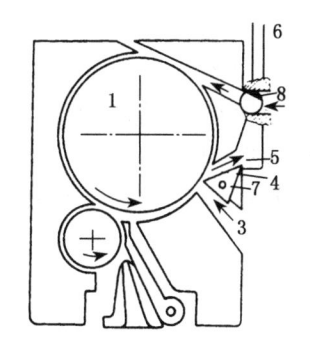

1.4 纤维的输送

经过分梳除杂区后,纤维随分梳辊进入输送区,由于此处隔距很小,纤维因受到分梳辊腔壁的摩擦阻力而被牢牢地握持锯齿上;到达剥离区后,因分梳辊与周围气流通道管壁间的距离增大,纤维在分梳辊离心力及纺杯负压的共同作用下,逐渐向齿尖滑移,并沿齿尖的圆周切向抛出,进入输送管道,在输送管道的引导下,沿纺杯滑移面滑入纺杯的凝聚槽。

为了保证纤维在运动过程中其定向度和伸直度不恶化,输送气流应加速运动,使纤维输送成为一个使纤维伸直、牵伸的过程。

(1) 剥离区纤维的伸直过程。如图 10-6 所示，纤维进入剥离区后，在气流及自身离心力作用下克服锯齿摩擦力，向锯齿齿尖滑移，其中：(a) 为纤维前端刚刚进入剥离区；(b) 为纤维前端滑至锯齿尖端，其弯钩部分受高速气流的作用开始伸直；(c) 为纤维大部分脱离锯齿，前端已基本伸直；(d) 为纤维完全脱离锯齿，前端已进入输送管。在剥离区，气流速度与分梳辊表面速度的比值称为剥离牵伸。当剥离牵伸保持在 1.5～2 倍时，纤维能顺利剥离，而当它大于此值时，纤维的定向伸直度更好。

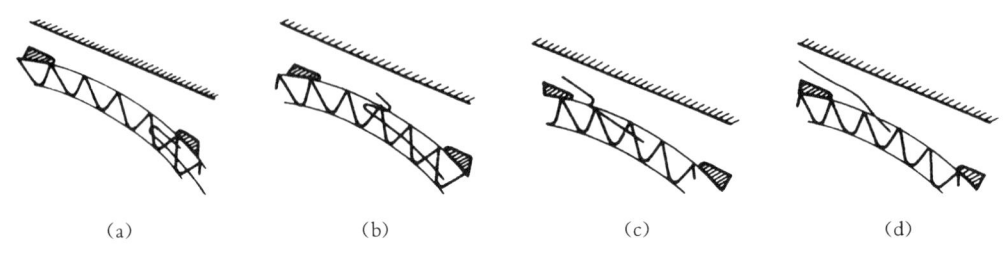

(a) (b) (c) (d)

10-6 纤维伸直过程

锯齿的光洁度、工作角、纤维与锯齿的摩擦系数都会影响纤维的剥离，如果大量纤维在到达剥离点时未脱离锯齿，被分梳辊带走，则出现绕分梳辊现象。

(2) 输送管道内的纤维伸直。输送管道截面设计成渐缩形，以便气流在管道内的速度随截面减小而逐渐增大，即输送气流呈加速运动。由于作用在纤维上的气流力与气流速度和纤维速度的差的平方成正比，因此纤维前端受到的气流力大于后端，使纤维受到拉伸，得到加速。拉伸有利于纤维伸直，加速可使相邻纤维间头端距离增大，有利于纤维分离。输送管道应光洁，其收缩角不宜过大，以避免产生涡流回流，影响纤维的顺利输送。

为了保证输送的正常进行，纺杯的吸气量应大于分梳辊所带的气流量，使分梳辊至纺杯形成速度梯度。纤维在分梳辊周围的运动过程如图 10-7 所示。

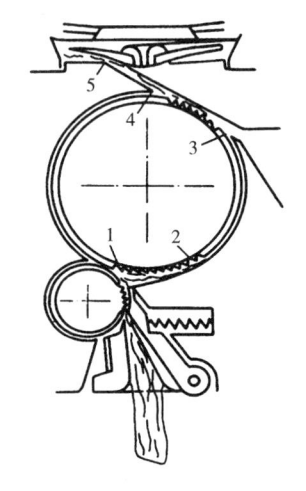

1～2 为分梳区　2～3 为输送区
3～4 为剥离区　4～5 为气流输送区

10-7 纤维在分梳辊周围的运动过程

2 凝聚加捻机构

凝聚加捻机构的作用是将分梳辊分解的单纤维从分离状态重新凝聚成连续的须条，实现棉气分流，并经过剥取加捻成纱，再由引纱引出，以获得连续的纱线。转杯纺纱机的凝聚加捻机构主要由纺纱杯 2、阻捻头 3、隔离盘 4（自排风式用）等机件组成，如图 10-8 所示。

2.1 纺纱杯

一般用铝合金制成，外观近似截头圆锥形。纺纱杯的内壁称为滑移面，直径最大处为凝聚槽，纺纱杯高速回转产生的离心力起到凝聚纤维的作用，所以又称为内离心式纺纱杯。纺纱杯一转,纱条上得到一个捻回,所以纺纱杯是凝聚和加捻的主要部件。

(1) 纺纱杯的种类。按纺纱杯内负压的产生原因,纺纱杯可分为自排风式和抽气式两大类。

自排风式如图 10-8 所示,纺纱杯的底侧部有若干排气孔,当纺纱杯高速回转时,如离心风机一样,气流从排气孔排出,使纺杯产生负压,这种纺杯的特点,是杯内负压与纺杯转速有关,每只纺纱器的负压大小稳定一致。

自排风式纺纱杯的气流主要从纺杯上方的输送管和引纱管补入,然后从侧底部的排气孔排出,随着纺杯的回转,气流呈空间螺旋状自上而下流动,从输送管道出来的纤维在未到达凝聚槽前,受纺杯内气流的影响,可能会直接冲向已被加捻的纱条上,形成松散的外包纤维,影响纱线的强力与外观,为防止这种俯冲的飞入纤维,凝聚加捻机构中必须配备隔离盘。

抽气式如图 10-9 所示,纺纱杯内气流从输送管道及引纱管补入后,依靠外界风机集体抽气,进入杯内气流从纺杯与罩壳的间隙被吸走,随着纺杯的回转,气流呈自下而上的空间螺旋状,为避免气流的影响,输送管必须伸入纺杯内,且比较接近纺杯的杯壁。抽气式纺纱杯杯内负压与风机风压、抽吸管道长度有关,所以全机纺杯负压有差异。

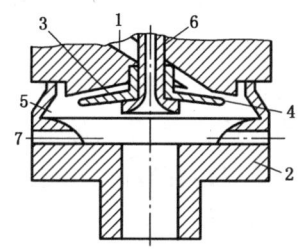

图 10-8 自排风式纺纱杯型的凝聚加捻机构 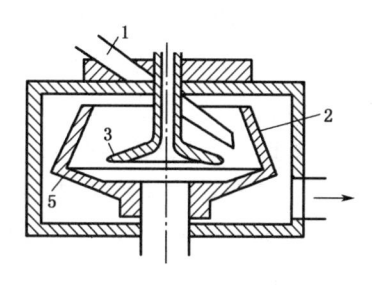　　**图 10-9 抽气式纺纱杯型的凝聚加捻机构**

由于两种纺杯内的气流流向不同,所以纺纱情况不同,自排风式纺纱杯凝聚槽中易积粉尘,断头后杯内有剩余纤维,需清除后方可接头,因其纺杯构造复杂而造价高,运转时噪声大。抽气式纺杯薄而轻,造价低,运转噪声小,适应于高速,纺杯内粉尘易被气流吸走,断头后可直接接头,有利于使用自动接头器。

(2) 纺杯的滑移长度与滑移角。纤维到达纺纱杯杯壁后,随着纺纱杯回转,在离心力的作用下,沿纺纱杯的杯壁滑移至凝聚槽,由于凝聚槽处线速度最大,纤维向下滑移时呈加速运动,所以纤维滑移过程实质上是一个牵伸过程。纤维在滑移过程中因头尾差异而获得伸直,并排列整齐,依次进入凝聚槽。纤维滑移的运动轨迹决定了凝聚须条的排列形态,从而决定成纱质量。影响纤维在滑移面上运动轨迹的主要因素是滑移长度、滑移角及纺杯滑移面与纤维的摩擦系数。

(3) 凝聚槽。凝聚槽的形式较多、规格不一,大致可分为两类:一类为圆形槽;一类为 V 形槽。实践证明,V 形凝聚槽的须条结构紧密,纤维与纤维间抱合力大,成纱强力增加,所以现代纺杯多采用 V 形凝聚槽。V 形凝聚槽截面的角度称为凝聚角,如图 10-10 所示。凝聚角的大小、深度应与所纺线密度、喂入品的含杂量适应,线密度大、含杂多,凝聚角宜大些,反之宜小些。图 10-10 中,T 型杯适用于普梳机织、针织纱,S 型杯适用于加工棉纤维，U 型杯适用于加工粗特纱，G 型杯适用于加工精梳纱。

为了兼顾须条的紧密和顺利排除积杂，纺杯凝聚角可由正、负角组成，通过凝聚角顶端垂直于纺杯轴的平面，将凝聚角分成两部分：杯口一侧为正角，使纤维易于滑入；杯底一侧为负角，使尘杂易被纱条带出。凝聚角的负角一般为 15°～20°。

在纺制同一产品时，凝聚角小，纺杯的自我清洁作用较好，成纱强力高；若采用较大角度，则缠绕纤维较少。

（4）纺杯的直径和转速。

① 纺杯的直径。一般指纺杯凝聚槽的直径。纺杯直径有大小之分，但无严格的界限。国内以 60～67 mm 为大直径，57 mm 以下为小直径。纺杯直径的选择应与纤维长度相适应，一般认为纺杯直径必须大于纤维的主体长度，以利于减少缠绕纤维，并使纤维从输送管道向纺纱杯杯壁过渡时，纺杯回转角不至于过大而影响棉气分离。纺杯直径应与纺纱线密度相适应，线密度大，则纺杯直径也相应选大。在转速相同的条件下，大直径纺杯较小直径纺杯的成纱质量优越，但动力负荷增加。自排风式纺纱杯因结构较复杂，所用材料多，纺杯直径较抽气式纺杯大。

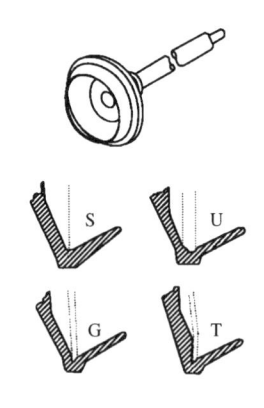

图 10-10　不同形状凝聚槽

② 纺杯转速。纺杯转速与纺杯直径、纺纱线密度、纺纱杯轴承类型有关。

a. 纺杯转速与成纱质量。当纺杯直径一定时，提高纺杯转速，可增加产量，但纺杯速度过高，必然降低纤维的分梳、除杂效果，并加大纺纱段的假捻捻度，使成纱强力降低，粗细节、棉结增加，不仅影响成纱质量，而且使断头率增大。所以纺杯转速的选择应视成纱质量而定。当产量一定时，纺细特纱转杯速度宜高，粗特纱时宜低。

b. 纺杯转速与纺杯直径。转杯纱的纺纱张力与纺杯转速、纺杯直径的平方成正比，而纺纱张力又与纱线线密度、强力以及纺纱过程中的断头密切相关。由于纺纱张力受转杯纱自身强力所限不能过大，所以大直径时纺杯转速宜低，小直径时纺杯转速可高些。

2.2　阻捻头

阻捻头也称假捻盘，顾名思义，它有两个作用，即阻捻与假捻作用，设置在转杯内且位于回转中心线位置的固定原件。当凝聚须条随纺杯一起回转加捻成纱，并由引纱罗拉引出，通过阻捻头 A 时，因摩擦而产生对纱条的径向摩擦力矩，使 AB 段产生假捻效应；沿纱条轴向产生捻陷现象而阻止捻回的传递，如图 10-11 所示。

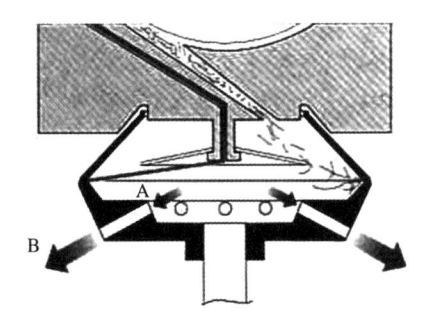

图 10-11　假捻效应

由于阻捻头的假捻与阻捻作用,AB段纱条上的捻回增多,并沿纱尾向凝聚须条传递,使凝聚须条上产生一段有捻纱段,从而增加了剥离点B处纱条的动态强力,有利于减少断头。实际上,阻捻头的阻捻作用是很小的,而增加AB纺纱段捻回的主要是假捻作用。在一定的纺纱线密度和工艺条件下,假捻盘的假捻程度取决于假捻盘表面的材质(钢、陶瓷等)、形状(盘曲率半径、外径、孔等)和特征(沟槽的数量、位置、形态、表面处理方式等)。一般说来,假捻盘表面材质的摩擦系数大、盘的曲率半径大、沟槽数多,其假捻作用也大。阻捻头的材料由钢材经过热处理或化学处理制成,并有光盘和刻槽盘之分,近些年来陶瓷阻捻头因加捻效率高,使用寿命长而被广泛应用。一般大直径阻捻头适用于粗支纱,小直径阻捻头适用于细支纱,化纤、毛纤维等抱合力较差的纤维纺纱则可采用表面刻槽、假捻作用强的阻捻头。阻捻头的假捻点表面要求光洁而摩擦系数大,使用刻槽阻捻头虽有利于利用回转纱条的震动,克服凝聚槽对凝聚须条的阻捻力矩,增强纱尾与须条的联系力,降低断头,但会带来毛羽多、短绒多、杯内积灰多等问题,所以带槽阻捻头应根据具体情况慎用。

2.3 隔离盘

隔离盘的作用是将进入转杯的纤维流与已经加捻成纱的纱臂进行隔离,防止纤维卷入成纱而增加外包缠绕纤维,自排风式纺纱杯内必须设置隔离盘。隔离盘是一个表面有倾斜角,边缘上开有导流槽的圆盘,装在阻捻头上,位于输送管道出口与纺杯凝聚槽之间,它的顶面与纺纱器壳体的间隙形成一个环形扁通道,扁通道与输送管相连。自分梳辊剥离下来的单纤维,随气流通过输送管道、扁通道到达纺纱杯的滑移面,然后滑向凝聚槽。隔离盘的作用有三个,即隔离纤维与纱条、定向引导纤维、使气流与纤维分离。

当纤维随气流进入扁通道,沿隔离盘表面到达纺纱杯滑移面时,由于离心力的作用紧贴于纺杯杯壁,因凝聚槽处的离心力最大,所以纤维沿杯壁滑入凝聚槽。和纤维一起进入扁通道的气流到达纺纱杯壁面,即被壁面带动回转,在转过一个角度后,在纺杯真空度的吸引下自导流槽流下,从排气孔排出,从而实现了气流与纤维的分离。导流槽按纺杯回转方向,比输送管口超前一个角度,此超前角的作用是避免纤维随气流沿导流槽进入纺杯成为缠绕纤维。并利用向导流槽流动的气流引导纤维,使纤维向滑移面运动的方向与滑移面的切向夹角减小,以避免冲撞壁面,破坏伸直度。隔离盘的大小,随着转杯上开口直径的变化做相应的变换。隔离盘缺口(也称导流槽)与输纤通道出口的相对位置,可根据不同的要求调节角度(分15°、45°、90°三档),其作用是加强纤维的定向引导与输送,并有利于细小杂质与尘埃从排气孔甩出。超前角的大小应根据纤维种类和纺杯转速而定,纤维长,纺纱杯转速高,超前角宜大,反之超前角宜小。

不同品种产品,使用的纺杯直径不同,则隔离盘规格不同。

2.4 须条的凝聚与剥取

(1) 须条的凝聚与剥取。随着纺杯的回转,从分梳辊剥离下来的纤维连续不断地经输送管道被吸入纺杯滑移面,滑入凝聚槽而形成凝聚须条,因为输送管道的位置是固定的,纺杯回转一周,则凝聚槽相对输送管道口转过一周,槽内被铺上一层纤维,假设在引纱引入纺杯以前,纺杯相对于输送管道口转过 n 转,则凝聚槽内有 n 层纤维叠合。

当引纱被吸入纺杯后,依靠纺杯回转产生的离心力作用被甩到凝聚槽中,与槽内须条搭接形成剥离点。引纱的前端被引纱罗拉所握持,尾端随纺杯回转而加捻,捻度沿纱尾向凝聚须条传递,与须条捻合。由于引纱罗拉的回转牵引,将须条从凝聚槽中逐渐剥离下来,随纺杯加捻成纱。

(2) 须条的顺利剥取必须满足两个条件。

① 纱尾与凝聚须条的联系力大于凝聚槽对须条的摩擦阻力。即纱条上的捻回通过剥离点延伸至剥离区,把加捻力矩向凝聚须条传递,依靠纱尾与凝聚槽中须条的联系力克服凝聚槽对须条的摩擦阻力,把须条顺利地剥下。如果没有足够的捻回,剥离区内纱条与凝聚槽内须条联系力小于凝聚槽对须条的摩擦阻力,纱条与须条将在剥离点处断裂,形成断头。

② 剥离点与凝聚槽有相对运动。由于剥离点与纺杯同向回转,所以二者之间要实现剥离,就必须有相对运动,即速度差。剥离点的运动,可略快于纺杯速度,也可略慢于纺杯速度,前者称为超前剥离,后者称为滞后剥离。剥离点与纺杯两者回转速度之差,就是自凝聚槽剥取须条的圈数。正常纺纱情况下,为超前剥离,即剥离点速度略快于纺杯转速。

凝聚须条是由多层纤维所组成,由于剥离与纤维补入同时进行,各层纤维被剥取的长度不同,所以在凝聚槽中形成由粗渐细的须条形态;相邻纤维层间有移距;剥离点至凝聚须条细端有空隙。

(3) 凝聚须条的并合效应与缠绕纤维。

① 并合效应。进入纺纱杯的纤维在向凝聚槽凝聚的过程中产生约 100 倍的并合作用,这样的并合效应对改善成纱均匀度具有特殊的作用,它也是转杯纱的均匀度比环锭纱好的原因。

影响并合效应的主要因素:喂入条子线密度低,成纱的线密度高,纺纱杯直径大、转速高,喂给罗拉直径小、转速慢时,纺纱杯的并合作用强,成纱条干好。

② 缠绕纤维。在回转纱条剥取凝聚须条的过程中,在剥离点后会产生空隙,但通过高速摄影可观察到空隙并不明显存在,而是被少量纤维所填补,这些纤维骑跨在剥离点和须条尾端,因而被称为骑跨纤维或搭桥纤维,如图 10-12 所示。骑跨纤维形成的原因是当剥离点经过输送管道口下方时,喂入纤维的头端与回转纱条粘连,而尾端被甩到凝聚槽中与须条尾端相连而形成骑跨纤维。

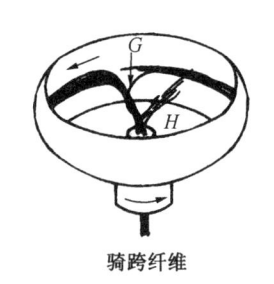

骑跨纤维

图 10-12 骑跨纤维

在纺纱过程中,骑跨纤维的头端随回转纱条前移,尾端随纺杯移动,当前端剥离以后,其后端从凝聚须条中抽出,缠绕在纱条表面,成为缠绕纤维。当隔离措施不良时,有的纤维会随导流槽下行的气流进入纺杯附着在回转纱条上,也能形成缠绕纤维。

缠绕纤维是转杯纱的结构特点,在现有的转杯纺纱机上纺纱,缠绕纤维是不可避免的。缠绕纤维反向、无规则地缠绕于纱条表面,其纤维强力不能充分利用,从而影响转杯纱的外观和强力。

3 留头机构

3.1 留头的目的

由于转杯纺纱过程中喂入条子与输出纱条间是不连续的,所以在关车时,因纺杯转速高而较其它机件的惯性大,使纱尾捻回过多,当纱尾脱离凝聚槽时,会因捻回过多而发生退捻卷缩,若阻捻头引纱管孔径小,则卷缩在引纱管下口,若阻捻头引纱管孔径大,就会跑出引纱管外。开车时,引纱管外的吸不进去,引纱管内的则因卷缩成团而与须条的接触长度短,联系力弱,接不上头,或接上后因纱尾捻回过多而产生脆断头。因此,转杯纺纱机上设置了留头机构,其目的在于在关车时创造必要的条件,减少纱尾捻度和卷缩,使开车时纱条与自由端恢复正常的连续性,完成集体生头,保证生产正常进行。

3.2 留头机构

转杯纺纱机的留头机构有两种类型,即卷绕罗拉倒顺转法留头机构和拉纱法留头机构。

留头机构是通过控制系统对开关车各运动机件进行有效控制的,因此留头的成败关键在于开关车时各运动机件运动的时间准确及动作稳定可靠。控制各运动机件动作时间及运动量大小的各种设定参数因纺纱品种、使用原料、纺杯转速的不同而各异,所以要保持较高的留头率及接头质量,就必须保证各设定参数的正确无误,并在各传动轴上安装电磁离合器及电磁刹车,以便在程序动作达到需要的时间后立即停刹,减少惯性的影响。

技能训练

1. 上网收集或到校外实训基地了解转杯纺纱机的工艺过程,对各类转杯纺纱机进行技术分析。
2. 在实习车间或企业,现场认识转杯纺纱机的机构,并了解其作用。

课后练习

1. 转杯纺纺棉时分梳辊转速对成纱质量有什么影响?
2. 转杯纺中隔离盘与阻捻盘各有什么作用?
3. 转杯纺纱机为什么采用假捻器?影响假捻效果的因素有哪些?
4. 试分析转杯纺纱捻度损失的原因。

任务 10.4　转杯纺成纱结构特性与质量控制

工作任务

1. 对比分析环锭纺、转杯纺的成纱结构与质量。
2. 分析转杯纺成纱的特点。

知识要点

1. 转杯纺成纱结构特点。

1　成纱结构

转杯纱由纱芯与外包缠纤维两部分组成；内层纱芯比较紧密，外层包缠纤维结构松散；圆锥形螺旋线和圆柱形螺旋线是承担纱条强力的主要规则纤维，环锭纺纱占80%左右，而转杯纺占30%左右。而弯钩、对折、打圈、缠绕纤维比环锭纱多得多。

2　成纱结构分析

转杯纺纱中纤维的转移程度是衡量纤维在纱中所处位置的一个指标，与成纱强力的关系十分紧密。纺纱杯凝聚槽为三角形，凝聚的须条也呈三角形，纺纱杯对须条加捻时，须条截面由三角形逐渐过渡到圆柱形，因受纺纱杯离心力作用的三角形须条密度较大，纺纱杯摩擦握持加捻时须条上的张力较小，增加了纤维产生内外转移的困难。转杯纺纱的纤维转移程度低于环锭纺纱，这是造成转杯纺纱强力低于环锭纺纱的一个原因。

经分梳辊分解后的单纤维大多数呈弯钩状态，虽经输送管加速气流的作用伸直了部分弯钩，但不及环锭罗拉牵伸消除弯钩的作用大，且纤维在纺纱杯壁滑移中也有形成弯钩的可能。

纺纱杯内的回转纱条在经过纤维喂入点时，可能与喂入纤维长度方向的任何一点接触，该纤维就形成折叠、弯曲形态，形成缠绕纤维，这种纤维长短和松紧不一，排列混乱，结构松散，影响成纱结构。转杯纺缠绕纤维数量和缠绕情况与所纺原料、纺纱器机构和工艺参数等因素有关。

转杯纺纱的捻回具有分层结构的特点，纱截面内捻回并不相同，而是由外层向内层呈逐渐增加的分布规律。

3　转杯纺的成纱特点

3.1　强力

转杯纱中纤维的排列形态多样化，弯曲、对折、打圈、缠绕纤维多，纤维的内外转移差，当纱线受外力作用时,纤维断裂的不同时性严重,且因纤维间接触长度短,滑脱的概率增加,因此,转杯纱的单纱强力低于环锭纱,相差的程度随使用的原料、纺纱线密度以及转杯纺纱机的形式不同而不同,一般低5%～20%。

3.2 条干和含杂

由于转杯纱在成纱过程中避免了牵伸波和机械波,且在凝聚过程中又有并合效应,所以其成纱条干比环锭纱均匀。

由于原棉经过前纺工序的开松、分梳、除杂、吸尘后,在进入纺杯以前,又经过了一次单纤维状态下的除杂过程,所以转杯纱比较清洁,纱疵少而小,转杯纺纱的棉结杂质总数要少于环锭纺纱30%～40%,如果采用加强除杂效能的前纺设备和有排杂装置的转杯纺纱机,转杯纺纱的棉结、杂质总数更少。

3.3 耐磨度

纱线的耐磨度除与纱线本身的均匀度有关以外,还与纱线结构有密切关系。因为环锭纱纤维呈有规则的螺旋线,当反复摩擦时,螺旋线纤维逐步变成轴向纤维,整根纱因失捻解体而很快磨断。而转杯纱外层包有不规则的缠绕纤维,故转杯纱不易解体。因而耐磨度好。一般转杯纱的耐磨度比环锭纱高10%～15%。转杯纱因其表面毛糙,纱与纱之间的抱合良好,因此制成股线比环锭纱股线有更好的耐磨性能。

3.4 弹性

纺纱张力和捻度是影响纱线弹性的主要因素。一般情况是纺纱张力大,纱线弹性差;捻度大,纱线弹性好。因为纺纱张力大,纤维易超过弹性变形范围,而且成纱后纱线中的纤维滑动困难,故弹性较差。纱线捻度大,纤维倾斜角大,受到拉伸时,表现出弹簧般的伸长性,故弹性较好。转杯纱属于低张力纺纱,且捻度比环锭纱多,因而转杯纱弹性比环锭纱好。

3.5 捻度

转杯纺纱由于结构不同,要保证获得必要的强力必须增加转杯纱的捻度,一般比环锭纱多20%左右,这对某些后加工将造成困难(如起绒织物的加工),同时捻度大,纱线的手感较硬,从而影响织物的手感。近代新型转杯纺纱机采取假捻、阻捻作用后,捻度可与环锭纱接近。

3.6 蓬松性

纱线的蓬松性用比容(cm^3/g)表示。由于转杯纱中的纤维伸直度差,而且排列不整齐,在加捻过程中纱条所受张力较小,外层又包有缠绕纤维,所以转杯纱的结构蓬松。一般转杯纱的比容约比环锭纱高10%～15%。

3.7 染色性和吸浆性

由于转杯纱密度小、结构蓬松,因而吸水性强,所以转杯纱的染色性和吸浆性较好,染

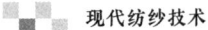

料可少用15%～20%,浆料浓度可降低10%～20%。

4 转杯纺纱的质量控制

4.1 转杯纱的质量指标

转杯纱的质量指标与环锭纱基本相同,有强力、质量不匀率、条干匀率和结杂粒数等考核指标。根据纱线的用途可分为三个指标控制体系,即机织用纱、针织与割绒用纱和起绒用纱技术指标,如表10-3所示。

表10-3 转杯纱质量指标控制范围

质量指标	转杯纱			环锭纱（相同定纱范围）
	机织用纱		起绒用纱	
	经纱	纬纱		
单纱断裂强度/(cN·tex^{-1})	>8.1	>7.6	>6.7	>11.4～10.6
单纱强力变异系数/%	<12～16			<9.5～19
百米质量变异系数/%	<3.0～4.0			
百米质量偏差/%	±2.8			±2.5
条干均匀度变异系数/%	<13.5～17.5		<14.5～17.5	<15～21
设计捻系数	<450+36	<430+34.4	<335	320～410（纬290～360）
捻度变异系数/%			5.6	
棉结杂质粒数/(粒·g^{-1})	<60～180		<50～150	40～130
针织和割绒用纱技术指标与机织用纬纱指标相同				

影响转杯纱质量的因素除本工序的工艺条件外,原料选择及半制品的结构与质量则是关键的因素。在影响成纱强力的几个纤维性能指标中,纤维线密度的影响最为显著,所以转杯纱选用的纤维应细一些,以保证所纺品种截面内具有一定的纤维根数(120根),但也不能过细,以避免分梳时损伤纤维而产生棉结。所以棉纤维的线密度选择应结合成熟度综合考虑,一般在1.54～1.67 dtex。由于转杯纺采用了分梳气流牵伸,故对短纤维和回用落棉的纺纱适应性较强,因此纤维的长度对成纱强力的影响不如线密度明显,纺棉时以26～28 mm为宜。

为了减少成纱中的棉结与纱疵,应控制原棉含杂率和棉结杂质粒数,含棉结多的斩刀花及精梳落棉的混用比例不宜过高,使用废棉下脚需经过预处理。

不同原棉配比对单纱强力CV值的影响较大。配棉的整齐度愈差,短绒率愈高,平均长度愈短,含杂率愈高,则成纱强力不匀率愈大,其中盖板花和破籽的影响最大;在同一配棉方案时,纺纱线密度愈小,强力不匀率愈大。所以转杯纺在原料的选用上应考虑产品的要求和纺纱的经济效益,并在此基础上尽可能地发挥配棉的优势,以利于成纱质量的改善。

喂入条子良好的均匀度、清洁度和纤维分离度是纺制高质量转杯纱的根本保证,所以在前纺工艺中,应合理地选择清梳联合机的组合单机及开松机件形式,扩大梳棉机的梳理区域,以提高清梳联合机的除杂效率、分梳效果及棉网清晰度;有效地利用清梳联设备中对储棉箱存棉高度的控制和自调匀整机构来控制输出棉条的均匀度,并在头并喂入时实行轻重搭配,末并逐台定量控制,使喂入转杯纺纱机的纤维条质量不匀率小于1%,含杂率小于0.15%,最大杂质质量不超过0.15 mg。

4.2 纱疵及其产生原因

纱疵是纺纱过程中产生的纱线疵点,是考核棉纱线质量的一项重要内容。转杯纺的常见纱疵有波纹纱(转杯周长内规律性条干不匀)、粗节、细节、竹节纱、黑灰纱、紧捻、弱捻纱、棉球纱(棉杂紧密)、毛羽纱、细头粗节、个别筒子纱偏细、油污等。

转杯纱纱疵产生的原因,除原料、喂入品质量、工艺配置外,主要与设备的运转状态、操作、维修、管理及车间温湿度等因素有关。

(1) 设备机械状态与纱疵。设备机械状态不良是产生纱疵及成形不良的主要原因。

① 成纱的粗细节纱疵主要由喂入部分状态不良导致,其机械原因主要有喂给喇叭损坏,喂给罗拉积花,轴承损坏、轧煞、打顿,离合器间隔不当,齿轮磨损隙过大。纺杯凝聚槽毛刺挂花时,也会产生竹节纱。

② 成纱中的竹节纱疵与分梳辊状态不良有关,如:分梳辊锯齿毛刺、倒齿、断齿绕花,转速过慢,辊轴运转呆滞,与罩壳间隙不当等。当纺杯与密封盖的间隙过大、纺杯凝聚槽毛刺挂花时,也会产生竹节纱。

③ 成纱弱捻主要与纺杯等加捻元件有关。如纺纱器未锁紧而发生漏气或密封圈失效,纺杯压轮压入量过小或转动不灵活致使纺杯转动打滑,纺杯负压低,龙带损坏等,都会造成弱捻纱。

④ 当阻捻头、引纱管、导纱器等机件损坏起毛时,必然会与纱条摩擦而拉毛纱线,形成毛羽纱。

⑤ 当排杂部分状态不良时,会产生棉结杂质密集的芝麻纱。如分梳辊锯齿磨损影响杂质的清除;排杂孔堵塞、排杂腔积杂;工艺排风堵塞时杂质排不出去等。特别是自排风式转杯纺纱机,当工艺排风不畅时,车头部分的若干锭子会产生严重断头,难以开车。如果有硬杂质嵌入纺杯凝聚槽,还会造成纱线的规律性不匀及强力不匀。

⑥ 筒子成形不良主要由引纱卷绕部分状态不良导致,如引纱皮辊起槽、加压不当、张力牵伸过大或过小、导纱器损坏等。

(2) 运转操作与纱疵。转杯纱的许多纱疵是由于值车工的运转操作不当而形成的。

① 接头时带入飞花、回丝,棉条接头包卷不良等,都会在成纱中形成粗节、细节或竹节纱。

② 接头时纺杯清扫不彻底(自排风式),断头后长时间不接;采用油手接头,接头时带入油污疵点;筒子落地、容器不清洁等会污染纱线,造成黑灰纱和油污纱。

③ 值车时新旧棉条混用或棉条错用,喂入棉条破条,将会造成色差或筒子成纱线密度与规格不符。

(3) 维修保养与纱疵。维修工作的质量好坏,直接影响成纱纱疵的多少。

① 喂给板加压过重或过轻,会使棉条分层而产生意外牵伸,造成成纱质量不匀率增加。

② 喂给喇叭安装不当,集体生头时喂给罗拉过早给棉,都会造成成纱的粗节或细节。

③ 隔离盘安装不当,纺杯清扫周期不当或清扫不彻底,会造成纱条干不匀和形成黑灰纱。阻捻头用错时,成纱会因捻度不匀而形成色差或造成毛羽纱。

(4) 工作环境与纱疵。车间工作环境包括两个方面,即车间空气含尘量和车间温湿度。二者都与成纱纱疵有一定的关系。

① 车间含尘量直接影响转杯纱的纱疵,若车间尘埃较多时,尘埃(包括 5 mm 以下的短绒)会随大量空气被吸入纺纱器。在纱道通路上累积到一定程度时,会产生粗细节,形成竹节纱疵和煤灰纱。因此,减小转杯纺车间含尘量是提高成纱质量、减少纱疵的重要措施。减小车间空气含尘浓度,应从两个方面入手:一是将转杯纺纱机单独设在一个车间,与前纺尘杂排出较大的车间隔开;二是减少自身尘源的产生,即加大排杂吸风量和工艺排风量,防止排风管道堵塞,避免尘杂溢出。

② 车间温湿度对纱疵的影响。温度在一定范围内时,纱疵比较稳定,但当温湿度超过一定限度时,纱疵呈上升的趋势,所以转杯纺车间温度应控制在 28 ℃,相对湿度控制在 60%～70%较为合适,但由于冬夏季气候的影响不同,其温湿度控制要求也有所不同:冬季温度应大于 20 ℃,相对湿度在 60%～65%;夏季温度应小于 30 ℃,相对湿度在 65%～70%。

技能训练

1. 收集不同转杯纱样,对比分析转杯纱与环锭纱在结构特点上的不同。
2. 根据所纺纱线品种,现场调试转杯纺纱工艺。

课后练习

1. 叙述转杯纱的结构。
2. 转杯纱有哪些特点?简要分析之。
3. 转杯纺主要有哪些工艺设计参数?

任务 10.5 喷气纺纱的工作过程

工作任务

1. 绘制喷气纺纱机的工艺流程图,讨论其工作原理。
2. 绘制喷气涡流纺纱机的工艺流程图,讨论其工作原理。

> 知识要点
>
> 1. 喷气纺的成纱原理、成纱结构特点、工艺参数设置。
> 2. 喷气涡流纺的成纱原理、成纱结构特点、工艺参数设置。

1 喷气纺纱

喷气纺纱属于非自由端纺纱,是利用喷射气流对牵伸装置输出的须条施以假捻,并使露在纱条表面的头端自由纤维包缠在纱芯上形成具有一定强力的喷气纱。

喷气纺纱有两种形式:一种是利用两个喷嘴,其中的高压空气通过切向喷孔喷射到纱中,产生不同旋转方向的气流,使纤维须条回转,加捻包缠而形成由外部包缠和平行芯纤维组的纱,即目前的喷气纺纱。另一种是由日本村田公司新开发的,利用喷嘴中的针棒阻捻,由压缩空气在喷嘴中形成的涡流,使纤维须条的外层纤维端包缠加捻而成纱,其外观类似环锭纱,称为喷气涡流纺纱(MVS)。

喷气纺纱较适合纺制较细的纱,一般为 10～25 tex,相应地,其对原料的细度、整齐度和含杂有一定的要求,并且在纺制纯涤纶和涤/棉混纺纱时有较好的效果。喷气涡流纺纱则可以纺纯棉纱。

喷气纺纱的前纺工艺流程与环锭纺的混纺工艺无太大差别。例如,纺制 13 tex 涤棉精梳纱,常采用精梳涤/棉混纺工艺。

棉:开清棉→梳棉→精梳 ⎤
涤:开清棉→梳棉→预并 ⎦ →三道混并→(粗纱)→喷气纺纱

采用棉条喂入,三道混并后的条子可直接喂入喷气纺纱机。如采用双根粗纱喂入,则必须经过粗纱工序。

纺制中特涤/棉普梳混纺纱时,采用普梳混纺工艺,混并条必须经过三道。目的是改善混合效果,提高纤维伸直度,严格控制条干均匀度,三道条子的条干 CV 值要求控制在 3% 以下,同时也符合普梳系统奇数法则的要求。喂入棉条的质量与喷气纱的质量密切相关。

由于喷气纱的内外层成纱结构,其芯纤维伸直平行无真捻,故喷气纱的捻度比较稳定,织造前不必经过蒸纱定捻处理。另外,喷气纱在卷成筒子前经过电子清纱器,超过设定条件的粗节和细节被自动切除,因此,喷气筒子纱可直接供整经和喷气织机或剑杆织机或针织机使用,工艺流程大为缩短。

喷气纺纱机机构简单,没有高速机件,但其纺纱速度高,生产效率可达环锭纺的 10～20 倍、转杯纺的 3 倍;占地面积小,用工少;改善劳动环境和劳动强度;翻改品种方便;有利于提高织造效率;其适纺范围较广,成纱结构具有独特的风格,是一种潜力很大,具有广阔发展前景的非环锭纺纱方法。

1.1 喷气纺纱的工艺过程

喷气纺纱机主要由牵伸、加捻、卷绕等机构组成,工艺过程如图 10-13 所示。喂入棉条 1 经四罗拉双短胶圈牵伸装置 2 的牵伸后,牵伸成规定的细度,由前罗拉输出,依靠第一喷嘴 8 入口处的负压,被吸入加捻器,接受空气喷嘴加捻器 3 的加捻。加捻器由第一喷嘴 8 和第二喷嘴 9 串接而成,两个喷嘴喷出的气流旋转方向相反,第一喷嘴主要使前罗拉输出须条的边纤维与第二喷嘴作用的主体须条以相反的方向旋转,须条在这两股反向旋转气流的作用下获得包缠(加捻)成纱。加捻后的纱条由引纱罗拉 5 引出,经电子清纱器 6,卷绕成筒子纱 7。

前罗拉输出速度略大于引纱罗拉输出速度的现象称为超喂,超喂率一般控制在 1%～3%,使纱条在气圈状态下加捻。

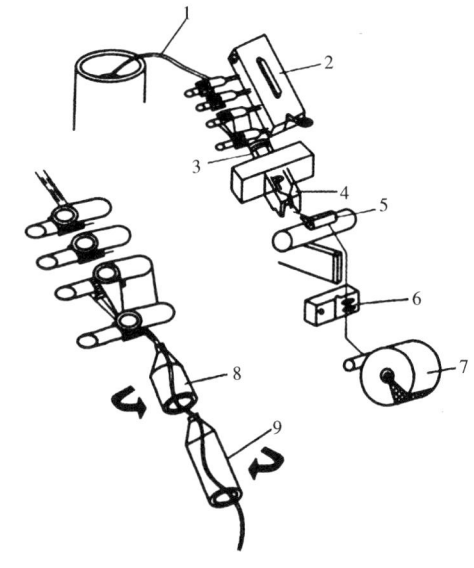

图 10-13 喷气纺纱机的工艺过程

1.2 喷气纺纱机的加捻

(1) MJS 型喷气纺纱机的喷嘴。喷嘴是喷气纺的加捻器,也是喷气纺纱的关键部件。目前的喷气纺纱机大都采用双进气双喷嘴形式,其外表看起来像一个三英寸的自来水管。即由靠近前罗拉前口的第一喷嘴(又称前喷嘴)和靠近输出罗拉的第二喷嘴(又称后喷嘴)组成。

第一加捻喷嘴的主要作用:①产生高速反向的气圈,控制前罗拉处须条的捻度,在前罗拉钳口处形成弱捻区,以利于外缘纤维的扩散和分离;②使头端自由纤维在第一喷嘴管道中与捻向相反的纱芯初始包缠;③产生一定的负压,以利于引纱。

第二加捻喷嘴的主要作用:对主体纱条(纱芯)起积极的假捻作用,使整根主体纱条上呈现同向捻,在须条逐步退捻时获得包缠真捻。

双进气双喷嘴由两个独立的喷嘴串接而成,其喷嘴结构如图 10-14 所示。

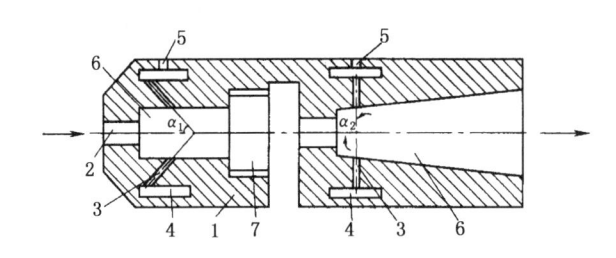

1—壳体 2—吸口 3—喷射孔 4—气室 5—进气管 6—纱道 7—开纤管
图 10-14 双喷嘴结构

它由壳体 1、吸口 2、喷射孔 3、气室 4、进气管 5、纱道 6 和开纤管 7 组成。第一喷嘴的开纤管又称中间管,第二喷嘴纱道为喇叭形。No.802MJS 和 No.881MTS 机型的第二喷嘴纱道结构改成分节式,喷嘴最末端为一可拆卸的出口管,并配有各种不同孔径,以备纺制不同线密度的纱。喷射孔与纱道内壁呈切向配置,纺 Z 捻纱时,第一喷嘴为左切配置,第二喷嘴置为右切配置。纺 S 捻纱时则反之。

第一喷嘴和第二喷嘴大约有 5 mm 的间距,使第一喷嘴的气流向外排出而不干扰第二喷嘴,这样可提高第二喷嘴的加捻效率。由于第一喷嘴和第二喷嘴的压缩空气分别由各气室供给,因而可单独调节各喷嘴的气压,以适应不同线密度的纱和不同工艺的需要。

(2) 加捻器的加捻原理。喷气纺纱机有两种喂入方式,即粗纱喂入和条子喂入,其前纺工艺流程与环锭纺的工艺流程无太大区别。

喷气纺纱的加捻是由假捻转化为真包缠真捻的过程,但这种真捻与环锭纱的真捻具有本质的差异。须条在前罗拉和引纱罗拉的握持下,中间受到两个不同转向加捻器的作用,使纱条产生加捻。假捻转化成真捻对于加工连续长丝是无法实现的,然而加工短纤维或中等长度的纤维,这种转化是完全可能的。首先这是一种非自由端的假捻。正常纺纱时,加捻器的第一喷嘴离开前钳口的距离小于纤维的主体长度,当输出前钳口的纤维头端到达第一喷嘴时,尾端仍处在前钳口之下,所以并不存在须条的断裂过程。其次借助高速摄影,证明前罗拉处的须条是连续的,而且前罗拉与第一喷嘴间须条上的捻回方向与第二喷嘴所加捻回方向是相同的,说明第二喷嘴所加的捻回可逾越第一喷嘴传递到前罗拉附近,这是非握持加捻的一个显著特点。

(3) 喷嘴的结构参数。喷气纺能否纺纱和成纱质量的好坏,与喷嘴结构及其参数密切相关,因此必须正确配置各结构参数。

① 喷射角。喷射角减小,对纱条加捻不利。为了既要有一定的吸引前罗拉输能力,又要有较大的旋转速度,第一喷嘴的喷射角一般在 45°～55°,第二喷嘴的喷射角一般在 80°～90°,以接近 90°为宜。

② 喷射孔的直径及孔数。喷孔直径与孔数是两个相互制约的参数。喷孔数会影响纱道截面上流场的均匀性。喷孔数较少,流场的均匀度较差,纱条在既定断面上受到的涡流强度发生变化。所以在保持流量不变的情况下,适当增加喷孔数,不仅有利于纱条气圈转速稳定,而且气圈转速略有提高。应综合考虑加工技术条件等因素决定孔径和孔数。

③ 纱道直径及长度。纱道直径小,能获得较高的纱条气圈转速,同时须考虑到所纺纱的线密度大小,使纱条在纱道内有足够的空间旋转。纱细则纱道直径可小些,纱粗则纱道直径大些。第一喷嘴的纱道直径一般为 2～2.5 mm;第二喷嘴的纱道截面积应逐步扩大,设计成一定的锥度,一般进口端直径为 2～3 mm,出口端直径为 4～7 mm。纱道的长度以稳定旋涡和气圈为原则,第一喷嘴纱道长度为 10～12 mm,第二喷嘴纱道长度为 30～50 mm。

④ 中间管。第一喷嘴的开纤管又称中间管,它起着抑制气圈形态和阻止捻度传递的作用。在实际纺纱中,气压波动、条干不均匀,都能引起气圈的不稳定。为了减小排气阻力和增加周向摩擦阻力,增加对气圈的撞击作用,使之有利于前钳口处须条扩散成头端自由纤维,将中间管内壁设计成沟槽状态,长度一般在 5 mm 左右。

⑤ 加捻器吸口。喷嘴吸口不仅需要保持一定的负压,以利于吸引纤维和纱条,而且起到控制稳定气圈的作用,其内径一般为 1～1.5 mm。第一喷嘴吸口长度为 6～15 mm,第二喷嘴吸口长度常大于 5 mm。

⑥ 第一喷嘴与第二喷嘴的间距。两喷嘴的间距也会影响气圈的稳定性,变化范围不大,一般为 4～8 mm,通常采用 5 mm。

⑦ 气压。第一和第二喷嘴的气压对成纱质量和包缠程度有较大影响,对压缩空气的消耗也有直接影响。第一喷嘴的气压低于第二喷嘴,两者的取值通常分别在 2.5～3.5 kg/cm^2、4.0～5.0 kg/cm^2。

在喷气纺纱的加捻过程中,除加捻器的结构参数外,成纱关键是如何使前罗拉输出的须条中有一定量的纤维头端从须条中分离扩散出来,与纱芯纤维间形成捻回差,捻回差值越大,最终包缠纤维就越多。对于单喷嘴加捻器来说,唯有控制须条纤维的宽度,才能有一定数量的边缘纤维头端不立即被捻入纱条,而与纱芯主体纤维间产生滑移,构成捻回差。双喷嘴加捻器则利用第一喷嘴反向旋转气流的作用,使前罗拉到第一喷嘴间须条做气圈运动,并使须条在前罗拉处形成弱捻区,以利于部分纤维从须条中扩散分离出来形成头端自由纤维,并在第一喷嘴处形成初始包缠。可见,双喷嘴与单喷嘴有根本区别,在于形成头端自由纤维的方法不同。

1.3 喷气纺的成纱特点

(1) 喷气纱的结构。喷气纱是一种复合性的结构,是外包纤维包缠在芯纤维上的双层包缠纱结构。一部分是无捻(或捻很少)的芯纱,另一部分是包缠在芯纱外部的包缠纤维。外包纤维的包缠是随机性的呈多种形态,有螺旋包缠、无规则包缠和无包缠三类。MJS 喷气纱的外包纤维大都呈螺旋形包缠在芯纤维上,占 62.43%。在螺旋包缠中,紧螺旋包缠的纤维占 30.26%,平行无包缠的比例最小,只占 5.24%。一般在喷气纱中,包缠部分的纤维占 20%～25%,芯纱部分的纤维占 50%～75%,不规则纤维占 10%～25%。由此可见,MJS 喷气纱的强力取决于包缠纤维对芯纤维的包缠,包缠纤维将向心的应力施加于芯纤维上,给纱体必要的抱合力,以承受外部应力。当纱线受拉伸时,外包纤维由于受到张力的作用,对芯纤维产生挤压力,使芯纤维间的摩擦抱合力增加,从而表现为纱的强力增大。因此,外包纤维的包缠数量和包缠紧密度是影响纱线强力的最重要因素。

包缠纤维的数量和包缠状态(如包缠角度、间距等),决定了成纱的强力和手感,包缠纤维数量多,则手感硬;包缠纤维的数量太少,则芯纤维的结合松散,成纱强力就低;包缠纤维太多,承受强力的芯纤维数量就会太少,成纱强力也低。因此,应根据成纱用途和要求,适当选择包缠纤数量。

(2) 喷气纱的特点。

① 喷气纱的强力较环锭纱低,纯涤纶或涤纶混纺纱的强力低 10%～20%,纯棉纱因为纤维整齐度差、长度短,强力较环锭纱低 30%～40%,但强力不匀率较环锭纱低。经捻线加工后,其强力提高的比例比环锭纱大,单强可达到环锭纱的 94%,其原因在于喷气纱经合股加捻后,股线结构与两根须条一起加捻的单纱一样,没有一般股线的外观。

② 喷气纱的质量不匀率、条干不匀率均比环锭纱好。喷气纱在加捻过程中,部分杂质被气流吹落带走,因而喷气纱的粗细节、棉结都较环锭纱少,但由于成纱纤维的单向性,退绕后黑板条干出现棉结较多。

③ 由于喷气纱为包缠结构,所以其成纱直径较同线密度环锭纱大,紧度较环锭纱小,

外观比较蓬松，但因其捻度大，表层纤维定向度较差，所以手感比较粗硬。

④ 由于喷气纱是利用假捻方法形成的，纱芯捻度甚低，所以捻度稳定，无需通过蒸纱定捻来消除纱条的扭应力。

⑤ 喷气纱对外界摩擦的抵抗有方向性，因为喷气纱主要是纤维头端包缠，若用手指沿成纱方向刮动，纱表面光滑无异常，耐磨次数较大，若反向刮动，则纱表面会出现棉结，纤维沿轴向滑动，甚至断裂，所以逆向摩擦，耐磨次数较小。这种方向性使喷气纱在后加工中不宜经多次倒筒和摩擦，纱线强力将随倒筒次数增加而降低。在织成织物后，由于喷气纱直径大，布身紧密、厚实，磨损支持面大，所以耐磨性能优于环锭纱织物。

⑥ 喷气纱的纱芯平直，外包头端自由纤维，因此在后加工过程中的伸长较环锭纱小，缩率也小，所以机织缩率、针织缩率均较环锭纱低。

⑦ 因为喷气纺纱过程中纤维在纱中的转移差，所以喷气纱的短毛羽多，3 mm 的长毛羽较环锭纱少。

2 喷气涡流纺纱

2.1 MVS 型喷气涡流纺的成纱机理

喷气涡流纺纱机是村田公司在 MJS 型喷气纺纱机的基础上发展改进而来的新型喷气纺纱技术，它利用喷嘴结构和成纱机理的改变，可以纺制具有较高强力的纯棉纱，其外观和成纱结构与 MJS 纱有所差异，纺纱速度可达 400～450 m/min。

喷气涡流纱机的工艺过程：喂入棉条先经过牵伸机构牵伸，当前罗拉输出的须条进入喷嘴后，须条被吸入喷嘴前端的螺旋导引体，导体中的螺旋曲面导引块对纤维有良好的控制作用，并由于导引针的摩擦作用防止了捻回向前罗拉钳口的传递，使得纤维须条是以平行松散的带状纤维束形式输送到锥面体前端。纺纱器的多个喷射孔与圆形涡流室相切，形成旋转气流并沿锥面体的锥形顶端。在锥形通道旋转下移，从排气孔排出。当纤维的末端脱离喷嘴前端的导引块和导引针的控制时，由于气流的膨胀作用，须条上产生径向的作用力，依靠高速气流与纤维之间的摩擦力，足以克服纤维与纤维之间的联系力，使须条中的纤维相互分离，形成自由端，同时对短绒有清除作用。自由端纤维倒伏在锥面体的锥形顶端上，另一端根植于纱体内，在锥面体入口的集束和高速回转涡流的旋转的共同作用下，自由端纤维绕着纱线中心轴，沿着锥面体顶端旋转，当纤维被牵引到锥面体内时，须条就获得一定捻度，从而形成喷气涡流纱。因此，须条中的纤维头端以高

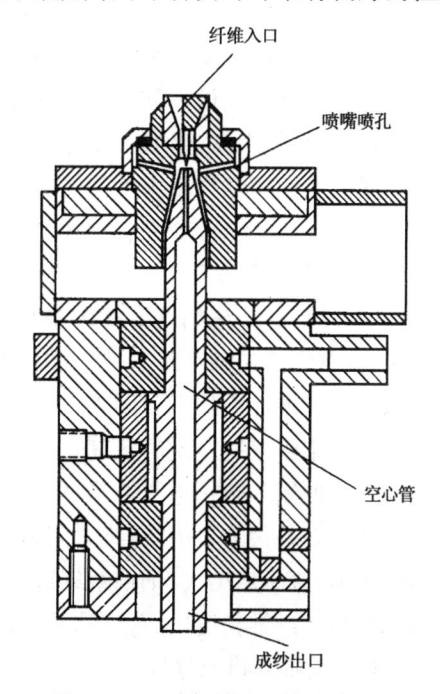

图 10-15 喷气涡流纺的喷嘴结构

速进入空心管,而尾端则倾倒在空心管的锥面上,并随着纱条的输出,受涡流作用加捻成纱。

2.2 喷气涡流纱的结构

成纱机理不同,决定了 MVS 喷气纱的结构与 MJS 喷气纱不同,MVS 喷气纱具有由纤维头端构成的平行(芯)组分和纤维尾端构成的(外)螺旋包缠组分两部分。多根纤维头端连续排列,形成纱芯中的平行部分,其尾端则以螺旋形式包缠,形成外观类似环锭纱的螺旋真捻包缠结构。

2.3 喷气涡流纺的主要工艺参数

喷气涡流纺的主要工艺参数与喷气纺的基本相同,主要有纺纱速度、前罗拉钳口到喷嘴空心管前端的距离、纺纱气压、张力牵伸、喷射孔(角度、孔数、孔径)、引导针长度和空心管内径等。

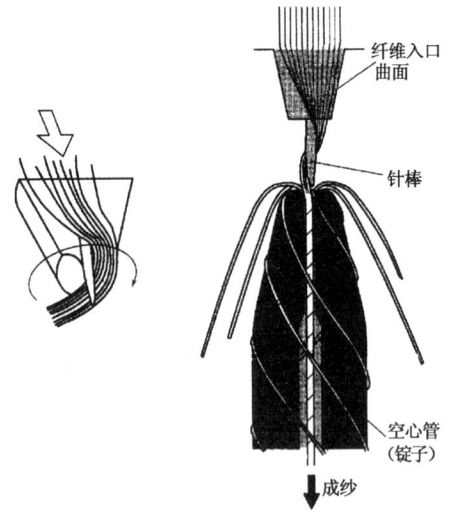

图 10-16 喷气涡流纺的成纱原理

(1) 纺纱速度。喷气涡流纺纺纱速度可达 400～500 m/min。纺纱速度快,纤维须条经过喷嘴的时间变短,则尾端自由纤维受到的其他不确定因素的影响减小,纤维会螺旋规则地包缠在纱体上,纱线的成纱结构良好。纺纱速度对成纱强力有较大影响,适当增大纺纱速度有利于成纱强力的提高。但纺纱速度过高,纤维须条在喷嘴中运动时间过短,须条在喷嘴内完不成分离、凝聚和加捻,成纱质量也会有所下降。

(2) 喷嘴气压。喷气涡流纺喷嘴气流同时具有的作用有:产生将纤维吸入喷嘴的吸力,在喷嘴内分离纤维,实时将纤维卷绕在纱体上。喷嘴的气压决定着包缠纤维的数量、包缠紧密度和耗气量,对成纱强力的高低有影响。气压必须与喷嘴结构相配合,喷嘴的气压大,则成纱强力高,但当气压过大时,易产生回流现象,不利于纤维须条顺利吸入喷嘴。喷气涡流纺的喷嘴气压比喷气纺的高,一般在 0.45～0.55 MPa。

(3) 前罗拉口到喷嘴空心管前端的距离。在纺纱过程中,纤维须条经牵伸机构牵伸后,形成扁带状结构,当其由牵伸机构输出时,通常其头端位于主体纱条的芯部,即称为尾端自由纤维,这些尾端自由纤维是喷气涡流纺成纱的基础。罗拉钳口到喷嘴空心管前端的距离,既影响包缠纤维的数量和包缠长度,又影响喷嘴对钳口处须条的作用,是决定喷气涡流纺成纱性质的重要因素,对纱线的形成有很大的影响。喷气涡流纺要求前罗拉钳口处的纤维需保持一定的宽度,须条在进入喷嘴吸口时形成一定数量的边缘纤维,应加强对纤维的控制和防止边缘纤维的散失,使扁须条中的纤维间能有良好的接触和控制。纤维束的分解是很重要的,纤维之间相互分离,有利于缠绕而加捻成纱。前罗拉钳口与喷嘴间的距离,该距离增大,则缠绕纤维的比率增大,在一般情况下,若纺制线密度较细的纱或选用原料的纤维长度较短,则这一距离应该活减小,反之亦然。

(4) 喷嘴入口引导针的长度。在纺纱过程中,经过罗拉牵伸的须条,被吸入喷嘴前端的螺旋引导面,和引导针一起给以纤维一定的束缚,防止捻回向前罗拉钳口传递。纤维须条没有捻度,使得纤维须条以平行松散的带状纤维束向下输送,保证了在分离区气流对纤维须条的分离作用。引导针的长度决定了对纤维束的控制能力,过短不利于对纤维的控制,过长则增加纤维束分离的难度。

（5）喷孔角度、喷射孔孔径和孔数。喷气涡流纺中,喷射角度一般在 40°～80°,喷射孔孔径一般选取 0.35～0.45 mm,喷射孔孔数一般选取 4～8 个。

（6）空心管内径。空心管内径影响加捻效果,与纺纱线密度有关。内径小,空心管入口处对纤维须条的控制强,有利于尾端自由纤维的包缠加捻;内径大,则加捻作用会有一定程度的减弱。空心管内径还与所纺纱线的线密度有关,并且要使纱条在纱道内有足够的空间旋转。纺细特纱时,空心管内径可小些;纺粗特纱时,空心管内径应大些。空心管内径小,还可提高纺纱速度和低喷嘴压力时纺纱的稳定性,并能在一定程度上减少毛羽及提高纱线强力,但纱线会变硬,有时棉结会增加,纱线的匀整度会变差;空心管内径大,则纱线有蓬松柔软的手感。

（7）张力牵伸。张力牵伸分为喂入和卷绕张力牵伸。前罗拉、引纱罗拉和卷绕罗拉速度的合理配置,对纱线结构、成纱强力、断头、筒子成形都有明显的影响。

喂入张力牵伸也称为喂入比,即引纱罗拉线速度与前罗拉线速度之比。为了使纺纱过程中须条保持必要的松驰状态,前罗拉与引纱罗拉之间必须实现超喂。超喂作用是使纱条在喷嘴内保持必要的松弛状态,以利于纤维的分离,产生足够的尾端自由纤维,从而实现加捻。超喂比较小时,纺纱段纱条的张力较大,尾端自由纤维包缠的捻回角较小,成纱外观较光洁,成纱强力较好。反之,超喂比较大时,纺纱段纱条的张力不够,尾端自由纤维包缠的捻回角较大,成纱外观不够均匀。超喂比应小于1,为了得到较高成纱质量的纱线,一般控制在 0.96～0.98。

卷绕张力牵伸也称作卷绕比,即卷绕辊线速度与引纱罗拉线速度的比值。引纱罗拉与卷绕辊间应保持适当的卷绕张力,且卷绕张力大,筒子卷绕紧密,但断头多。反之,则筒子成形松软。通常,卷绕比控制在 0.98～1.00。

2.4 控制质量的关键工艺参数

（1）纤维输送通道的旋转角度。影响纤维与涡流场旋转配合输送,形成自由端。
（2）引导针的定位。影响纤维准确进入纱体而加捻。
（3）涡流场。影响纤维旋转端的形成和纤维被吹散分离的效果,同时影响加捻程度。
（4）空心管的回转速度和头端的摩擦阻力。影响纺纱能力及断头。

任务 10.6　摩擦纺纱的工作过程

工作任务

1. 绘制摩擦纺纱机的工艺流程图,讨论其工作原理。
2. 分析摩擦纺的成纱特点。

> **知识要点**
>
> 1. 摩擦纺的工艺流程及成纱原理。
> 2. 摩擦纺的工艺参数及成纱特点。

摩擦纺纱是一种自由端纺纱,主要由开松、牵伸、加捻、卷绕等部分组成。通过喂入开松机构,将喂入纤维条分解成单根纤维状态,而纤维的凝聚加捻则是通过带抽吸装置的筛网来实现的,筛网可以是大直径的尘笼,也可以是扁平连续的网状带。国际上摩擦纺纱的形式较多,其中有代表性的摩擦纺纱机是奥地利的 DREF-Ⅱ 型及 DREF-Ⅲ 型,这两种机型的筛网为一对同向回转的尘笼(或一只尘笼与一个摩擦辊),所以也称为尘笼纺纱。

1 D2 型摩擦纺纱机

1.1 D2 型摩擦纺纱机的工艺过程及其成纱特点

尘笼式摩擦纺纱机以发明人即奥地利的 DR ERNST FEHRER 的姓名缩写 DREF 命名,由 Ⅰ 型发展到 Ⅱ 型、Ⅲ 型,简称 D2 型、D3 型。

(1) D2 型摩擦纺纱机的工艺过程。如图 10-17 所示,4~6 根纤维条从条筒引出,并合喂入三罗拉牵伸装置 2。纤维条经过并合牵伸,其均匀度及纤维伸直度得到改善,被分梳辊 3 梳理分解成单纤维状态,在分梳辊离心力和吹风管 4 气流的作用下脱离锯齿,沿挡板 5 下落至两尘笼 6 间的楔形槽内,尘笼内胆开口对着两尘笼间的楔形槽,一端通过管道与风机相连,在吸风装置 7 吸力的作用下,纤维被吸附在两尘笼的楔形槽中,凝聚成须条,将引纱引入尘笼,与凝聚须条搭接,由引纱罗拉握持输出,两尘笼同向回转对凝聚须条搓捻成纱,输出纱条经卷绕罗拉摩擦卷绕成筒子。

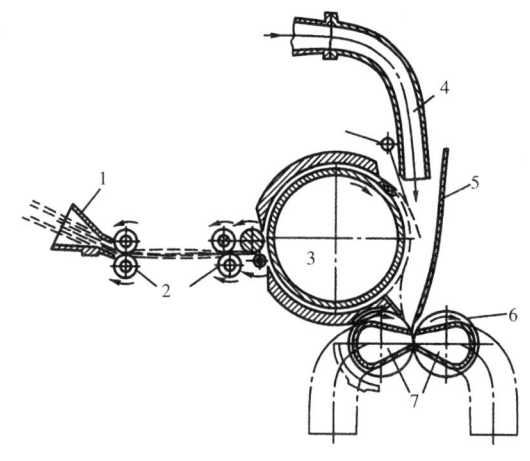

1—喇叭 2—牵伸罗拉 3—分梳辊 4—吹风管
5—挡板 6—尘笼 7—吸气装置

图 10-17 摩擦纺纱的工作原理

由于在尘笼表面的凝聚须条是自由的,所以这种摩擦加捻方式属于自由端加捻成纱,在加捻过程中,尘笼表面的线速度近似等于纱线自身的回转表面速度,所以尘笼低速可以使纺纱获得较高的捻度,这样可以大大提高出条速度,获得高产。纱条捻回的方向与尘笼回转的方向相反,捻回数取决于尘笼的速度、尘笼表面与纱条的接触状态及尘笼的吸力。

(2) D2 型摩擦纺成纱特点。摩擦纱中,纤维的排列形态比较紊乱,以圆锥螺旋线及圆柱螺旋线排列的纤维数量比转杯纱还少,仅占 12%。多根扭结、缠绕的纤维占 40%,其余多为弯钩、对折纤维。

① 由于纤维在凝聚过程中缺少轴向力的作用,成纱内纤维的伸直平行度差,排列紊

乱,所以摩擦纱的成纱强力远低于环锭纱,单强仅为环锭纱的60%左右。

② 因为成纱由多层纤维凝聚而成,所以摩擦纱的条干优于环锭纱,粗节、棉结均少于同特环锭纱。

③ 由于成纱的经向捻度分布由纱芯向外层逐渐减少,成纱结构内紧外松,所以摩擦纱的紧度较小(0.35～0.65),表面丰满蓬松,弹性好,伸长大,手感粗硬,但较粗梳毛纱好。

④ 由于是分层结构,所以摩擦纱具有较好的耐磨性能。

2 D3型摩擦纺纱机

2.1 D3型摩擦纺纱机的纺纱工艺过程及成纱特点

(1) 纺纱工艺过程。D3型摩擦纺纱机有两个喂入单元,一个提供纱芯,一个提供外包纤维,如图10-18所示,熟条经四罗拉双皮圈牵伸装置沿轴向喂入尘笼加捻区,作为纱芯;4～6根生条并列喂入三上二下罗拉牵伸机构,经一对直径相同的分梳辊3梳理分解为单纤维后,经气流输送管4进入两尘笼1的楔形槽中,由尘笼搓捻包缠在纱芯上,形成包缠纱。成纱由引纱罗拉2输出,经卷绕罗拉摩擦传动而制成筒子。

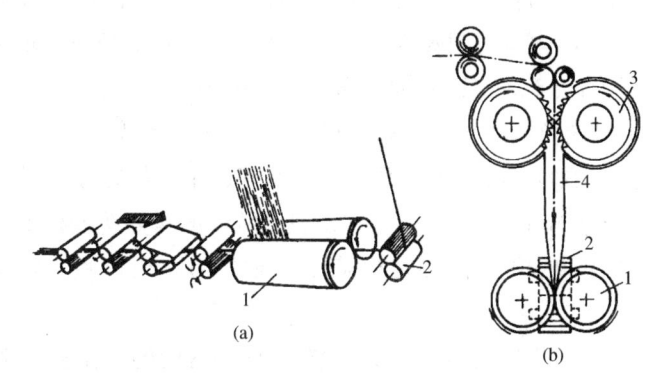

图10-18 DREF3型摩擦纺纱机工艺流程

(2) 成纱特点。沿轴向喂入尘笼的纱芯,在受尘笼加捻的过程中同时被牵伸装置的前罗拉和引纱罗拉所握持,所以纱芯被施以假捻,被分梳辊分解的纤维在进入尘笼楔形槽后,随纱芯一起回转包缠在纱芯的表面,当纱条由引纱罗拉牵引走出尘笼钳口线时,由于纱芯假捻的退解作用,纱芯成为伸直平行的纤维束,而外包纤维则依靠退捻力矩越包越紧,使纱芯纤维紧密接触,体现为纱的强度,外层纤维则构成了纱的外形。

D3型摩擦纺纱机纺出的纱是一种芯纤维平行伸直排列的包芯纱,由于成纱结构的改变,成纱强力大为改善,并具有条干均匀、毛羽少等特点。

2.2 摩擦纺纱的主要工艺参数

(1) 摩擦比。摩擦比是决定捻度的主要参数,在一定范围内,两者成正比。当纺纱速度一定时,提高摩擦比,则增大尘笼转速,使成纱捻度增加,但尘笼速度增加到一定值时,受离心加速度的影响,纱条与尘笼间的滑溜率增大。尘笼速度愈高,加捻效率愈低,成纱捻度增加愈少,甚至不再增加。

采用不同的摩擦比时,成纱的条干不同。随着摩擦比增加,成纱的捻度增加,条干均匀度有所改善,但当摩擦比提高到3.0以上时,捻度和条干值的变化趋于平缓。

(2) 纺纱速度(即输出速度)。摩擦纺的加捻和卷绕机构是完全分离的,这样可以避免高速回转的加捻部件,为提高纺纱速度创造了条件。过高的输出速度会使须条凝聚加捻的时间缩短,从而导致包覆恶化、条干不良、成纱强力降低,所以,当使用较粗硬、含油率较高、长度整齐度较差的纤维纺纱时,纺纱速度不宜过高,当所纺品种线密度大时,因其刚性大而不易加捻,当线密度过小时,尘笼对纱条的握持状态差,因此纱条过粗过细,都会造成加捻效率下降,所以纺纱速度都不宜过高。

由于过高的尘笼速度会影响纺纱的加捻效率,因此,在摩擦比不变的情况下,提高纺纱速度,成纱捻度会下降,所以摩擦纺的纺纱速度与原料、纺纱线密度、尘笼转速、成纱质量有关。

(3)尘笼负压和气流。尘笼表面的负压决定了正压力(吸力)的大小及纱条与尘笼的接触状态。负压增大,不仅使纤维与尘笼间的摩擦作用增大,凝聚加捻作用增强,而且可提高输送通道内纤维的伸直与定向,有利于成纱条干、强力和捻度,但负压过大会造成输出困难。加捻区的负压与尘笼内胆吸口位置、两尘笼间隔距有关。

① 尘笼内胆吸口位置。尘笼内胆吸口的位置一般以其安装角表示。在等宽吸口的情况下,α 对楔形区轴向负压分布的影响与吸口大小有关:当吸口较宽(10 mm)时,α 不会影响轴向负压的分布形态,但负压随 α 增加而减小;当吸口较窄(2 mm)时,楔形区轴向负压分布不匀。所以吸口宽度及 α 不宜过小。粗特摩擦纺纱机(如 D2 型)的吸口宽度一般为 10~12 mm,α 取 0~2°,在纺较细特纱的摩擦纺纱机上,因纱条与尘笼接触面小,且位于楔隙较小的位置,须条加捻需要较高的负压,所以吸口宽度应小一些,一般为 4~6 mm,α 选 2°~5°。

② 两尘笼间隔距 δ。尘笼间楔形区内的负压随隔距 δ 的增加而减小,并影响尘笼内胆的最大负压值,当 δ 由 0 增加到 0.5 mm 时,胆内负压最大值会下降 28%,所以为了有效的利用吸气负压,δ 应偏小为宜,δ 应根据纺纱线密度来选择,一般纺粗特纱时 δ 取 0.2~0.5 mm,纺中细支纱时,δ 小于 0.2 mm。

(4)两尘笼的速差。当处于尘笼楔形槽中的凝聚须条被同向回转的两尘笼摩擦搓捻时,受到一只尘笼向上转出的托持作用和另一只尘笼从上向楔隙转入的挤入作用。为了避免纱条被楔入隙缝,在两尘笼间卡压,引起纺纱张力聚增或轧断纱条,表面向上运动的尘笼速度应略高于向下运动的尘笼速度,即两尘笼间应有速度差,速差可根据所纺线密度在 3%~10% 范围内选择,粗特时大些,细特时小些。DREE-D2 型摩擦纺纱机上两只尘笼的速差为 8%~10%,适当地提高两只尘笼速差,有利于加捻效率的提高,但速差过大,会引起纱尾抖动或跳动,使握持加捻条件恶化,反而造成加捻效率下降。

(5)分梳辊的转速。当喂入纤维量一定时,提高分梳辊转速,有利于提高纤维的分离度,对成纱质量有利,但分梳作用剧烈,对纤维的损伤严重,所以分梳辊的转速应根据原料的性能选择,当加工纤维线密度较小、强度较低时,分梳辊速度可小些,反之可大些。

技能训练

1. 上网收集或到校外实训基地了解有关摩擦纺纱机的使用情况,对各类摩擦纺纱机进行技术分析。

课后练习

1. 说明摩擦纺的成纱原理及摩擦纱的结构和性能特点。
2. 说明摩擦纺的适纺原料。

参 考 文 献

［1］ 中国纺织工程学会,江南大学.棉纺织手册(上、下册)［M］.4版.北京:中国纺织出版社,2021.
［2］ 王建坤,李凤艳,张淑洁.纺纱原理［M］.北京:中国纺织出版社,2020.
［3］ 张曙光.现代棉纺技术［M］.3版.上海:东华大学出版社,2017.
［4］ 任家智.纺纱工艺学［M］.2版.上海:东华大学出版社,2021.
［5］ 谢春萍,傅佳佳.新型纺纱［M］.3版.北京:中国纺织出版社,2020.
［6］ 郁崇文.纺纱工艺设计与质量控制［M］.2版.北京:中国纺织出版社,2011.
［7］ 杨锁廷.纺纱学［M］.北京:中国纺织出版社,2004.
［8］ 郁崇文.纺纱系统与设备［M］.北京:中国纺织出版社,2005.
［9］ 史志陶.棉纺工程［M］.4版.北京:中国纺织出版社,2007.
［10］ 常涛.多组分纱线工艺设计［M］.北京:中国纺织出版社,2012.
［11］ 徐少范.棉纺质量控制［M］.2版.北京:中国纺织出版社,2022.
［12］ 秦贞俊.现代棉纺纺纱新技术［M］.上海:东华大学出版社,2008.
［13］ 任家智.纺织工艺与设备(上册)［M］.北京:中国纺织出版社,2004.
［14］ 秦贞俊.现代棉纺织工程产品质量的监控与管理［M］.上海:东华大学出版社,2011.
［15］ 薛少林.纺纱学［M］.西安:西北工业大学出版社,2004.
［16］ 顾菊英.棉纺工艺学［M］.2版.北京:中国纺织出版社,2004.
［17］ 谢春萍,王建坤,任家智.纺纱工程［M］.3版.北京:中国纺织出版社,2019.
［18］ 周金冠.新型精梳机纺纱工艺设计实例［M］.北京:中国纺织出版社,2012.
［19］ 费青,阙海英,陈海涛,等.梳理针布的工艺特性、制造和使用［M］.北京:中国纺织出版社,2007.
［20］ 孙鹏子.梳棉机工艺技术研究［M］.北京:中国纺织出版社,2012.
［21］ 周惠煜,曾宝宁,刘树梅.花式纱线开发与应用［M］.2版.北京:中国纺织出版社,2002.
［22］ 唐文辉,朱鹏.现代棉纺牵伸的理论与实践［M］.北京:中国纺织出版社,2012.
［23］ 杨乐芳.纺织材料与检测［M］.3版.上海:东华大学出版社,2023.